구성주의 수학교실 : 1학년

Vicki Bachman 지음
김진호 · 홍은숙 · 임상미 옮김

教友社

역자 서문

학습자 스스로 지식을 구성하는 교실 문화 형성을 위해서

수학교육 개혁 운동이 일어나고 있는 것은 우리나라만이 아니다. 한 걸음 더 나아가, 교육관련 종사자들 중 일부는 교육분야에서의 패러다임적 전환을 실현하기 위한 노력을 하고 있다는 사실은 주지의 사실이다. 한편으로, 패러다임적 전환 이전의 교육을 고수하려는 교육관련 종사자 또한 존재한다. 또 다른 일부는 패러다임적 전환 이전의 교육 시스템에 패러다임적 전환 이루의 교육 시스템을 접목하려는 시도를 하고 있다. 그러나 이 역시 패러다임적 전환 이전의 교육의 기본틀을 그대로 유지하고 있다는 점에서 패러다임적 전환 이전의 교육이라고 보는 것이 합당하다.

패러다임적 전환이 이루어진 교육에서 바라보는 학습자관, 지식관, 교사관, 교실환경에 대한 관점, 평가관 등 패러다임적 전환 이전의 교육에서 바라보던 이들에 대한 관점들과 매우 다른 관점을 취하고 있음을 교육관련 종사자들은 인식할 필요가 있다. 제7차 수학과 교육과정에서도 밝히고 있듯이, 제7차 교육과정, 2007 개정교육과정은 구성주의 인식론을 모태로 할 것을 명문화하고 있다. 이 인식론에서 바라보는 학습자관 특히 초등학생에 대한 관점은 다음과 같다. "초등학생도 지식을 스스로 구성할 수 있는 지적 능력을 갖춘 인격체라는 점이다." 피아제가 어린이들을 대상으로 다양한 보존 개념 실험을 한 것은 바로 어린이들의 반성적 추상 능력이 있는가 하는 점을 알아보기 위한 것이었다. 세계 여러 나라에서 어린이들을 대상으로 실시된 수 보존 개념 실험에 따르면, 초등학교에 입학할 무렵의 거의 모든 어린이들은 수 보존 개념을 형성하고 있다는 사실이다. 이런 연구 결과물을 바탕으로부터 내릴 수 있는 결론은, 어린이들이 자신들의 추상 능력을 최대한 발휘할 수 있도록 초등학교 수학의 교수학습은 이들의 지적 능력을 존중하고 활용해야 한다.

제6차 수학과 교육과정과 비교하여 현저하게 달라진 제7차 수학과 교육과정의 특징은 분명히 수업 중 학습자에게 활동을 요구하는 소재가 증가하였다는 점이다. 그러나 달라지지 않고 있는 것은 여전히 학습자들이 활동 후 지식 구성은 학습정리라는 미명하에 교사가 주도하고 있다는 점이다. 이 학습정리의 권리마저 학습자에게 양도하였을 때, 교육과정에서 그린 교육이 실현될 수 있다. 물론, 교육과정에서 의도한 교육이 실천되기 위해서는 이것 이외의 것들도 변해야 한다. 이에 대해서는 "구성주의 수학교실: 2학년(근간)"에서 언급하도록 하겠다. 학습자관과 관련해서 위의 진술을 지지해 줄 수 있는 또 다른 증거는 피아제가 언급하는 구체적 조작기이다. 구체적 조작(operation)이란 자신이 행한 행위를 바탕으로 그 행위 속에 잠재해 있는 의미를 구성할 수 있는 지적 행위를 의미한다. 그런데 피아제가 임상실험을 통해서 알아본 바로는 초등학교에 입학할 무렵의 거의 모든 학습자들은 이 정도의 지적 행위를 할 수 있는 지적 능력이 발달해 있다고 본 것이다. 이 말에 따르면, 학습자들에게 학습경험을 하고 난 후에 그 활동으로부터 의미를 구성할 수 있는 지적 행위를 위한 공간을 교사가 박탈해서는 안 된다. 학습자들의 지적 능력을 믿고 그들에게 자신들의 행위를 바탕으로 추상할 수 있는 기회를 제공해야 한다.

따라서, 본서에서 제공하고 있는 수학교육과 관련된 다양한 접근은 전통적인 교육이 갖는 문제점에 대한 인식을 형성하고 있으면서도 그 대안을 제시할 수 없었던 교사들에게 시사하는 바가 클 것이라고 역자들은 본다. 예를 들어, 초등학교 학생들은 수학 시간 중 덧셈에서의 교환법칙을 1학년에서 단 한 번 경험한다. 초등학생들이 이 법칙을 단 한 번의 학습경험을 통해서 이해할 수 있는 그런 지식인가? 그렇지 않다. 10−99까지의 수에 대한 학습을 한 학생들에게 "백십일"을 적어 보라고 하면, 다수의 아이들이 "100101"이라고 적는다. 즉, 작은 수의 이해와 큰 수의 이해가 다르듯이, 어린이들은 큰 수에 대해서는 교환법칙이 성립하지 않는다고 생각한다. 따라서 수의 범위를 넓혀가면서 이 법칙에 대한 이해도 점차적으로 구성해 갈 수 있도록 해야 한다.

한편, 본서의 책명이 "구성주의 수학교실: 1학년"이라고 하더라도, 미국의 교육과정과 우리나라의 교육과정은 다르기 때문에, 본서에서 소개하고 있는 수업소재들을 활용하고자 하는 교사들은 이것들이 모두 우리나라의 교육과정에 적합하지 않을 수 있음을 잊지 말아야 한다. 역자들이 추천하는 것은 먼저 본서를 처음부터 끝까지 읽어본 다음에 생략할 수업소재를 정하는 것이 좋을 듯 하다. 왜냐하면, 각 수업소재가 한 단원에서만 등장하는 것이 아니라 여러 단원에서 등장하는 것도 있기 때문이다. 본서의 저자들이 이런 시도를 한 것은 복합적인 원인이 있기는 하지만, 그 중 한 가지는 학습자들이 학습해야 할 지식은 행동주의자들의 지식관처럼 분절적이라기보다는 복합적, 종합적, 통합적이라는 지식관 때문이다.

또한, 본서를 통해서 알 수 있는 것 중의 하나는 초등학교 교사들이 일반적으로 형성하고 있는 구성주의를 반영한 교수학습은 한 단원 정도는 할 수 있어도 전체 학년을 이런 방식으로 운영할 수 없다는 신념이 옳지 않을 수 있다는 점이다. 이는 이어지는 의구심, 즉 한 학년은 어찌 해 본다 하더라도 초등학교 전체 학년을 대상으로 구성주의 수업을 할 수 있을까 하는 의구심은 본 역자들의 후속 작업(구성주의 수학교실: 2학년; 구성주의 수학교실: 3학년 등)을 통해서 해소될 수 있을 것으로 기대한다.

본서가 출판되기 까지 많은 이들의 노력이 있었음에 이들에게 감사하는 마음을 표하고자 한다. 특히, 우리는 어린이를 위한 수학교육연구회 회원들에게 감사한다. 모든 회원들이 약 2년에 걸쳐 한 달에 한 번씩 만나서 세미나를 하면서 초벌 번역 작업을 하는 수고를 아끼지 않았다. 특히, 유대현 선생님, 안희진 선생님, 박현미 선생님, 황혜진 선생님, 김경미 선생님, 남미선 선생님들로부터 큰 도움을 받았다. 우리는 이들의 수고에 조금 더 수고를 보탰을 뿐임을 밝히고 싶다. 그리고, 이 책의 출판을 맡아 준 교우사 특히 편집부 직원분들과 오판근 사장님에게 감사의 뜻을 전하고 싶다.

김진호, 홍은숙, 임상미

추천사

수학 교수학습에서 중요한 것 중 하나는 교육 과정을 일관성있게 계획하는 것이다. 우리는 학생들이 배워야하는 중요한 수학적 개념에 대해 고민해야 할 뿐만 아니라, 아이들이 생각하고 추론하고 능숙한 문제 해결자가 되도록 도와야 한다. 또한 아이들이 수학을 즐기고 그들의 삶에 유용하게 활용할 수 있도록 격려해 주어야 한다. 이러한 성취는 선택 가능한 다양한 교육적 내용, 가르치는 기술, 교실에 있는 개별 학생의 요구에 대한 이해가 있어야 하며 또한 수학 교육과정의 전반적인 범위에 대한 이해를 필요로 하는 어려운 주문이다.

이 책은 1년 동안의 수학 교수학습 계획을 위한 안내를 달별로 제공한다. 이 책은 세 권이 시리즈로 구성되어 있는 책 중의 한 권이고, 이 세 권의 책은 1학년, 2학년, 3학년의 수학 교수학습 방법을 안내하기 위해 구성주의 수업에 익숙한 교사가 집필한 것이다. 각 책의 저자는 자신의 제안이 단지 계획을 성취하기 위한 접근이나 반드시 다른 사람들이 따라야 할 가장 좋은 접근이 아니라, 교실에서 1년 동안 경험해온 것으로부터 성장해온 계획에 따른 사려깊고, 실제적이고, 매우 개인적인 접근이라고 말한다.

이 시리즈의 세 명의 저자는 구성주의 수업에 익숙한 교사이다. 경험이 풍부하고, 경력이 많으며, 매우 열심히 일하고, 성취한 것이 믿을 수 없을 정도로 많다. 그들은 자신들의 지혜와 경험을 책 속에 독특한 방식으로 담아놓았으나, 교사로서 그들은 공통적인 경험과 관점을 공유하고 있다. 각각의 작가들은 전문적으로 성장한 많은 학급을 보여주고, 그들 경력의 주요 초점을 가르치는 교실 만들기를 해볼 수 있도록 교사를 위한 워크샵을 제공하고 있다. 세 저자 모두에게, 수학은 그들이 처음부터 좋아한 것이었거나 잘했던 것이 아니었다. 그러나 그들은 학생들에게 알려주고 싶다는 그들의 필요에 의해 수학의 진가를 알아보기 위해서 연구하고 고민했다. 그들은 수학 지도에 있어 매우 헌신적이었고, 아이들을 이해하고, 교실을 관리하는 방법을 알고, 가르치는 것에 대해 열정적이었다. 당신에게 이 책을 소개하게 된 것을 매우 큰 기쁨으로 생각한다.

MARILYN BURNS

저자 서문

아이들은 교사들의 걱정과 염려 속에서 긴 학교생활을 시작한다. 아이들이 이 시기에 만들어가는 생각과 자아 개념은 오랫동안 그들의 삶에 영향을 주게 될 것이다. 수를 이용하여 자신있게 추론할 수 있는 수학 영역과 수학 교육과정의 다른 모든 영역에 대한 이해를 발달시키는 것은, 학생들의 수학적 문제 해결력과 훗날의 성공을 위해 대단히 중요하다. 1년 동안의 수학 교육과정을 신중하게 계획함으로써, 우리 교사들은 학생들이 융통성과 지략이 있는 문제 해결자가 될 수 있도록 지원하는 기회를 가질 수 있다. 또한 교사가 어린 학습자들이 읽기를 배우는 것처럼 그들 주변에서 활자화된 언어를 찾고 인식할 수 있도록 격려함으로써, 우리는 학생들이 그들 주변에 있는 수학을 발견하고 실세계와 밀접하게 연관된 수학을 볼 수 있도록 도울 수 있다.

나는 1학년 교사들이 1년 동안의 수학 수업을 계획하는데 있어 실제적인 도움을 주려고 이 책을 집필했다. 장기적인 계획을 세우는 것은, 수학 수업을 할 때 각각의 아이들에게 즉각 반응할 수 있는 능력을 강화시켜준다. 그것은 교사가 즐거운 수학적 경험을 통해 깊고 넓은 지원을 제공할 수 있도록 해준다. 그리고 그것은 교사에게 학생들이 성취한 것을 기반으로 하여 앞으로 할 활동을 예측할 수 있는 능력을 준다.

몇 년 전에, 1학년 교사들이 모두 함께 전체 학사 일정을 만드는 작업을 했었다. 이 학사 일정은 교육과정의 구체적인 영역에서 해왔던 교수학습을 위한 전체적인 틀을 제공하는 것이었다. 대부분의 1학년 교사들처럼, 우리는 목표를 설정함으로써 정해진 교육과정을 가르친다. 우리가 만든 새로운 학사 일정에서는 교육 과정에 있는 다양한 주제들을 가르치기 위한 시간을 설정하기 위해서 우리가 이미 해왔었던 월별 계획을 증가시킬 것이다. 우리는 지도 내용에 포함시킬 수 있는, 각 달에 발생하는 중대하고 예측 가능한 행사들을 확인했다. 우리는 달력이라는 주제를 통해 가르치려고 하기 보다는 학생들이 각 달마다 쉽게 접할 수 있는 것과 학습에 언제라도 연결시킬 수 있도록 하는 것에 집중했다. 예를 들어, 여기 Iowa 주에서는 학생들이 가을이 될 때마다 다양한 잎과 씨앗을 수집해서, 분류, 규칙 만들기, 그래프 그리기 등과 관련된 활동을 할 수 있도록 기발하고 구체적인 여러 가지 수학 활동을 담아 놓았다. (우리는 뿐만 아니라 다른 과목의 영역을 위한 활동들도 확인할 수 있었다. 예를 들어, 가을과 관련된 읽기와 쓰기, 생활 주기와 관련된 과학 내용 학습하기, 미술 활동과 연결시키기 등) 나는 나의 동료와 이러한 계획을 하는 과정에서 많은 대화를 하고 공동 연구를 한 것에 대해 매우 기쁘게 생각한다. 우리의 많은 아이디어들이 이 책에 녹아 들어가 있다.

이 책의 각 장은 달마다 할 수 있는 활동의 형태로 제시되어 있다. 각 장의 시작 부분에서는 기하, 측정 등과 같은 그 달에 특별히 강조하는 수학적 내용을 확인할 수 있다. 각 달의 강조 내용은 나의 동료와 내가 되도록 배워야 할 개념과 그 달에 해야 하는 행사와의 연결을 강화시킬 수 있는 것으로 선택한 것이다. 강조하는 내용에 더하여, 각 달에는 수 세기, 수 모으기, 수 가르기 등과 같은 활동에도 집중하여 학생들의 수에 대한 이해를 확인하게 된다. 수에 관한 주제는 1학년 학생들의 모든 수학 영역을 지배하기 때문이다. 또한 각 장에서는 다양하고 실제적인 일과 활동, 수학 동화를 기반으로 한 활동, 그리고 각 달의 내용 목표와 관련된 활동을 제공한다. 수업은 개별 활동, 짝 활동, 전체 활동을 모두 포함하고, 다양한 학습자들의 관심을 끌기 위해 충분한 융통성을 제공한다. 이 책을 통하여, 학생들은 다양한 방법으로 문제를 해결하고 그들의 활동에 대해서 말하거나 쓰면서 서로 의사소통 하도록 격려받는다.

나는 이 책이, 교사들이 학생들의 수학적 이해를 촉진시키면서 그들과 수학을 탐구하는 것을 즐길 수 있도록 돕기를 바란다. 또한 나는 교사들이 여기에 제공된 몇 가지 활동을 경험하면서, 1학년 학생들과 수학을 즐기고, 자신만의 방안을 발견하고, 상상하고, 창조하기를 바란다.

목차

1장

아이들을 맞이하기 전에

개학을 하기 전에, 한 학기동안 수학 시간에 어떤 활동들을 할 것인지에 대하여 충분히 생각해 두어야 한다. 교사 자신과 학생 모두를 위해 사전준비를 해둠으로써, 모두가 생산적인 출발을 할 수 있고 또한 의미 있는 한 해를 보내게 될 것이다. 1년을 계획할 때는, 다음과 같은 것들을 고려하면 좋다.

- 수학 학습을 위한 교실 환경 꾸미기.
- 매일의 수업 계획하기.
- 아이들의 수 감각을 발달시킬 수 있도록 돕기.
- 학생 활동 조직하기.
- 평가를 수업에 통합시키기.

수학 학습을 위한 교실 환경 꾸미기

새 학기를 맞이하기 전에, 교실에 있는 물건들을 재배치하여 교실공간을 꾸밀때에는 학생들의 동선과 학습 도구로의 접근성 등 모든 것을 고려하여 이루어져야 한다. 다양한 방법으로 모둠을 구성하는 방안을 마련하는 것도 다양한 수학 활동을 위해 필요하다. 예를 들면, 모둠 활동, 짝 활동, 개별 활동이 있다. 교사가 공간을 배치할 때는 학생들 간에 상호작용이 가능한 공간을 만들어 두어야 한다. 이 공간은 교사가 학생들에 대한 정보를 얻을 수 있는 곳이며, 학생 간 상호작용을 원활하게 해 주는 공간이다. 또한, 이 공간은 짝 활동을 위한 공간으로 활용될 수 있다.

1학년 수학교구에는 '분류하기와 수세기 세트', '패턴 블록', '지오 보드', '퀴즈네르 막대' 등이 있다. 또한 1년 동안, 둥근 시계, 자, 플라스틱 동전이나 진짜동전, 그리고 양팔저울이 필요하다. 많은 학교에서는 수학교구가 부족하기 때문에, 교사들은 이것들을 학급 간에 서로 공유해야 한다. 수학교구를 공유하기 위해서는, 주의 깊은 계획과 효율적인 협력이 필요하다. 그렇게 하면, 교사들은 필요한 수학교구를 적절한 시간에 사용할 수 있다.

교실의 한 쪽 벽에 1년의 계획을 적어 둔 달력을 붙인다. 출석표나 급식 식단표도 한쪽에 붙인다. 게다가, 이 달력과 출석표가 있는 공간에 1년 내내 활용하는 1–100 포켓차트[1]를 함께 놓아두어도 좋다. 학생들은 새로운 수학 용어를 1년 내내 학습하기 때문에, 수학용어와 아이디어에 대한 수학용어집을 걸어두고, 관련된 용어와 기호들에 대해 상기할 수 있도록 한다. 학기 내내 학생들이 수업 중 활동하는 사진, 학생들이 만들어 낸 그래프, 다른 수학 산출물 그리고 수학용어집을 위한 수학 게시란을 남겨두는 것이 좋다. 아이들은 이렇게 디자인된 수학 게시란에 자신의 과제를 붙이기 위해 노력할 것이고, 전시된 자신의 과제를 보면서 자신감을 갖게 될 것이다.

교실 공간 꾸미기는 1학년 학생들의 독립심을 길러주고 이들이 학교생활의 지침을 따르는 능력을 길러준다. 수학 교구가 어디에 있는지 분명하게 표시해 주어서 학생들이 수학교구에 쉽게 접근할 수 있도록 하는 것은, 아이들이 수학 교구가 필요할 때 필요한 수학교구를 사용할 수 있도록 해주고, 학생들이 그 교구를 질서 정연하게 제자리에 다시 갖다 놓을 수 있도록 해준다. 이를 통해, 지정된 장소에서 필요한 물건들을 지속적으로 찾을 수 있다는 것을 깨달았을 때, 학생들은 자신감을 얻게 될 것이다. 교사는 교실에서 학생들이 몇몇 수학 교구(예를 들어 연결정육면체, 수세기 세트, 패턴 블록)를 쉽게 이용할 수

1) 1–100의 수 카드 각각을 넣어둘 수 있는 100개의 주머니가 있는 수표

있도록 하고, 다른 것들은 잘 보관해 두었다가 필요한 경우에 가져다 쓸 수 있도록 해야 한다. 조직화는 어떤 환경에서든 성공을 위한 열쇠이다.

매일의 수업 계획하기

수학시간은 매일 60분씩 들어가 있다. 만약 올 한해의 계획을 세우고 있다면 수업의 구조에 대해서 생각해 보는 것이 좋다. 달력활동(calender activity)이나 준비활동(warm up activity)과 같은 수학 일과 활동[2)]이 매일의 수업계획에 포함되어 있는지 확인해 보아야 한다. 전체적인 수업 구조에서 전체 학급 토론, 모둠별 토의, 개별 과제들이 균형을 이루고 있는지도 확인해야한다. 문제를 제시하기 위해서 수학동화를 활용하여 수업계획하기, 특정 기자재를 사용하기, 또는 교실 경험을 활용하기와 같은 다양한 형태의 경험들을 어떻게 활용할지에 대해서도 생각해 보아야 한다.

수업 활동에 학급 토론 활동을 늘 포함시킴으로써, 학생들이 토론 활동에 정기적으로 참여할 수 있도록 하는 것이 좋다. 토론과 대화를 통해 아이들은 듣는 능력을 키우게 되고, 자신의 수학적 사고를 분명하게 발표하는 방법을 배우게 된다. 하지만 매번 일정한 패턴으로 토론 시간을 정형화 시킨다면, 논의를 위한 논의를 하게 되기 때문에 토론의 패턴을 정형화시키는 것은 피하는 것이 좋다. 아이들은 수업의 초반에 집중을 잘하므로 이 시간에 토론과 같은 상호작용이 극대화 되도록 다양한 계획을 세우는 것이 좋다.

학생들의 수 감각을 발달시킬 수 있도록 돕기

수 감각을 가진 학생들은 합리적인 어림값을 제시할 수 있고, 수의 유용성을 알 수 있으며, 수량 사이의 관계를 이해 할 수 있다. 교사는 아이들이 수 개념 그리고 수들 사이

2) 일과 활동(routines)이란 학교에서 또는 교실에서 매일 발생하는 상황을 소재로 수학 학습을 할 수 있는 기회를 제공하는 것을 의미한다.

의 내적관계에 대한 이해를 확장할 수 있도록 돕기 위해서 1년 내내 다양한 종류의 맥락을 도입해야 한다. 특히 1학년 학생들에게 집중해서 가르쳐야 할 것들은 다음과 같다.

1. 사물의 개수를 정확하게 세기.
2. 사물을 두 개씩, 다섯 개씩, 그리고 열 개씩 묶기.
3. 여러 양(量)의 관계에 대한 이해를 확장시키기 (더 많은 것, 더 적은 것, 똑같은 것).
4. 양을 더하고 빼기.

학생들이 위의 내용을 이해하기 위해서는 1년 내내 수학적 상황에 부딪히고 문제를 풀어봄으로써 수에 대해 가지고 있는 자신의 생각을 계속해서 수정해 나가야 한다.

하지만 교사는 어린이들이 복잡한 아이디어들을 이해하는데 어느 정도의 한계가 있다는 점을 잊지 말아야 한다. 이러한 제약은 인간의 인지 발달에서 보이는 일반적인 양상이다. 예를 들면, 어린아이들이 *수 보존 개념*을 형성하는 데에는 시간이 필요하다. 아이들이 수 보존 개념을 형성하게 될 때, 이들은 양은 변하지 않는다는 것을 깨닫게 된다. 단지 사물들의 위치나 배열방식이 달라진 것이라고 이해하게 되는 것이다. 반면에 수 보존 개념을 형성하지 못한 아이들의 경우에는 사물들을 함께 뭉쳐놓은 것 보다 넓게 흩트려 놓은 것이 동일한 개수일지라도 더 많다고 생각한다. 어떤 아이가 사물의 *수*가 이 사물들의 위치가 변하기 때문에 변한다고 믿는다면, 이 아이는 다른 수량적 지식들을 이해하는 데 곤란에 처하게 될 것이다. 수 보존 개념을 형성하지 못한 모나라는 학생은 왜 5+1이 3+3과 같은지를 이해하지 못한다.

학생들이 수를 이해 할 수 있도록 도울 수 있는 다양한 맥락과 문제들을 제공해서 이들이 수 보존 개념을 형성할 수 있도록 격려 할 수 있다. 이때, 성숙은 이 과정에서 자연스럽고 예상가능한 부분이라고 존중해 준다. 학생들이 과제를 수행하는 동안 학생들에게 질문하고 그들의 생각을 경청하고 말과 행동을 관찰함으로써 학생들에게 맞는 적절한 과제를 찾을 수 있고 적당한 도전 과제를 찾아낼 수 있다. 이 책을 통해, 교사들은 학생선택용 수업 자료들과 다양한 난이도를 제공하는 일과활동 또는 여러 가지 활동들을 구할 수 있을 것이다. 자신의 학생들에 대해서 알고 있는 것을 활용해서 교사는 구체적인 수업 계획을 세우는 것이 좋다.

학생 활동 조직하기: 수학 파일과 공책

1학년 학생들은 이제 막 자신들의 생각을 종이에 적는 능력이 발달하기 시작하는 시기이다. 수학적으로 생각한 것을 입말이나 글말로 의사소통하려는 모든 노력은 이들 어린 학습자들에게 있어서는 아직 도달하지 못한 앞선 단계이다. 따라서 각 어린이가 활동지를 모으는데 사용할 수 있는 "수학 활동"이라고 적힌 수학 파일을 마련하는 것이 유용한 방법이 될 수 있다.

교사들은 이 책을 통해서 수학 공책을 활용하는 방법을 배울 수 있다. 수학 공책은 여러 가지 목적에 부합하기 때문에 사용하는 것이 좋다. 학생들이 수학 문제를 해결할 때, 학생들은 자신들의 생각을 공책에 적거나 그린다. 또한, 학생들은 수학 공책에 자신이 새로 배운 기호들을 기록한다. 교사가 학생들에게 제공한 자료를 수학 공책에 붙이기도 한다. 예를 들면, 1–100 수표 복사본이나 학생용 선택 활동 복사본을 제공하여 아이들이 기호에 따라 선택한 것들을 보관할 수 있다.

학생들이 스스로의 생각을 기록하고 정리할 때, 잘 정돈되어 있고 깔끔하게 되어 있기를 기대하면 안 된다. 대신, 새로운 개념을 배우고 정리 할 때마다 교사는 학생들에게 새 쪽에서 시작하고 새쪽의 상단에 날짜를 적도록 상기시켜 주면 도움이 될 것이다. 공책의 주요목적은 학생들에게 사적이고 편안한 공간을 만들어 주고 수학적 생각을 적도록 장려하는데 있다는 것을 잊지 말아야 한다.

수학 공책은 수학이라는 글씨가 적혀 있는 간편한 스프링 공책이어도 된다. 각 아이들에게 *수학*이라는 글씨가 적힌 스티커를 준비하여 나누어 주어서 공책에 붙이게 할 수도 있다. 만약 공책이 없다면, 공책을 만들어 써도 좋다.

평가를 수업에 통합시키기

교사는 학생들과 끊임없이 상호작용을 해야 한다. 어린이들이 문제 해결 상황에 반응하는 방법을 주의 깊게 경청하고 관찰한다. 이를 통한 학생과 교사 사이의 관점의 교환은 어린 학습자들의 능력을 키우는데 중요한 역할을 한다. 게다가, 정기적으로 학생들의 수학적 능력을 점검하는 구체적인 평가를 실시한다.[3] 예를 들면, 학생들이 물건을 일정한 기준을 가지고 분류하는지 또는 물건의 수를 셀 때 한 번에 하나씩 세는지를 알아보는 평가를 한다. 이를 통해 교사는 학생들의 적정한 수준, 장점과 한계를 알 수 있게 된다.

그리고 제대로 이해하지 못할 때는 왜 못하는지 그 이유를 알 수 있게 된다. 또한 교사는 학생들이 친구를 어떻게 대하는지, 완성 후에 학생들의 반응이 어떠한지, 수학적 활동을 할 때 자신의 행동이 적절했는지에 대한 것 까지도 파악할 수 있다.

또한, 교사는 학생들에 관한 정보를 활용해서 학생들의 사고를 확장시키고 학생들의 호기심을 자극할 수 있다. 사실 학생들이 자신들이 행하고 있는 활동에 대해 어떻게 생각하는지 묻고 대답하는 데에는 그리 많은 시간이 걸리지 않는다. 그들의 반응을 조심스럽게 살피고 심화된 질문을 하면 학생들에게 보다 강한 학습의욕을 불러일으킬 수 있다.

물론 효과적인 질문을 하면, 우리가 생각했던 것 보다 더 많은 도전을 어린이들에게 제공할 수 있다. 좋은 질문, 효과적인 질문은 정답이 정해져 있는 닫힌 질문이 아닌 열린 질문이다. 즉 아이들에게 맞다, 틀리다를 요구하는 것이 아니고 자신만의 표현방식으로 자신의 생각을 말할 수 있도록 하는 것이 가장 좋은 질문이다. 열린 질문은 아이들의 반응에 대한 진정어린 관심을 필요로 한다. 교사로서 우리가 자주 빠지는 오류는 정해진 답을 교사 자신도 모르게 아이들에게 바라고 기다리는 것이다. 이런 방식은 탈피해야 한다. 학생들이 수학을 잘 이해하고 통달할 것이라는 생각을 갖는 것도 교사로서 중요하겠지만, 학생들이 수학을 이해할 때 자신만의 방식으로 이해한다는 것을 아는 것도 중요하다. 학습자의 사고방식을 따르는 일은 교사로 하여금 수업 활동에 대한 사려 깊은 선택을 할 수 있도록 도와줄 것이다.[4]

3) 이 문단에서 관심을 가져야 하는 것은 "정기적으로"와 평가를 "수업 중"에 한다는 점이다. 이에 대한 심층 안내는 "김진호(2008). 학습자 중심 수학 수업과 수행 평가. 한국초등수학교육학회지, 12(1), 47-58."을 참고하기 바란다.

4) 수업은 연극대사에 따라 연극을 하는 것처럼 정해진 대본(수업과정안)에 따라 연출(교수·학습)되는 것이 아니라, 어린이들의 반응에 따라 유동적이어서 늘 변화가능성이 존재한다. 수업은 생동감이 넘쳐야 한다. 그러기 위해서는 교사는 아이들의 반응에 민감해야 하고, 이에 따른 수업적 판단에 따라 교수·학습을 진행할 마음의 준비를 하고 있어야 한다.

2장

9월

분류하기와 수세기

학습 환경

개학을 하면, 아이들과 선생님, 부모님의 기대가 높아진다. 개학 첫 주에는 설레는 흥분과 셀 수 없이 많은 부수적인 일들, 새 학기에 대한 가능성이 혼재한다. 교사는 아이들이 '선생님께서 우리를 도와주실 거야.'라고 기대할 수 있도록 해주고, 그들이 환영받고 있고 편안하다고 느끼도록 도와주어야 한다는 과제에 직면하게 된다. 처음 몇 주 동안 교사는 대부분의 시간을 일과 활동(routines)과 순서(procedures)를 정하는데 보내야 한다. 학기 초는 모든 준비가 끝나야 하는 때이다. 매일 해야 하는 활동들을 짧고 단순하게 조정하고 어린이들에게 순서를 연습할 시간을 주면, 아이들은 자신감과 자기 통제력을 갖출 수 있게 된다. 새로운 일과 활동을 소개하기 위한 시간을 배정하고, 세세한 부분들 그리고 아이들의 반응에도 주의를 기울여야 한다. 이때에는 한 번에 많은 것을 소개하거나 하나의 주제에 대해 많은 시간을 보내기 쉽다. 그러나 그렇게 하면 아이들이 집중력을 쉽게 잃어서 좋지 않다.

수학

분류하기와 수세기로 학기를 시작하는 것은 여러 가지로 유익할 수 있다. 이러한 활동들은 중요한 수학적 개념을 포함하고 있고 아이들이 '구체물 세기 과제'에 접근하는 방법을 조명해준다. 이달의 가르기 활동에는 다음과 같은 것들이 있다.

- 사물들 사이의 같은 점과 다른 점 확인하기.
- 사물들의 속성 구별하기 (색, 모양 등).
- 부분과 전체의 관계에 대한 인식의 폭을 넓히기.
- 물체를 세면서 일대일 대응 만들기.
- 수량을 비교하고 '더 많은', '같은', '더 적은'과 같은 용어를 정확하게 사용하기.

수세기와 분류하기를 위한 재료는 매우 다양하며 쉽게 구할 수 있다. 적어도 두 가지 방법(예를 들어, 색깔과 모양)으로 분류될 수 있는 재료를 선택한다. 가르기 활동을 하기 위한 물건들의 예로는 작은 장난감 동물, 다양한 지우개, 다 쓴 보드마커의 뚜껑, 맨들맨들한 차돌, 빵봉지를 묶는 플라스틱 끈, 막대모양의 머리핀, 병뚜껑, 야구카드가 있다. 색깔이 다양하고 흥미로운 물건들을 비교하고 조직하며 배열하는 동안 아이들은 활동에 몰입하게 된다. 교사는 다음과 같은 질문을 함으로써 아이들의 활동을 촉진시킬 수 있다.

"어떤 것들을 함께 놓을 수 있을까요? 함께 놓인 것들은 어떤 점에서 비슷한가요?"
"어떤 묶음이 가장 많은가요? 그리고 몇 개 있어요?"
"어떤 묶음이 가장 적은가요? 그리고 몇 개 있어요?"
"이 묶음은 다른 묶음보다 몇 개 더 많은가요?"
"수량이 같은 것은 몇 묶음이에요?"
"만약 선생님이 한 개를 더 주면, 그것을 어디에 놓고 싶어요?"
"그 물건을 다른 방법으로 분류할 수 있어요?"

교사는 아이들의 활동을 지켜보고 그들의 대화를 들으면서 아이들이 어떻게 생각하는지에 대한 많은 정보를 얻을 수 있다.

이때 교사는 아이들이 자신만의 분류 기준을 결정할 수 있도록 격려해야 한다. 만약 교사가 아이들에게 단순하게 같은 색깔사물끼리 분류할 것을 요구한다면, 교사는 아이들이 논리적으로 추론할 수 있는 기회를 빼앗는 것이며, 아이들이 색깔을 알고 있는지, 교사의 지시사항을 따를 수 있는지에 관한 것만을 알게 될 뿐이다.

학급 규칙 정하기

학급회의

새 학년이 시작되면 교사는 학급의 질서를 세우고 공동체 의식을 형성해 나가고 싶어할 것이다. 이를 위한 한 가지 방법은 수업 첫 주부터 시작하여 앞으로 1년 동안 정기적으로 학급회의를 여는 것이다. 학급회의는 교사와 아이들이 서로를 알아 가는데 도움을 준다. 또한 학급회의는 공동체의 문제해결을 독려하고 교사가 모둠 활동을 계획할 시간을 주며[5], 학교 일상생활의 생소한 측면을 아이들에게 설명할 수 있는 기회를 제공한다. 끝으로, 학급회의는 학교가 재미만을 위한 장소가 아니라 학습을 하는 곳이라는 것을 아이들에게 보여줄 수 있다. 교사는 학년 말보다는 일과 활동을 계획해야 하는 학기 초에 더 자주 학급회의를 하는 것이 좋다.

학급회의에서 교사와 아이들은 어떤 것들을 논의해야 할까? 교사는 교사가 정해 둔 학급 규칙에 대해 아이들과 이야기를 나누고, 아이들이 수업 중에 집중하려 할 때 방해가 되는 산만한 마음 상태 또는 행동들에 대해 분명하게 인식시키고 싶어 할 것이다. 하지만 생산적인 학급회의가 되려면 아이들은 정중한 청취자가 되는 법과 돌아가면서 발언하는 법을 익혀야만 한다. 회의시간은 과하지 않을 정도로 하고 모두가 참여하도록 격려한다. 보통은 소수의 아이들이 토론을 주도하게 되는데, 이 경우 학급회의 시간동안 각 개인에게 할당된 발언 횟수의 상한선을 정하는 것을 고려해 볼 수 있다. 헝겊으로 만든 공과 같은 물건을 사용하여 아이들이 순서를 지키며 차례로 다음 발언자에게로 넘기도록 할 수도 있다. 아이들은 손에 물건을 가질 때 자신이 발언자가 되었다는 것을 더 명확하게 이해하기 때문이다. 아이들이 돌아가면서 발언할 수 있는 기회를 가질 수 있도록 하면, 발언 기

5) 학생들에게 전적으로 학습회의를 맡기기 보다는 학급공동체의 한 구성원으로서 교사도 학급회의에 참여하는 것이 요구된다. 이때 의사결정권자로서 역할을 하는 것이 아니라, 학급 구성원 중의 한 성원으로서 의견을 개진할 수 있는 권한만을 가지며, 최대한 권위를 낮추어야 한다.

회에 대한 공정성을 줄 수 있다.

아이들의 주의를 끌 수 있는 재미있고 긍정적인 분위기 속에서 학급회의를 시작한다. 예를 들자면 교사는 박수치기를 시도한다든가, 짧지만 생생한 시 한편을 읽거나 신체활동을 유도하면서 학급회의를 시작할 수 있다. 그리고 아이들이 바닥에 편안하게 앉을 수 있을 만한 교실 공간을 활용한다. 가능하면 전체학급구성원들을 둥글게 앉혀서 아이들 모두가 다른 사람들을 볼 수 있도록 한다. 남녀를 번갈아 앉히는 자리배정도 가능하다. 이런 방법으로 남녀를 섞으면 공손한 말씨와 정중하게 경청하는 태도를 고무시킬 수 있다.

학급회의는 교사가 아이들의 학교에 대한 생각, 느낌, 관심사, 심지어 두려움까지도 표현해 내도록 격려할 수 있는 시간을 가질 수 있게 해준다. 일단 아이들이 교사와 학교 환경에 대한 신뢰감을 갖게 되면, 그들은 마음이 편안해진다. 많은 아이들은 학교생활과 관련해서 교사나 친구들에게는 말하지 못하고 가족들에게만 말할 수 있는 고민거리들을 가지고 있다. 그러한 것들 중에서 당장 토론할 만한 문제를 찾아본다. 예를 들어, "여러분이 어떤 걸 공부하는데 어려움이 있다면 어떻게 해야 할까요?" 또는 "여러분을 못살게 구는 아이를 말릴 수 없을 때는 어떻게 해야 할까요?" 일단 교사와 아이들이 이런 종류의 걱정거리에 관해서 이야기를 시작하면 아이들의 불안감이나 고립감은 줄어들게 된다.

학급회의는 또한 아이들이 모험을 하도록 권장할 수 있는 기회를 교사에게 제공한다. 공부란 교실에서 배운 것을 이해하는 것이지 '정답'을 얻기 위해 단순히 (교사의) 행위를 흉내 내는 것이 아님을 상기시켜준다. 선생님은 아이들이 열심히 노력하고 공부하기를 바라며 되도록이면 아이들의 능력에 딱 알맞은 과제를 학습할 수 있도록 할 것이라고 설명해 준다. 자신에게 '딱 알맞은' 공부 범위를 넘어서게 되면 선생님에게 알려달라고 이른다. 이런 문답들은 1년에 걸쳐 교사와 아이들이 해나가게 되는 목표 달성을 위한 대화의 원형(原形 prototype)이 될 수 있다.

첫 학급회의

첫 학급회의 시간에는 교사가 자신이 담당한 1학년 학생들이 1년 동안 공부할 주제나 단원들에 대해 이야기해 준다. 이를 통해 교사는 상황을 파악하게 되는데, 이 과정에서 1학년이 '너무 어렵게' 또는 '너무 쉽게' 지나갈 것이라는 염려를 하게 될 수도 있다. 또한, 매일 학교생활에서 접하게 될 일과 활동과 교과목들에 대해서 간단하게 논의하고, 아이들에게 확대한 주간계획표를 보여주고 (11쪽과 부록 참고) 하루단위 또는 주단위의 절차들을 설명해 준다. 매일 익숙한 절차를 반복한다는 것을 알게 되면 아이들은 자신의 생활 관리에 더 큰 자신감을 얻는다. 부모님들도 학급의 일과표와 시간표에 대해 똑같이 알게 될 것이라고 학생들에게 말해준다. (부모들 또한 학생들과 마찬가지로 시간표가 미리 준비되어 있다는 것에 위안을 느낄 것이다.) 마지막으로 학생들에게 모든 일과는 "오늘의 뉴스"로 마치게 될 것이라고 설명해 준다. 교사는 그것을 참고하여 부모님에게 보내는 소식지의 주제를 결정하게 될 것이다.

주간계획표

교사이름: 날짜: 교육과정 또는 학습단원:

수학내용:

월	화	수	목	금

주간 일과활동:

필요한 자료와 수학동화:

이 첫 회의 시간 동안 모든 아이들이 자신이 좋아하는 활동이나 음식, 동물, 색깔, 장소 등을 서로 얘기해 보도록 하는 것도 좋다. 또 아이들이 1년 동안 학교에서 배우고 싶은 것들에 대해 생각해 보게 한 다음 그것에 대해 토론할 수도 있다. 이 때 교사가 차트에 학생들의 반응을 기록하면서, 학기 초에 소개할 주제들 옆에는 별을 그려서 학생들에게 기대감을 갖게 하는 것도 좋은 방법이다. 이것은 또한 사람들이 무엇인가를 배울 때 서로 다른 시기에 서로 다른 방법으로 배운다는 것을 강조할 수 있는 좋은 기회이다. 선생님은 서로서로가 다르다는 사실을 예상하고 있으며 이런 것들을 수용할 것이라고 아이들에게 확인시켜 주어 이들의 불안을 덜어주는 것이 좋다. 많은 아이들이 학교생활 초기에 느끼는 긴장감을 완화시켜줌으로써 교사는 한 해 동안 아이들이 학교생활에 더 깊이 몰입하고 생산적인 활동을 하도록 이끌어 갈 수 있다.

학급에서 요구되는 바람직한 행위(expectations)와 학급규칙

첫 학급회의는 교사에게 "1학년은 어떨 것인가?"에 대한 답을 줄 것이다. 또 교사는 학급회의를 통해 학생들의 교실 행동에 대한 규칙을 만들 수 있다. 이 과정을 시작하는 한 가지 방법은 아이들이 할 수 있는 과제를 내주는 것이다. 예를 들어 학기 시작 첫 주나 둘째 주쯤에 지금까지 학교에서 겪었던 경험을 그림이나 글로 표현해보게 하는 것이다. (가령 쉬는 시간에는 무엇을 했는지, 점심시간에 뭘 먹었는지 등.) 다음 학급회의 시간에는 주어진 과제를 완수하는데 도움이 된 것은 무엇인지, 그리고 집중해서 활동을 하는데 방해가 된 것은 무엇인지에 대해 이야기 해보도록 한다. 예를 들어 "즐거운 마음으로 공부를 할 수 있도록 도움을 준 것은 무엇인가요?"라고 물어본 후, 아이들의 반응을 기록한다.

중요한 내용(예를 들어서 "누가 방해할 땐 공부하기 힘들어요.")이 반응 중에 없으면 이런 질문들을 던져본다. "공부하려고 하는데 누군가가 귀찮게 할 때 어떤 기분이 들죠?", "이런 문제를 해결하기 위해 어떻게 할 수 있을까요?" 이런 질문과 아이들의 답변을 통해서 자연스럽게 바람직한 학습 환경에 필요한 특징들에 대해 토론을 할 수 있을 것이다.

이 때 아이들은 하지 *'말아야'* 할 것이란 관점에서 생각하며 대부분의 발언들이 "밀지마", 또는 "소리치지마"와 같은 "... 하지마"로 시작될 것이다. 하지만 이런 표현법은 아이들이 해야 할 *'바람직한'* 일들을 떠올리도록 하는 데 별 도움이 되지 않는다. 따라서 그런 말들을 "손은 몸에 가까이 붙이기." "속닥속닥 말하기" 등과 같은 좀 더 긍정적인 용어로 수정해서 재진술해 준다.

아이들과 함께 만든 학급규칙을 교실에 붙여놓고, 수업 중에 아이들에게 정기적으로 상기시키는 것이 좋다. 아이들이 학급규칙을 잘 지키고 있을 때 이것에 대해 언급할 수 있는 기회를 갖는다. 그리고 일주일 쯤 후에 아이들에게 규칙이 적절한지에 대해 의견을 물어 본다. (많은 아이들은 규칙이 불편하다고 생각할 것이다.) 그리고 변경할 점에 대해 얘기해 보게 한다. 아이들의 생각을 받아들여 합의된 학급규칙으로 최종 게시물을 만든다[6].

6) 아이들에게 학급규칙을 만들게 하여 얻어진 학급규칙들도 교사가 학급규칙으로 정하였으면 하는 규칙들이 대부분 정해진다. 그리고 이 글에서는 한 번 하는 것으로 진술되어 있는 데, 필요할 때면 언제든지 학급규칙 목록에 새로운 규칙들이 첨가될 수 있고 기존 규칙들도 수정·보완이 가능할 수 있도록 해 주는 것이 좋다. 또한, 아이들이 자신들이 만든 규칙을 잘 지키는 경향이 있다.

의견을 모으고 통합하여 최대한 분명하고 간결한 목록을 작성한다. 한 1학년 학급에서 만든 규칙 중 몇 개를 소개한다.

"친구의 말과 선생님의 말씀에 귀를 기울입니다."
"친구를 괴롭히지 않습니다."
"정답게 서로 도와줍니다."
"실내에 있을 때는 뛰지 않고 걸어 다닙니다"
"공손한 말씨를 씁니다."
"조용히 말합니다. 왜냐하면 어떤 사람들은 큰 소리를 싫어하기 때문입니다."
"소지품과 학급용품을 잘 간수합니다."

규칙이 완성되면 모든 학급구성원이 거기에 서명을 한다. 이렇게 학생들이 스스로 만든 학급규칙은 앞으로 1년 동안 교실 분위기를 좋게 만들어 줄 것이다. 규칙을 스스로 정함으로써 1학년 학생들은 서로에게 귀 기울이고 배려해나가는 능력을 발달시킨다. 알림장에 학급규칙 목록을 첨부해서 아이들이 학교에서 한 것을 부모님에게 보여주는 것도 좋다.

일과 활동(routines)

1학년 교실의 많은 일과들은 대개가 필요에 의해서 발생했다. 대부분의 선생님들은 출결확인, 점심 급식자수 확인, 달력으로 달과 요일 알아보기 등과 같은 활동들로 하루를 시작한다. 이러한 활동은 수량적 관계를 탐구할 수 있는 많은 기회를 제공하기 때문에 1학년 선생님들은 오랫동안 이런 활동들을 잘 활용해 왔다.

교실의 일과 활동들은 예상가능하기 때문에 학생들은 안심할 수 있다. 월간지도 계획 속에 일과 활동을 집어넣는다. 일과 활동을 수립할 때 학기 초에는 아이들이 일과 활동에 익숙해질 수 있는 충분한 시간을 주어야 한다. 시간이 지나면 좀 더 복잡한 일과 활동을 추가로 도입하고 싶어질 것이다. 따라서 이 책의 각 장에는 월별로 새롭게 제안할 수 있는 일과 활동들을 소개하고 있다.

출결확인과 점심 급식자수 세기

아침의 일과 및 여러 세부절차를 능률화하기 위해 출결확인과 점심 급식자수 확인에 학생들을 참여시킨다. 이는 수에 대해서 토론할 수 있는 알맞은 기회이기도 하다. 게다가 출결확인 결과를 시각적으로 표시하고 싶다면 재량껏 교사의 기호와 교실의 물리적 공간을 활용할 수 있다. 자석 칠판과 이름표가 있다면 아주 쉽고 재밌게 출결상황이나 점심 급식명단을 칠판에 표시할 수가 있다.

자석달린 이름표를 만드는 것은 어렵지 않다. 작고 네모난 이름표(학생당 하나씩)를 다량 구입한다. 그런 다음 이름표의 뒷면에 자석의 끈끈한 부분을 붙이고, 자성이 있는 부분이 칠판 쪽으로 가도록 하여 이름표를 만든다. 아이들은 이름표를 쉽게 이동시킬 수 있게 된다. 이런 접착식 자석은 상점에서 나누어 주는 것들을 쉽게 공짜로 얻어올 수 있다. 지역사회 단체에서 나누어주는 홍보용 달력에서도 접착식 자석을 구할 수 있다. 이런 달력에는 사람들이 쉽게 내버리는 자석이 붙어있다. 가까운 보험회사나 부동산에 이 달력들을 따로 모아달라고 부탁해 볼 수도 있다.

일단 자석 이름표를 만들어서 자석칠판에 붙여두면, 아이들은 학급에서 활용 가능한 여러 범주에 기초하여 다양한 형태로 이름표를 배열할 것이다. (그림2-1 참조)

그림 2-1 ▶

점식 급식명단을 세는데 활용된 자석 이름표

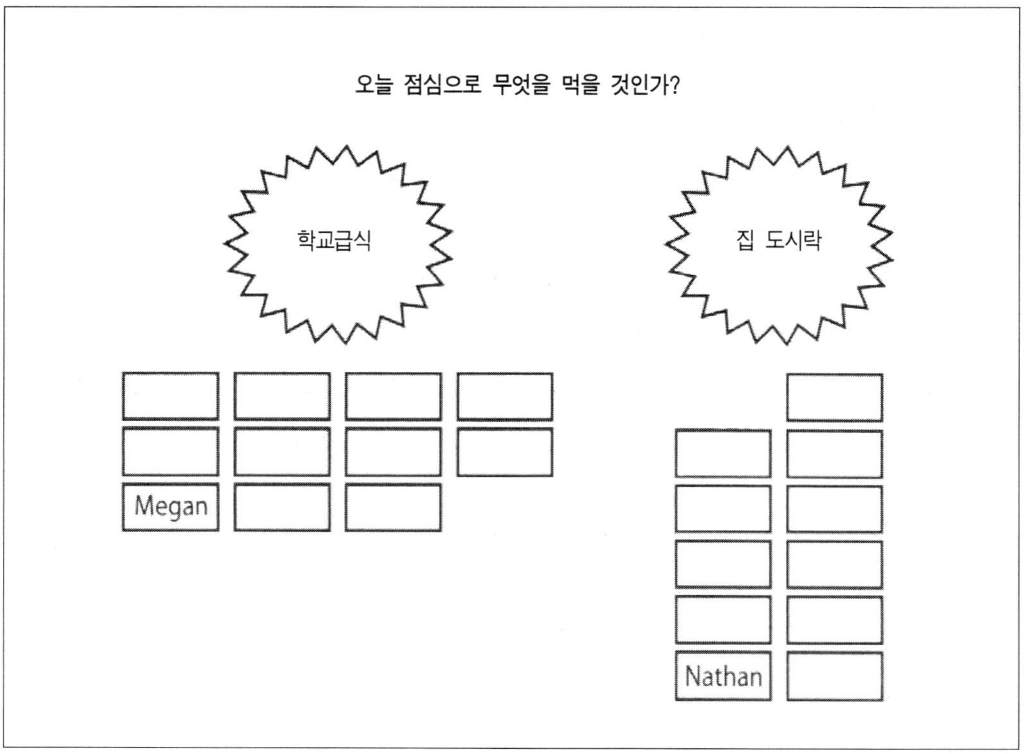

점심 급식 상황은 초등학교마다 상당한 차이가 있다. 어떤 점심 프로그램은 다양한 식단을 제공할 뿐만 아니라 아이들이 점심도시락을 싸올 수 있는 선택권을 주기도 한다. 교사가 출결 확인에만 이용하든지 아니면 점심 급식명단에도 활용하든지 자석 이름표를 해당범주 아래에 놓으면서 아이들은 가르기와 수세기에 스스로 참여하기 시작한다. 아이들은 이름표를 둘, 셋, 또는 넷으로 묶어서 놓을 수도 있다. 그러면 교사는 홀수와 짝수의 개념에 대한 논의를 시작할 수 있을 것이다. 이름표는 직사각형으로 만들 수도 있고, 학습하기에 재미있는 다른 모양으로 만들 수도 있다.

입학 후 처음 몇 주 동안 칠판 위의 적절한 표시 아래에 이름표를 늘어놓는 과정을 시범 보인다. 그런 다음 이름표의 개수를 세고 모으는 다양한 방법들에 대해 토론한다. 이름표의 개수가 짝수나 홀수가 되면 이런 개념에 대해 이야기를 나눈다. 아이들에게 이름표를 두개씩 배열하는 법을 보여주면 아이들은 따로 남는 이름표 하나가 있는지 쉽게 확인할 수 있고, 그것이 홀수가 된다는 것을 알 수 있다. *'더 많은', '더 적은', '같은'*과 같은 수 개념들을 언급한다. 다음과 같은 질문을 던져 본다. "이름표의 개수가 가장 적게 있는 묶음은 어디죠?", "이름표의 개수가 '더 많은' 이 묶음에는 이름표가 얼마나 더 많은가요?" 이런 질문에 대한 답을 구할 수 있는 전략들을 공유하도록 한다.

아이들은 이렇게 논의한 전략들을 곧 익숙하게 사용할 것이며 교사의 도움 없이도 점심 급식명단을 작성할 것이다. 이름표를 몇 개씩 묶어보고 점점 더 효율적인 방법으로 예를 들어, 두 개씩 또는 열 개씩 수를 세게 될 것이다. 몇 주 지나지 않아 출결확인과 점심 급식명단을 확인하는 일과는 학급업무로 만들어서 매일 다른 학생들이 차례로 맡게 할 수 있다. 이 일과에 대해서 매일 꾸준히 학급 토론을 한다면 아이들은 다른 사람들의 언행을 주의 깊게 관찰하게 되면서 둘씩 한꺼번에 세고 또 다양한 방법으로 숫자를 합쳐보게 된다.

자석 이름표가 학급에 적당하지 않다면 다른 대안으로 빨랫줄이나 굵은 실과 빨래집게를 이용하는 방법이 있다. 아이들의 이름을 하나하나 빨래집게의 양쪽 누르는 부분에 적는다. 이름을 쓸 때에는 빨래집게가 어느 쪽을 향하든 상관없이 빨랫줄이나 실에 꽂힐 때 한 방향으로 읽힐 수 있도록 적는다. 각각의 흥미 있는 범주마다 실이나 끈을 준비하여 매달고 아이들이 적당한 줄에 자신의 빨래집게를 꽂도록 한다.(그림2-2 참조) 코팅한 모눈종이에 빨래집게를 집어도 된다.

그림 2-2

출석을 기록하는 데 활용된 끈과 옷핀

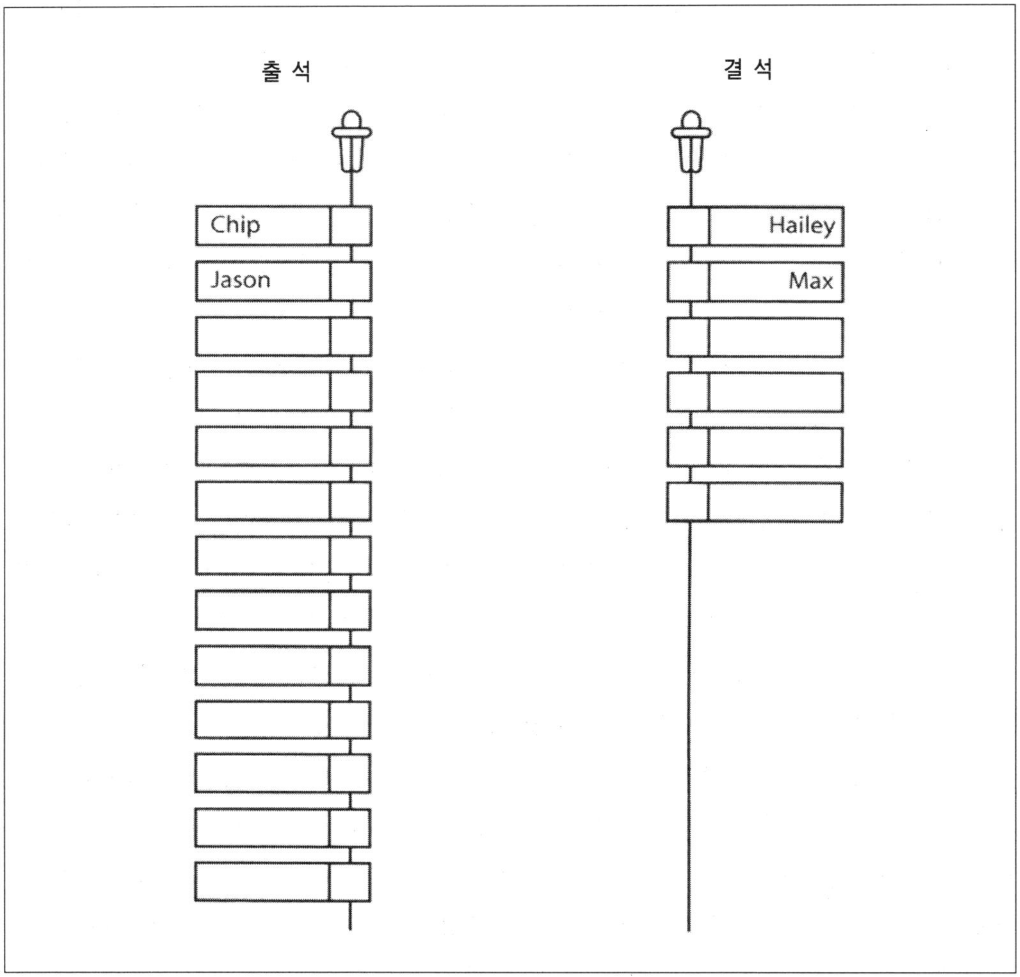

이런 방법들 모두는 아이들에게 수량을 비교하고 합쳐볼 수 있는 기회를 매일 제공하며 실생활 속에서 필요한 정보를 얻게 한다.

달력

대부분의 1학년 교실에는 달력이 걸려 있다. 달력을 이용한 활동은 다양한 가능성이 있어서 요 몇 년 간 인기를 끌어 왔다. 이런 활동들은 주의 요일과 일 년의 12달에는 패턴이 있다는 개념을 전해준다. 예를 들어 월요일은 일주일마다 돌아오며 한 달은 약 4주쯤 된다. 아이들은 상대적으로 다루기 쉬운 범위(1부터 31) 안의 숫자를 세는 경험도 할 수 있다. 하지만 많은 1학년 학생들은 주와 달의 패턴이 복잡하고 힘들다고 느낀다. 따라서 복잡한 무늬가 있는 달력을 사용하고 싶은 충동은 자제하기 바란다. 달력 테두리 안에 날짜만 있는 단순한 것이 아이들이 달력 속에 숨겨진 패턴에 집중하기가 더 쉽다.

개학 100일째를 기념하는 것은 많은 초등학교 교실에서 일종의 전통이 되었다. 많은 선생님들이 100일 기념을 달력 활동의 확장으로 포함시키고 있다. 교실 수업 첫날부터 학생들은 오늘이 며칠 째인지 파악하기 시작한다. 이것은 몇 가지 재미있는 방법으로 할 수 있다.

- 다발을 만들 수 있는 빨대 또는 색이 들어가 있는 고리와 같은 셈도움물을 사용한다. 이것들을 이용해서 10일이 지날 때마다 10개씩 묶음을 만들어 간다.
- 매일 1페니씩 더해간다. 필요할 때마다 다른 동전으로 교환한다. 예를 들어서 5페니가 모였으면 5센트짜리 동전으로 바꾼다.(P. 74의 참고 각주17) 시중에서 파는 동전을 넣어두기에 딱 좋은 용기를 사서 쓰거나 아니면 비닐봉투에 동전을 크게 확대한 그림을 붙여서 그 안에 동전을 보관할 수 있다.
- 1부터 100까지 적힌 포켓 차트에 매일 수를 하나씩 붙인다.

다른 일과활동과 마찬가지로 이 새로운 절차들을 학생들에게 시범 보인다. 학생들은 점차 달력 활동을 학급 업무로 행할 마음의 준비를 하게 된다. 짝과 함께 이런 역할들을 서로 도와가며 하게 한다. 달력 활동은 많은 양의 정보를 파악할 수 있도록 해주며, 그에 따른 짝별 토론은 학생들의 이해 정도를 명확하게 알 수 있게 해 준다.

어림 항아리

어림하기 활동과 함께 학기를 시작하는 것은 수학 시간 동안 용감하게 발표하는 학급 풍토를 만드는 데 도움을 줄 수 있다. 1학년 학생들은 좋은 추측을 하는데 어려움을 느끼므로 비록 이들의 대답이 옳지 않더라도 대답하는 것으로 족하다. 많은 아이들은 '틀렸다'는 말에 대한 깊고 일반적인 두려움을 갖고 있다. 학생들이 자신들의 최선의 생각을 표현하는 동안 괜찮다고 느끼도록 돕는 것은 그들의 학습에 있어서 강력한 힘이 될 수 있다.

교사는 학기 첫 주에 교실 안에서 접근이 용이한 곳에 작은 플라스틱 항아리를 둠으로써 어림잡기 활동을 시작할 수 있다. 항아리 안에 약간의 물건을 넣어 둔다. 예를 들면 대략 다섯 개나 열 개의 커다란 공 모양의 풍선껌을 넣어 둔다. 테이프로 항아리를 막는다. "항아리 안에는 몇 개의 풍선껌이 있을까요?"라고 종이에 쓴 뒤, 이것을 종이끼우개(클립보드)

에 붙여서 항아리 옆에 둔다. 볼펜도 가까이에 놓아둔다. 곧, 누군가가 이 질문을 읽고 응답할 것이다. 만약 아무도 응답하지 않는다면, 아이들에게 자신의 추측을 적어 보게 한다. 풍선껌에 비해 어린이들이 적은 수가 작은 수라면, 이 첫 번째 시도에서는 항아리 안의 내용물을 세어 볼 수 있게 해 준다. 아이들이 성공하면, 아이들은 좀 더 도전감을 주는 추측하기 활동에서도 자신감을 갖고 시도할 수 있다.

두 번째 주에는 항아리와 종이끼우개를 가져와서, 아이들에게 그들이 추측한 것에 대해 질문한다. 다음과 같은 대답이 나올 것이다.

"나는 세어 봤는데 7개 있었어요."
"우리가 그것을 먹을 수 있어요?"
"나는 여섯 살이니까, 여섯 개가 있을 거예요."
"나도 세어봤는데, 여섯 개라고 생각해요"

아이들의 생각을 듣고, 아이들 중에 매우 우스꽝스러운 추측을 제안할 수 있는 사람이 있는지 알아보기 위해 아이들에게 물어볼 수도 있다. 예를 들어, "이 항아리에 절대 들어갈 수 *없는* 풍선껌의 개수가 몇 개일까요?" 누군가 대답할 것이다. "백만 개요!" 다음으로 항아리에 한 개의 풍선껌이 들어있는 것이 가능한지 물어 본다. 하나 이상 있는 것이 보이기 때문에, 학생들은 "아니요."라고 대답할 것이다. 계속해서 25, 2, 15, 3과 같은 수들을 제안한다. 그러면서, 항아리 속에 있는 실제 숫자와 상당히 가까운 수가 있는지를 확인하는 과정을 거친다. 실제와 비슷한 추측을 하는 것이 좋다고 설명한다. 추측은 중요한 수학적 기술이며, 정확한 답이 아니어도 된다. 그리고 풍선껌을 옮기며 정확하게 숫자를 세어 본다. 풍선껌을 병에 되돌려 놓으면서, 항아리에 들어있는 껌의 개수를 종이에 적어서 붙인다.

어림값 토론을 하는 동안 추측을 하면서 '어림'이라는 단어를 사용한다. 학생들이 이러한 종류의 추측을 할 때 아이들에게 정확한 대답을 기대하는 것이 아니라고 꼭 상기시켜주어야 한다. 이 수업의 목적은 정답에 가깝게 맞추도록 하는데 있으며, 명백히 비현실적인 어림을 하지 않도록 하는데 있다. 학생들에게 어림 항아리와 어림하기 활동은 항상 교실 안의 같은 장소에 있을 것이라고 말해 준다. 그리고 새로운 항아리가 놓일 장소를 보여준다. 며칠이 지난 후 이전에 놓인 항아리와 비슷한 항아리에 더 많은 풍선껌을 넣어 둔다. 또는 새로운 항아리에 처음 넣었던 항아리의 높이만큼 채워 넣는다. 대신에 여기에는 풍선껌 말고 구슬을 넣는다. 가능하다면 풍선껌이 들어있던 처음 항아리를 같이 놓는다.

그렇게 하면 아이들은 그것을 다음 추측을 위한 근거 즉, 비교대상으로 사용할 수 있다. 종이끼우개에 새 종이를 올려놓고 '우리는 첫 번째 항아리에 5개의 풍선껌이 들어있다는 것을 압니다. 그렇다면 다른 쪽의 항아리에는 몇 개의 구슬이 있을까요?'라는 질문을 적어 놓는다. 만약 2명 이상의 학생들이 같은 추측을 한다면 그 숫자 옆에 체크를 한다.

나중에, 교사는 아이들이 교대로 어림 항아리 속 내용물을 세는 일을 일과 활동으로 부과할 수 있다. 주말에, 어림 활동에 참여했던 아이들이 그들의 결과를 하루를 여는 활동으로 학급 친구들에게 보고한다. 만약 그 수에 동의하지 않는 학생이 있다면, 아이들은 해법 찾기에 참여할 수도 있다. 숫자가 커지면 짝과 함께 활동한다. 이 일과 활동은 1년 동안 지속되고 후속 장들의 월별 일과 활동 코너에 제시되어 있다.

그래프

그래프와 도표를 만드는 것은 수학적 사고를 일과 활동에 포함시킬 수 있는 한 가지 방법이다. 그래프는 정보를 조직하고 표현할 수 있는 시각적인 수학 방법이다. 여러 가지 종류의 그래프가 있으며 이들은 여러 가지 형태를 취한다. 예를 들어 어린아이들은 실제적이고 셀 수 있으며 볼 수 있는 사물을 이용하는 것이 유리하다. 그들은 또한 사물을 표현하기 위해 그림을 사용하고, 나중에 수나 기호를 이용해서 아이디어를 표현한다. 그래프를 그려보는 경험은 학생들에게 수량적 데이터를 사용하고 학생들의 최근의 생각과 관심거리들을 나타낼 수 있는 기회이다. 예를 들어, 개학 첫날, 많은 학급에서는 각 아이들이 학교가 끝난 후 어디로 향하는지를 보이는 그래프를 만들었다. 어떤 1학년 선생님이라 하더라도, 그 반에 자신의 방과 후 목적지가 불분명한 아이가 한 명이라도 있다면 이것보다 더 큰 근심거리는 없을 것이다. 이 그래프를 통해서, 교사는 누가 어떤 버스를 타고 가는지, 데리러 오는 사람이 있는 학생은 누구인지, 누가 탁아 프로그램에 가는지를 예정하고 논의할 수 있다. 방과 후 계획을 그래프로 만드는 것은 학교에서 첫날 이루어지는 활동이다.

아이들이 그래프를 만들고 토의할 때, 아이들은 그들의 수학적 언어와 이해를 발달시킨다. *더 많은, 같은, 더 적은, 세로행* 그리고 *가로열*과 같은 단어들은 그래프의 결과로 아이들이 자연스럽게 깨닫게 된다. 교사가 이런 언어를 사용하는 것을 시범 보이면, 아이들의 수학적 사고가 축적되는 것을 격려할 수 있다.

다양한 그래프 만들기 경험을 제공하는 것은 아이들이 그래프나 차트의 데이터를 해석하는데 더 편안함을 느끼도록 도와줄 것이다. 가능하다면, 색깔에 의해서 분류될 수 있는 문구 세트나 끈이 달려 있는지 없는지에 의해서 분류할 수 있는 신발과 같은 실제 사물을 사용하도록 한다. 이런 유형의 경험은 교사가 학생들에게 추상적으로 생각하도록 요구하기 전에 아이들이 실생활과 연결시켜서 그래프를 그리는 감각을 가질 수 있도록 해준다. 아이들은 그들이 볼 수 있고 만질 수 있는 사물들의 수량을 세고 비교하는 활동으로 시작할 필요가 있다. 그래프가 점차적으로 기호화되면, 교사는 아이디어와 관계를 표현하기 위해서 그 대신에 그림을 사용할 수 있다.

9월에 할 수 있는 그래프 만들기에 대한 아이디어들은 다음과 같다.

- 오늘의 날씨 (비, 맑음, 서늘함, 따뜻함).
- 아이들이 집에 가는 방법 (버스, 걸어서, 누군가 데리러 옴).
- 집에 있는 장난감 중에서 아이들이 가장 좋아하는 장난감 (테디 베어, 자전거, 공).
- 학생들의 이름에 있는 자음과 모음의 수와 그것이 짝수인가 홀수인가.

아이들과 그래프를 만드는 것은 풍부한 학습 경험을 제공해 준다. 특정한 그래프에 대한 학생들의 응답과 관찰은 매우 다양할 수 있다. 예를 들어, 만약 신발을 그래프로 나타낸다면, 어떤 어린이는 끈이 달린 신발은 몇 켤레인지를 결정하기 위해서 세기를 이용할 수 있는 반면에, 다른 아이들은 끈이 있는 신발과 없는 신발의 수를 비교하기 위해서 두 개씩 묶음을 지을 수도 있을 것이다.

전체 학급 활동

1학년 수학시간에 교사가 해야 할 우선과제는 아이들이 학습 용구를 선택하고 가져가서 학습하기 위한 절차를 마련하는 일이다. 먼저 아이들 각자에게 개인 몫의 분류 활동 세트와 세기 활동 세트를 나누어 주는 것으로 시작한다. 그러면 아이들은 학습용구 다루기와 조용히 공부하는 것에 대한 책임감을 갖기 시작한다. 처음 몇 주 동안 정기적으로 개별 학습시간을 마련함으로써 교사는 학습용구를 사용할 때 요구되는 바람직한 행위들을 쉽게 설정할 수 있다. 개별 학습은 교사와 학생간의 1대1 상호작용을 촉진한다. 이러한 상호작용을 통해 교사는 학생들이 수세기를 하는 방법 그리고 수량을 비교하는데 사용하는 용어에 대한 아주 귀중한 정보를 모을 수 있다. 몇 주 후부터는, 주별 시간 계획표에 2인 1조 및 대모둠 문제해결 상황들을 포함시킬 수 있다. 예를 들어, 학생을 두 명씩 모둠을 만들어 단추 한 세트를 분류하는 활동을 할 수 있으며, 학급 전체가 참가하여 학급학생들이 신고 있는 신발의 종류를 끈이 있는 것과 없는 것으로 분류하여 표현하는 활동을 인간그래프를 만들면서 할 수 있다.

수학하면 떠오르는 생각들

입학 첫 날에, 학생들을 다 불러 모은다. 앞으로 매일 일정시간 동안 수학을 공부할 것이라고 설명해준다. *'수학'*이라는 말에서 어떤 생각들이 떠오르는지 말해보게 한다. 대답 중에 다음과 같은 것이 있을 것이다. '수학math'이란 말을 잘못 알아들은 아이들은 *'math'*를 *'map'*이라고 생각할 수도 있다. 대개는 수세기와 수와 관련된 아이디어들을 얘기할 것이다. 이 때, 아이들의 사고를 보다 잘 표현할 수 있게 도와주는 수, 기호, 그림들을 사용하여 그들의 생각을 큰 종이 한 장에다 적어 둔다. 아이들이 수학적 주제들을 명확히 해 나가는 동안, 교사는 덧셈과 뺄셈의 수학기호를 소개할 수도 있을 것이다. 교사는 또한 도형이나 측정과 같은 주제를 언급하고 싶을지도 모른다. 주변세계 어디에서 수학을 발견할 수 있는지 토론해 본다. 예를 들어, 아이들은 집에서나 자동차, 버스를 탈 때 숫자와 도형을 어디에서 볼 수 있는가? 학부모에게 가정통신문을 보내서 가족전체를 이 활동에 참여시켜도 좋다.

학용품 분류

등교 첫날에 학생들은 갖가지 신나는 학용품들을 가득 지니고 학교에 온다. 이렇게 초기에 쏟아져 들어오는 학용품들을 정리하는 것은 1학년 교실에서 아주 대단한 작업이 된다. 많은 교실에서 학용품의 일부는 학급공용 물품으로 쓰고, 나머지는 책상이나 사물함 속에 두고 쓴다. 원활하게 운영되는 교실을 만들기 위해서는 어떤 학용품을 어디에 놓아 두어야 하는지 결정해서 학생들에게 알려주어야 한다. 다음의 목록을 지침으로 활용할 수 있다.

1. 등교 첫날 교실에서 학생들의 자리가 배치되면 교사는 먼저 새 학용품 정리 작업을 할 것이라고 아이들에게 설명해 준다. 여분의 학용품을 준비하여 중요한 필수 학용품이 모자라는 학생들에게 필요한 것을 나눠주도록 한다. 교실주변에 표지를 달아서 학용품을 보관할 장소를 표시하고, 학용품을 사용하고 나서 표지가 있는 곳에 학습용구를 보관하는 방법을 시범 보인다.
2. 각자의 가방을 책상 위에 놓고 안에 든 학용품을 모두 꺼내게 한다. 학급공용 물품으로 쓰지 않는 것은 무엇이든 아이들 각자의 책상에 놓아둘 수 있게 한다.
3. 학급공용 물품들은 따로 모은다.
4. 남아있는 학용품들을 어떤 식으로 분류할 수 있는지 학생들에게 질문한다. '종이로 된 것과 그렇지 않은 것', '상자에 든 것과 아닌 것', '표시를 할 수 있는 것들' 또는 '내가 가장 좋아하는 것들'과 같은 대답들이 나올 것이다.
5. 학급 공용물품의 특성을 활용하여 알아맞히기 게임을 한다. 교사가 제시하는 힌트를 아이들이 듣는다. "선생님이 생각하고 있는 물건은 보통은 금속으로 된 부분이 있고, 손가락이 들어갈 구멍이 두개 있는 것이에요. 뭘까요?" 그런 다음 아이들의 가위 중 하나를 들어 가위 주인의 책상 속에 넣는다. 또는 "선생님은 튜브처럼 생긴 걸 생각하고 있는데 그걸로 색칠을 할 수 있어요."라고 말한다. 그리고 학생들의 마커펜이나 크레용 중에 하나를 집어서 그들의 책상 속에 넣는다. 학생들 모두가 따라하게 해서 게임을 진행하는 동안 각자의 학용품들을 책상 속에 넣도록 한다.
6. 학용품이 모두 치워지고 나면 학생들이 제일 좋아하는 학용품이 뭔지 생각해보게 한다. 나온 대답을 적는다. 그날 다른 시간이나 아니면 며칠 후에 각자가 제일 좋아하는 학용품의 그림을 그려보게 한다. 그 그림들을 가지고 교실에 게시할 그래프를 만든다. 아이들에게 그래프가 나타내는 것이 무엇인지 물어본다. 대답들은 다음과 같을 것이다. "그래프에는 우리가 제일 좋아하는 학용품이 나와 있어요.", "우리가 가장 아끼는 물건들이 표시되어 있어요." 아이들이 말하는 것을 받아 적는다.
7. 시간이 충분하다면 아이들의 대답을 큰 글자로 적어서 그래프 옆에 게시하고, 내용을 아이들에게 읽어준다. 그래프는 정보를 제공하는 것이며, 따라서 그래프에서 알게 된 것들을 토론하는 습관을 갖는 것은 아주 좋은 생각이라고 아이들에게 말해준다.
8. 질량이나 수량 비교와 관련된 관찰 결과는 무엇이든 토론대상으로 삼는다. 예를 들면 "물감을 좋아하는 사람들이 가장 많아요.", "종이학습지철을 고른 사람과 싸인펜을 고른 사람의 수가 같아요.", "연필을 가장 좋아하는 사람은 네 명이에요." 다른 색깔의 마커펜으로 이러한 수학 관련 문장들 옆에 M[7]이라고 표시한다. '참인 수학 문장'이라는 말을 소개하고 그래프와 다른 수학적 관찰 결과를 토론하는 시간에는 항상 이 말을 언급하도록 한다.

학급 물품 다루기

분류할 수 있는 여러 종류의 세트(예를 들어, 25쪽 *단추게임*을 하면서 사용할 단추들 또는 160쪽 *흔들어서 던지기*에서 사용할 리마 콩들)를 아이들에게 보여준다. 한 가지를 선택해서 그 물건이 재미있고 유용하게 사용될 수 있음을 설명하고, 게임과 수학적 아이디어에 따라 사용방법에 차이가 있음을 이야기해 준다.

한 세트에서 물건들을 집어들고 이것들을 교사 앞의 바닥에 조심스럽게 놓는다. 그러고 나서, 이 물건을 담고 있던 비닐봉지를 거칠게 흔들면 어떻게 될지 아이들에게 물어본다. 물건을 소중히 다뤄야 한다는 것을 이야기해 준다. 여러 종류의 세트를 보면서 이야기를 한다. 모두가 물건들을 잘 다뤄야 하며, 그래야 모두에게 그것을 활용할 수 있는 기회가 돌아감을 말해준다.

그 다음 몇 가지 질문을 한다. 답이 "예"일 경우에는 엄지손가락을 치켜들고, 답이 "아니오"일 경우에는 엄지손가락을 내리도록 한다.

> "너희들은 1학년 인가요?"
> "우리는 점심을 매일 먹습니까?"
> "최근에 헬리콥터를 탄 적이 있습니까?"
> "교실에 코끼리가 있습니까?"

세거나 분류될 물건들에 관한 질문을 하면서, 학생들과 함께 엄지손가락 들어올리기 게임을 한다.

> "이 세트에 있는 물건들을 셀 수 있습니까?"
> "이 물건들을 먹을 수 있습니까?"
> "이 물건들을 너의 입, 코, 귀에 가져갈 수 있습니까?" (여러 가지 대답이 나올 때는, 시간을 들여 규칙을 알려주어야 한다.)

놀이와 공부의 차이에 대해서도 질문해 본다. 이 사물들을 가지고 여러 형태의 모둠짓기, 일대일 대응짓기, 세기, 다시 모둠짓기와 같은 적절한 활동을 역할극 형식으로 해 볼 수도 있다. 적절하지 못한 행동들에 대해서도 질문한다. 이렇게 여러 가지를 섞어서 질문

---

7) 우리는 '수학'이라고 적어두면 된다.

하는 것은 흥미를 가중시킨다. 특히 아이들이 놀이와 공부를 구분할 수 있도록 도와주어야 한다. 토의 마지막에 물건을 제자리에 두고 정리하는 것을 가르쳐 준다.

학급 물품을 개인적으로 사용하기

교사가 학급 물품을 소개하고, 학생들에게 그것을 책임감 있게 다루어야 한다는 것을 설명 한 후엔, 생산적이고 개별적인 활동 시간을 갖는다. 이 시간에 아이들은 수세기 용품이나 분류 세트를 선택할 수 있다. 그들의 선택에 따라, 독립적인 공간을 확보하여, 물건이 섞이지 않도록 한다. 이 활동은 학생들이 이러한 일과 활동에 적응하도록 돕기 위해서 하는 것으로 짧은 시간 동안만 할 것이라고 설명해 준다. 약 10분 동안 활동한 후, 이 일과 활동이 성공적이었는지, 아이들이 앞으로 있을 수학 시간에 더 많은 시간동안 조작물을 사용하는 것에 관심이 있는지를 확인해 본다.

수학 시간에 아이들이 조작물을 선택했을 때, 그 수학 시간 동안에는 같은 물건만을 사용해야 함을 주지시킨다. 다음시간에, 그들은 다른 조작물을 선택할 수 있음을 주지시킨다. 몇 몇의 아이들에게 조작물을 선택하고 조용한 활동 공간을 확보할 수 있는 시간을 준다. 모든 아이들이 자신의 공간을 잘 확보하고, 그들이 선택한 조작물을 훑어볼 충분한 시간을 갖게 하며, 잘 정리 정돈할 수 있게 해주는 것이 좋다. 특히 학기 초에는 교실을 돌아다니면서 학생들을 점검해야 한다.

그런 다음 아이들에게 그들이 가지고 조작했던 것이 무엇인지 말해보게 하여 학생들이 조작물을 가지고 활동하면서 사용한 조작물에 대해 알게 된 것을 공유하도록 한다. 이렇게 의견을 공유하면 아이들은 다양한 조작물들이 있음을 알게 되고 수학적 개념을 이해하게 된다. 아이들이 '더 많은' 또는 '더 적은'과 같은 수학적 단어들을 언급할 때 수학용어집에 이런 용어들을 써서 그것을 강조한다. 이 수학용어집은 1년 내내 게시하면서 아이디어를 첨가해 간다.

다음 몇 주 동안, 이런 개별 활동을 1주에 2~3번 정도 규칙적으로 하도록 한다. 점차적으로 시간을 늘려 한 번에 30분정도 분류 세트를 가지고 활동하게 한다. 아이들이 물건을 가지고 있는 동안 조용하게 활동하며, 그들의 생각에 집중하도록 해야 한다.

몇 주 동안 수학공책, 접착식 종이, 라벨지, 시각화된 자료, 교사 저널, 사진 등을 사용하여 다음을 기록한다.

- 아이들이 개별적으로 얼마나 큰 수까지 셀 수 있는지.
- 아이들이 사물을 세는 방법. (아이들이 사물을 옮기면서 세는지 등)
- 아이들이 일정한 기준을 가지고 물건을 분류하는지.
- 아이들이 두 번째 기준을 사용해서 물건을 다시 분류할 수 있는지.
- 아이들은 *'더 많은', '같은', '더 적은'*과 같은 비교 용어를 정확하게 사용하고 있는지.

단추 게임

이 수업은 학생들에게 *'같다'*와 *'다르다'*의 개념을 소개한다.

준비물

- 단추 30개
- 지퍼백 1개
- 단추를 놓을 수 있는 충분한 크기의 접시1개
- Margarette Reid가 지은 ***The Button Box*** 또는 Arnold Lobel이 지은 ***Frog and Toad Are Friends***[8)]

교수학습 지침

1. 수업 전에 지퍼백 안에 단추를 넣어둔다.
2. 아이들이 원 모양으로 둥글게 앉도록 한 후, Margarette Reid가 지은 ***The Button Box*** 또는 Arnold Lobel이 지은 ***Frog and Toad Are Friends*** 중 The Lost Button 부분을 읽어 준다.
3. 이야기를 읽어 준 후, 단추가 있는 옷을 입은 어린이가 있는지 물어본다. 몇 명의 아이들에게 그들의 단추를 보여주도록 한다. 아이들이 색깔, 모양, 단추 구멍의 수, 그 밖의 단추에 대한 것을 이야기하도록 한다. 단추들은 어떤 면에서는 서로 같고, 어떤 면에서는 서로 다르다.
4. 지퍼백에 있는 단추를 접시 위에 쏟아 놓고, 그것들을 쉽게 관찰할 수 있게 한다. 단추 하나를 집어 들고 그것이 달려있었을 옷에 대해 이야기해 본다.
5. 다른 단추들로 4번을 되풀이하면서 단추들의 같은 점과 다른 점에 집중하게 한다.

---

8) 이 책은 '개구리와 두꺼비는 친구 엄혜숙 역, 비룡소'로 번역되어 있다.

6. 접시에 단추들을 다시 놓은 후, 원 주위를 돌면서 각 아이들에게 단추를 선택하게 하고, 그들의 앞에 그것을 놓게 한다.
7. 교사도 단추를 집고, 아이들과 함께 앉는다.
8. 교사의 단추를 자신의 오른쪽이나 왼쪽 옆에 앉은 아이가 갖고 있는 단추 옆에 놓는다. 학급구성원들에게 교사와 그 파트너는 이 두 단추에서 같은 점과 다른 점을 한 가지씩 찾을 것이라고 말한다.
9. 파트너에게 두 단추에 대해 무엇을 알아냈는지 물어본다. 두 단추의 같은 점을 먼저 말하고, 다른 점을 이야기하도록 한다. (예를 들어, 그 단추는 둘 다 하얀색이지만, 하나가 다른 하나보다 크다.)
10. 짝이 된 아이들은 몇 분 동안 단추를 비교해본다. 그러고 나서, 아이들은 자신들이 한 비교를 돌아가면서 발표하여 자신의 생각을 다른 학생들과 공유한다. 교사는 학생들이 비교한 내용을 차트지 위에 기록한다.
11. 학생들이 비교한 것을 *같다*와 *다르다*라는 언어를 사용하여 모두 공유한 후에, 학생들에게 주어진 단추들을 분류할 수 있는 방법들에 대한 아이디어를 생각해 보는 시간을 가질 것이라고 말해 준다.
12. 아이들에게 단추를 손바닥 위에 놓게 한다. 학급구성원들이 공유했던 아이디어들을 반복할 것이라고 설명해 준다. 만약 분류 기준이 특정한 아이의 단추에 적용될 수 있으면, 이 아이는 자신의 단추를 앞에 내려놓는다.
13. 아이들이 짝과 함께 했던 분류 기준 중에서 몇 개를 불러준다. -예를 들어, 둥근 단추, 구멍이 두개인 단추, 하얀 단추 등. 아이들이 그들의 단추를 내려놓으면서, *가장 많은, 더 많은, 더 적은*과 같은 비교어를 사용하도록 한다. 예를 들어, “대부분의 단추는 둥글다.” 또는 “구멍이 두 개인 것 보다 네 개인 단추의 개수가 더 적다.”
14. 단추는 수학 시간마다 유용하게 쓰일 것이라고 설명해 준다. 아이들에게 단추들이 공통적으로 가지고 있던 속성(색깔과 모양 등)으로 단추들을 분류했다는 점을 상기시켜 준다. 이러한 분류 아이디어는 많은 다른 사물에서도 공통적으로 쓰일 수 있다.
15. 지퍼백이 잘 닫혔는지 살펴보는 것의 중요성에 대해 어린이들과 함께 이야기하면서, 지퍼백 안에 단추를 집어넣는다. 아이들에게 이것과 다른 분류 세트들을 어디에 보관해야 하는지 보여준다.

이름 게임

*이름 게임*은 공동체에 대한 이해를 높여주고 아이들이 분류와 비교를 사용하도록 격려해 준다. 1학년 아이들은 일반적으로 그들의 이름을 읽고 쓰고 인식하는데 편안함을 느끼므로, 이름을 이용하는 것은 학기를 시작하는 중요한 밑거름이다.

준비물

- 4가지 색상의 색도화지 각각 한 장씩.
- 여러 가지 색상의 컬러 마커.
- 가위 1개.
- 완성한 이름표를 분류하기 위한 용기 1개.

교수학습 지침

1. 4가지 색상의 색도화지를 가로 3인치, 세로 6인치의 직사각형으로 잘라서 이름표를 만든다. 아이들의 이름을 굵은 글씨로 이름표에 쓴다. 아이들은 이름표를 이용해서 서로서로를 알게 되고 이름표의 색깔과 같은 분류 속성에 초점을 맞추게 될 것이다. 만약 이름표를 분류하는 방법을 늘리고 싶다면, 속성을 더 추가한다. 예를 들어, 빨강 이름표에 이름의 반을 쓰고, 파랑 이름표나 검정 이름표에 나머지 반을 쓴다. 교사는 또한 대문자만 사용하여 몇 개의 이름을 쓸 수도 있다. 교사가 원하는 만큼의 분류 가능성들을 포함시킨다.
2. 완성한 이름표를 넣을 수 있는 용기를 만든다. 교사는 모둠을 만들거나 파트너를 정하기 위해서, 원한다면 언제든지 이름표를 사용할 수 있다. 교사는 모둠을 정할 때 같은 색깔 또는 다른 색깔의 이름표를 가진 아이들끼리 함께 활동을 하도록 할 수 있다. 이름표가 들어있는 용기는 대체교사(임시교사, 또는 교과전담교사)에게도 유용하다.
3. 게임을 시작하기 위해, 우리 학급에 있는 학생들의 이름은 어떤 점에서 서로 비슷하다고 설명을 해 준다. 같은 문자로 시작되는 이름을 가진 학생 두 세 명의 예를 사용한다.
4. 이름을 분류할 수 있는 또 다른 속성을 선택한다. 학생들에게는 이 속성을 말하지 말고, 대신 이름만 말한다. 아이들에게 생각나는 속성이 무엇인지 물어본다.
5. 다음 활동은 다양한 이름의 음절에 관한 것이다. 아이들에게 음절의 개수가 같은 이름을 물어본다.
6. 아이들에게 준비한 이름표를 보여주고, 이 이름표에서 발견한 다른 점이나 같은 점이 있는지 물어본다. 이름표의 다양한 색에 대해 토의를 한다.

7. 이름표를 나누어 준다. 그런 다음 빨간 이름표를 가진 아이들은 박수를 치고 노란 이름표를 가진 아이는 흔들어 보라고 한다. 네 가지 색을 모두 확인할 때까지 한다. 이름표의 여러 가지 색에 의해 아이들의 이름이 쉽게 분류될 수 있음을 설명해 준다.
8. 아이들이 자신들의 이름의 공통점과 차이점을 찾아내는 또 다른 방법이 있음에 주목하게 한다. 이들이 자음과 모음의 수, 이름의 끝이 같은 자음 또는 모음으로 끝나는 이름, 같은 자음 또는 모음이 연이어 나타나는 이름에 대해서 생각해 보았는지 물어 본다.
9. 옆에 있는 아이들과 이름표를 비교하도록 한다. 아이들이 발견한 같은 점과 다른 점은 무엇인가? 만약 '같다' 그리고 '다르다'와 같은 단어가 '수학용어집'에 들어 있지 않다면, 이 아이디어를 언급한 후, 수학용어집에 적는다.

만약 학생들이 대답하기 어려워한다면, 임의의 두 명을 지명해서 이들의 이름의 첫 글자가 같은지 또는 글자의 수가 같은지를 물어본다. 아이들이 같은 점에 대해 토의하고 난 뒤에는, 자리를 옮겨서 자신의 것과 속성이 같은 이름표를 가진 두 명의 아이를 찾게 한다. 교사는 교실을 돌아다니면서 아이들을 도와주고 관찰하고 그들의 대화에 귀를 기울여야 한다.

심화

아이들에게 이름표의 속성에 근거해서 집단별로 모이게 한 후, '인간그래프'를 만들도록 한다. 예를 들어, 같은 색깔의 이름표를 가진 아이들끼리 줄을 서도록 하거나, 글자 수가 같은 아이들끼리 줄을 서도록 한다. 그러고 나서, 아이들이 자신들이 분류한 것을 그래프로 표현하도록 한다.

인간그래프는 아이들의 분류하기, 비교하기, 세기 능력을 강화시켜준다. 이런 그래프 활동을 통해서 알게 되는 새로운 용어들을 수학용어집에 추가한다. 아이들은 게임을 여러 번 하고 다양한 속성을 사용한 후, 새로운 종이로 이름표를 만들어 이름의 자음과 모음의 수를 나타내는 그래프를 그리는데 사용하도록 한다. (그림 2-3 참고) 그래프를 보여주면서, 아이들이 찾아낼 수 있는 것에 대해 토의한다. 아이들의 생각을 기록하고 그것을 그래프 옆에 붙인다.

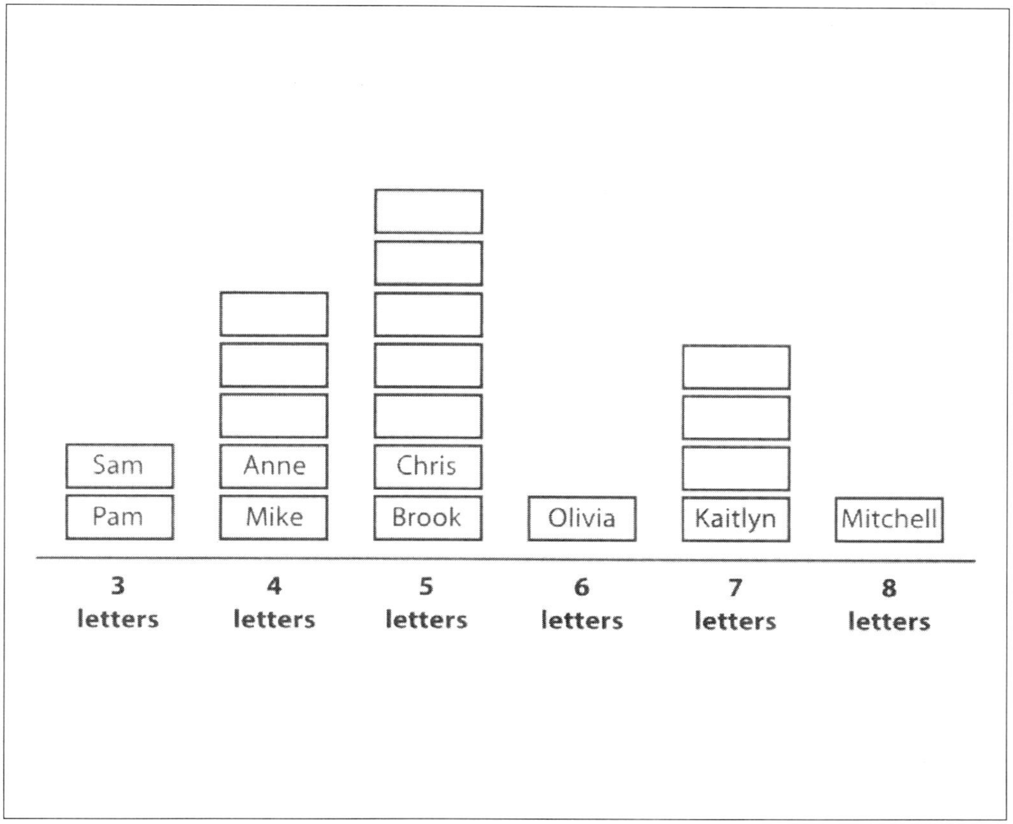

그림 2-3

이름 속에 있는 자음과 모음의 수는?

나의 규칙 알아맞히기

*나의 규칙 알아맞히기*는 유용한 논리적 추론 게임이다. 이 게임은 아이들의 수학적 개념과 세기와 분류하기에 대한 이해를 더욱 발달시킬 수 있도록 해준다. 아래에 제시되어 있는 것처럼, 아이들은 그 게임을 시작한 사람만이 알 수 있는 기준에 따라 집단을 만들기 위해서 교실 앞으로 이동한다.

초기에는 교사가 분류 기준을 결정할 것이다. 그러나 아이들이 익숙해짐에 따라 아이들은 스스로 기준을 결정하고, 점차 자주적으로 게임을 이끌어 나간다.

준비물

- 선택 : W. Nikola-Lisa가 지은 ***Bein' with You This Way***

교수학습 지침

1. 만약 다양한 방법의 토의를 북돋고 싶다면 책에서 제공하는 리듬감 있는 챈트를 사용해 보는 것도 좋다. 아이들은 본문의 리듬에 따라 박수를 칠 것이다.
2. 이야기를 읽어준 다음에, *나의 규칙 알아맞히기*라는 게임을 할 것이라고 알려 준다. 아이들을 주의 깊게 살펴보고 이들을 두 집단으로 나눌 수 있는 분류 기준을 선택한 후에 게임을 시작한다. '남자아이', '여자 아이'와 같은 분명한 기준을 선택한다. 하지만, 학생들에게 기준을 말해 주지 않는다.
3. 교실 앞쪽의 중앙에 의자를 가져다 둔다. 그런 다음 몇 명의 아이들을 앞으로 나오게 하고, 교사가 정해 둔 분류기준에 따라 이들을 의자를 중심으로 오른쪽 또는 왼쪽에 서게 한다. 아이들에게 교사가 정한 규칙이 무엇인지 알았다고 생각하자마자 손을 들고, 아직도 앉아 있는 특정한 아이가 의자의 오른쪽으로 가서 서야 하는지 왼쪽으로 가서 서야 하는지를 교사에게 말해 달라고 한다. 이렇게 하는 이유는 모두가 추측해 보고 규칙을 생각해 보도록 하기 위함이다.

물론, 교사가 몇 아이가 앞으로 나와서 적당한 위치에 서도록 한 후, 몇몇의 아이들은 교사의 규칙에 대한 자신의 가설을 시험해 보고 싶어 할 것이다. 일단 누군가가 손을 들면 다음과 같은 질문을 하면서 아이들을 이끌어간다. "Anna는 저기에 갈 수 있을까?" 대답은 "네" 또는 "아니요, Anna는 다른 쪽으로 가야해요"이다.

결국, 대부분의 학생들이 교실 앞으로 나와서 서있게 될 것이다. 이 시점에, 아이들은 자신들이 생각하고 있는 교사의 규칙이 무엇인지에 대해서 서로서로에게 이야기를 할 것이다. 모든 아이들이 앞에 나와 볼 수 있도록 충분한 시간 동안 게임을 한다.

아이들이 교실 앞으로 나옴에 따라, 교사는 가르치고 싶은 수학적 관계들에 집중한다. 질량을 비교하는데 중요한 개념은 '더 많은', '같은', '더 적은', '하나 더하기', '하나 빼기', '몇 개 더 많이', '두 집단의 합과 차', '짝수와 홀수의 개념', '두 편이 같은 양인지에 대한 아이디어' 등이다. 해가 지나감에 따라 분류 기준과 수학 수업은 좀 더 정교화 될 것이다. 예를 들어, 아이들은 '칼라가 있는지 / 없는지' 또는 '옷에 무늬가 있는지 / 없는지' 등을 선택할 것이다.

수학 동화에 기반한 활동

세기와 분류하기 활동에 관한 많은 책들이 있다. 아래에 소개한 책들은 이들 중 몇 개에 지나지 않는다. 수학적 내용을 담고 있는 책에 대해 생각하다 보면, 더 많은 책들을 찾을 수 있을 것이다.

수학이라는 단어 탐구하기

만약 *수학*이라는 단어를 좀 더 깊이 있게 탐구하는데 수학 동화를 이용하고 싶다면, Sara Atherlay의 ***Math in the Bath***를 추천하고 싶다. 이 책은 일상 경험들과 관련 있는 연결들을 제공해 주고 수학적 아이디어들이 추상적이지 않게 해 준다. 이 책은 숫자, 모양, 패턴, 비교, 분류, 부분과 전체 개념과 연관된 상황을 제공해 준다. 이 책을 읽어준 후에, 학생들에게 수학용어집에 추가 할 수 있는 새로운 수학 아이디어를 생각해 보도록 한다.

모자 분류하기

Margaret Miler는 어린 아이들에게 도전감이 생기는 분류하기 활동을 하도록 흥미로운 사진을 제공해 준다. 그녀의 책 ***Whose Hats?***은 다양한 종류의 모자 사진을 보여주면서, 그 모자들이 누구의 것인지 추측해 보게 한다. 답은 다음 장에 나와 있으며, 분류된 것들에 대해 토의해 볼 수 있다.

친숙한 물건 분류하기

Margaret Miler의 또 다른 책 ***Where Does it Go?***에는 친숙한 사물들이 어디에 속할 것인지를 추측하기 위한 즐거운 게임을 만들 수 있는 친숙한 사물들과 재미있는 그림들이 있다. 수업을 예정보다 빨리 끝마쳤을 때, 함께 있어야 할 물건들과 관련된 이 책의 아이디어를 활용해서 아이들과 함께 '순간 추측하기' 게임을 한다. 교사는 위치를 말하고 -예를 들어, 냉장고- 그 곳에 있어야 하는 것의 예를 들도록 요청할 수 있다.

유사한 묶기 아이디어를 사용하고, 유사한 범주를 선택해서, *나의 규칙 알아맞히기* 게임을 적어가면서 한다. 커다란 원을 칠판 위에 그리고, 이 범주에 속하는 것을 이 원 *안에* 적는다. 이 범주에 속하지 않는 것은 원 *밖에* 적는다. 예를 들어, 만약 '음식'과 '음식이 아닌 것'이란 두 범주를 선택했다면, 원 안에, 피자, 빵, 사과, 팝콘 등을 쓸 수 있고, 차, 책, 크레용 등은 원 밖에 쓴다. 아이들은 자신들이 어떤 사물을 생각하고 이 사물이 원 안에 들어가야 하는지 원 밖에 들어가야 하는지를 결정하는 활동으로 이 묶기 활동을 확장할 수 있다.

중요한 사실

Margaret Wise Brown이 쓴 ***The Important Book***[9]은 평범한 물건들을 묘사하고 이것들의 속성을 열거한다. 각 묘사의 처음과 끝에서는 사물의 가장 중요한 측면을 언급한다. 예를 들어, "(사과)의 가장 중요한 것은 그것이 둥글다는 것이다." 사물들에 대한 다양한 속성들을 열거한 후, 페이지의 끝에 다음과 같은 문장을 쓴다. "그러나 (　　)의 가장 중요한 특징은 (　　)이다."

교사는 다른 사물들에 대해서도 쉽게 이 패턴을 사용할 수 있을 것이다. 예를 들어, 모자라는 단어를 선택했을 때, 다음과 같은 다양한 속성들이 열거될 것이다. "사람들을 따뜻하게 해준다." "예뻐 보인다." "태양으로부터 눈을 보호해 준다." 그러나 모자에 대해 가장 중요한 것은 "그것을 머리에 쓴다는 것"이다. 연필, 침대, 책과 같은 단순하면서도 일상적인 용품들의 목록을 작성한다. 학생들은 금방 익숙해지고, 게임에 편안함을 느낀다. 아이들은 "중요한 것은 (　　)이다" 패턴을 이용하여 학급문고를 만들어낼 수 있다.

또 다른 방법은 아이들이 이런 아이디어를 사용하여 자기 자신을 묘사하는 것이다. 교사는 Franklin이나 Amelia Bedelia와 같은 친숙한 캐릭터를 이용하여 사물에서 사람으로 이동할 수 있다. 예를 들어, 만약 캐릭터로 Amelia Bedelia를 선택한다면, 다음과 같이 쓸 수 있다. "중요한 것은 그녀는 재미있다는 것이다. 그녀는 열심히 공부하고, 매우 괜찮으며, 뒤죽박죽이다. 그러나 중요한 것은 그녀는 재미있다는 것이다." 교사는 또한 자신을 예로 들 수 있다. 예를 들어, "Burns 선생님의 중요한 것은 그녀는 아이들과 잘 지내며, 그녀는 책읽는 것을 좋아하고, 지방에 살고 있으며, 장미를 좋아한다. 그러나 제일 중요한 것은 아이들과 잘 지낸다는 것이다."

9) 이 책은 "중요한 사실(최재숙 역, 보림출판사)"로 번역되어 있다.

______________________의

중요한 것은

______________________이다.

이것은 ______________________

그리고 ______________________

그러나 ______________________의

가장 중요한 것은

이것이

______________________이다.

______________________의

중요한 것은

______________________이다.

이것은 ______________________

그리고 ______________________

그러나 ______________________의

가장 중요한 것은

이것이

______________________이다.

각 아이들에게 자신에 관한 세 가지 참 문장을 생각해보고, 가장 중요한 것이 무엇인지 결정하게 한다. 아이들이 자기 자신의 그림을 그리게 하거나, 사진을 붙이게 한다. 끝나면 그것들을 학급문고로 종합하여, 부모님들이 학급을 방문할 때 아이들의 책상 위에 올려놓는다.

수의 의미 이해하기

Terri Sloat이 쓴 ***From One to One Hundred***는 아이들이 수가 표현하는 수량에 대한 이해를 발달시키는데 도움을 주는 책이다. 정교한 주제가 각 장마다 묘사된다. 숫자는 1에서 10까지 진행된다. 10에서 100까지의 숫자는 10씩 뛴다. 각 페이지의 끝에 요점이 제공되어 있어 아이들은 각 페이지에 어떤 내용이 있는지 알 수 있다. 아이들은 특정 페이지에 쓰여 있는 숫자에 대응하는 아이템의 개수를 찾는다.

이 책을 처음 읽는 동안, 각 쪽에 맞는 주제를 확인하도록 아이들에게 요청한다. 그림을 주의 깊게 살펴본 후, 같은 쪽에 있는 물건들이 같은 부류에 속하는 이유에 대해서 이야기 한다. 왜 작가가 특정한 쪽에 다양한 사물들을 넣었는지, 그 이유에 대해서도 토론한다. 삽화들은 꽤 상세하게 그려져 있고 세어 보아야 하므로, 아이들이 개인적으로 책을 보고 다양한 그림 속에서 아이템의 수를 확인할 수 있도록 한다.

일단 학생들이 책에 친숙해지면, 어떤 주제들을 포함하는 학급의 숫자 책을 만드는 것에 대한 아이디어를 소개한다. 어떤 주제에 관해 생각하는 것은 마음속에서 분류 활동을 할 수 있는 한 가지 방법임을 설명해 준다. 교사는 아이들에게 그들이 특별히 좋아하는 장소에 대해 이야기해보게 할 수 있다. 좋아하는 장소와 거기서 좋아하는 것에 대해 이야기해보게 한다. 관련 있는 주제들의 목록을 만든다. 예를 들어 '장난감 가게', '실외', '공원', '정원', '놀이공원', '운동장'. 며칠 동안, 이런 다른 장소들에서 찾을 수 있는 것에 관한 아이디어를 생각해 본다.

교사는 또한 아이들이 특정한 카테고리에 들어가는 것이 무엇인지 생각하는 것을 돕기 위해 원을 칠판에 그려서 *나의 규칙 알아맞히기*를 할 수 있다. 예를 들어, 만약 교사가 운동장이라는 아이디어를 낸다면, *그네, 미끄럼틀, 나무, 아이들은* 원 안에 들어가고, *냉장고, 비행기, 별* 등은 원 밖에 있게 된다.

곧, 아이들은 자신의 아이디어를 내게 되고, 교사가 그것을 목록으로 작성한 것은 주제 그림을 그릴 수 있는 많은 가능성을 제공할 것이다. *나의 규칙 알아맞히기* 원 안에 시간이 지나도 언급할 수 있도록 아이디어를 간단히 적어둔다. 이러한 프로젝트는 몇 주에 걸쳐서 이루어지며, 그래서 아이디어들은 점차적으로 축적된다. 일단 아이들이 *나의 규칙 알아맞히기*를 하고, 약 6개~10개 정도의 분류 아이디어를 만들면, 파트너는 그림을 만들기 시작한다.

아이들은 좋아하는 주제를 선택할 수 있다. 만약 특정한 주제에 대한 그림이 하나 이상 만들어지면, 교사는 유일무이한 삽화가 만들어졌다는 것을 확신하게 될 것이다. 교사는 학생들에게 주제를 할당한 후에, 삽화를 위해 할당하는 숫자를 결정하고 통제해야 한다. 교사는 학생들이 분류하기와 세기 세트를 가지고 활동하는 것을 그동안 관찰해 왔으므로, 어떤 아이들이 더 많은 수량을 셀 수 있는지 그리고 어떤 아들이 더 작은 수만을 다룰 수 있는지 알고 있다.

목록에 과제를 써서 교실에 게시한다. 이 목록은 아이들에게 주제, 숫자, 그들의 파트너에 대해 상기시켜 준다. 교사는 종이를 넘기기 전에 아이들에게 그림 속에 넣고 싶은 몇 몇의 아이템을 그리도록 연습할 시간을 준다. 그리고 처음엔 연필로 그리고, 원하는 수량만큼을 그렸을 때 크레용이나 싸인펜을 이용하여 색칠하도록 한다. 학생들에게 큰 종이를 준다. (아이들이 그들의 주제에 대한 그림을 어디에 그려야 하는지를 알 수 있도록, 각 페이지의 바닥에서부터 2인치 되는 곳에 선을 그려준다.)

처음의 그림 그리기 시간이 끝난 후 아이들에게 어떻게 그들의 그림에 그려진 아이템의 개수를 셀 수 있는지 설명하게 한다. 교사의 예상대로 아이들은 그들의 결과물을 완성하는 시간이 각기 다를 것이다. 일찍 끝낸 아이들은 다른 이들을 도와주거나 책의 다른 페이지를 만들 수 있다.

교사는 또한 Scholastic의 ***I spy***라는 책을 같은 종류의 활동에 사용할 수 있다.

3장

10월

규칙과 수 감각

학습 환경

아이들은 지난달에 한 수세기와 가르기의 경험을 통해서 좀 더 깊은 이해를 할 수 있었을 것이다. 10월에는 규칙, 수 감각, 대칭과 같은 주제를 공부할 것이다. 일부 지역에서는, 1학년 학생들은 나비의 일생 또는 1년 중 그 지역에서 이 시기에 일어나는 계절 변화에 대해 공부한다. 그러한 활동은 학생들에게 기초 수학 개념과 실제 자연 현상 사이의 관계를 이해하는데 도움을 줄 수 있다.

일과 활동

일과 활동과 관련해서 좋은 점들 중의 한 가지는 일단 이것이 정착되면 추가적인 계획이나 준비를 필요로 하지 않는다는 점이다. 아래에 교사가 9월에 설계한 일과 활동을 이어나가는 방법이 제시되어 있다.

출결확인

출결확인은 변형할 필요 없이 10월에도 그대로 적용할 수 있다. 학급의 일과 활동에 '급식자수 세기'를 계속해서 포함시킨다. 그렇게 함으로써 각 학생들은 수를 말하는 기회를 갖게 되고, *교사*는 학생들이 수세기를 하는 방법을 이해할 수 있다. 이 활동의 핵심은 *최대, 최소,* 두 배와 같은 용어를 사용할 수 있는 기회를 자연스럽게 제공한다는 데 있다. 학생들이 급식자수 세기를 보고할 때, 교사는 "어떤 방법으로 세었어요?"와 같은 질문을 할 수 있다. 학생들의 대답으로는 "저는 그냥 세었어요."에서부터 "저는 둘씩 세었어요." 또는 "저는 이 줄에 있는 것부터 하나씩 세었어요."까지 다양하게 나타난다. 아마도 학생들은 이어세기 전략을 사용했을 것이다. 예를 들면, "저는 보통식단지원자 수를 셀 때, 4개의 이름표가 같이 있는 것을 볼 수 있었어요. 그래서 그 다음에 5, 6, 7, 8, 9를 이어서 세었어요. 9명의 학생이 보통식단을 주문할 거예요." 학생들은 이 일과 활동에 익숙해지기 때문에, 그들은 점점 더 효과적인 방법으로 수를 셀 것이다. 출결확인과 급식자수 세기는 개별 학생들이 수량에 대하여 어떻게 생각하고 있는지를 밝혀줄 뿐만 아니라 학생들에게 이러한 과제에 접근하는 다양한 방법을 듣고 이해할 수 있는 기회를 제공한다.

달력

많은 학생들이 시간과 관련된 활동을 흥미로워하기 때문에, 교사는 이 달에 할 수 있는 달력활동에 관해 상세하게 알고 싶을 것이다. 달력으로 할 수 있는 많은 다양한 활동들 중 몇 가지 예를 아래에 소개해 두었다.

- 달력 위에 색깔이 있거나 반짝이는 표시물(예를 들어 작으면서 장식이 있는 나비리본)을 올려놓는다. 학생들에게 매일 이 표시물을 이동시켜서 오늘 날짜와 요일에 놓도록 한다.
- 요일노래를 부르게 하거나, 요일의 순서와 이름을 공부하는데 도움을 주는 노래를 이용한다. (Charlotte Diamond의 CD Diamond in the Rough 중 "요일" 또는 Dr. Jean과 Friends의 CD "요일" 참고)
- 포켓이 비어있는 1-100 포켓차트에 학교에 등교하는 날마다 수 카드를 넣어간다.
- 여러 가지 패턴들을 강조하기 위해 수표(number chart) 위의 특정한 수들에 색이 있는 투명한 정사각형을 올려놓는다. (예를 들면, 짝수나 홀수, 5씩 뛰어 센 수)
- 날마다 1 페니씩을 더하고, 이것들을 적절한 동전으로 교환해 간다.
- 날마다 빨대를 하나씩 모으도록 하고, 10개가 모였을 때 이것들을 고무줄로 묶어 나간다. 이 묶음들을 전시해서, 학생들이 쉽게 이것들을 살펴볼 수 있도록 한다.
- 색이 있는 플라스틱 연결봉을 날마다 하나씩 연결하고, 연결봉이 10개가 되었을 때에 새로운 색의 연결봉 하나로 바꾼다.
- 작은 달력에 특별한 날들을 기록하게 하거나 매일의 날씨를 그려보게 한다. (월말에 이것을 이용해서 그래프를 만들 수 있다.)

어림 항아리

학기가 진행됨에 따라, 수세기는 1학년 학생들이 양감을 형성하고 수들 사이의 관계를 이해하는 중요한 방법이 된다. 어림 항아리는 학생들에게 수를 셀 수 있는 많은 기회를 제공해 준다. 어림 항아리를 이용해 학생들에게 그들이 알고 있는 것과 예측한 것을 활용하게 한다. 이 일과 활동에 흥미를 더해 줄 수 있는 몇 가지 아이디어가 아래에 소개되어 있다. 아이들은 이 활동들을 하면서 몰입하게 될 것이다.

- 맨들맨들한 돌, 장난감 공룡, 또는 플라스틱 장식품 등 학생들이 흥미를 가질 수 있는 물건들을 항아리에 넣어둔다.
- 아이들에게 짝과 함께 실제 수를 세어보고, 수학 공책의 비밀 장소에 그들이 발견한 것을 기록하도록 한다. 학생들은 이 기록하기를 초기 활동(opening activities) 동안 교실의 특정한 장소나 복도에서 조용하고 빠르게 할 수 있다.

- 매주 초에, 칠판에 어림 항아리의 어림값들을 기록하기 시작하고, 그 값이 큰 순서대로 어림값을 정렬한다. 지난달에는 어림 항아리 옆에 있는 종이끼우개에 학생들이 자신의 어림값을 적을 수 있도록 하였다. 이번 달에는 칠판에 큰 순서대로 적힌 어림값들을 종이끼우개로 옮기고, 종이끼우개를 어림 항아리 옆에 놓는다. 이것은 학생들에게 어림값들을 검토하고 어림 항아리의 내용물을 살펴본 후, 자신의 생각을 수정할 수 있는 시간을 제공하게 하기 위함이다.
- 같은 크기의 어림 항아리 두 개를 준비하고 각 어림 항아리 안에 서로 다른 물건을 담아 둔다.
- 서로 다른 크기의 어림 항아리 두 개를 준비하고 각 어림 항아리에 같은 수의 사물들을 담아 둔다.

매 주말에, 학생들이 그 주에 행한 어림값과 실제 값에 대해 토론하는 시간을 갖는다. 전체학급구성원들과 함께 이 어림 항아리 안에 있는 사물들을 세는 연습을 할 수 있도록 해 준다. 이 세기 과정은 다양한 방법으로 시도될 수 있다. 아래에 몇 가지 아이디어를 소개해 두었다.

- 그 주에 어림 항아리 안의 내용물을 세어 본 아이들에게 자신들이 발견한 것을 발표하도록 한다.
- 교사는 어림 항아리 안의 내용물을 세기 위해 텐 프레임(99쪽 참조)이 그려져 있는 OHP 필름을 OHP 위에 놓고, 텐 프레임 위에 어림 항아리 안의 내용물을 올려놓을 수 있다.
- 어림 항아리 안의 물건을 절반정도 세고 학생들에게 처음에 어림한 값을 다시 생각해 보도록 요청함으로서 어림을 계속할 수 있도록 격려한다.

사물들을 어떻게 세었던 지간에, 이것은 어림값을 구한다는 것이 무엇을 의미하는지 학급구성원들과 함께 이야기 해 볼 수 있는 또 다른 좋은 시간이다. 아이들이 '정답'을 맞히는 데 휘말리다 보면 추측하기 활동은 쉽게 정답 알아맞히기로 변질되거나 어림 항아리 속에 있는 사물들의 정확한 수를 추측해서 '승리'하는 활동으로 전락할 가능성이 있다. 문제는 우리가 어림 항아리 활동을 종종 정확한 어림값을 얻을 때만 상품을 타는 것으로 보는 것이다. 아이들에게 어림 항아리 활동의 핵심은 아이들이 이미 알고 있는 것을 이용해서 합리적인 추측을 하는 데 있다는 점을 상기시켜 주어야 한다. 정확한 수를 구하려고 노력하기 보다는 성인으로서 교사 자신이 어림을 사용해야 했던 몇 가지 실제 상황들을 예를 들어 설명해 준다. 예를 들어, 당신이 주차 요금 징수기에 동전을 넣고 있는 중이라면, 당신은 얼마나 오래 주차장에 주차를 할 것인지에 대해 정확하게 알 수 없으므로, 당신은 이 기기에 얼마를 넣어야만 하는지를 정확하게 알 수는 없다. 또는, 만약 교사가 담당하고 있는 아이들을 위해 팝콘을 학교에 가져갈 때, 충분히 가져가고 있는지만 확인하려고 하지 정확하게 몇 알의 팝콘을 가져가야 할지를 알 필요는 없다.

수학 공책

2장에서 보았듯이, 학생들은 교실에서 배운 수, 패턴, 연산, 기하 등 어떤 수학적 아이디어라 하더라도 자신이 이해한 것을 기록하는 데 '수학' 공책을 이용할 수 있다. 학생들은 교실에서 다양한 주제에 대해 토론하면서, 수학 공책에 기호를 써보고 자신의 생각을 넓혀 가는 기회를 가질 수 있다. 이 공책은 아이들이 아이디어를 꾸준히 축적할 수 있는 공간이 된다.

처음 약 한 달 정도는 아이들이 공책에 새로운 것을 쓸 때마다 새 쪽에 적도록 하고, 각 쪽의 상단에 날짜를 적도록 권유한다. 이런 활동이 단순해 보이지만, 1학년 학생들이 필기하는 방법에 익숙할 것이라고 가정해서는 안 된다. 이런 방식으로 아이들이 그들의 활동을 조직하도록 도와주면서, 교사는 수학공책이 아이와 교사 모두를 위한 유용한 도구가 된다는 것을 확신하게 될 것이다.

1-100 수표

교사는 1-100 포켓차트를 이용해서 학생들이 학교에 등교한 날의 수를 세는데 도움을 주고 있었을 것이다. 이것을 하는 주요한 목적은 100번째 등교한 날을 찾기 위해서이다. 이 포켓차트에 1에서 100까지의 수 카드를 모두 넣어 두었다고 생각해 보자. 등교한 날마다 수 카드의 앞면이 앞으로 오게 하면, 학기가 며칠이 지났는지를 학생들이 알 수 있다. 다른 카드들은 뒷면만 보이겠지만, 포켓차트의 주머니 안에 모든 카드를 넣어 놓으면 새로운 수 규칙을 탐구하고자 할 때마다 수 카드를 꺼내고 뒤집는 것이 더 쉽다는 것을 알게 될 것이다. 학생들이 1-100까지의 수에 관하여 좀 더 많은 생각을 할 수 있는 몇 가지 활동을 아래에 소개해 두었다.

- 포켓차트 주위에 모든 학급구성원들을 모이도록 하여, 모두 보고 참여할 수 있도록 한다. 이 포켓차트 안에 있는 카드가 몇 장인지에 대한 아이디어를 갖고 있는 학생은 누구든지 발표할 수 있도록 한다. 아이들에게 어떻게 추측을 했는지 물어서, 아이들의 반응 뒤에 숨어 있는 생각

을 끄집어내도록 한다. 아이들이 예상을 하고 난 후, 교사는 수 카드를 하나씩 뒤집으며, 학생들이 큰 소리로 따라 읽도록 한다. 아이들이 발견할 수 있는 규칙에 대해 토론한다.

1	2	3	4	5	6	7	8	9	10
11	12	13	14	15	16	17	18	19	20

이 활동을 한 후, 아이들이 학교에 등교한 날의 수에 해당하지 않는 수 카드들은 뒷면이 보이도록 다시 뒤집어 놓는다.

- 수업 중 남는 시간이 발생할 때, 일정한 패턴을 가지고 있는 수 카드들을 보여 주되, 이 중 몇 개는 뒤집어서 뒷면이 보이도록 한다. 예를 들면, 10, 20, 30, 40, 60, 70, 80, 100 카드는 수를 보여 주고, 50과 90 카드는 뒷면이 보이도록 한다. 그리고 아이들이 뒤집힌 카드의 숫자를 예상하도록 한 후에, 각자가 예상한 방법에 대해 토론한다. 다양한 방법으로 수들을 조합해서 '사라진 수 찾기' 활동을 할 수 있다. 이 모든 활동들은 아이들이 수 패턴을 확인하고 분명하게 표현하는 데 도움을 줄 수 있다.
- 학기가 시작하고 20일이 지났을 때, 아이들에게 눈을 감도록 한다. 그러고 나서, 포켓차트에 있는 1부터 20까지의 수들 중 수 한 개를 떼어 낸 후 이것을 교사의 손에 감춘다. 아이들에게 눈을 뜨도록 한 후, 포켓차트를 보게 하고, 없어진 수를 알아내도록 한다. 감추었던 카드를 보여주고 나서, 이 카드의 수를 어떻게 알아냈는지 물어본다. 이러한 연습은 수 세기와 수 패턴에 관해 집중적으로 대화 할 수 있는 기회를 제공해 준다.
- 포켓차트 안에 있는 100장의 카드를 수가 있는 면이 보이도록 놓는다. 아이들에게 이 차트를 가까이 와서 보도록 한다. 이제 20에서 30까지의 수를 떼어 낸다. 이 카드들을 섞은 후 교사 가까이 앉은 학생에게 교사가 쥐고 있는 카드 중 한 장의 카드를 뽑도록 한다. 이 아이에게 자신이 뽑은 카드를 포켓차트의 어디에 놓아야 할지를 정하도록 한다. 교사가 가지고 있는 모든 카드를 포켓 차트에 놓을 때까지 매번 다른 학생들과 이 활동을 반복한다.

  만약 아이들이 이 수들을 어디에 놓아야 할지 확신하지 못한다면, 앞의 활동에서 차트를 보지 않고도 어떤 수가 빠져있는지를 알 수 있었다는 점을 상기시켜준다! 수 패턴에 대해 토론하고, 학급구성원들에게 수의 이름을 알지 못한다 할지라도 그 수를 정확하게 놓을 수 있다고 생각하는지에 대해 묻는다. 이런 대화는 모든 수의 이름을 알지는 못한다는 것에 대해 걱정하거나 다른 사람의 이목을 의식하는 학생들의 마음을 편하게 해 줄 것이다.

또한, 교사는 이 과정을 시범보이기 위해서 자신감 있는 학생들 중 한 명을 앞으로 나오게 해서, 교사가 쥐고 있는 카드 중의 하나를 뽑아서 포켓 차트에 놓게 할 수 있다. 아이들이 수를 포켓에 넣을 때, 넣을 주머니를 어떻게 선택했는지에 대해 질문한다. 어떤 수를 다른 포켓에 넣을 수도 있는지 질문한다. "만약에 그렇다면, 왜 그렇지요?", "만약에 그렇지 않다면, 왜 안 되는 것이에요?" 다시 한 번, 아이들이 수를 순서대로 놓는데 도움을 줄 수 있는 단서들에 대해 토론한다.

- 포켓차트에 수들이 순서대로 놓여있을 때, 24와 42처럼 서로 관련 있는 두 장의 카드를 뽑고 이 수들이 어떤 점에서 닮았고, 어떤 점에서 다른지에 대해 이야기 한다. 많은 1학년 학생들은 서로 대칭이 되는 수들을 쉽게 혼동한다. 이러한 경향에 관하여 드러내 놓고 토의하도록 한다. 이 두 수가 아주 조금 다른 것처럼 보일지라도, 실제로 이 두 수는 *매우* 다르다는 것을 설명해 준다. 다음과 같은 질문을 할 수도 있다. "너희들이 할로윈날 과자를 달라고 조를 때 24개의 사탕보다는 42개의 사탕을 받는 것이 낫겠지?, 그리고 너희들이 간절히 갖고 싶은 것이 있을 때, 24분(또는 24일)을 기다리는 것이 좋아요? 42분을 기다리는 것이 좋아요?"

아이들은 자신의 혼동과 오해를 빠르게 정정하는 방법을 배울 수 있다. 서로서로를 지지하는 교실 분위기를 조성하기 위해서, 모든 것을 알지 못해도 괜찮다는 사실을 주기적으로 상기시켜 준다. 새로운 아이디어들을 이해하기 위해 주의 및 노력이 필요하다는 점을 아이들에게 상기시킨다. 가끔, 나는 내가 생각이 뒤엉켜서 실수를 저질렀을 때 아이들이 내게 화가 나는지 재미있는지를 묻는다. 다행스럽게도, 이 시기의 아이들은 교사를 신뢰하기 때문에 화가 나서 폭발할 것 같다고 대답하지는 않는다. 그래서 나는 아이들에게 친구들에게도 그와 같은 인정과 관용을 갖도록 격려한다.

중요한 점은 아이들이 명료하게 이해가 안 되는 상황에 봉착했을 때 조차, 교사는 아이들이 자신의 활동을 이해하려고 노력하기를 바라고, 질문을 하기를 바라고, 다른 아이가 내가 하는 것에 대해 어떻게 생각할까 하는 염려를 하지 않기를 바란다는 점을 아이들이 알도록 하는 데 있다. 24와 42처럼 거꾸로 된 수들을 혼동하는 것은 자연스러운 일이지만, 이런 두 수는 다른 것을 의미하기 때문에 이것들에 익숙해지는 것이 중요하다는 점을 설명해 준다. 이런 것들은 연습을 통해서 점점 더 *쉬워질 것*이라는 점을 언급하는 것을 잊어서는 안 된다.

이런 형식의 토론을 통해서, 아이들은 100까지의 수의 이름을 알게 된다. 또한 이들은 자연수 체계 내에서의 예측 가능한 패턴들을 구분하기 시작한다. 24와 42와 같은 수들을 비교하는 동안 이루어지는 대화는 수가 크기를 갖고 있다는 아이디어를 형성하는 데 도움을 줄 수 있다. 이 1–100 포켓차트는 학생들이 수학 개념들에 대해 이야기 하도록 고취시킬 수 있는 훌륭한 도구이다. 아이들이 서로서로의 이야기를 경청하며 자기 자신의 고유한 아이디어들을 표현할 때, 이 포켓차트에 있는 수들은 시각적으로 이들의 사고를 지지해 준다.

학생들이 포켓차트를 이용해서 1–100까지의 수를 탐구하는 시간을 가진 후, 부록에 있는 1–100 차트를 복사해서 이것을 수학 공책에 붙이게 한다. (부록 참조) 1–100 수표를 나누어 주는 것은 쉬는 시간에도 이 수들을 살펴볼 수 있도록 하기 위함이라고 설명해 준다. 더욱이, 아이들이 특정한 수를 기억해내고 싶을 때 또는 어떤 수가 12이고 어떤 수가 21인지 확인하고 싶을 때, 이 수표는 여러모로 편리하다.

아이들에게 1–100 수표 복사물을 나누어 줄 때, 아이들이 이것을 수학 공책의 빈 곳에 쉽게 붙일 수 있도록 가장자리를 적당한 크기로 잘라준다. 수학 공책에 이 복사지를 붙이는 법을 설명한다. 만약 학생들에게 자유 시간이 있다면, 짝을 이루어, *나의 규칙 알아맞히기* 놀이를 해볼 것을 제안한다. 예를 들어, 한 학생이 짝에게 이렇게 이야기 할 수 있다.

"내가 생각하는 수는 20보다 1 큰 수야."
"내가 생각하는 수는 21보다 1 작은 수야."
"내가 생각하는 수는 20보다 10 큰 수야."

1	2	3	4	5	6	7	8	9	10
11	12	13	14	15	16	17	18	19	20
21	22	23	24	25	26	27	28	29	30
31	32	33	34	35	36	37	38	39	40
41	42	43	44	45	46	47	48	49	50
51	52	53	54	55	56	57	58	59	60
61	62	63	64	65	66	67	68	69	70
71	72	73	74	75	76	77	78	79	80
81	82	83	84	85	86	87	88	89	90
91	92	93	94	95	96	97	98	99	100

수학

1년 중 이 시점에는, 학생들이 수학 교구를 활용하고 혼자서 활동하는 연습을 해온 상태이다. 교사가 판단해서 시기가 적절하다고 생각되면, 학생 선택용 수업자료들을 아이들에게 제공하는 것을 고려해 보아도 좋다. 이런 수업자료들은 아이들이 2인 1조로 활동하는 기회를 제공해 준다. 모든 것을 천천히 하고, 아이들이 과제에 대해 분명하게 이해하고 있는지 확인한다. 이런 방식으로, 아이들은 자신에게 주어지는 과제가 복잡해져도 잘 적응해 갈 수 있다.

10월에 하는 활동들은 패턴, 수감각, 그리고 대칭에 집중되어 있다. 교사는 아이들이 이러한 개념을 배울 수 있도록 구성된 활동들을 선택해서 아이들에게 제공할 것이다. '학생선택용 수업자료들'을 제공하는 아이디어는 많은 유아 교육자들에게 익숙한 것이다. '메뉴'는 교사가 다른 소모둠 구성원들과 만나고 있을 때 개인적으로 또는 짝꿍과 함께 소수의 어린이들이 활동을 하는 공간인 '센터'의 개념과 매우 유사하다.

아래에, 우리가 한 수학 메뉴에 대한 상세한 설명을 할 것이다.

수학 메뉴 소개하기

수학 메뉴는 한 가지 중요한 점에서 '센터'와 다른데, 메뉴는 학생과 교사 모두가 선택된 활동에 참여하도록 고안된 것이다. 즉, '센터'는 교사가 자유롭게 학생들이 그 활동을 그만하고 다른 활동을 하도록 할 수 있는 반면에(예를 들어, 읽기 그룹으로 안내하는 것), 메뉴는 교사가 모둠과 모둠을 돌아다니도록 한다. 수학 메뉴는 교사가 아이들에게 가서, 아이들이 무슨 활동을 어떻게 하는지 관찰하고, 질문을 하고, 아이들 사이에서 토론을 촉진시키고, 그리고 수학적 언어를 시범보일 수 있는 시간을 제공해준다. 교사가 관찰한 사실들과 아이들과의 대화는 교사가 전체 학급 토론과 수업을 어떻게 선택하고 설계할지를 결정하는 데 도움을 준다.

그럼, 1학년 학생들은 다양한 학생선택용 수업자료를 바탕으로 혼자서 활동하는 방법을 어떻게 배울 수 있겠는가? 먼저, 전체학급활동으로 메뉴 활동을 소개한다. 모든 학생들이 이해하기 쉬우며 이 달에 학습할 수학적 개념을 포함한 메뉴 활동을 설계하거나 선택한다. 교사가 학생선택용 수업자료로 수업하는 데 필요한 수업자료들을 준비하면, 교사는 이것들을 조직하고 손쉽게 이용할 수 있도록 보관한다. 그래서 메뉴 활동에 필요한 준비시간을 최소한으로 줄인다.

패턴 메뉴

	월	일	요일
티셔츠 패턴	월	일	요일
	월	일	요일
종이관 패턴	월	일	요일
	월	일	요일
패턴블럭 애벌레	월	일	요일
	월	일	요일
부호 패턴	월	일	요일
	월	일	요일
주사위 던지기 그리고 심화	월	일	요일
	월	일	요일

한 두 개의 메뉴 활동으로 시작한다. 교사는 몇 개의 메뉴 활동을 선택한 후에, 학생들의 선택과 활동을 쫓아갈 수 있는 방법을 결정한다. 일부 아이들은 같은 메뉴 활동을 반복적으로 선택할 수 있을 것이다. 이것을 모니터하고, 아이들이 다양한 선택을 하도록 장려하기 위해서, 아이들이 수학 공책에 붙일 수 있는 선택메뉴 기록지를 만든다. 선생님은 각 아이들이 모든 메뉴 활동을 할 것을 기대하고 있다는 점을 아이들에게 알려준다. 아이들이 어떤 메뉴들이 이용가능한지를 알 수 있고 책임감 있는 선택을 할 수 있도록 도울 수 있는 방법으로 선택메뉴기록지를 설계한다. 이 선택메뉴기록지에는 활동명이 쓰여져 있고 각 활동명 옆에 날짜와 요일을 적을 수 있는 두 개의 줄이 있다. (위에 패턴 메뉴 기록지 참조) 각 아이가 한 가지 메뉴 활동을 선택할 때마다, 아이들은 이 활동명 옆에

있는 두 줄 중의 한 줄에 날짜를 적는다. 두 줄 모두에 날짜가 적혔을 때, 아이들은 학생선택용 수업자료에서 새로운 활동을 선택해야 한다.

학생선택용 수업자료들을 수학공책에 있는 것과 같은 순서대로 리스트를 작성하여 게시판에 붙이는 것도 좋다. 이렇게 하면, 아이들은 선택해야 할 메뉴 활동들을 쉽게 알 수 있으며, 교사는 아이들이 메뉴 활동을 선택했을 때 그들의 이름을 빠르게 기록할 수 있다.

패턴 활동

패턴을 알아감에 따라서, 아이들은 우리가 사용하는 수 체계에 존재하는 관계들을 볼 수 있는 눈을 갖기 시작한다. 패턴 활동은 아이들이 수 체계를 이해하고, 후에 대수와 같은 좀 더 고급 수학 영역에 정통하는 데 도움을 준다. 패턴은 시각 패턴과 청각 패턴부터 움직임 패턴과 수 패턴에 이르기까지 매우 다양하면서도 흥미로운 형태를 취할 수 있다. 다음에 진술되어 있는 패턴 활동들은 1학년 학생들이 아래와 같은 수학적 아이디어들에 주의를 기울일 수 있도록 구성되어 있다.

- 패턴은 반복할 수 있다.
- 패턴은 성장할 수 있다.
- 패턴은 이름을 가질 수 있다.
- 패턴들은 가끔 서로서로 비슷할 수 있다.
- 패턴을 이용해서 예상할 수 있다.
- 패턴은 다양한 형태로 나타난다.
- 패턴은 확인가능하고, 확장가능하고, 생성가능하고, 기술가능하고, 또한 해석가능하다.

다음 내용을 읽어가면서, 자신의 학급에 도움을 줄 수 있는 추가 아이디어들에 대해 브레인스토밍한다.

수학동화를 기반으로 한 활동

너의 이름에 있는 철자는 모두 몇 개인가?

이 활동은 Kevin Henkes의 ***Chrysanthemum***[10]을 기초로 한 것으로, 이름에 있는 철자에서 발견할 수 있는 패턴들에 초점이 맞추어져 있다. 아래에 설명된 수업은 'buddy'라는 학급에서 지도된 내용이며, 이 학급에서는 5학년, 6학년 학생들이 1학년 학생들과 함께 이 활동을 하였다. 만약 이러한 협력학습이 여러분의 환경에 적절치 못하다면 수정할 수 있다.

저자인 Kevin Henkes는 이 책에서 Chrysanthemum라는 이름을 가진 명랑한 어린 학생을 소개한다. Chrysanthemum는 귀하게 자란 아이로 자신감이 고조되어 있다. 이 아이는 자신의 부모가 자신을 정말 완벽한 아이라고 여긴다는 것을 알고 있었기 때문에, 학교 첫 날 자신있게 결석하였다. 하지만, 현실에서는 Chrysanthemum의 학급 친구들이 그녀의 긴 이름을 듣고 그녀를 놀리는 일이 발생한다. 이 학고의 음악교사인 Delphinium Twinkle 선생님이 이 장면에 등장해서, 이 상황을 바로 잡았다. 이 이야기는 교사가 이름 패턴뿐만 아니라 수용과 친절이라는 주제에 대해서도 토론할 수 있는 훌륭한 기회를 제공해 준다.

준비물

- 각 아이마다 13개 정도의 연결정육면체.
- Kevin Henkes의 ***Chrysanthemum***.

교수학습 지침

1. 학급구성원들에게 이 책을 읽어 준다. 'Chrysanthemum'은 13개의 철자로 구성되어 있다는 점을 주지시킨다.
2. 이 책을 읽은 후, 다음과 같은 질문을 한다. "우리 반에서 이름에 13개의 자모음이 있는 사람 있어요?", "매우 짧은 이름은 몇 개의 자모음을 가질까요?", "두 개의 자모음으로 된 이름은 무엇일까요?", "여러분의 이름에는 몇 개의 자모음이 있어요?", "가족 중에 가장 긴 이름을 가진 사람은 누구에요?", "여러분의 이름과 성 중에서 어느 것이 더 자모음이 많은가요?"

---

10) 이 책은 "난 내 이름이 좋아(이경혜, 비룡소)"로 번역되어 있다.

3. 다음 날, 아이들에게 연결정육면체를 이용하여 자신의 이름의 길이를 나타내게 한다. 모든 아이들이 자신의 이름에 있는 하나의 자모음에 하나의 연결정육면체를 대응시키도록 한다. 이 연결이 좀 더 명료하게 하기 위해서, 교사는 작고 둥근 스티커를 제공해서 이 위에 아이들의 이름에 있는 자모음을 모두 적도록 하고 스티커 하나 하나를 각 연결정육면체에 붙이도록 한다. 아이들은 연결정육면체들을 연결해서 '이름 기차'를 만들 수 있고, 학급 친구들이 만든 기차와 자신의 기차를 비교할 수 있다.
4. 다음과 같은 질문을 한다. "가장 적은 자모음을 가진 이름은 무엇이에요?", "가장 많은 자모음을 가진 이름은 무엇이에요?"
5. 교사는 학급구성들이 발견한 것을 다른 학급구성원들이 발견한 것과 비교해 볼 수도 있다. 만약 교사가 그렇게 한다면, 다른 학급의 아이들도 자신들의 이름 기차를 비교하고 자신들이 관찰한 것을 수학 공책에 기록하도록 한다. 다른 반 아이들이 교실로 돌아간 후에, 학급구성원들에게 학급 간 이름비교에서 관찰한 것에 대해 토론하도록 한다. 수의 범위 아이디어 차원에서는 다른 학급 아이들의 이름 중에서 가장 긴 이름과 가장 짧은 이름을 지적한다. 다른 학급에 있는 아이들의 이름 중 우리 학급 아이들의 이름보다 더 많은 자모음을 가진 이름, 또는 더 적은 자모음을 가진 이름이 있는지 없는지에 대해 이야기 한다. 칠판의 하단부에 학생들의 이름에 있는 자모음의 수를 모두 기록한다.
6. 각 아이에게 포스트잇을 제공하고 이름을 적도록 한다. 교사가 수를 부르고 이 수가 자신의 이름에 있는 자모음의 수이면, 아이들은 자신의 포스트잇을 수 위쪽으로 붙여 나간다.
7. 모든 아이들이 자신의 포스트잇을 붙이고 나면, 이 그래프를 보고 알 수 있는 것이 무엇인지 아이들에게 물어본다. 아이들에게 칠판에 있는 것이 그래프라고 말해 준다. 아이들에게 '참인 수학 문장'을 만들어 보라고 요청한다. 다음과 같은 반응이 나올 수 있을 것이다.
   - 수 5 위에 가장 많은 이름이 있어요.
   - 우리 학급에는 9개의 철자가 있는 이름을 가진 친구가 없어요.
   - 3개의 철자가 있는 이름을 가진 친구가 2명 있고, 8개의 철자가 있는 이름을 가진 친구가 2명 있어요. 두 경우 모두 2명씩 있어요.

학생들의 아이디어를 큰 종이에 적고, 그 중 어떤 것이 수학적으로 자연스러운지 정해 본다. 자모음의 수가 *가장 많은 이름*과 *가장 적은 이름*, 자모음의 *수가 같은 이름*에 대해 토론하고, 자모음의 수들의 합에 대해 이야기 한다. 예를 들면, 학생들은 '세 개의 자모음으로 된 이름'과 같은 한 범주를 선택한 후, "세 학생이 세 개의 자모음으로 된 이름을 가지고 있어요, 따라서 여기에는 모두 9개의 자모음이 있어요."와 같은 진술을 할 수 있을 것이다.

어떤 그래프를 보고 참인 진술을 찾아보는 것은 아이들로부터 사려 깊은 반응들을 도출해 낼 수 있는 좋은 방법이고, "이름의 개수가 가장 적은 범주는 어떤 범주일까요?"와 같은 구체적인 질문을 해서 얻어 낼 수 있는 반응들보다 더 다양한 반응들을 아이들이 생성해 낼 수 있게 하는 좋은 방법이다. 또한, 참인 진술 찾기는 아이들 스스로 수학 용어들을 사용하도록 한다. 처음에, 아이들의 반응은 수학적으로 자연스럽지 못할 수도 있다. 게다가, 이들은 "저는 Shatani의 이름이 좋아요", 또는 "우리 작은 엄마의 이름도 Ann이에요."와 같은 형태로 이야기 할 수도 있다. 이러한 반응도 너그럽게 받아들여야 한다. 아이가 수학적 *관찰을 할 때,* '참인 수학 문장'을 강조하고, 수학적으로 참인 문장들이 어떻게 구성되는지 설명해 준다. 다음과 같은 예를 들어 줄 수 있다.

- 5개의 철자로 된 이름이 가장 많아요. 우리 반에는 이름이 5개의 철자로 된 사람이 9명 있어요.
- T. J.는 2자로 된 이름을 가지고 있는 유일한 사람이에요. 그러므로 2자로 된 이름이 가장 적어요.
- 이름의 개수를 모두 더하면, 23개가 되요.

점차적으로 이런 류의 사고가 습관이 될 것이다.

8. 이제 "자모음이 모두 몇 개 있는가?"에 대한 질문을 포함하는 대화로 확장해 간다. 예를 들어, "우리 학급 아이들의 이름에 있는 자모음들을 모두 합하면 자모음은 몇 개일까요?", "8개의 자모음을 가진 이름들을 전부 합하면, 자모음은 모두 몇 개가 되나요?" 아이들이 연결정육면체를 이용해서 세어 보도록 제안함으로써, 교사는 배수에 대한 사고의 씨앗을 뿌릴 수 있다.
9. 다른 수학 시간에, OHP를 이용해서 8인치×10인치 모눈종이에 교사의 이름을 반복적으로 적어 가면서 아이들에게 이를 관찰하도록 한다. 빈 칸이 하나도 없이 적었음을 지적해 준다.
10. 이 이름 차트를 완성하고 난 후, A는 빨강, S는 초록 등 교사의 이름에 있는 철자마다 서로 다른 색을 선택한다. 그리고 이 차트 위에 있는 모든 철자들을 색칠한다. 그러고 나서, 패턴을 설명한다. 모눈종이를 나누어 주고, 자신의 이름을 가지고 같은 방법으로 칸을 채우도록 한다. (그림 3-1 참조)

    모눈종이에 색칠하기는 집중이 요구되는 활동으로, 필연적으로 실수가 생길 수 있다. 만약 교사가 수정테이프를 가지고 있다면, 교사는 아이들이 이것을 사용해서 자신의 실수를 고치도록 하고, 아이들이 실수로 인하여 당황하지 않도록 한다. 하지만 대부분의 아이들은 실수 없이 손쉽게 색칠을 한다. 교사는 아이들이 시작할 때 각 칸에 맞는 색으로 점을 하나씩 찍어두라고 제안할 수 있다. 아이들은 자신이 모눈 칸에 정확하게 표시를 했다고 느낀 후, 칸 안을 완전하게 색칠할 수 있다.

그림 3-1

Jayne의 이름은 흥미로운 패턴을 만든다.

11. 아이들이 자신의 이름을 이름 패턴에 맞게 모두 색칠했을 때, 이름에 있는 자모음의 수를 게시하던 것과 같은 형식을 이용해서 대응하는 수 위에 이름 패턴을 전시한다(아래 참조). 이것은 복도에 전시할 수 있을 만큼 충분히 큰 전시물이 될 것이다.

Jayne의 이름에는 5개의 자모음이 있다. 이름에 5개의 자모음이 있는 모든 아이들은 자신의 패턴을 5 위에 놓는다.

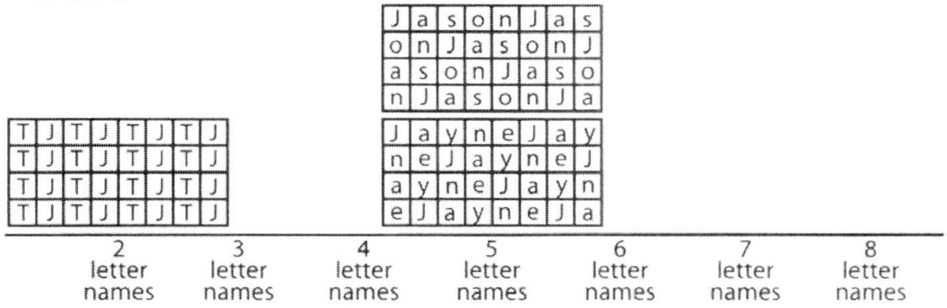

자·모음 수가 같은 이름으로 만든 이름 패턴은 유사한 시각적 패턴을 보인다.

12. 모든 아이들이 자신의 이름 패턴을 완성하면, 이것을 게시한다. 그리고 나서, 아이들에게 색칠된 모눈종이에서 볼 수 있는 기하 무늬에 대해 설명해 보게 한다. 이 패턴들은 줄 패턴, 대각선패턴, 장기판 모양에 이르기까지 다양할 것이다. 학급구성원들은 이 패턴들을 토론하면서, *대각선, 행, 반복, 위, 아래, 오른쪽,* 그리고 *왼쪽*과 같은 용어들을 사용하도록 한다.

심화

학생들이 친구들과 함께 이름 패턴을 만들어보게 한다. 이 활동에는 몇 가지 이점이 있다. 첫째, 각 아이는 서로 도우면서 좀 더 빠르게 과제를 완성할 수 있다. 둘째, 많은 자료가 생성될 수 있다.

교사는 이 새로운 이름 패턴을 전시하고 토론한 후, 학생들에게 10인치×10인치 모눈종이를 새로 나누어 준다. 이 모눈종이에는 학생들이 지난 번에 사용했던 것보다 칸이 많다. 아이들에게 이 새 모눈종이에 자신의 이름 패턴이 어떻게 나타날지 예상해 보도록 한다. 반응은 다음과 같을 것이다. "제 생각에는 제 이름이 줄 패턴으로 나타날 것 같아요. 왜냐하면 이게 마지막이기 때문에요." 또는 "제 이름은 아마도 장기 판 모양일거에요." 또는 "제 이름은 비스듬한 줄 패턴으로 나타날 것 같아요."

두 번째 모눈종이가 완성 되었을 때, 학급구성원들과 함께 이것을 첫 번째 모눈종이와 비교해 본다. 그리고 나서, 교사는 이름 패턴에 관한 두 권의 학급문고를 만들 수 있다. 각 학급문고를 가장 적은 자모음을 가진 이름부터 가장 많은 자모음을 가진 이름 순서로 조직한다.

Eric Carle

Eric Carle은 다작의 작가이며, 그가 지은 책 중 많은 책들이 수학과 관련되어 있다. 우리 학교에서는 작가연구시간에 Carle의 책들이 정기적으로 다루어진다. 이러한 책들을 이용할 때, 국어와 수학을 통합하는 것은 매우 자연스런 과정이다. 이런 방식으로 내가 성공적으로 사용한 책 제목들의 목록이 아래에 있다.

성장 패턴

The Very Hungry Caterpillar

Rooster's Off to see The World

The Tiny Seed – 생애주기

The Grouchy Ladybug –시간

반복패턴

From Head to Toe –국어; 유사한 책을 만들 수 있다. "너는 그것을 할 수 있니? 나는 그것을 할 수 있어."

The Very Quiet Cricket –반복 문장

The Very Busy Spider –반복 문장

Today is Monday –요일이름

A House for Hermit Crab 달이름

이 책들을 이용하여 즐거운 시간을 보내고 난 후, 가장 마음에 드는 책에 대해 토론을 하고, 이 목록을 4–5개로 줄이고, 각 아이가 가장 좋아하는 책을 나타내기 위해서 막대그래프를 만든다. 다른 학급들도 Eric Carle의 책들을 다루고 난 후, 다른 학급에서 만든 막대그래프들을 서로서로 비교해 본다.

자연 속의 규칙

우리는 자연 속에서 패턴과 대칭을 많이 발견할 수 있다. 이 활동은 애벌레와 나비에 대한 시각적 패턴을 탐구하는 활동을 포함하고 있다.

준비물

- 애벌레와 나비에 관한 책 1권(Bobbies Kalman의 ***The Life Cycle of a Butterfly, Gail Gibbons***의 ***Monarch Butterfly,*** 또는 Emily Neye의 ***Butterflies***를 사용해도 좋을 듯 하다.)

교수학습 지침

1. 학급구성원들과 함께 정한 책을 읽으면서 애벌레의 사진들을 본다. 왕나비(Monarch Butterfly)의 애벌레는 검정색, 흰색, 노랑색의 패턴 구분이 완연하다. 반복 패턴에 주의를 기울이게 하고, 애벌레의 패턴을 확인해 볼 자원자가 있는지 물어본다. 그러고 나서, 학급구성원들과 함께, 이 패턴을 구성하는 색의 이름을 가지고 챈트를 한다.
2. 한 장의 차트지 위에, 큰 애벌레의 외곽선을 그리고 싸인펜을 이용하여 이 애벌레 위에 패턴을 그려 넣는다. 만약에 싸인펜이 없다면, 이 패턴을 말이나 글로 어떻게 나타낼 수 있는지 묻는다. 아이들은 색의 이름*(노란색-흰색-검은색, 노란색-흰색-검은색)*을 적는 것을 제안할 수도 있다. 이 단어들을 적는 과정을 단순화시키기 위해서 '노-흰-검'과 같은 단축쓰기를 생각해내는 아이들도 있을 수 있다.
3. 아이들에게 상상의 애벌레를 색칠할 수 있는 또 다른 가능한 패턴이 있는지 생각해 보고, 몇 가지 아이디어를 설명해 보도록 질문한다. 상상의 애벌레에 다른 색을 칠하여 반복패턴을 만들어 낼 수 있는 방법이 여러 가지가 있다는 사실에 대해 토론한다.

전체 학급 활동 / 메뉴 활동

티셔츠 규칙(메뉴 활동으로도 가능함)

이 활동은 메뉴 활동으로도 사용할 수 있는 전체 학급 활동이다. 이것을 전체 학급 수업으로 사용하기 전에, 아이들에게 교실에서 발견할 수 있는 패턴이 무엇이 있는지 둘러보게 한다. 아이들의 관심을 교실 자체, 벽, 천장, 게시판에 집중하도록 한다. 교사는 아이들의 옷과 같은 다른 대상에서 몇 개의 패턴을 발견하고 아이들에게 교사가 생각한 것을 추측하도록 한다. 이것은 일종의 *'스파이'* 게임이다.

한 장의 차트지 위에, 아이들이 발견한 약 10개 정도의 패턴의 예를 나열하고, 뒤로 물러서서 아이들과 함께 이 목록을 본다. 아이들이 발견한 패턴에는 옷에 관한 것, 요일, 벽돌, 천장의 무늬, 리듬이 있는 단어 등이 있다. 학생들에게 "패턴을 패턴이 될 수 있게 만드는 것은 무엇인가요?", "어떤 것이 패턴인지 아닌지를 어떻게 말할 수 있어요?"라고 묻는다. 학급 전체가 이 질문에 대한 아이디어를 공유하기 전에, 아이들에게 몇 분간 2인 1조로 또는 소모둠으로 이 질문에 대해서 토론하도록 한다. 이러한 "생각할 수 있는 시간"을 줌으로써, 교사는 학생들이 그들의 생각을 조직화하고, 토의에 적극적으로 참여할 수 있도록 도울 수 있다. 차트지의 아래에 *반복하는, 예상가능한, 반복해서 발생하는* 등과 같은, 대화에서 나타날 수 있는 단어들을 적어놓는다.

이제 교사는 *티셔츠 규칙* 활동을 소개할 준비가 된 것이다.

교수학습 지침

1. *나의 규칙 알아맞히기*를 한 번 한다. 패턴이 있는 티셔츠를 입고 있는 아이들을 교실의 앞으로 나오게 해서 의자의 한 쪽에 서도록 한다. 그러고 나서, 이 의자의 다른 한 쪽으로는 아무 무늬가 없는 티셔츠를 입은 아이들을 세운다. (2장에서 자세한 설명을 붙인 *나의 규칙 알아맞히기* 참조)
2. 앉아 있는 아이들에게 교사가 아이들을 두 집단으로 만들기 위해서 사용한 규칙을 추측해 보도록 한다.
3. 학생들은 티셔츠를 디자인하고, 교사가 내주는 종이에 이것을 그릴 것이라고 설명해 준다. 학생들에게 자신이 의류 회사에서 티셔츠의 디자인을 만드는 디자이너가 되었다고 가정해 보게 한다.
4. 아이들에게 가로줄 무늬가 있는 티셔츠 한 장을 보여주고, 이 셔츠에 사용할 수 있는 패턴을 교사가 생각해 낼 수 있게 도와달라고 요청한다. 아이들은 다음과 같은 반응을 보일 수 있다. "빨간색 파란색, 빨간색 파란색으로 색칠해요." 이 티셔츠에 이 패턴을 그리고 몇 가지 추가 아이디어를 요청한다. 아이들에게 그들이 패턴을 만들 수 있다면(예상가능한 형태) 더 많은 색을 사용할 수 있다는 점을 알려준다. 만약 교사가 각 줄마다 다른 색을 칠한다면, 이 티셔츠가 한 가지 패턴을 보일 수 있는지에 대해 아이들에게 묻는다. 아이들의 의견에 대해 토론한다.
5. 그 다음, 아이들에게 무늬가 없는 티셔츠 그림 한 장을 보여 준다. 이 티셔츠에 패턴을 그려 넣는 것이 가능하다고 생각하는지 물어본다. 아이들이 생각한 것에 대해서 이야기를 나누고, 가능한 패턴 하나를 예를 들어 설명해 준다. 예를 들어, 교사는 하트 모양 또는 나비(대칭을 이루는 것이면 무엇이든지 좋다.)의 반쪽을 그린다. (그림 3-2 참조) 그러고 나서, 아이들에게 이 그림의 다른 반을 채워 보게 한다.
6. 교사와 아이들이 대화를 하는 동안, *패턴, 예상가능한, 대칭적, 반복적인, 전, 후, 사이에 있는, 오른쪽, 왼쪽, 위, 아래*와 같은 새로운 단어들을 수학용어집에 추가한다.

7. 만약 교사가 이 활동을 메뉴 활동으로 사용하기를 원한다면, 아이들에게 줄무늬 티셔츠와 줄무늬가 없는 티셔츠 그림을 여러 장 주고, 그들 자신의 패턴을 만들도록 한다. (부록 참조)

심화

- 아이들에게 티셔츠를 디자인하기 위해서 2인 1조로 모둠을 구성해서 활동하도록 한다. 이 중 한 사람이 티셔츠 디자인을 시작한다. 다른 사람은 첫 번째 사람이 디자인한 패턴을 토대로 티셔츠를 완성한다.
- 아이들에게 익숙한 동화에 나오는 등장인물의 종이인형 또는 종이 꼭두각시(paper puppets)를 만들고, 이들이 입을 옷에 패턴을 넣도록 한다. 종이 인형이나 종이 꼭두각시의 크기에 맞게 옷의 크기를 정하는 방법에 대해서도 생각해 보도록 아이들을 격려한다.

연결정육면체로 만든 애벌레

이 활동을 통해서 아이들은 연결정육면체를 이용하여 패턴을 만들어 보고 이 패턴들을 비교해 볼 수 있는 기회를 갖는다.

그림 3-2 ▶

T-셔츠 대칭 및 패턴

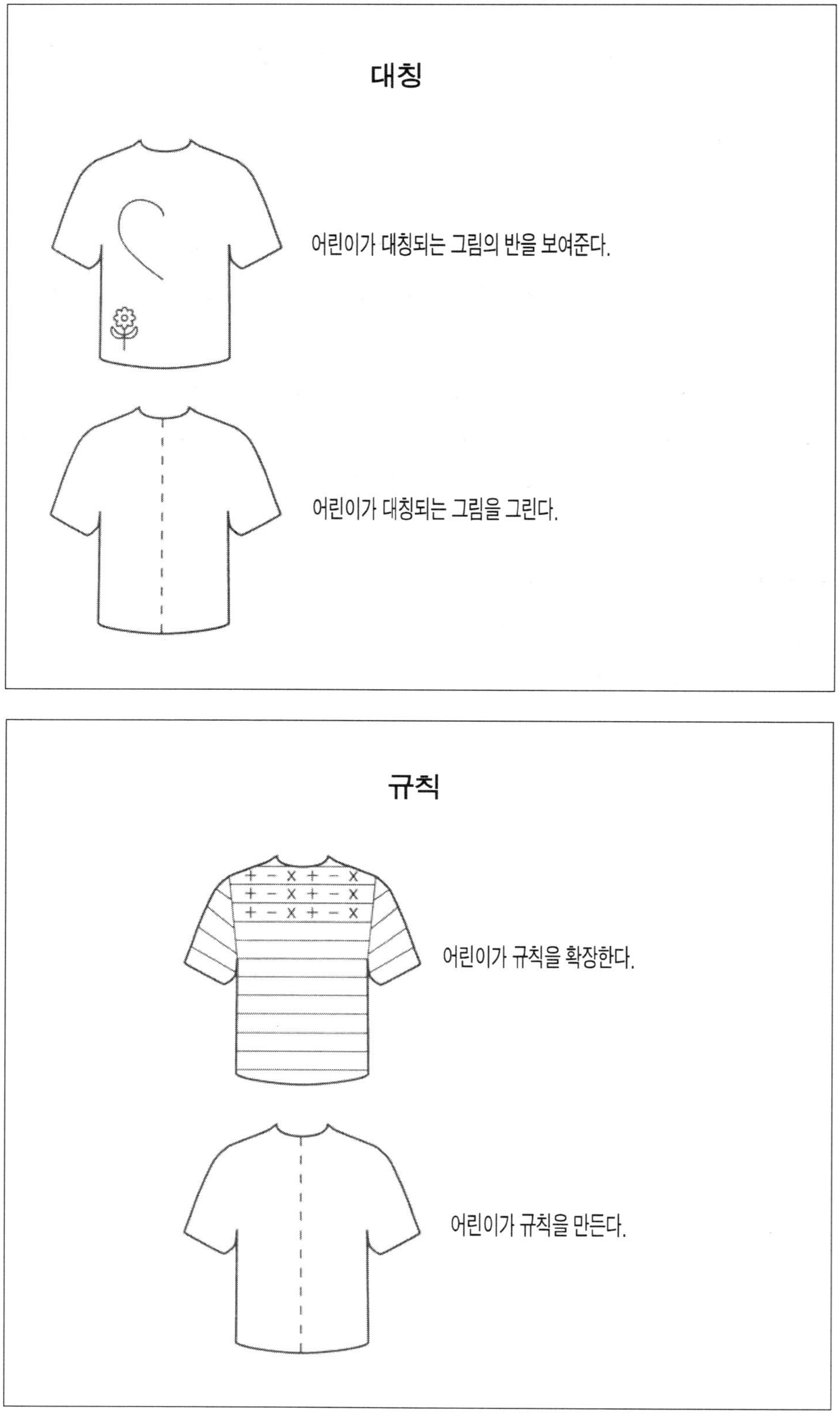

준비물

- 연결정육면체 한 세트.
- 신문지 몇 장.
- 커다란 애벌레의 외곽선이 그려진 흰 도화지; 개인당 몇 장씩.

교수학습 지침

1. 연결정육면체를 이용해서 서로 다른 a-b 규칙을 적용한 두 대의 기차를 만든다. (각 기차에 약 20개 정도의 연결정육면체를 사용한다.) 예를 들면, 한 기차의 패턴은 파랑-빨강, 다른 기차의 패턴은 노랑-초록으로 한다.
2. 두 개의 기차를 각 각 신문지로 돌돌 말아, 두 개의 관을 만든다.
3. *세 가지* 색을 사용해서 a-b-c 패턴을 가진 기차를 만들고, 신문지로 말아서 세 번째 패턴 관을 만든다.
4. 학생들을 모이도록 한 후, 내용물을 보여주지 않은 채, a-b 패턴인 관 두 개 중에서 하나를 보여준다. 이 관 안에 무엇이 있을지 추측해 보도록 한다. 아이들이 몇 가지 추측을 한 후, 교사가 연결정육면체로 가상의 애벌레를 만들었고 아이들이 이 애벌레가 갖고 있는 패턴이 무엇인지 곰곰이 생각해 보기를 원한다고 말해준다.
5. 첫 번째 관을 옆으로 치우고, 다음 것에 대한 예측을 하도록 한다. 아이들이 패턴을 알아차릴 때까지 하고 난 후, 두 번째 관을 치우고 세 번째 관을 가지고 한다. 아이들이 패턴을 다 알아내고 나면, 아이들에게 이 패턴에 있는 색깔의 이름을 가지고 챈트를 하도록 한다.
6. 몸동작과 이 시각적 패턴을 연결 짓는다. 예를 들어, 첫 번째 색은 손뼉을 치고, 두 번째 색은 무릎을 친다. 즉, 색깔이 파랑-빨강, 파랑-빨강이면, 손뼉-무릎치기, 손뼉- 무릎치기를 한다.
7. 학급 구성원들이 이 몸동작 패턴에 익숙해지면, a-b-c 패턴 관을 꺼내고 세 번째 움직임으로 "손 머리"와 같은 약속을 한다. 그래서 앞서의 예에 추가하면, "손뼉-무릎치기-손 머리, 손뼉- 무릎치기-손 머리"와 같은 패턴이 된다.
8. 마지막으로, 두 번째 a-b 패턴을 공개한다. 앞의 a-b 패턴에 이용한 것과 같은 몸동작을 이 패턴에 이용한다. 아이들이 이 패턴을 실연했을 때, 이 몸동작과 같은 몸동작을 할 수 있는 또 다른 패턴에는 어떤 것들이 있는지를 아이들에게 물어본다. 이러한 몸동작은 다양한 색깔 때문에 다르게 보일 수도 있는 패턴들이 사실은 같은 것이라는 사실을 알게 해준다.
9. 큰 차트지를 이용해서, 이 관들에 나타나있는 패턴들을 그리고 이것을 교실에 게시한다.

10. 각 아이에게 애벌레의 외곽선이 그려진 흰 도화지를 몇 장씩 나누어 준다. 이 도화지 위에 자신만의 애벌레 패턴을 만들어 그리도록 한다. 아이들에게 2, 3, 4, 5 가지의 마커를 이용하여 그들의 패턴을 만들 수 있다고 제안해 준다. 다시 한 번, 학급 구성원들에게 "그것이 패턴이라는 것을 어떻게 알 수 있어요?"라고 묻는다.
11. 아이들이 활동을 시작했을 때, 아이들 사이를 돌아다니면서 아이들을 개별적으로 만날 수 있는 기회를 갖고, 자신이 만든 패턴에 대해서 교사에게 말하도록 한다. 패턴을 만드는 데 어려움을 겪고 있는 아이가 있으면, 이 아이에게 자신이 좋아하는 두 가지 색을 집도록 한다. 어떻게 하면 이 색들을 같은 방법으로 반복적으로 사용할 수 있는지에 대해서 이야기 한다. 함께, "빨강-노랑-빨강-노랑 …"과 같은 패턴을 가지고 챈트를 해본다. 이 아이에게 마커를 가지고 애벌레 그림 위에 패턴을 표현할 수 있다고 생각하는지 물어본다.
12. 다음 날, 학생들이 그린 각각의 패턴들을 보고, 이 그림들이 어떤 점에서 같고 어떤 점에서 다른지에 대해 토론한다.

    학생들이 어제 패턴에 맞추어 박수를 치면서 재미있어 했던 것을 이들에게 상기시켜 준다. 두 가지 속성으로 패턴을 만든 아이를 한 명 선택하고, 학급 구성원들이 이 패턴에 따라 손뼉을 치도록 한다. 두 가지 색으로 패턴을 만든 학생이 또 있으면, 이 학생들을 일어나도록 하고, 몸동작으로 자신의 패턴을 학급 구성원들에게 보여주도록 한다. 교사가 먼저 몸동작과 함께 색 이름으로 챈트를 하고, 아이들은 이를 쫓아 하도록 한다. 다시, 이 패턴들이 다른 색깔과 다른 모양을 하고 있기 때문에 달라 보이기는 해도, 몸동작으로 했을 때 같다는 점을 지적해 준다.
13. 아이들에게 자신의 애벌레를 오리게 한다. 그러고 나서, 같은 패턴(a-b, 또는 a-b-c)을 적용한 애벌레 패턴들을 큰 검은 색 도화지 위에 함께 붙이고 전시한다. 이 전시물 위에 "우리의 규칙을 알아맞혀보세요: 왜 이 애벌레들이 함께 있을까요?"라고 라벨을 붙인다.

종이 관 패턴(메뉴 활동으로도 가능함)

이 활동은 단독으로 하는 것 보다는 이 전의 활동들과 연계해서 하는 것이 좋다.

준비물

- 연결정육면체는 교사용 1세트, 학생 개인당 1 세트.
- 신문지 몇 장, 또는 종이 타월 속에 있는 관 몇 개.

교수학습 지침

1. 연결정육면체를 이용해서 a-b 패턴(예를 들어, 빨강 / 파랑, 빨강 / 파랑) 기차를 만들고 이것을 신문지로 돌돌 싸거나, 종이 타월 관에 숨긴다. 그러고 나서, a-b-c 패턴 기차를 만들고 이것을 같은 방법으로 감춘다. 마지막으로, a-b, a-b-b, a-b-b-b, a-b-b-b-b 와 같은 성장 패턴을 준비한다.
2. 학생들을 모이게 하고, a-b 기차가 있는 종이 관을 들어 올린다. 종이 관 안의 기차가 보이지 않도록 한다. 종이 관 안에 무엇이 있을지 학생들에게 물어 본다. 학생들은 이런 관 안에 있을 수 있는 사물들을 생각해 내기 위해서 몇 가지 사물들을 상상할 것이다. 아이들은 아마도 '뱀', '마커', '사탕'과 같은 것을 추측할 것이다.
3. 학급구성원들이 몇 가지 추측을 하도록 한 후, 이 관으로부터 첫 번째 연결정육면체를 천천히 꺼낸다. 이 관 안에 연결정육면체가 더 연결되어 있다고 아이들에게 말해주고, 두 번째 연결정육면체는 어떤 색일 것 같은지 아이들에게 물어본다. 일부 아이들은 자신들이 한 추측에 매우 자신 있어 하며 열광할 것이다. 다른 1학년 학생들은 다음 연결정육면체가 어떤 색깔일 것인지 알 수 있는 방법이 전혀 없다고 생각하고 있을 것이다.
4. 두 번째 연결정육면체를 꺼낸다. 옳은 색을 추측한 학생들은 기뻐할 것이고, 전 보다 더 확신에 차 있을 것이다.
5. 한 번에 하나씩 연결정육면체를 꺼내면서 추측해 보도록 한다.
6. 이 패턴이 분명하게 부각되고 나면, 아이들에게 이 패턴이 무엇인지를 확실하게 말할 수 있었던 때가 정확하게 *언제인지*를 설명하도록 요청한다. 아이들이 예상한 패턴들에 대해 토론을 하고, 빨강 / 파랑, 빨강 / 파랑과 같은 반복 패턴의 마디를 확인한다.
7. 다른 관도 위와 같은 과정을 밟는다.
8. 이제, 학생들에게 그들 자신의 고유한 패턴 기차를 만들도록 한다. 교사가 연결정육면체를 충분히 제공할 수 있다면, 아이들에게 2인 1모둠으로 활동하게 한다. 이 때, 각 조원은 비슷하지만 동일하지 않은 패턴을 만들도록 한다. 예를 들면, 한 사람이 빨강-빨강-파랑-파랑, 빨강-빨강-파랑-파랑 규칙을 만들었다면, 다른 한 사람은 주황-주황-노랑-노랑, 주황-주황-노랑-노랑 규칙을 만들 수 있다.
9. 만약 교사가 가지고 있는 연결정육면체가 얼마 안 되면, 아이들에게 교사가 다음에 어떤 종류의 유사 패턴을 만들 것인지를 결정할 수 있도록 도와달라고 요청한다. 몇 가지의 패턴 기차를 만들고 학급 구성원들이 이 패턴들이 어떤 점에서 같고 어떤 점에서 다른지를 토론하게 한다.

10. 학급 구성원들이 이런 방법으로 몇 가지 반복 패턴을 만들어 보게 한 후, 학생들에게 성장 패턴의 예(예를 들면, 빨강-파랑-파랑, 빨강-파랑-파랑-파랑)를 상기시켜준다. 학생들에게 다른 색을 이용하여 이와 유사한 패턴을 만들어 보게 한다. 한 예로, 주황-노랑, 주황-노랑-노랑, 주황-노랑-노랑-노랑 같은 것이 있을 수 있다. 이어지는 토론을 하는 동안, 아이들에게 이것이 패턴인지 즉, 예상가능한지 물어본다. "다음에 무슨 색이 올지 알 수 있는 방법이 있어요? 특별한 방법이 있어요?"와 같은 질문을 한다. 이 패턴이 단순히 반복되는 것은 아니지만 "하나 더 더하기" 구조는 패턴을 예상할 수 있도록 해준다는 아이디어를 아이들 스스로가 명확히 표현할 수 있도록 도와준다.
11. 아이들이 자신의 성장 패턴을 만들고 설명하는 활동을 하도록 하는 것을 생각해본다. 아이들은 연결정육면체 뿐만 아니라 패턴 블럭 또는 실에 끼울 수 있는 색빨대와 같은 재료들을 사용해서 반복 패턴과 성장 패턴을 계속해서 탐구할 수 있다. 교실에 아이들이 만든 작품들 중 같은 패턴을 한 것끼리 모으고, 이것들을 왜 같이 모아놓았는지를 설명해 줄 수 있는 라벨을 붙여서 게시한다.

패턴 블록 애벌레(메뉴 활동으로도 가능함)

패턴 블록은 아이들이 너무나 좋아하는 것이라서, 아이들이 이것을 가지고 특정 과제를 수행하기 전에 이것을 탐구할 시간을 줄 필요가 있다. 패턴 블록을 자유롭게 탐구할 수 있는 시간을 아이들에게 주면, 이 시간 동안 아이들은 패턴 블록의 다양한 모양들을 일컫는 새로운 어휘들을 배울 수 있다. 교사와 아이들이 패턴 블록을 탐구할 때, 색이름*과* 기하 단어들을 함께 사용해서 패턴 블록의 특징들을 언급해 준다. 이런 종류의 가벼운 도입은 이후에 학생들이 기하를 배우는 데 도움을 줄 수 있는 단초로 작용할 수 있다.

준비물

- OHP 1대.
- OHP용 필름 몇 장.
- OHP용 패턴 블록 1 세트.
- 흰색으로 애벌레의 외곽선이 그려져 있는 검정 도화지. (학생당 1장)

교수학습 지침

1. 빈 OHP용 필름 위에 큰 애벌레의 외곽선을 그린다.
2. 애벌레 그림 위에 간단한 패턴(예를 들어, 초록 삼각형-빨간 사각형, 초록 삼각형-빨간 사각형)을 적용하여 패턴 블록을 한 번에 하나씩 놓는다. 아이들에게 패턴을 알아내자마자 손을 들도록 하고 이들을 발표시킨다.
3. 누군가가 이 패턴을 추측하고 나면, 또 다른 학생에게 앞으로 나와 그 패턴을 확장해 가도록 한다. 간단한 패턴을 이용해서 이러한 단계들을 몇 번에 걸쳐 반복한다.
4. 주황 삼각형-초록 사각형, 주황 삼각형-초록 사각형-초록 사각형, 주황 삼각형-초록 사각형-초록 사각형-초록 사각형과 같은 성장패턴을 소개한다. (p. 62의 그림 3-3 참조)
5. 아이들이 이 패턴을 확인하고 나면, 이 패턴 또한 또 하나의 성장 패턴이라는 점을 설명해 주고, 그러한 패턴들이 독특한 것이기는 하지만 기억해야 할 질문은 이것이 예상가능한가 하는 점이라는 것을 지적해 주어야 한다.

   참고사항 : 성장 패턴은 수학적으로 중요하고 실제로도 많이 활용되고 있다. 예를 들면, 성장패턴을 공부하는 것은 우리가 한 지역사회가 성장해 감에 따라서 필요로 하는 학교의 수 그리고 소방서의 수를 결정하는 데 도움이 되고 사람들이 은퇴 후 노후 자금으로 얼마나 필요한지를 구하는 데 도움이 된다. 그러한 사회 문제는 우리의 생활에 큰 영향을 준다. 1학년 학생들은 반복패턴 뿐만 아니라 성장패턴이 가지는 예상가능한 본질에 대한 이해를 발달시킴으로써 얻는 것이 있을 것이다.
6. 아이들이 모둠으로 패턴 블록 애벌레를 만드는 것에 익숙해지면, 애벌레의 외곽선이 그려진 검정색 도화지를 각 학생들에게 나누어 준다. 아이들에게 패턴블럭을 사용해서 이 외곽선 안에 패턴을 만들어 보게 한다. 각 아이들이 전부 활동을 한 후, 일어나 돌아다니면서 반 친구들이 만든 패턴을 볼 수 있게 한다.
7. 다음에 교사가 이 활동을 이용할 때, 아이들에게 2인 1조로 모둠을 만들어 활동하면서 짝이 만든 패턴을 서로 돌아가면서 완성해 보도록 한다. 나중에, 아이들에게 자신이 선호하는 패턴을 선택하게 하고 종이로 된 패턴 블록을 이용하여 종이 위에 그것을 붙여 보는 활동을 하도록 한다. 활동지에 이름을 쓰고 어떤 조각을 각각 몇 개씩 이용했는지를 적도록 한다.

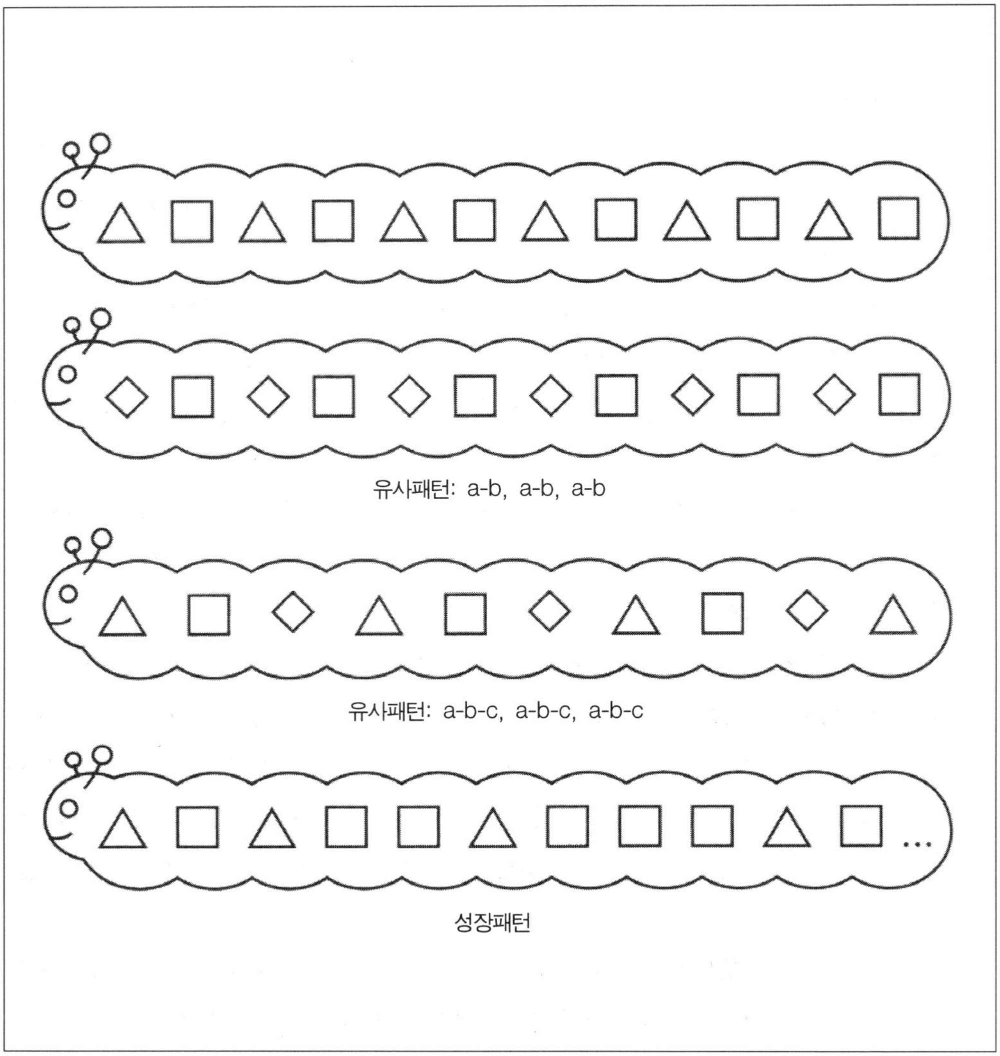

그림 3-3

패턴블럭으로 만든 애벌레

패턴과 몸동작(메뉴 활동으로도 가능함)

일단 학생들이 필요한 몸동작과 이 몸동작을 수행하는 데 필요한 규칙을 숙달하면, 몸동작-패턴 활동은 메뉴 활동으로도 적합하다.

교수학습 지침

1. 서로 볼 수 있도록 둥그렇게 모여 앉는다.
2. 일정 방향으로 돌아가면서, 각 아이가 자신의 이름을 말하고 이름의 각 음절마다 한 가지 동작

을 하도록 한다. 예를 들어, 이름이 Shatani이면 *Sha*는 손뼉을, *tan*는 두 손을 들고, *ni*는 두 손을 앞으로 내민다.

3. 모든 아이가 돌아가면서 했으면, 사용한 몸동작에 대해 학급구성원들이 토의하게 한다. 아이들에게 친구들이 자신의 이름을 말하며 사용한 몸동작을 연습하고 기억하도록 한다.
4. 이들 몸동작을 가리킬 수 있는 몇 가지 문자 기호를 만들도록 한다. 이 문자 기호들이 *암호* 즉 규칙을 만든다는 것에 대해 설명해 준다. 예를 들면, "l"은 "한 번 손뼉 치기"를, "ll"는 "두 번 손뼉 치기"를, "="는 "두 손으로 무릎 치기"를, "^"는 "뛰어 오르기"를 의미할 수 있다.
5. 차트지 위에 이 암호를 기록해 둔다.
6. 아이들에게 이 암호를 이용해서 학급구성원들이 시도해 볼 수 있는 패턴을 제안하도록 한다. 예를 들면, "ll, =, ^^, ll, =, ^^"는 "두 번 손뼉 치기, 두 손으로 무릎 치기, 두 번 뛰어 오르기"를 반복하여 두 번 한다는 것을 의미한다.
7. 이 암호로 실연하는 것을 연습한다. 아이들이 이 패턴을 숙달하기 위해서 이 패턴을 몇 번 정도 반복해야 하는지를 학생들에게 질문한다. (나의 학생들은 "적어도 세 번"이라고 대답했다.)
8. 아이들에게 합의한 암호체계를 이용하여 수학 공책에 다른 패턴을 만들어 보라고 한다. 재미있어 보이는 패턴 하나를 선택하고, 이것을 칠판 위에 적은 후, 아이들에게 점심시간이나 쉬는 시간에 모둠으로 이 암호를 연습하게 한다. 아이들은 자신의 책상 옆에 서서 이 특정한 암호를 실연해 볼 수도 있을 것이다.

   아이들은 암호를 실연하면서 웃고, 실수를 하고, 의자에 기대기도 하기 때문에 무질서한 상태가 될 것이다. 그러나, 이런 시간을 가짐으로서 아이들은 패턴에 각별한 관심을 갖게 된다.
9. 3인 1 모둠으로 패턴 만들기 활동을 해 본다. 아이들은 자신들의 수학 공책을 이용하여, 패턴을 번갈아가며 만들고 기록한다. 그리고 그들과 다른 모둠의 아이들이 그것을 함께 실연해볼 수 있도록 한다. 교사는 암호에 한 가지 특정한 움직임(예를 들어, 뛰어 오르기)이 몇 번까지만 들어가야 한다는 제한점을 설정할 수도 있다. (우리 반은 뛰어 오르기를 열 번으로 제한하였다.)

주사위로 패턴이어가기(메뉴 활동으로도 가능함)

교사는 이 활동을 하면서 패턴 블록, 색타일, 모양 종이 등 다양한 교구를 사용할 수 있다. 이 활동은 3명이 하기에 가장 적합하다. 3인 1조 모둠은 평상시하던 2인 1조 모둠에서 요구하는 협력보다 더 많은 협력이 필요하다.

준비물

- OHP 1대.
- OHP용 색타일, 종이 패턴 블록, 또는 모양 종이.
- 주사위 1개.

교수학습 지침

1. 세 명의 학생을 OHP 앞으로 나오게 한다.
2. 색타일이나, 패턴 블록, 또는 모양 종이를 이용해서, 한 패턴을 적어도 두 번 반복하도록 한다. 학급구성원들에게 이 패턴에 대해서 토론하도록 하고, 챈트를 하게 한다.
3. 세 명의 학생 중 한 명이 주사위를 굴리고, 나온 수를 읽는다. 이 학생에게 나온 수 만큼의 조각을 이 패턴에 더하도록 한다.
4. 두 번째 학생이 이 과정을 반복한다.
5. 세 명의 학생이 각각 두 번씩 할 때까지 진행한다.
6. 이제, 학급전체에서, 한 패턴이 몇 번이나 반복되게 할 것인지에 대한 제한을 정한다. 예를 들어, 우리 학급은 추가할 수 있는 패턴 조각의 수 또는 주사위를 굴릴 수 있는 횟수에 대한 제한을 두기로 결정했었다.
7. 이번에는 다른 아이와 함께 새로운 패턴을 만들면서 이 게임을 다시 한 번 설명한다.
8. 이제 아이들을 3인 1조로 모둠을 만들도록 하고, 모둠별로 게임을 하게 한다.
   주의: 어떤 게임이든지 누가 첫 번째, 두 번째, 세 번째에 할지 정하는 기준을 아이들에게 제공해 주는 것이 도움이 된다.[11] 예를 들면, 주사위를 굴려 가장 큰 수가 나온 사람부터 한다든지, 이름의 첫 글자의 알파벳순이라든지(예를 들어, Ann이 첫 번째, Barry가 두 번째, Charlie가 세 번째), 나이가 어린 아이부터 많은 아이 순서, 또는 다른 방법으로 순서를 정하도록 한다.

---

11) 저자들은 교사가 순서를 정하는 기준을 제공해 줄 것을 권하고 있다. 하지만, Kamii(1994; 강완, 김진호, 김연, 2008; Piaget의 발생론적 인식론을 적용한 수학 수업-3학년(증보))는 이 순서마저 아이들이 스스로 정해서 하도록 하는 것이 아이들의 자율성 발달에 도움이 된다고 진술하고 있다.

수 감각 활동

학생들은 수를 세고 분류하고 패턴에 대해 알아가면서, 덧셈과 뺄셈에 대한 학습을 시작할 뿐만 아니라 수량을 모으고 가르는 방법을 배우고 있다. 다음의 활동들은 학생들이 수 감각에 대한 여러 가지 중요한 이해를 얻을 수 있도록 도와줄 것이다.

- 수는 크기를 가지고 있다.
- 수는 다른 수와 관계를 맺고 있다.
- 수는 기호로 나타낼 수 있다.
- 수는 모을 수 있고 가를 수 있다.
- 수는 우리의 세계를 이해하는데 도움을 주기 때문에 유용하다.

나비 모으기

학생들에게 수 가르기와 모으기를 가르치기 위해, 이 활동의 준비물로 도화지로 만든 나비들과 스토리보드로 사용할 색인카드 크기의 직사각형 모양 색지(card stock) 몇 장이 필요하다. 가르기와 모으기 활동을 하기 위한 배경 맥락을 만들기 위해, 8장의 색지에 같은 꽃 그림을 하나 그려 놓도록 한다.

준비물

- 각 색지 위에 똑같은 꽃 그림이 그려져 있는 8장의 스토리보드용 색지.
- 종이로 만든 나비 20-30개 2세트; 각 세트는 다른 색이어야 한다. (예를 들어, 노랑, 주황); 나비의 모양은 학생들이 앉아 있는 원안에서 학생들이 알아보기에 충분한 크기여야 한다.

교수학습 지침

1. 학생들을 모이게 하고, 나비의 수에 관한 이야기를 몇 개 들려 줄 것이라고 설명한다. 아이들에게 노랑나비와 주황나비를 보여 준다. 노랑나비의 뒤에 테이프를 붙이고, 나비가 날아서 스토리보드 꽃들 중의 한 꽃에 앉는 모습을 보여준다. 학생들에게 같은 수의 나비를 각 꽃 위에 놓는 활동을 할 것이라고 설명해 준다.

2. 교사가 2와 4사이에 있는 수를 생각하고 있다고 아이들에게 말해준다. 작은 포스트잇에 3이라고 쓰고 스토리보드의 구석에 붙인다. 아이들에게 교사가 노랑나비와 주황나비를 갖고 있음을 상기시킨다. 3을 만들려면 몇 마리의 나비를 합쳐야 하는지 알려 달라고 아이들에게 묻는다. "노랑나비 3마리와 주황나비 0마리요.", "노랑나비 2마리와 주황 나비 한 마리요." 등의 대답이 나올 것이다. 아이들이 한 반응에 따라 스토리보드 위에 나비를 배치시킴으로써 아이들의 아이디어를 보여준다.
3. 3을 만들 수 있는 모든 조합(3개의 노랑나비/0개의 주황나비, 2개의 노랑나비/1개의 주황나비, 1개의 노랑나비/2개의 주황나비, 0개의 주황나비/3개의 주황나비)을 학생들이 생각해 낼 때까지 계속한다. 각 꽃에 3마리의 나비가 있다는 점을 아이들과 함께 재확인한다.
4. 이제 몇 가지 이야기를 실연한다. 예를 들어, 교사 또는 학생이 다음과 같이 제안할 수 있다. "옛날 옛날에, 세 마리의 나비가 한 꽃에 앉아 있었어요. 두 마리의 노랑나비가 또 다른 정원을 찾아 날아가고, 한 마리의 주황나비만이 이 꽃에 앉아 있었어요." 이 이야기 속의 사건을 보여주기 위해서 노랑나비 두 마리를 사라지게 한다.
5. 큰 차트지 위에, 아이들에게 말해준 이야기를 정확하게 적는다. 아이들에게 이 이야기를 다시 읽어 주고, 교사가 이 이야기를 적으려면 시간이 많이 걸린다는 점을 지적한다.
6. 수학은 훨씬 더 빠르게 아이디어를 적을 수 있는 훌륭한 방법임을 설명한다. 3−2=1이라는 식을 칠판에 쓰고, 각 기호('−'와 '=')가 의미하는 것이 무엇인지 토의한다. 만약 이러한 기호들이 수학용어집에 없다면 첨가한다.
7. 두 마리의 나비가 돌아오는 과정도 다루어 본다. 이번에는, 등식 2+1=3을 보여주고 덧셈 기호에 대해서 이야기를 한다.
8. 앞으로 두 주에 걸쳐 이 활동을 다시 하고, 매번 총 나비의 수를 바꾼다.

나비의 속성

이 수업을 하면서 아이들은 나비들의 신체적 속성과 관련된 것들을 세고 모으는 활동을 하게 된다.

준비물

- 2개의 더듬이와 4개의 날개, 6개의 발이 선명하게 보이는 큰 나비 그림 1개.
- 앞의 활동에서 사용한 여러 색의 나비들.
- 포스트잇.

교수학습 지침

1. 학급구성원들에게 큰 나비 그림을 보여준 후, 나비의 더듬이(2개), 날개(4장), 다리(6개)를 세도록 한다.
2. 다음과 같은 문장을 차트지에 적어 보여 주거나 칠판에 적어 준다.
   - *마리의 나비가 있고, 모두 개의 더듬이가 있습니다.*
   - *마리의 나비가 있고, 모두 개의 날개가 있습니다.*
   - *마리의 나비가 있고, 모두 개의 다리가 있습니다.*
3. 색칠된 나비를 하나 들어 올린다. 아이들에게 교사가 보여 준 문장 안의 빈 칸을 어떻게 채울 것인지 물어본다. 아이들의 대답을 포스트잇에 쓰고, 빈 칸에 붙인다.
4. 이 활동을 확장하려면, 아이들에게 나비의 수를 정하도록 하고 이때의 모든 더듬이, 날개, 그리고 다리의 개수를 세게 한다. 아이들에게 공책에 자신이 한 활동을 기록하게 한다. 칠판 또는 OHP를 활용해서 이 과정을 시범보여 주고, 아이들이 이해한 것을 적어 넣게 한다. 아이들에게 도움이 될 수 있는 수학 교구를 사용할 수 있도록 제공해 준다.
5. 학생들이 활동을 하는 동안, 돌아다니며 각각의 학생들이 어떻게 문제에 접근하는지 살펴본다. 이 때 관찰하고, 질문하고, 제안을 하고, 주어진 문제를 이해하는 데 어려움을 겪고 있는 아이가 있으면 도움을 주도록 한다. (그림 3-4와 3-5 참조)
6. 학생들이 한참 동안 활동을 한 후, 자신이 한 것을 발표하고 싶은 사람이 있는지 물어본다. 일단 한 두 명의 아이들이 반응을 하고 나면, 다른 학생들도 자기 자신의 고유한 생각을 설명하고 싶어지게 될 것이다. 이러한 "진행 시간"은 서로 다른 아이들이 주어진 문제에 접근한 다양한 방법들을 강조하기 때문에, 아이들이 의사소통을 통해서 자신의 사고를 명료화하고 서로의 해결방법을 경청하면서 수에 관한 융통성을 발달시키도록 하는데 도움을 준다.

교사가 아이들의 의견을 경청하고 격려하면, 아이들은 자기 자신의 생각을 좀 더 또박또박 발표하려고 들 것이다. 많은 1학년 학생들은 토론 내용을 경청하고 토론에 참여하는 것이 쉽지 않다는 것을 알게 된다. 그리고 이런 기능들은 점진적으로 발달한다. 구체물뿐만 아니라 나비와 같은 친숙한 대상들은 아이들이 수학적 질문에 초점을 두고 열중하는데 도움을 준다. 수학적 대화를 촉진시키기가 어렵다고 느끼는 날도 있겠지만, 이를 위해 교사가 쏟은 노력, 시간, 인내는 충분히 가치 있는 것이다.

그림 3-4

이 학생은 4 마리의 나비의 속성을 세었다.

그림 3-5

이 학생은 5 마리의 나비의 속성을 세었다.

대칭 활동

신체 대칭에 관한 주제를 다룸으로서 지금까지 다루지 않은 두 가지 수학 내용을 접할 수 있다.

우리의 신체는 대칭일까요?

이 활동은 *나비 속성* 활동과 유사하다.

준비물

- 삽화를 통해 얼굴을 잘 묘사해 놓은 책 1권. (예를 들면, Roberta Interater의 ***Two Eyes, a Nose, and a Mouth***)
- 큰 그래프용지 1장.
- 자 한 개.

교수학습 지침

1. 책의 그림을 학생들에게 보여준다.
2. *사람 수와 눈의 수*라고 적은 두 행이 있는 T차트를 만든다.
3. 아이들에게 한 사람, 두 사람, 세 사람, … , 열 사람까지 계속해서 눈의 수가 몇 개인지 물어본다. 아이들의 반응을 T차트 위에 판서한다.

사람의 수	눈의 수
1	2
2	4
3	6
4	8
5	10
6	12
7	14
8	16
9	18
10	20

아이들에게 어떤 패턴을 발견하였는지 물어본다. 아이들의 반응은 다음과 같은 것이 있을 수 있다.

- 첫 번째 줄에는 자연수를 적어놓았어요.
- 두 번째 줄에는 2씩 뛰어세기(또는 모두 짝수)를 하고 있어요.
- 첫 번째 행의 수에 2배하면 두 번째 행의 수가 나와요.

심화

- 대칭의 개념을 소개하기 위해, 자를 이용하여 얼굴 그림을 위에서 아래로 반으로 나눈다. 아이들에게 그들이 본 것을 묘사하도록 한다. *나누기, 전체, 절반*과 같은 용어를 소개하고 사용할 것을 권유한다. 아이들에게 하나의 눈, 하나의 귀 등에 대응하는 대응물을 찾아보라고 요청함으로써 *대칭*이라는 단어를 설명한다.
- 다음으로, 칠판이나 차트지에 얼굴의 반을 그린다. 아이들에게 앞으로 나와 얼굴의 반대쪽 반을 그리도록 한다. 교사는 이 활동을 아이들이 호박등(jack-o-lantern[12]) 얼굴을 조각해 보는 활동으로 쉽게 확대 적용할 수 있다.

나비 대칭

앞의 활동에서 나비와 사람의 얼굴을 면밀히 관찰해 보았기 때문에, 아이들은 많은 생명체가 대칭을 이루고 있다는 사실을 정립할 수 있어야 한다. 아이들은 이 활동을 통해서 이 개념에 대해 적극적으로 관심을 갖게 될 것이다.

준비물

- 학생 당 패턴 블록 1세트, 그림을 그릴 수 있는 도구, 학생 당 8인치×11인치의 종이 몇 장씩.

교수학습 지침

1. 각 아이가 대칭인 나비의 예를 만들어 보는 연습을 하도록 한다. 교사가 아이들이 나비를 그리거나 색칠하기를 원한다면, 아이들에게 중앙선을 만들기 위해서 종이의 가운데를 반으로 접어 보게 한다. *대칭선*의 개념에 대해 토론한다. 이 선은 이 그림의 중앙선 즉 가운데를 보여주고 있으며, 이 그림은 이 선을 중심으로 두 개의 반으로 갈라지고 있음을 설명해 준다.

---

12) 속 빈 호박에 눈, 코, 입 등의 모양을 뚫고 속에 촛불을 켜 놓은 것.

2. 아이들에게 2인 1 모둠으로 활동하도록 한다. 각자 나비의 절반을 그리고, 옆 사람과 그린 그림을 교환하여, 나머지 반쪽을 그림으로써 상대방의 그림을 완성한다. 이 활동의 목표는 다른 누군가의 그림에 대칭이 되는 그림을 그리는 연습을 하는 데 있다.

심화

학생들은 거미에서부터 심장까지 모든 것의 대칭 그림을 만들어 볼 수 있다. 이 활동은 학부모 공개 수업 때에도 아주 재미있는 활동이 될 수 있다. 학생들과 부모들이 짝을 이루어 종이를 교환하면서 이 활동을 해보도록 한다. (만약 일부 아이의 학부모가 참석을 하지 못하면, 이들의 부모가 편한 시간에 그림을 완성할 수 있도록 반쪽인 나비나 다른 그림을 책상 위에 올려놓는다).

거울 몸동작

아이들이 *대칭*이라는 용어를 배우고 이 개념에 대한 얼마간의 이해를 한 후, 교사는 몇 가지 몸동작을 소개함으로써 이 아이디어를 확장시킬 수 있다.

준비물

- CD플레이어나 카세트.

교수학습 지침

1. 학급구성원들에게 '거울 속 짝의 춤 따라하기'를 할 것이라고 설명한다. 그러고 나서, 경쾌한 리듬의 노래를 틀어준다.
2. 몸의 반쪽만을 이용해야 한다는 점을 강조하면서, 음악에 맞추어 몸동작을 시작한다. 예를 들어, 교사가 왼쪽 몸만을 사용하여 움직이면 학생들은 거울처럼 교사의 움직임을 그대로 따라 해야만 한다.
3. 몇 번의 연습 후, 학생들은 짝을 정해 춤을 추도록 한다. 교사는 짝이나 거울의 역할을 바꾸기 위해 음악을 중단하거나 다시 시작할 수 있다. 나비처럼 사람 또한 대칭적인 신체를 가지고 있다는 사실에 대해 토론한다.

4장

11월

수와 연산

학습 환경

학생들이 분류하기, 수세기, 패턴찾기를 경험하였고, 덧셈도 뺄셈에 대한 아이디어를 접해보았기 때문에, 교사는 11월에 어린이들이 새로운 지식을 형성할 수 있게 해야 한다. 이번 달에도, 합이 10이 되는 수 조합을 계속해서 탐구한다. 10이 되는 수의 조합은 초등학교 수학 공부의 큰 기초를 제공하므로 다양한 방법으로, 그리고 정기적으로 이런 수조합을 재학습할 수 있도록 하는 것이 좋다.

지난 두 달 동안 했던 것과 마찬가지로, 11월 한 달간 행하는 활동들 중 일부는 수학적 아이디어들을 실생활 맥락과 연결시켜 준다. 축제일이나 추수감사절과 같은 행사들은 자연스런 실생활적 맥락이 담긴 학습기회를 제공해 준다. 다른 간학문적 연계는 교사가 가진 활동계획에 의해 좌우된다. 이 장에서 소개하고 있는 맥락적 활동들은 추수감사절, 전통, 가족 등의 주제와 관련지어 설계되었다.

일과 활동

달력

요일의 순서를 익히는 것은 챈트, 시낭송, 노래 부르기를 통해 강화해나간다. (나는 샬롯 다이아몬드의 *'10 Carrot Diamond'* CD 중에서 '요일이름'을 잘 틀어준다.) 이 영역에서는 반복이 성공의 열쇠이다. 노래 가사를 프린트해서(요일 이름은 굵은 글씨로) 아이들에게 나누어 준 다음, 노래하면서 글을 따라 읽어보게 한다. 학생들은 여러 가지 노래 가사를 '노래' 학습지철에 모아서 책상 속에 보관할 수 있다. 교사가 큰 종이에 가사를 써 붙이고, 노래에 맞춰 단어를 가리킬 수도 있다. 달력 임무를 맡은 아이들로 하여금 노래에 나오는 요일의 각 이름들을 짚어보게 해도 좋을 것이다.

1학년 학생들 중 일부는 요일이름의 순서뿐만 아니라, 달의 순서(특히 새달이 오기까지 긴 시간이 흘러야 하기 때문에)를 기억하는 것도 어려워한다. 생일과 같은 특별한 행사들은 이 달명이 갖는 패턴에 대한 인식을 깊게 해 준다. 몇 가지 다른 아이디어들이 아래에 제시되어 있다.

- 매달 한 편의 시를 읽어 준다. 이때, Maurice Sendak의 *Chicken Soup with Rice*[13)]에 있는 시들을 이용하면 좋다.
- 달력을 바꾸는 것과 동시에, 게시판에 있는 학생들이 만든 작품들을 교체하여 새 달의 시작을 큰 행사로 만들어 본다.
- 점심 급식 달력의 날짜에 빗금을 그어서 아이들이 그날그날의 점심 급식 정보를 잘 파악할 수 있게 돕는다.
- 매달 첫 수업 일에는 책상을 이동시켜 새롭게 책상을 배치한다.
- 아이들이 작문 활동을 하면서 매달 개별 작문 저널을 작성한다면, 달별 특성을 나타낼 수 있는 저널 표지를 만들도록 한다. (예를 들어, 11월의 저널에는 칠면조 그림을 넣는다.)
- 전통적인 탁상용 달력에 특별한 학교행사와 학급행사를 기록한다. 이 달력을 게시판 달력의 옆에 비치하여 그 둘을 쉽게 비교할 수 있게 한다.
- 학급회의를 열어서 지난 달에 이룬 성취 결과를 되짚어 보고 다음 달의 목표를 설정한다.

13) 매달을 주제로 한 편의 시가 소개되어 있다.

- 새 달의 첫 수업일을 위한 특별 행사를 아이들이 계획해 보게 한다. 예를 들자면, 지속적묵독 시간[14]에 먹을 간식을 가져오기, 동물 인형 하나를 특정 학생의 책상 위에 하루 종일 놓아두기, 그리고 수업시간에 모자 쓰고 있기 등이 있다.
- 학부모들이 가정에서 달력을 사용하는 방법에 대해서 논의해 본다.

11월의 달력 활동에 관해 한 가지 더 권고하자면 추수감사절[15]까지 날짜를 빼가며 카운트다운을 해보는 것도 좋은 방법이다. 추수감사절은 미국에서 역사적 의의를 지닌 행사이므로 많은 가정에서 기리는 날이다. 종이 고리를 만들어서 11월 1일에서 추수감사절까지의 날짜 수를 표시한다. 매일 고리 하나씩을 제거하되, 정확한 셈을 해 나가기 위해 ' 주말 '의 개념을 논의하는 것을 잊지 않도록 한다. 고리를 만들 때는 노란색 고리 10개, 주황색 고리 10개, 나머지도 10개씩 다른 색 고리로 구성하면 좋다. 매일 남아있는 수를 확인하면서 열개씩의 묶음에 대해서 그리고 그것이 수를 세는데 어떻게 도움이 되는지를 토론해 본다.

어림 항아리

이번 달에 어림 항아리 활동을 하는 데는 2가지 목적이 있다. 어림 항아리 활동을 통해서 어린이들은 양을 추측하고, 여러 가지 동전들을 구분하여 이름붙이는 연습을 지속적으로 할 수 있는 기회를 갖는다. 어린이들에게 여러 가지 동전을 자세히 살펴볼 기회를 계속 줄 필요가 있다. 많은 1학년 학생들이 *페니, 니켈, 다임, 쿼터*[16] 같은 단어들을 읽지 못하겠지만, 이들 동전 그림들을 제시하면서 이 단어들을 사용하고, 또 매주 이 단어들을 어림 항아리에 써 붙이도록 한다. 아이들이 동전의 이름에 익숙해지면, 이들은 이 동전 이름표에 있는 첫 글자의 소리만 듣고도 어떤 동전인지를 알 수 있게 된다. 이것은 또한 동전의 가치를 설명할 수 있는 기회이기도 하다. 예를 들어, 페니 동전 하나를 '1 센트' 또는 '1₵'로 나타낼 수 있다.

14) 지속적묵독의 한 예로, 초등학교에서 아침자습시간을 활용해서 학생 개인적으로 읽고 싶은 책을 읽는 것을 들 수 있다.
15) 우리나라에서는 카운트다운하는 날로 어린이날을 정하면 좋을 듯 하다. 어린이날은 학기 시작 후 2달이 지나서 있으므로 시기적으로 적당하고, 그 날 있을 행사에 대한 기대로 어린이들이 적극적으로 참여할 것이다.
16) 수량적 개념을 가르치기 위한 활동이다. 페니는 1센트 동전, 니켈은 5센트 동전, 다임은 10센트 동전, 쿼터는 25센트 동전이다. 이외에도 50센트 동전과 1달러 동전이 있다.

11월 4주 동안 매 주마다, 한 어림 항아리에 특정한 동전을 선택하여 넣는다. 계속해서 같은 어림 항아리를 사용하는 것이 좋다. 그렇게 함으로써, 교사는 아이들에게 친숙한 하나의 기준 틀을 제시해 줄 수 있다. 아이들은 물체의 크기와 수, 그리고 그 물체가 이 항아리 속에서 차지하는 공간의 크기에 좀 더 초점을 맞출 것이다. 심지어 아이들은 마음속으로 어림 항아리에 들어 있는 물체들을 자신들이 전에 세었던 물체들과 비교해 볼지도 모른다. 교사가 동전의 크기가 갖는 중요성을 강조하고 싶다면, 매주 어림 항아리 속에 같은 개수의 동전을 넣으면 된다.[17)]

9월과 10월에, 학생들은 어림항아리 옆에 있는 종이에 자신들이 추측한 것을 적었다. 이 일과 활동에 변화를 줄 시점이다. 이 달에는, 어림 항아리는 평소 있던 자리에 그대로 놓아두지만, 종이끼우개는 치운다. 아이들에게 속에 든 동전들을 주의 깊게 살피도록 요청하고, 머릿속으로 추측하도록 한다. 이삼일 동안 이 어림항아리를 전시해 둔 후, 전체 학급 토론을 주재한다. 이 때, 교사는 자신이 추측한 것을 발표할 자원자를 요청한다. 아이들이 추측한 것을 칠판 위에 판서해 준다. 위에서 아래로 추측값들을 써 내려가면, 수들이 긴 하나의 수로 보이지 않게 할 수 있다. 가장 작은 수가 아래로 큰 수가 위로 가도록 정리한다. 이 수열에서 빠진 숫자가 있으면 공란으로 남겨둔다.

교사가 모든 추측값을 기록했을 때, 어림항아리 옆에 종이끼우개를 다시 놓는다. 한 학생에게 칠판의 내용을 종이끼우개에 있는 종이에 옮겨 적도록 한다. 다시 한 번 아이들에게 이 어림항아리를 자세히 살펴보도록 하면, 아이들은 자신의 추측값을 고치고 싶어 할 것이다. 아이들은 가장 합당해 보이는 숫자 옆에 체크 표시를 한다든가 아니면 빈 공란에 다른 숫자를 적어 넣어서 이것을 할 수 있다.

나의 규칙 알아맞히기

나의 규칙 알아맞히기 게임을 변형하면 아주 훌륭한 일과 활동이 될 수 있다. 이 달에는, 동전들이 표현하는 양에 대한 이해를 강화시키는 변형 게임을 활용한다. 10월 달과 마찬가지로, 1–100 포켓차트[18)]에서 특정한 숫자들을 떼어 내서 하는 나의 규칙 알아맞히기 게임을 한다. 이 게임을 위해서, 교사는 현재 수업일수를 선택해도 좋다(아마도 이때쯤이면 일반적으로 2월에 있는 100번째 수업 일에 가까워져 있을 것이다.). 교사는 차트에

---

17) 동전의 크기가 갖는 중요성을 강조하고 싶다면, 각 주마다 어림 항아리에 넣는 동전의 종류는 다르게 하고 동전의 개수는 같게 하여 학생들이 동전의 크기에 따라 차지하는 공간의 크기가 어떻게 다른지를 비교해 볼 수 있도록 한다.

18) 철칠판이 준비된 학급에서는 자석도구에 수를 적어 활용해도 좋다.

1부터 100까지의 모든 수를 끼워 넣는다. 이번 주에 어림항아리에 5센트짜리 동전을 넣었다면, 1-100 포켓차트에서 5씩 뛰어 세기를 하면서 수들을 꺼낸다. 이때, 아이들이 5, 10, 15, 20, … , 100과 같은 선택된 숫자들을 꺼내는 것을 도울 수 있도록 하고, 5씩 뛰어 세기에 대해 토론하면서, 순서에 맞게 원위치에 되돌려 놓도록 한다.

다음 주에는 이 과정을 반복하되, 이번에는 10센트짜리 동전을 가지고 10씩 뛰어 세기 활동을 한다. 25센트 동전을 쓸 차례가 되면, 1-100 차트에서 25, 50, 75, 100을 떼어 낸 후, 100까지의 시각적 패턴에 대해 토론하도록 한다. 어떤 패턴이 나타나는지, 그리고 100을 *넘어가도*[19] 이 패턴이 계속되리라 생각하는지를 아이들에게 질문한다.

수학 공책

학생들은 교사가 매일 제시하는 특정한 수들에 대한 등식 개념들을 적기 위해 수학 공책을 사용할 수 있다. 교사가 이미 덧셈과 뺄셈의 개념을 소개하였으므로, 아이들에게 논의되고 있는 어떤 수에 맞는 덧셈과 뺄셈의 예를 만들어보도록 한다. 다루기 쉬운 범위의 숫자, 즉 6에서 16사이 정도의 수를 활용한다. 예를 들어, 숫자 7을 제시했다면, 칠판에 6+_ =7, 또는 3+4=_와 같은 덧셈과 관련한 '수식'을 적어 주는 것으로 시작한다. 7-1=_ 또는 7-4=_과 같은 수식을 가진 뺄셈을 제시해 준다. 난이도를 높이고 싶다면 큰 수에서 7을 빼면 된다. 예를 들어 10-7=_, 또는 14-7=_. 다음 진술이 참인지 아이들에게 묻는다. 6+1=3+4, 8-1=7-0.

수식을 적으면서 덧셈, 뺄셈, 그리고 등호의 사용을 시범보이는 것은 아이들의 기호에 관한 이해를 강화시킬 수 있도록 돕는다. 아이들의 학습을 보다 강화시키고자 한다면, 아이들에게 *자신들이* 이해하고 있는 덧셈과 뺄셈에 대한 아이디어를 적어보게 하는 것도 좋다. 아이들이 낸 것들 중 불명확한 아이디어들에 대해서 질문하고 토론하도록 아이들을 격려해 준다. 새로운 아이디어들을 접할 때 학습자들의 이해가 불완전한 것은 자연스러운 현상이다.

많은 교사들은 또한 학생들이 '금주의 문제'를 수학 공책에 풀도록 한다. 예를 들어 "로렌은 끈에 구슬 여섯 개를 꿰었습니다. 로렌의 오빠가 여섯 개를 더 꿰어 주었습니다. 로렌의 끈에 꿰인 구슬의 수는 모두 몇 개입니까?" 학생들이 이렇게 문장제 문제에 대한 자신의 생각을 공책에 적는 것은 자신이 문제를 해결하기 위해 한 노력을 기록하는 것이며 학생들*과* 교사 모두에게 아주 가치 있는 과정이다.

19) 아이들의 생각을 특정한 수로 제한하면, 아이들의 창의적이고 다양한 사고의 성장은 기대할 수 없다.

새로운 문제를 소개할 때는 칠판에 이것을 써서 모든 학생들이 잘 볼 수 있게 한다. 학생들 몇 명에게 그들 자신의 말로 문제를 재진술하게 해서 이해 정도를 확인한다. 아이들이 학습 자료에 자유롭게 접근할 수 있도록 해 주고, 쌓기 나무, 아이스캔디 막대, 그리고 다른 조작물 등을 사용해서 주어진 문제를 해결할 수 있도록 한다. 교사가 새로운 문제를 제시할 때는 이런 사물들을 이용할 수 있다는 점을 아이들에게 상기시켜 준다.

문제에 대한 몇 가지 예가 아래에 제시되어 있다.

> "알렉스는 15페니를 가지고 있습니다. 그는 동생에게 7페니를 주었습니다. 알렉스가 지금 갖고 있는 돈은 얼마입니까?"
>
> "크리스의 어머니는 크리스의 생일에 컵케이크 열두 개를 만들었습니다. 아홉 명의 아이들이 생일파티에 와서 케이크를 몇 개씩 먹었습니다. 남은 컵케이크는 모두 몇 개입니까?"
>
> "아이 세 명과 개 두 마리가 공원에 있습니다. 그들의 다리는 모두 몇 개입니까? 꼬리는 몇 개입니까?"

아이들이 혼자서 주어진 문제들을 푼 후, 전체 학급 회의를 열어서 학생들이 자신들이 선택한 다양한 방법을 탐구하고 그들의 생각을 설명할 수 있도록 한다. 또한, 주어진 문제를 약간 바꾸어 기능을 연습할 수 있도록 한다. 예를 들어. "마구간에 농부 둘과 말 네 마리가 있습니다. 발은 모두 몇 개 입니까? 꼬리는 몇 개 입니까?"

수학 공책을 통해서, 아이들은 그들의 생각을 기록하고 자신의 아이디어를 가지고 활동하는 것[20]을 연습할 수 있는 기회를 갖는다. 이것은 필수적인 삶의 기능이다. 그러나, 1학년 학생들은 아직 어리기 때문에 자신의 아이디어를 공책에 기록하는 것을 많이 어려워할 수도 있다. 수학 공책 이외에도, 교사는 문장제 문제에 대한 각 학생들의 풀이 과정을 수집하여 작은 포트폴리오를 만들어 이것들을 보관할 수도 있다. 정기적으로 풀이과정을 수집해 두면, 이를 참고하고자 할 때 수학 공책을 펼쳐서 찾아보는 것보다 덜 부담이 된다. 수집된 사례들은 가정으로 보낼 수도 있고 학부모-교사 협의회에서 보고 토의할 수도 있다.

---

20) 경험적 추상화가 아닌 반성적 추상화를 기록으로 남길 수 있도록 격려해 주어야 한다. 초등학생들도, 특히 1학년생들도 자신이 한 활동으 토대로 그 활동에 잠재해 있는 의미를 추출할 수 있는 지적 능력을 소유한 인격체이다.

지각 수

교사는 주사위, 도미노, 또는 카드배열과 관련된 일과 활동을 이용하여 아이들이 작은 양에 관해서는 즉각적으로 인지하고 시각화하도록 도울 수 있다. 한 가지 아이디어가 아래에 진술되어 있다.

OHP에 세 개나 네 개의 작은 셈도움물을 올려놓는다. 영사기를 몇 초 간 켜 두었다가 끈다. 아이들에게 방금 본 물체의 수를 손가락을 펴서 나타내도록 한다. 자신이 본 것을 공책에 그려보게 한다. 물건의 배열이나 양을 달리해서 반복한다.

점이 하나씩 있는 것, 점이 두 개 또는 세 개씩 있는 것을 포함하는 조합을 구성하여 점차로 수들이 무리들의 합으로 표현되도록 한다. 아이들은 수학공책에 자신이 본 것을 기록한다. 수의 조합인 이런 시각적 무리짓기를 통해서, 아이들은 양을 가르고 모으는 능력을 키울 수 있다. 이 활동은 시간이 아주 적게 들면서도 아이들이 재미있어 하고 유익하기까지 하다.

수학

11월에 하는 활동들은 다음과 같은 수학 능력을 계발하기 위해 설계되었다.

- 10이하의 수들을 가르고 모으기.
- 10이하의 수들을 더하고 빼기.
- 2+2, 3+3, 4+4와 같은 '같은 두 수의 합(doubles)'을 알기.
- 10보다 큰 수들에 대해 이해하기.
- 2씩, 5씩, 10씩의 패턴 활용하기.

1학년 교실 활동의 대부분은 어린이들에게 "몇 개입니까?" 또는 "지금 몇 개입니까?"를 결정하도록 요구한다. 이것은 아주 단순한 질문처럼 보이지만 난이도는 관련된 숫자에 따라서 그리고 문제의 맥락에 따라서 달라질 수 있다. (예를 들어, "우리 가족은 몇 명입니까?" 와 "우리 가족의 손가락 수는 모두 몇 개입니까?") 아이들이 문제를 풀어 가는 것을 관찰하면, 이들이 문제에 접근하는 방식을 알 수 있다. 학생들이 어떤 생각을 하는지 알아봄으로써, 교사는 학생들이 주눅 들지 않을 정도로 도전적이게 교수행위를 조정할 수 있다.

아래에 나와 있는 수업자료들과 게임들은 교사가 아이들이 하는 것을 지켜보면서 아이들이 주어진 문제에 접근하는 방법을 관찰할 수 있도록 많은 기회를 제공한다. 학생들의 반응과 전체 학급 토론을 통해서, 교사는 아이들의 능력의 격차가 어디에서 발생하는지 파악할 수 있다. 교사는 아이들이 세기를 하는 방법, 자신들의 사고를 기록하는 방법, 수를 가르고 모으는 방법, 그리고 여러 가지 유의미한 방식으로 수를 묶는 것과 같은 전략들을 어떻게 사용하는지 관찰할 수 있다.

수학 동화를 기반으로 한 활동

우리 가족은 모두 몇 명입니까?

"우리 가족은 모두 몇 명입니까?"와 같은 질문의 답은, 대부분의 1학년 학생들이 잘 다룰 수 있는 범위 안의 수이다. 이 활동은 수와 가족에 대한 앞으로의 많은 토의를 위한 준비 단계가 된다.

준비물

- 가족에 관한 책 한권(Mark Brown의 Arthur 시리즈, Laura Kvasnosky의 Zelda and Ivy 시리즈, Beverly Cleary의 Romona 시리즈[21]), Barbara Park의 Junie B. Jones 시리즈)

교수학습 지침

첫째 날

1. 학생들에게 가족에 관한 책을 읽어주고, 그 내용에 대해 토론한다.
2. 아이들 각자의 가족은 몇 명인지 생각해 보게 한다. *아이들* 자신 또한 자기 가족의 중요한 일원임을 일깨우고 가족 수를 셀 때 자신도 꼭 포함시키도록 한다.

21) 이 시리즈 중 일부는 '라모나와 아버지(박홍근 역, 금성출판사)' 등으로 번역되어 있다.

가정이나 가족에 대한 주제는 1학년 학생들에게 아주 친숙한 주제이므로 대부분 각자의 생각을 이야기 하는 것을 아주 좋아한다.

3. 형제자매들을 묘사할 때는 자신보다 더 어리거나 또는 더 나이가 많거나 하는 식으로 비교용어를 사용할 것을 권장한다. 이복 형제자매와 친형제자매를 굳이 구분할 필요는 없다. 어느 형제자매라도 그 가족관계는 단순하게 언니, 오빠, 형, 동생으로 표현될 수 있다.
4. 직계가족[22]에 대한 개념을 알려준다. 수업 시간에 직계가족에 관한 활동을 하게 될 것이라고 설명하고 애완동물은 (아직은) 포함시키지 않는다고 설명한다.
5. 아이들에게 자신의 가족을 3인치x5인치의 색인 카드에 그리라고 한다. 일찍 완성한 학생들은 지난달에 했던 규칙 관련 개념을 활용해서 자신의 그림둘레에 액자를 만들거나 가족 구성원들에게 이름표를 붙일 수 있게 한다. (그림 4-1과 그림 4-2 참조.)
6. 모든 아이들이 그림을 완성하면, 우리 반에 가족이 단 한 명밖에 없는 사람이 있는지 물어본다. (자신을 포함시켰는지를 다시 확인한다.) 가족이 두 명이 있는 것이 가능한지 질문해 본다.
7. 일단 학생들이 두 명으로 된 가족이 가능하다고 합의했다면 칠판의 *왼쪽* 아래에 2라고 쓴다. 학생들에게 우리 반에서 있을 수 있는 가장 많은 수의 가족을 생각해 보게 한 다음, 그 숫자를 칠판의 *오른쪽* 아래에 적는다.

그림 4-1 ▶

그림 4-1 Harry는 5인 가족을 그렸다.

22) 할아버지, 할머니, 아버지, 어머니, 형제자매, 손자, 손녀 등의 관계에 있는 가족을 이른다.

그림 4-2

Sasha는 4인 가족을 그렸다.

8. 가장 작고 가장 큰 두 개의 숫자 사이에 들어갈 수 있는 가족의 다른 크기를 물어본 후에, 칠판에 그 수들을 적는다. 이 수들 위에 수평선을 하나 긋는다. 아이들에게 각자의 수학공책에 이 수들을 똑같이 기록하도록 한다. 이렇게 하면 가족에 관해 다음에 토론할 때 모든 사람이 이 정보를 기억하는 데 도움이 되기 때문이라고 설명해 준다.
9. 다음날 수업을 위해서 가족 그림 카드를 걷어 놓는다.

둘째날

1. 이 수업 자료를 활용한 다음 수업을 위한 준비로, 작은 색인 카드에 '2인 가족' 등과 같이 적어 각 가족의 크기에 맞는 카드를 마련한다. 예를 들어, 색인 카드 하나에 '2인 가족', 다른 카드에 '3인 가족' 등과 같이 적는다.
2. 교실 벽, 칠판, 또는 게시판 위에 이 카드들을 가로로 한 줄로 붙인 후, 아이들에게 각자 자신의 가족을 그린 카드들을 해당하는 수 위에 세로로 붙이도록 한다. 아이들은 그래프를 만들게 된다(그림 4-3 참조).

그림 4-3 ▶

우리 가족은 모두 몇 명입니까?

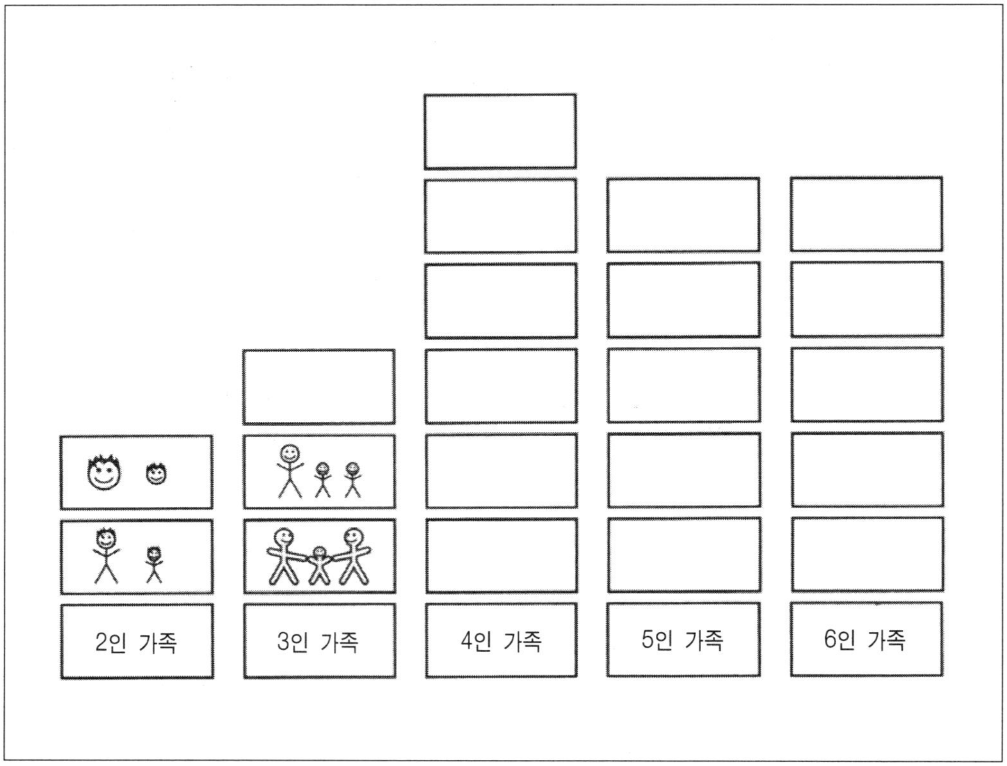

3. 그래프가 완성되면, 학생들에게 그래프로부터 알 수 있는 것들에 대해 말해보도록 한다. 세로열을 가리키면서 *열*이라는 단어를 소개한다.
4. 아이들에게 이 그래프에 대해서 *수학적으로 참인 문장*을 각자의 수학 공책에 기록하게 한다. *가장 많은*과 *가장 적은* 등과 같은 정확한 비교 용어들을 사용하는지 경청한다. 지난번에 적어두었던 가능한 가족 수의 범위가 적혀있는 수학 공책의 페이지를 펼치도록 한다. 이 페이지에 그래프의 정보를 기록할 수 있는 방법들을 생각해 낼 수 있는지 아이들에게 묻는다. 아이들이 "각각의 가족 수 위에 X 표시를 합니다.", 또는 "그림틀을 그려요."와 같은 제안들을 하면, 그런 다양한 가능성들에 대해 토론한다. 아이들이 자신에게 의미 있는 아이디어들을 사용해서 수학공책에 이 그래프를 재구성하도록 격려한다. 그러면서 가족의 그림을 자세히 그리는 것과 같은 시간을 소모하는 방법들은 적당히 제외시킨다.

수학 공책에 자신들의 생각을 기록하면서 학생들은 자료를 조직하고 수학적 정보를 표현하는 연습을 하게 된다. 이런 노력 중 일부는 혼란스러우며 부정확해 보이기까지 한다. 이 경험의 핵심은 아이들에게 시도해 볼 수 있는 기회를 주는 것이다. 누가 애를 먹고 있고, 누가 수의 자리 수를 바꿔 쓰는 문제를 갖고 있는지 지켜보면서, 아이들을 돕고 지원해 준다. 이 활동이 이런 정보를 제공하기는 하지만, 아이들의 능력을 공식적으로 평가하도록 고안한 것은 아니다. 그보다는 이 활동은 아이들에게 일종의 성취감을 주어서 앞으로도 자신의 생각들을 자발적으로 기록하게 하는데 목적이 있다. 일부 아이들은 다른 아이들보다 더 빨리 완성하게 되는데, 이것은 당연한 일이다. 이런 아이들은 다른 학생들이 작업하는 동안 서로의 그래프를 비교해 볼 수 있다.

우리의 가족을 합하면 모두 몇 명입니까?

이 활동은 앞의 활동을 토대로 하며, 더 큰 숫자들에 대한 탐구로 옮겨 갈 수 있다.

준비물

- 연결정육면체를 학급 가족 구성원 수 전체를 셀 수 있을 정도로 충분히 준비한다.
- 색인 카드를 몇 개 준비하거나, 1-100 포켓차트를 준비한다.

교수학습 지침

1. 생각에 잠긴 표정으로 "우리 반의 가족 *전체*! 수는 몇 명일지 궁금한데요?"라고 큰소리로 말한다. 아이들에게 이 문제에 접근할 수 있는 방법에 대해 토론할 수 있는 시간을 준다.
2. 처음에는 학급 전체가 모든 학생들의 가족 수를 세어서 이 문제를 해결할 것이라고 설명해 준다.
3. 각각의 아이들이 자신의 가족 수만큼(자기 자신을 포함해서) 연결정육면체를 모으도록 한다.
4. 모든 연결정육면체를 연결하는 것을 아이들이 돕도록 하면서, 교사는 아이들과 함께 연결정육면체를 하나씩 세어나간다. 아이들은 수어(하나, 둘, 등)를 큰 소리로 말하는 것을 좋아한다. 사실, 아이들은 종종 어른에게 자기가 얼마나 많이 셀 수 있는지를 이야기하고 싶어 하고 그것을 증명해 보이기를 좋아한다.
5. 아이들에게 연결정육면체를 세는 것이 그냥 소리 내어 세는 것보다 어려운 이유를 물어본다. 각 연결정육면체를 단 한 번씩만 세는 것의 중요함에 대해 토론한다. 세어가면서, 세었던 것과 세지 않은 것을 기억하기가 쉽지 않다는 점을 이야기한다.

6. 교사가 연결정육면체를 전부 세었을 때, 색인 카드에 이 수를 적고 이것을 학급구성원들에게 보여준다. 교사가 수 포켓차트를 사용한다면, 간단하게 전체 합에 해당하는 수를 빼내어 아이들에게 그 수를 읽어보게 한다.
7. 이런 큰 수로 된 문제를 해결할 수 있는 여러 가지 방법이 있다는 것을 설명해 준다. 아이들에게 연결정육면체를 다시 사용할 것이지만 이번에는 10개씩 모아서 막대모양을 만들 것이라고 말해 준다. 교사가 10개 막대모양을 이용해서 연결정육면체를 모두 세었을 때, 아이들이 생각하기에 우리 반 전체 가족의 수는 몇 명이 될 것이라고 예상하는지 예상치를 물어본다.
8. 각 아이들이 자신의 가족 수에 해당하는 만큼의 연결정육면체를 연결하도록 한다. 칠판 왼쪽에 *10씩*이라고 쓰고 칠판 오른쪽에 *낱개*라고 적는다. 이 두 단어 사이에 세로선을 하나 긋는다.
9. 교실에 이미 게시되어 있는 그래프를 보고, 아이들 중에 정확히 가족 수가 10명인 사람이 있는지 물어 본다. 만약 있다면, 10개 막대모양을 앞으로 가져오게 해서 칠판 아랫단 위에 세워 둔다. (또는 학급 전체가 볼 수 있는 다른 방법으로 전시한다.)
10. 가족 수가 9인 학생들을 일어서도록 한다. 그 학생들에게 10개 막대모양을 만들어야 한다고 말하고, 10이 되려면 9에 어떤 수가 함께 있어야 하는지 질문한다. 가족 수가 1인 사람은 아무도 없기 때문에, 9에 1을 더하려면 기다려 보아야 한다고 설명한다.
11. 다음에는 가족 수가 8인 아이들을 일어서게 한다. 이 아이들은 가족 수가 2인 학생들과 짝을 지어 준다. 연결정육면체 두 개로 된 막대를 여덟 개로 된 연결정육면체 막대에 합쳐서 10개 막대모양을 만든다.
12. 이제는 가족 수가 '7명인' 아이들을 일어서게 하고, 가족 수가 '3명인' 아이들과 연결정육면체를 합치도록 한다. 10개 막대모양을 만들지 못하는 것만 남을 때까지 또는 1개 막대모양만 남을 때까지, 계속해서 여러 가지 크기의 막대모양들을 연결해서 '10개 막대모양'을 만든다. 9개 막대모양이 있으면 1개 막대모양을 더해서 10개 막대모양을 만든다.
13. 학생들에게 각각의 막대가 연결정육면체 몇 개로 이루어져 있는지를 상기시킨다. 그러고 나서, 10개 막대모양이 몇 개 있는지 학급구성원들과 함께 결정한다. 그 수를 칠판에 적힌 *10씩* 아래에 기록한다.
14. 학급구성원들에게 낱개를 세도록 하고, 그 수를 칠판의 *낱개*라고 적은 곳 아래에 기록하도록 한다. 10개 막대모양을 10씩 뛰어 세기하는 패턴으로 챈팅하고 낱개들에 대해서도 세기를 하면서 함께 막대모양들을 센다. 칠판에 그어 놓은 세로선 아래에 두 자리(혹은 세 자리) 수를 적는다.
15. 10개 막대 모양, 낱개, 그리고 두 자리 수 사이의 관계에 대해서 토론한다.

또한, 수를 적을 때는 조심해서 앞뒤가 뒤바뀌지 않도록 하는 것이 중요하다는 점에 대해 토론한다. (예를 들어, 92와 29처럼 수의 자리를 바꾼 두 수를 적고 그 차이에 대해 토론한다.) 아이들은 수학공책에 전체 합에 관한 정보를 기록할 수 있다. 이를 통해, 아이들은 두 자리 수를 적는 연습을 할 수 있다. 더 수월한 방법으로, 교사는 다음과 같은 정해진 틀의 문장을 제시해도 좋다. "우리 가족은 ____명입니다. 우리 반 학생 모두의 가족은 ____명입니다."

심화

Stephanie Sheffield는 수학과 문학(K-3): 제2권 (1995)에서 각각의 아이들이 종이접기를 이용하여 집을 만들고 그 속에 자신의 가족을 그리게 하는 활동을 이용한 아주 훌륭한 수업을 설명하고 있다. 수 영역의 내용을 기하 영역의 내용과 관련시키는 것은 가족에 관해 생각해보는 것을 더 재미있게 해 준다. 교사는 아이들의 그림 속에 애완동물을 포함시키게 할 수도 있다.

발이 몇 개입니까?

큰 수를 포함하는 또 다른 학습 경험을 제공하고 싶다면, Diane Johnson Han이 쓴 ***How Many Feet in the Bed***을 사용해도 좋다.

교수학습 지침

1. 학급구성원들에게 이 책을 큰 소리로 읽어준다.
2. 자신의 가족이 몇 명이었는지 다시 한 번 말해 보도록 한다.
3. 이제 아이들에게 자신의 집에 발이 모두 몇 개가 있는지 물어본다. 연결정육면체나 다른 조작물들을 제공한다. 아이들은 수학 공책에 그림, 수, 그리고 단어들을 이용해서 자신의 집에 발이 몇 개 있는지를 나타낼 수 있다.
4. 아이들이 문제를 해결하는 동안, 궤간순시를 하면서 아이들이 이 문제를 다루는 방법을 관찰한다. 아이들이 그림에 의존하고 있는가? 아이들이 수를 사용하는가? 아이들이 패턴을 찾아내고 있는가? 아이들이 주어진 정보를 어떻게 조직하는가? 이런 형식에 얽매이지 않는 수업시간들을 활용해서, 교사는 아이들이 사고하는 방법에 관한 많은 값진 정보들을 얻을 수 있다. (그림 4-4와 그림 4-5 참조)

그림 4-4 ▶

Marc는 침대에 발을 그려서 가족의 발의 수를 계산했다.

그림 4-5 ▶

사람의 수와 발의 수가 있는 T-차트

사람의 수	발의 수
1사람	2발
2사람	4발
3사람	6발

5. 대부분의 아이들이 문제를 푼 뒤, 이들 중 몇 명에게 자신의 풀이과정을 공유하게 한다. (어떤 아이는 아마도 그들의 계산에 애완동물의 발을 포함시키려 할 것이다. 이것은 주어진 문제에 대한 도전에 새로운 수준을 제공해 준다. 이것은 심화 활동으로 활용하면 된다.) 덜 세련된 풀이과정들에 대해 먼저 토론함으로써, 아이들이 자신의 사고를 설명하는데 점점 자신감을 갖게 되고 점차적으로 논리를 형성할 수 있도록 한다. 일부 아이들의 풀이과정은 같은 학급의 다른 아이들에게 이해가 되지 않을 수 있다. 그러나, 아이들은 이런 종류의 토론을 통해 새로운 문제해결 전략들을 자기의 것으로 받아들인다.
6. 주어진 문제에 대해 토의하면서, 다양한 풀이과정 속에 나타나는 수들에 관해 무엇이든지 알아낸 것이 있는지 아이들에게 물어본다. 교사는 1-100 포켓차트에서 이들 수들을 제거하거나 수학공책에 복사하여 붙여 놓은 1-100 차트에서 대응하는 수 위에 연결정육면체를 하나씩 올려놓게 한다.
7. 주어진 문제에 대한 답이 모두 짝수라고 말하는 학생이 있는지 살펴본다. 만약 아무도 이 관계를 눈치 채지 못했다면, 칠판에 커다란 원을 그린 후, *나의 규칙 알아맞히기* 게임을 한다. 아이들에게 원안에 들어갈 숫자는 (예를 들어, 2, 4, 6, 8) 특별한 것들이라고 말한다. 그런 다음, 그들에게 어떤 숫자들이 원 안에 들어갈 수 없는지 말해 보도록 한다. *짝수*와 *홀수*라는 단어를 사용한다.
8. 아이들에게 2씩 뛰어세기를 좀 더 연습할 수 있는 시간을 준 후, 학급에 있는 전체 발의 수를 세는 데 이것을 활용한다. 율동과 함께하면 이것을 더 쉽게 시작할 수 있다. 아이들은 한 발은 가볍게 두드리고, 다른 발은 강하게 두드리면서, 홀수는 속삭이고 짝수는 크게 외친다. 교사는 또한 발을 세는 방법의 예를 보여주기 위해 T-차트를 사용할 수 있다. 자료를 조직하는 이런 방법을 보는 것만으로도, 일부 아이들은 패턴을 포함하고 있는 다른 수 문제들에 유사한 접근을 응용할 수 있다. 적어도, T-차트는 아이들이 패턴을 시각적으로 발견하는 데 도움을 준다. (그림 4-6 참조)

나이 비교

Laura Zoltowsky가 쓴 ***Zelda and Ivy***란 책은 두 살 차이가 나는 자매의 이야기이다. 자매들의 모험이 일어나는 동안, 언니인 Zelda의 위치는 중요하다. 이 이야기는 학생들에게 숫자 비교에 관한 아이디어를 준다.

그림 4-7 ▶

***Zelda and Ivy*를 읽은 후, 아이들은 형제·자매 관계를 보여주는 그래프를 만들었다.**

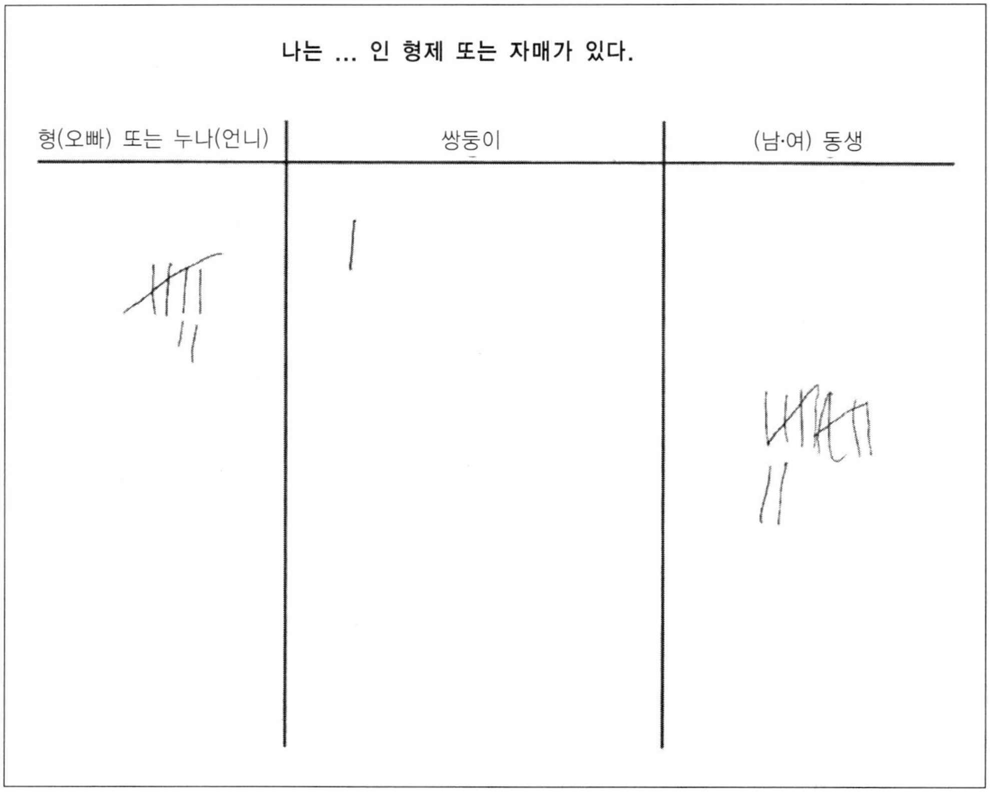

교수학습 지침

1. 이야기를 아이들에게 읽어준다.
2. "젤다가 여섯 살일 때 아이비는 네 살입니다. 아이비가 태어날 때 젤다는 몇 살 입니까?"와 같은 질문을 한다. 학생들은 또한 질문을 만들어서 다른 학생들이 풀어 보도록 할 수도 있다.
3. 아이들이 다양한 문제를 푸는 동안, 그들이 자매의 나이를 알아보기 위해 사용하고 있는 서로 다른 방법들에 대해 토론한다.
4. 아이들에게 가족구성원의 나이 차이에 대해 생각해 보도록 격려하고, 그 정보를 가지고 유사한 문제를 풀어보도록 한다. 학급구성원들의 형제·자매 관계가 나타난 그래프를 그린다. (그림 4-7 참조)
5. 평소와 마찬가지로, 아이들에게 이 그래프에 대한 참인 문장을 제시하면서 이 그래프를 해석하도록 한다. 그러고 나서, 아이들은 수학 공책에 자신의 아이디어를 기록할 수 있다.

여자 형제와 남자 형제

이 활동은 벤 다이어그램을 소개하기 위한 것으로 마지막에 한다.

준비물

- 끈 3개, 모두 다른 색으로; 끈의 길이는 10~20명 정도의 아이들이 서있을 원을 만들 정도의 길이.
- 가로 $8\frac{1}{2}$인치 세로 11인치의 종이 3장.
- 가로 24인치 세로 18인치의 크기의 종이 1장.

교수학습 지침

1. ***Zelda and Ivy***(또는 형제·자매를 주인공으로 하는 아동용 도서)에 대해 토의한 후에, 학생들의 가족에 관한 정보를 모은다. 형제나 자매가 있는 아이들이 누구인지 그래프를 보고 이야기 하는 것이 가능한지 아이들에게 물어본다.
2. 아이들이 만든 그래프를 보고 가족에 대해서 알 수 있는 것은 무엇이고 알 수 없는 것은 무엇인지에 대해서 토론한다.
3. 외동이인 아이들을 확인하고, 이들로 하여금 교사를 돕도록 한다. 이들에게 외동이로서의 좋은 측면들에 대해서 이야기 해 달라고 부탁한다. 그렇게 해 줌으로써, 이들은 형제·자매에 대한 토론을 하는 동안 좀 더 편안함을 느낄 것이다.
4. 누가 자매만, 형제만, 그리고 형제·자매가 있는지 확인하고, 아들에게도 형제·자매가 있어 좋은 점에 대해서 이야기 할 수 있는 기회를 준다.
5. 교사가 이러한 형제와 자매에 관한 정보를 조직할 특별한 방법을 계획하고 있다고 설명해 준다. 그러고 나서, 두 개의 끈을 이용해서 서로 겹쳐지는 두 개의 원을 만든다.
6. *여자 형제*라고 쓴 종이를 하나의 원 안에 놓고, *남자 형제*라고 쓴 종이를 또 다른 원 안에 놓는다.
7. 3번째 끈을 이용하여 겹쳐져 있는 두 원 밖으로 커다란 직사각형을 만든다. 다른 종이에 *형제, 자매 없음* 이라고 쓰고 이것을 이 직사각형 안에 놓는다.
8. 아이들에게 자매만 있는 아이들을 위한 원을 가리키도록 한다. 형제만 있는 아이들을 위한 원 그리고 외동이를 위한 원에 대해서도 물어본다. 두 원이 겹쳐지는 부분에 대해 토의한다. 그 부분은 여자 형제와 남자 형제가 모두 있는 아이들을 위한 곳임을 설명한다.

9. 학생들에게 적절한 장소에 서 있으라고 한다. 그런 다음, 어느 부분에 몇 명의 아이들이 있는지를 세고, 그 수를 비교한다.
10. 다음날, 두 개의 원을 겹쳐 그린 큰 포스터 종이를 게시한다. 이때, 끈으로 만든 원과 똑같은 색을 사용한다. 만약 작은 크기의 아이들 사진이 있다면, 사진을 그 도표에 적절하게 붙인다. 만약 없다면, 이름이나 이니셜을 써 넣는다. (그림 4-8 참조)
11. 벤다이어그램이 완성되면, 수를 비교하고 이 벤다이어그램을 보고 알 수 있는 것에 대해 토론한다. 이 벤다이어그램에 관한 참인 문장의 목록을 만든다. 아이들에게 각 카테고리를 셀 방법에 대해 물어본다. 그들의 묶기, 조합, 그리고 세기 전략에 주목한다. 아이들이 카테고리를 결합하거나 전체에서 한 카테고리 부분을 뺄 수 있는 몇 개의 질문을 한다. 예를 들면 다음과 같다.

- 여자 형제만 있거나 남자 형제만 있는 아이들은 몇 명입니까?
- 이 벤다이어그램의 어떤 부분은 이 벤다이어그램의 다른 부분보다 더 많은 사람이 있습니까?
- 적어도 1명의 자매와 1명의 형제가 있는 아이는 몇 명입니까?

만약 교사가 이 주제를 가지고 대화를 계속하기를 원한다면, 다른 반의 아이들을 초대해서 유사한 벤다이어그램을 만들게 하고, 그 결과를 비교해 볼 수 있다.

그림 4-8 ▶

학급구성원들이 자신의 이니셜을 벤다이어그램에 적었다.

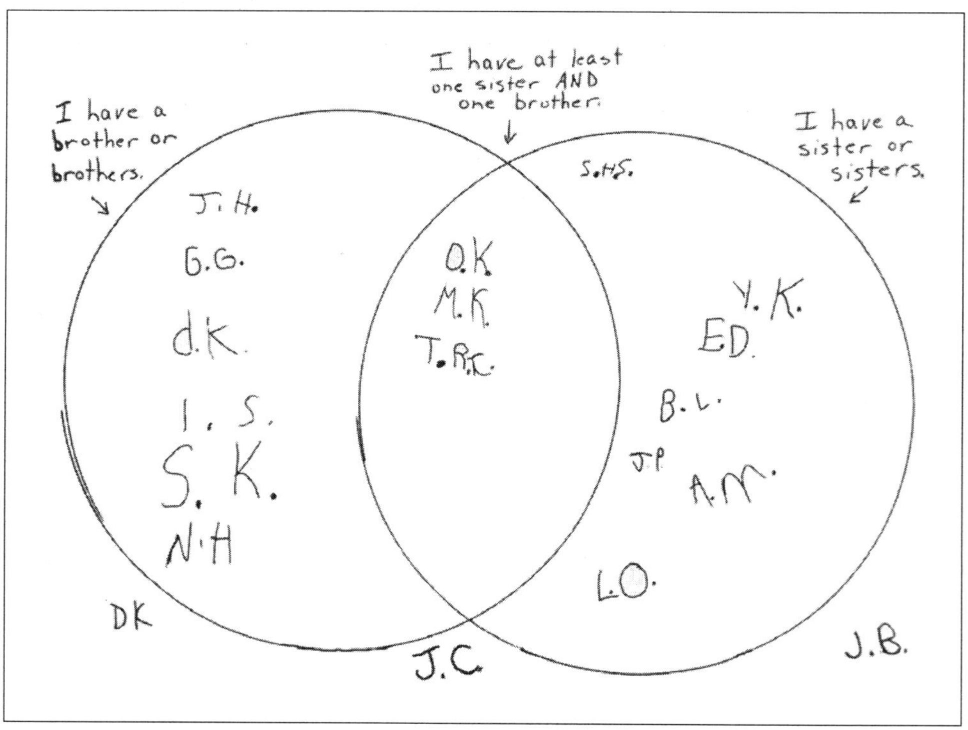

수세기와 돈

이 활동은 Vera Williams가 쓴 ***A Chair for My Mother***를 바탕으로 한다. 이 책은 화재로 재산을 잃은 작은 소녀, 그녀의 엄마, 그리고 그녀의 할머니에 관한 이야기이다. 이웃들과 소녀의 친척들이 파괴된 많은 물건들을 위한 구호물품을 제공해 준다. 그들이 다시 정주(定住)하였을 때, 그들은 자신들에게 가장 필요한 것이 편안한 의자라는 결정을 내렸다. 작은 소녀, 엄마, 할머니는 편안한 새 의자를 구입할 수 있을 만큼의 돈이 될 때까지 커다란 유리병에 잔돈을 모으기로 하였다.

이 이야기는 가족구성원들이 동전을 모을 수 있는 모든 장소에 대해 토론할 수 있는 서두를 제공해 준다.

준비물

- 학생당 항아리 또는 플라스틱 백 1개.
- 학생당 플라스틱 동전 1세트.

교수학습 지침

1. 각 학생들 또는 2명의 학생에게 항아리 또는 작은 가방 그리고 플라스틱 동전 한 세트를 준다.
2. 아이들에게 동전을 확인하고, 그것을 비교하고, 동전의 가치에 대해 토론하도록 한다. 학생들은 어떤 동전의 가치가 가장 크고 작은지를 결정할 수 있다. 학급구성원들은 동전의 가치에 대해 토론하고, 몇 가지 세기 패턴에 대해 토론하도록 한다. 또한, 달러와 센트 기호를 강조할 수도 있다. 이달의 일과활동의 하나로 소개하고 있는 어림 항아리 활동을 활용해서 개개의 동전들에 대한 추가적인 이해를 발달시킬 수 있도록 한다. 이것은 학생들의 이해를 관찰하고 평가할 수 있는 좋은 기회이다.

전체 학급 활동 / 메뉴 활동

스토리보드

지난 달에 꽃에 앉아있는 두 가지 색깔의 나비에 대한 이야기를 할 때, 스토리보드를 이용했었다. 아이들은 노랑 나비와 주황 나비를 세었다. 그들은 각 꽃에 앉아있는 나비의 수는 같지만, 노랑 나비와 주황 나비의 수는 다르다는 것을 배웠다. 아이들은 나비들이 날아가는 상황을 만들어서 활동을 하며 꽃에 남아있는 나비가 몇 마리인지 세어 보았다.

1학년 아이들은 부분–전체의 관계, 덧셈과 뺄셈, 수족(數族: number family) 관계를 지속적이면서도 다양한 방법을 통해 공부할 필요가 있다. 이 메뉴 활동을 통해서 교사는 칠면조에 관한 간단한 맥락적 스토리보드를 만들어서 학생들의 학습을 강화시킬 수 있다.

준비물

- 가로 $8\frac{1}{2}$인치, 세로 11인치 갈색 종이 5장.
- 가로 $8\frac{1}{2}$인치, 세로 11인치 빨간색 종이 여러 장.
- 가로 $8\frac{1}{2}$인치, 세로 11인치 검정색 종이 여러 장.
- 작고, 투명한 비닐봉지 1개.
- 풀 1개.
- 빨간 매직펜 1개, 검정 매직펜 1개.

교수학습 지침

1. 각 갈색 종이에 꼬리가 없는 칠면조의 윤곽선을 그린다. 이 꼬리 없는 칠면조들을 칠판이나 게시판에 붙인다.
2. 빨강과 검정 종이를 마치 꼬리 깃털 같은 길고 얇은 조각들로 같은 수만큼 자른다. 모든 꼬리 깃털을 비닐봉지에 넣어둔다.
3. 지난 달에 했던 3의 조합과 관련된 나비 문제를 아이들에게 상기시킨다.

4. 학생들은 이제 각각 4개의 꼬리 깃털을 가진 칠면조를 위한 조합을 만들 것이라고 설명한다. 꼬리 깃털이 들어있는 비닐봉지를 집어 들고 꼬리 깃털은 검정과 빨강이 있음을 이야기해 준다. 학생들에게 빨강과 검정 꼬리 깃털의 개수가 같은 칠면조는 없다고 이야기해 준다. 그러나 꼬리 깃털의 개수는 항상 4개가 되어야 한다고 이야기해 준다.
5. 칠판에 있는 5마리의 꼬리 없는 칠면조를 가리킨다. 한 마리의 칠면조가 가질 수 있는 최대한의 검정 깃털의 개수는 몇 개인지 아이들에게 묻는다. 대부분 아이들은 "4개"라고 답할 것이다. 첫 번째 칠면조 밑에 4(검정)+0(빨강)=4(깃털)이라고 쓴다. 풀을 이용하여 칠면조의 꼬리를 붙인다. (꼬리 깃털의 색깔과의 연결을 시각적으로 강화하기 위해서 식을 쓸 때 검정과 빨강 매직펜을 사용할 수도 있다.)
6. 다음 칠면조에게도 가능한 한 많은 검정 꼬리 깃털을 붙이고 싶지만 두 마리의 칠면조가 비슷해 보이지 않게 할 것이라고 설명한다. 아이들에게 교사가 각 색깔의 꼬리 깃털을 몇 개씩 사용할 수 있는지 물어본다. 두 번째 칠면조 아래에 적절한 대답인 3(검정)+1(빨강)=4(깃털)를 판서한다.
7. 이런 과정을 계속해서 2(검정)+2(빨강)=4(깃털), 1(검정)+3(빨강)=4(깃털), 0(검정)+4(빨강)=4(깃털)의 다양한 조합을 만든다.
8. 아이들이 모든 조합을 만들었다고 생각하면, 아이들에게 꼬리 깃털의 조합이 정확하게 같은 두 마리의 칠면조가 있는지를 물어본다. 적은 수식들이 그림에 정확하게 대응하는지 점검한다.

이 활동은 3+1과 1+3은 서로 다른 두 개의 그림임을 설명하는데 도움이 될 수 있다. 다음의 며칠 동안, 4 대신 다양한 수를 시도한다. 매 시간마다, 아이들에게 모든 조합을 다 만들었는지 물어본다. 이러한 토론이 진행되는 중에, 일부 아이는 0+4, 1+3, 2+2, 3+1, 4+0에서 패턴과 조합의 순서를 알아차리게 될 것이다. 이런 상황이 발생하면, 이 아이디어를 명확하게 보여줄 수 있도록 스토리보드를 재배열 한다. 이런 순서있게 배열된 전시물은 아이들이 빨강과 검정 꼬리 깃털의 패턴을 볼 수 있도록 도와주는 시각적 표현을 만들어 낼 수 있다.

심화

아이들이 이 문제를 여러 번 푼 후에, 아이들에게 5~8의 범위에 있는 수를 선택하고, 이 수에 맞는 칠면조 꼬리 깃털 조합을 보이는 기회를 준다. 이때, 아이들은 혼자서 종이와 매직펜을 가지고 주어진 문제를 풀어야 한다. 만약 아이들이 칠면조를 그리는데 익숙하지 않고 혼란스러워 한다면, 꼬리가 없는 작은 칠면조를 복사해서 나누어 준다. 그러면

아이들은 이 그림 위에 쉽게 깃털의 조합을 그릴 수 있을 것이다.[23)]

만약 교사가 메뉴 활동으로 칠면조 스토리보드를 사용한다면, 아이들이 선택할 수 있는 적당한 수의 범위를 정해준다. 이전에 개별 활동을 통해서 교사가 관찰한 것들을 이용하면, 학생들마다 적절한 범위의 수를 결정해 줄 수 있을 것이다. 아이들이 준비물을 모으는 동안, 아이들에게 수의 범위를 조용히 알려준다. 이 메뉴 활동을 하는 동안, 아이들은 칠면조 그림과 수 조합이 있는 활동집을 만들 수 있다. 교사는 아이들이 만든 활동집을 모아 학급문고를 만들거나, 아이들이 메뉴 활동 후에 집에 가져 갈 수 있는 학생 개인용 활동집을 만들 수 있다.

수 만들기

아이들이 해왔던 스토리보드 활동처럼, 이 활동에서도 수의 조합을 강조한다.

준비물

- 학생 3-4명당 연결정육면체 1세트 (필요하다면 다른 학급에서 빌린다.).
- 교사용 연결정육면체 1세트.

교수학습 지침

1. 이 활동은 전체학급 활동으로 실행한다. 이때, 아이들을 3인 또는 4인 1 모둠으로 만들고, 각 모둠은 두 가지 서로 다른 색깔의 연결정육면체를 다섯 개씩 연결하여 5개 막대들을 만들도록 한다. 아이들에게 이전에 이미 학습했던 나비와 칠면조 꼬리 깃털의 조합과 관련된 스토리보드 활동을 상기시킨다. 두 개의 서로 다른 색깔을 사용해서 5의 조합을 만드는 아이디어는 다양한 조합을 보여주기 위해 빨강과 검정 꼬리 깃털을 사용하는 것 또는 3의 조합을 보여주기 위해 주황과 노랑 나비를 사용하는 것과 비슷하다는 것을 설명해 준다.
2. 아이들이 조합에 대해 탐구할 수 있는 시간을 갖도록 한 후, 탐구 결과를 설명할 것을 요청한다.
3. 교사용 연결정육면체를 사용해서 조합들을 보여줌으로써 아이들의 학습을 강화시켜준다. 교사용 연결정육면체의 색이 빨강과 파랑이라고 가정하자. 큰 차트지나 칠판에 수 5를 쓰고, 아이들에게 교사가 이 연결정육면체를 사용해서 다양한 조합을 만들도록 도와달라고 한다.

---

23) 꼬리 깃털의 색깔을 다양하게 해서 두 수의 조합뿐만 아니라 세 수 또는 네 수 등의 조합도 찾아내는 학습 경험을 할 필요가 있다. 이 활동은 아동들의 수 감각 발달에 중요한 기여를 할 수 있다.

4. 빨강과 파랑 연결정육면체를 사용하여 수 5의 다양한 모델을 만든다. *수족(數族)*이라는 용어를 소개하고, 아이들이 나비와 칠면조 학습에서 3과 4와 같은 다른 수족 집합을 탐구했었다는 점을 지적해 준다. 교사는 "우리가 파란 연결정육면체를 가장 많이 사용해서 총 5개의 연결정육면체로 이루어진 막대를 만들려면, 먼저 무엇을 해야 할까?"와 같은 질문을 해서 아이들이 5의 조합을 정리하는 것을 도울 수 있다.
5. 연결정육면체들을 임의적 순서로 칠판 받침대 위에 세워 놓고, 어떤 막대에 빨간 연결정육면체가 가장 많은지 묻는다. 차트지나 칠판 위에 *빨간색 5개 더하기 파란색 0개는 5개의 연결정육면체와 같다*고 적는다.
6. 그 다음에, "빨간 연결정육면체 5개로 된 막대를 제외하고, 남은 막대 중 어떤 것이 빨간 연결정육면체를 가장 많이 가지고 있어요?"라고 묻는다. 칠판에 *빨간색 4개 + 파란색 1개 = 5개(연결정육면체)*라고 쓴다. 다섯 개의 빨간 연결정육면체로 만든 막대 옆에 이 막대를 놓는다.
7. 모든 막대가 정렬되어 놓일 때까지 이 과정을 계속한다. (그림 4-9 참조)
8. 이 막대들을 이렇게 배열하면, 이 배열은 계단식 증가와 직사각형 안의 삼각형과 같은 색깔과 기하 패턴을 분명하게 드러낸다. 이런 시각적 배열물들은 아이들에게 매우 효과적이며, 새로운 차원에서 수족을 학습할 수 있도록 해 준다.

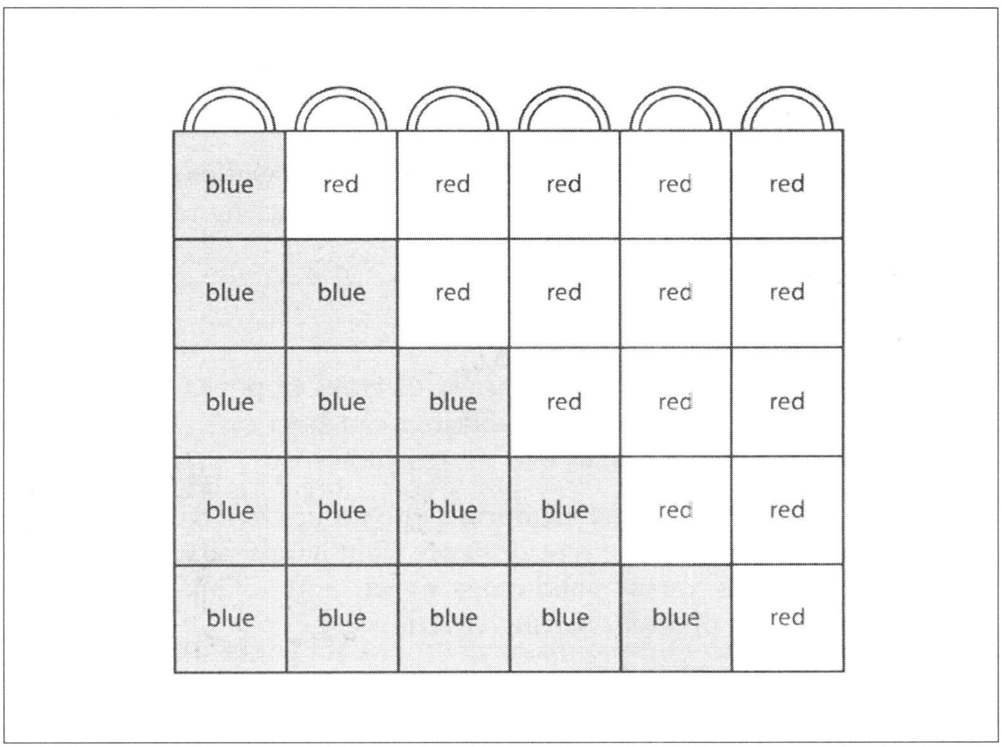

그림 4-9 ◀

빨강 그리고 파랑 연결정육면체로 만든 막대들로 수 만들기 스토리보드를 가지고 할 때와 마찬가지로, 아이들은 이들 수족 조합들로 하는 많은 경험을 필요로 한다. 교사가 이 활동을 메뉴 활동 중의 하나로 제공한다면, 학생들은 수학 공책이나 다른 형태의 기록지를 활용해서 수 조합의 기호적 표현을 간단한 수식의 형태로 기록하는 것을 연습해 볼 수 있다. 아이들이 패턴을 찾고 있는지 확인하기 위해서 아이들이 활동을 하고 있는 동안 그들을 관찰한다. 덧붙여, 메뉴시간 동안, 교사는 궤간순시를 하면서 여러 아이들에게 가서 연결정육면체를 가지고 게임을 할 수 있다. 한 아이가 만들어 놓은 막대를 하나 선택하고, 이 막대에서 한 가지 색으로 된 연결정육면체를 모두 떼어내서 막대 하나를 두 개의 막대로 만든 후에, 이 중 하나를 교사의 등 뒤에 숨긴다. 예를 들어, 이 아이가 빨강 연결정육면체 3개 그리고 파랑 연결정육면체 2개를 이용해서 5의 조합을 만들었다면, 빨강 연결정육면체 3개로 된 작은 막대를 떼어내서 숨긴다. 이 아이에게 남아 있는 파랑 연결정육면체 2개로 된 작은 막대를 보여주고 교사가 감춘 것이 몇 개인지를 묻는다. 이 아이가 답을 말하는데 시간이 필요한지 아니면 즉각적으로 반응할 수 있는지 주목한다.

5씩 묶어세기

아이들은 다양한 방법으로 수를 재배열하고, 가르고, 모으기를 하기 때문에, 5씩 묶어세기는 아이들이 융통성을 기르는데 도움을 준다. 5씩 묶어세기에 능숙해지면, 아이들은 10씩 묶기를 보다 효과적으로 사용할 수 있다. 어린 아이들은 흔히 5씩 뛰어세기, 10씩 뛰어세기와 같은 규칙적인 세기를 챈트를 통해서 배운다. 아이들은 자신들이 말하는 수가 의미하는 바를 거의 모르거나 전혀 모르면서 이 단어들을 완벽하게 암송할 수 있다. 예를 들어, 교사가 한 아이에게 연결정육면체를 5개씩 묶어서 세라고 하면 이 아이는 “다섯, 열, 열 다섯” 등이라고 말하면서 5개로 된 연결정육면체 막대들을 한 번에 하나씩 옮긴다.

부모들은 흔히 영아나 유아에게 그들의 나이를 표현하게 하기 위해서 손가락 몇 개를 꼽아야 하는지를 보여주면서 초기 수리 개념을 소개한다. 하지만, 많은 교사들은 아이들이 손가락셈에 너무 의존하지 않도록 하기 위해 셈을 할 때 손가락을 사용하지 못하게 한다. (물론 많은 우리 어른들이 여전히 손가락셈을 때때로 사용한다! 사실 우리의 십진법은 인류가 양손에 총 10개의 손가락을 가졌기 때문에 기원했을 가능성이 매우 크다.) 여전히, 교사는 5의 패턴들을 보여주기 위해 손이라는 자연스런 환경을 사용할 수도 있다. 이 간단한 활동은 아이들이 5씩 묶여 있는 것들을 시각화할 수 있도록 돕기 위해서 손 모양(핸드프린트)을 이용하도록 구성되어 있다.

준비물

- 모든 학생이 자신의 손 모양을 그리고 자르기에 충분한 크기의 신문용지, 포장지, 벽지, 모눈종이 등을 준비한다.

교수학습 지침

1. 아이들에게 다양한 종류의 종이를 사용해서 각자의 손 모양을 그리고 잘라내라고 이야기 해 준다. 아이들은 양손을 모두 그릴 수 있도록 서로 서로 도울 수 있다.
2. 아이들에게 종이의 종류, 오른쪽 손 모양 대 왼쪽 손 모양, 모양지 대 무색지 등의 자신들이 합의한 기준 중 한 가지 기준에 따라 손 모양들을 이용하여 묶음을 만들도록 한다. 다른 분류 기준을 활용해서 이 과정을 반복한다.
3. 손 모양의 각 묶음에, 손 모양이 몇 개 있는지 묻는다. 그러고 나서, 각 묶음에 있는 전체 손가락(엄지손가락을 포함해서)의 수는 몇 개인지 묻는다.

이 경험을 통해서 알 수 있는 것은, 전체 손가락의 총 수는 손 모양들이 배열되는 방법, 손 모양이 큰지 작은지 또는 오른손인지 왼손인지와 상관없이 항상 같다는 점이다. 교사는 또한 한 줄로 손 모양을 전시하고 각 손 위에 대응하는 손가락의 수를 적어나갈 수 있다.

빗금 표시(tally mark)

이 활동을 통해서 아이들은 빗금 표시(많은 아이들이 개수를 세는 방법으로 활용하는)를 활용하여 5씩 묶어 세는 빠른 방법을 생각할 수 있게 된다.

교수학습 지침

1. 네 개의 빗금 표시를 크게 읽으면서 센 후, 다섯 번째 빗금을 네 개의 선 위에 대각선으로 그어줌으로써 빗금을 표시하는 방법을 설명한다. 혹은 네 개의 선으로 정사각형으로 그리고 나서 그 사각형 안에 대각선을 하나 그어 다섯 번째 선을 그릴 수도 있다(표 4-10 참조). 5를 두 세트 더 그린다. 그런 다음 5개가 한 묶음으로 된 것에 동그라미를 그리면서 5씩 묶어 세기를 한다. ("다섯, 열, 열 다섯")

2. 아이들에게 각자의 수학 공책에 이 방법을 연습하도록 한다. 다음에 학급구성원들이 15 혹은 그 이상의 수를 세어야 할 때, 빗금 표시를 사용하도록 격려한다. 아이들에게 네 줄 위에 대각선을 그리는 모양 또는 정사각형 안에 대각선을 그리는 모양 중 자신들이 선호하는 빗금 표시를 사용하도록 한다. 아이들이 어떤 빗금 모양을 선택하든 상관없이, 학생들이 이것에 익숙해지면, 많은 학생들이 자신들의 활동에서 이것을 사용할 것이다.

그림 4-10 ▶

5씩 뛰어 세기를 위한 두 가지 형태의 빗금 표시

빗금 표시를 이용하여 5씩 묶음 그리기

심화

- 만약 교사가 빗금 표시 연습을 위한 더 재미있는 방법을 찾고 싶다면, 학생들에게 동전을 25번 던져서 앞면과 뒷면이 나온 것을 기록하게 한다.
- 교사는 아이들이 실물을 사용해서 추가적인 연습을 할 수 있도록 도와줄 수 있다. 막대사탕 막대기를 학생에게 주고 막대기를 사용해서 빗금 표시를 만들어 수량을 보이도록 한다. 학기말에는, 덧셈과 뺄셈의 해법을 보여줄 때에도 이 방법을 사용할 수 있다.

텐 프레임

많은 아이들은 도형의 형태로 시각화함으로써 이득을 얻는다. 이 활동은 아이들이 수 10이 우리의 수 체계에서 담당하는 중요한 역할에 대한 이해를 발달시키도록 도울 수 있는 공간적 도구를 제공한다. 텐 프레임은 또한 1에서 10까지의 수들 사이에 존재하는 관계들을 명확하게 해 준다.

'텐 프레임'은 가로형 직사각형을 다음과 같이 10개의 정사각형으로 나눈 것이다.

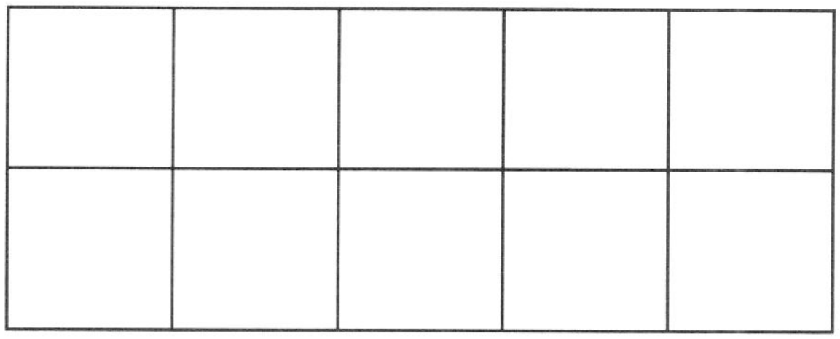

텐 프레임 활동은 10의 조합을 구성해 볼 수 있는 기회를 제공해주며 동시에 10을 하나의 단위로 볼 수 있는 기회를 제공해 준다. 아이들은 각 정사각형 안에 물체(예를 들어, 연결정육면체 같은)를 올려놓고 쉽게 총합을 셀 수 있다.

이 정사각형 안에 물체를 올려놓는 절차는 아주 간명하다. 한 학생이 첫 번째 물체를 직사각형 안의 첫 번째 정사각형에 놓고, 이 열의 나머지 칸들에 왼쪽부터 오른쪽으로 물체를 채워 나간다. 위 줄의 5개의 정사각형이 모두 채워지면, 이 아이는 둘째 열도 같은 식으로 채운다. 교사는 이 아이디어는 이름을 왼쪽에서 오른쪽으로 써나가는 방법과 같은 방식이라고 설명해 줄 수 있다.

아이들이 *텐 프레임*에서 물체들을 제거할 때, 아이들은 이것을 역 방향으로 해야 한다. 일관성 있게 놓고 제거하는 절차들을 통해서, 아이들은 양을 시각화하는데 도움을 받을 수 있다. 많은 연습을 한 후에는 많은 아이들이 물체를 실제로 놓지 않으면서도 양을 시각화 할 수 있게 될 것이다.

OHP는 아이들에게 텐 프레임을 소개하기에 적합한 방법이다. 교사가 OHP를 가지고 있지 않으면, 큰 텐 프레임을 그리고 쉽게 제거할 수 있는 접착식 스티커를 사용할 수 있다. 교사가 어떤 방법을 사용하든지간에, 배치 절차를 설명하는 데 시간을 할애해야 한다. 이 설명을 하는 동안, 일부 아이들에게 학급의 나머지 학생들을 위해서 이 절차를 실습을 하며 시범을 보일 수 있게 한다.

일단, 아이들이 텐 프레임 위에 물체를 놓는 방법을 이해하고 나면, 아이들은 짝과 함께 실습을 할 준비가 된 것이다.

준비물

- 몇 개의 빈 텐 프레임이 그려진 종이; 학생당 1장씩(부록 참조).
- 1~100 포켓차트에 있는 1~20까지의 숫자 카드; 또는 주사위 1개.
- 편지봉투 1개.

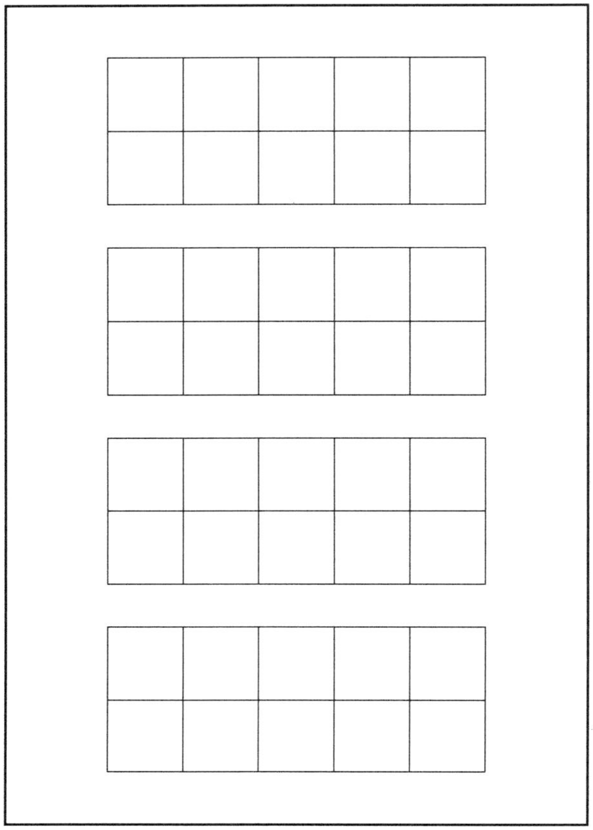

■ 아이들 각자에게 연결정육면체 1세트 또는 다른 셀 수 있는 물건

교수학습 지침

1. 각 아이들에게 2개, 3개 또는 4개의 텐 프레임이 그려져 있는 종이를 나누어 준다.
2. 1~20까지의 숫자 카드를 봉투에 넣는다.
3. 봉투에서 숫자를 꺼내(또는 주사위를 굴린다), 아이들에게 텐 프레임 위에 그 숫자만큼 연결정육면체를 놓게 한다. 올바른 놓기와 제거하기 절차를 상기시켜 준다.
4. 아이들이 텐 프레임을 사용하여 더하기와 빼기 문제를 설명하도록 한다. 예를 들어, 한 아이가 주사위를 굴리면, 나머지 학생들은 텐 프레임 위에 나온 숫자만큼 연결정육면체를 놓는다. 두 번째 아이가 주사위를 다시 굴리고, 아이들은 나온 수만큼 연결정육면체를 더한다(그림 4-11 참조).
5. 학생들이 자신들의 텐 프레임을 사용하면서 실습을 할 때, 교사는 칠판 위에 6+5=11과 같은 수식을 적는다. 일단 아이들이 텐 프레임 절차에 익숙해지면, 짝 활동용 메뉴 활동을 하는 동안 사용할 텐 프레임을 코팅한다. 학생들이 준비가 되었을 때, 아이들은 자신들의 수학 공책 또는 다른 활동지 위에 수식을 적는 연습도 할 수 있다.

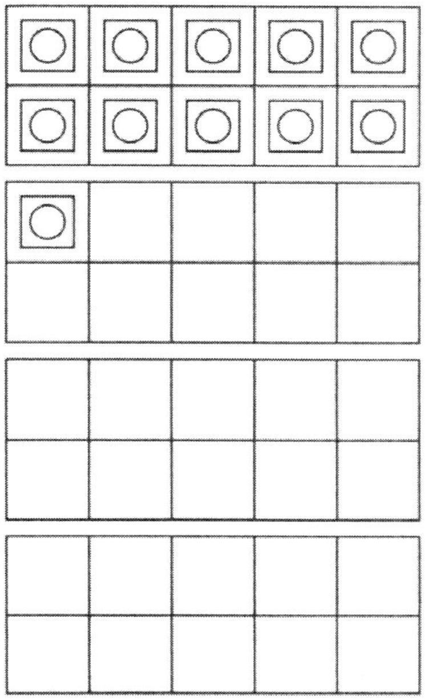

그림 4-11

Ricardo는 첫 번째 주사위를 던져서 나온 눈에 맞게 6개의 연결정육면체를 놓고, 그러고 나서 두 번째 주사위를 굴려서 나온 눈에 맞게 5개의 연결정육면체를 놓았다.

음식 수학

나의 학생들이 텐 프레임을 이용하는 방법 중에서 가장 선호하는 것은 *음식 수학*이다. 이 활동에서, 아이들은 텐 프레임의 정사각형 안에 Cheerio[24] 또는 다른 음식물을 놓는다. 이 활동을 위해서는 재활용 종이 위에 텐 프레임을 그려서 사용하고, 남아 있는 음식물을 제거한 후에 이 종이를 쉽게 폐휴지함에 버릴 수 있도록 한다.

아이들에게 텐 프레임에서 물체들을 더하고 제거하는 절차를 상기 시킨 후, 텐 프레임에 음식물을 사용할 것이라는 아이디어를 말해 준다. 또한 특히 덧셈 기호와 뺄셈 기호에 대해 토론하면서, *수학용어집*을 복습한다. 교사는 학생들에게, 1년 동안 더하기, 빼기, 세기를 연습할 많은 기회를 가질 것이지만, 오늘은 특별히 재미있는 수학 활동을 소개 할 것이라고 설명해 준다. 이 활동에서, 아이들은 '제거하는 것'을 먹을 수 있다.

24) 시리얼의 일종으로 매우 작은 도오넛 모양을 하고 있다.

준비물

- 아이들 각자에게 4개씩의 텐 프레임이 있는 종이 1장.
- 아이들 각자에게 쉽게 셀 수 있는 Cheerio와 같은 시리얼이 가득 찬 작은 컵 1개.
- OHP.

교수학습 지침

1. 아이들 각자에게 4개의 텐 프레임이 있는 종이 한 장과 시리얼이 담긴 컵 하나를 준다. 아이들이 시리얼 몇 알을 맛 볼 수 있도록 해 준다.
2. 교사가 몇 가지 이야기를 해 줄 것이라고 말한다. 교사가 OHP 위에 Cheerio를 놓는 것을 시범 보이는 동안, 아이들도 교사를 따라 시리얼을 놓는다.
3. 이야기를 해 주면서 더하기와 빼기를 실제로 한다. 단순하고 쉬운 이야기 일수록 더 좋다. 예를 들어, "옛날에 소크라테스라 불리는 작은 다람쥐가 있었는데, 그는 도토리를 매우 열심히 모으는 다람쥐였어요. 어느 날 소크라테스는 11개의 도토리를 모았어요." (아이들은 11개의 시리얼을 올려놓는다.) "소크라테스의 여동생, 수지가 와서는 도토리 1개를 먹었어요." (교사의 텐 프레임으로부터 1개의 시리얼을 집어서 먹는다) "소크라테스는 몇 개의 도토리를 가지고 있을까요?" 교사는 *11−1=10*을 칠판에 쓰면서 이 수식을 큰 목소리로 말한다.
4. 모든 시리얼이 없어질 때까지 이야기를 계속한다. 예를 들어, 여동생 수지에 관한 이야기를 한 후에, "소크라테스의 사촌 슬라이가 5개의 도토리를 먹었어요. 소크라테스는 몇 개의 도토리를 가지고 있을까요?"라고 말한다. (교사는 10-5=5라고 적는다.) 그러고 나서, "소크라테스는 도토리 모으기를 다시 시작하기로 마음먹고, 남아 있는 5개의 도토리를 간식으로 먹었어요."라고 말한다. (5-5=0을 적는다.)

이 게임을 하는 동안 단순한 이야기들을 사용해야 한다는 점을 명심해야 한다. 아이들이 자신의 텐 프레임 위에서 시리얼을 더하고 빼는 것을 지켜보면서, 적절한 절차들을 사용하도록 상기시킨다.

한 문제에 대한 해결방법을 언급해야 할 때, 아이들에게 텐 프레임의 위 줄에 몇 개의 Cheerio가 있는지, 아래 줄에는 몇 개가 있는지, 그러고 나서 모두 몇 개가 있는지를 묻는다. 또한 교사가 해 준 이야기가 모든 Cheerio를 제거하고 먹는 데 필요한 충분한 뺄셈을 포함하고 있는지 확인해야 한다.

아이들이 시리얼을 정사각형 안에 놓을 때, 교사는 누가 양을 놓는데 어려움을 겪고 있는지 쉽게 찾을 수 있다. 교사가 텐 프레임 위에 Cheerio를 올리고 제거하는 것을 시범보인 첫 번째 수업이 끝난 후, 교사는 교실을 한 바퀴 돌면서 도움이 필요한 학생에게 도움을 줄 수 있다. 텐 프레임이 어떤 모습인지를 말로 표현해 보는 것도 유용하다. 예를 들어, "제프리는 10개의 농구공을 가지고 있었는데, 그의 할머니가 그에게 생일선물로 또 다른 한 개를 주었다."란 문제를, 텐 프레임의 결과로 묘사하면 "한 개의 텐 프레임은 가득 차 있고, 다음의 텐 프레임은 첫 번째 정사각형이 차있다."가 된다.

*음식 수학*은 아이들이 빼기를 할 때의 거부감을 극복하게 해주고, 눈으로 양을 확인해 볼 수 있게 해준다. 또한 학생들이 마음 편하게 할 수 있는 이러한 활동은 교사가 어려워하는 학생 없이 다양한 문제를 제시하고 토론할 수 있도록 해준다.

심화

*음식 수학*을 할 때마다, "더하기 1, 빼기 1"과 같은 특색 있는 수학적 아이디어들을 소개한다. 여기에 몇 가지를 제시하면 다음과 같은 것이 있다.

- 하나의 수를 만들 수 있는 여러 가지 조합. (즉, 수족)
- 더하기 2, 빼기 2.
- 같은 두 수의 합. (예; 1+1, 2+2, 등)
- 더하기 5, 빼기 5.
- 더하기 10, 빼기 10.
- 짝수끼리 더하고 빼기.
- 홀수끼리 더하고 빼기.

텐 프레임은 특히 5와 10의 배수를 시각화하는데 도움을 준다는 점에서 가치 있다고 할 수 있다. 학생들에게 텐 프레임 종이의 복사본을 주고 수학 공책에 붙이게 한다. 문제를 풀기 위해 그들이 더하거나 뺄 때 텐 프레임을 사용할 수 있음을 상기시킨다.

페니, 니켈, 다임

11월 중에, 교사는 아이들이 수를 결합하는 다양한 방법을 알도록 하는데 중점을 둘 것이다. 빗금 표시와 텐 프레임은 5씩, 10씩, 1씩의 수를 다루는 도구가 되며, 돈을 가지고 하는 활동 또한 이런 개념을 형성하는데 도움을 준다. 돈은 아이들에게 꽤 추상적이며, 수와 연관된 가장 친숙한 도구 중 하나이다. 몇몇의 6, 7살 어린이들은 동전들을 구분하고, 이름을 알며, 그것의 가치를 인식한 경험이 있다. 일부 아이들은 거의 돈을 접해 보지 않았고 돈에 대해서 잘 모른다.

동전들에 대한 학습이라는 목적에서 볼 때, 미국의 동전은 그것의 가치에 따라 크기가 정해지지 않아서 유감이다. (예를 들어, 왜 다임은 니켈보다 작은가[25]?) 심지어 동전의 이름은 임의적인 것처럼 보인다. 우리가 보았던 것처럼, 이번 달의 어림 항아리 일과 활동은 아이들이 동전의 이름을 배우고 금전적 가치를 배우게 하는 것이었다. 만약 교사가 '***A Chair for my mother***(91쪽 '수세기와 돈' 참조)'를 읽어준다면, 교사는 학생들에게 가족이 동전을 모아야 할 여러 가지 입장에 대해 토론해 볼 수 있는 기회를 제공해 주게 되는 것이다. 나의 학생들 중 한 명은 자신의 아버지가 매일 저녁 자신의 주머니에 있는 잔돈을 비운다고 설명했다. 이 아이의 아버지는 바구니에 동전을 넣기 전에, 아이가 잔돈을 셀 수 있도록 도와준다.

아이들이 동전을 가지고 연습할 수 있는 방법은 매우 다양하다. 그리고 미국의 동전 체계는 1, 5, 10의 배수를 근간으로 하기 때문에, 이 활동들은 아이들이 이들 수에 대한 이해를 강화하는 데 도움이 된다. 다음의 아이디어들을 고려해 본다.

- 아이들이 다양한 방법으로 분류해보고, 이름붙이고, 세고, 조합해 볼 수 있는 플라스틱 또는 실제 동전을 담고 있는 용기를 제공해 준다. 작은 박스나 작은 동전 지갑은 동전 용기로 좋다.
- 페니, 니켈, 다임의 가치와 이름을 배우는 아이들에게, 1~100 수표의 복사본을 준다. 동전의 가치와 관련 있는 숫자에 색칠하게 한다. 예를 들어, 아이들은 니켈의 가치를 이해한 것을 보여주기 위해 5와 5의 배수 모두에 색칠할 수 있다.
- 학생들에게 수열을 적도록 하고 이것을 이용해서 모은 동전의 전체 가치의 합을 구하기 위해서 세도록 한다. 이때, 특정한 동전의 가치에 동그라미를 친다. 설명을 위해서 2개의 다임, 1개의 니켈, 2개의 페니로 예를 들면, 아이들은, 1, 2, 3, 4, 5, 6, 7, 8, 9, ⑩(첫 번째 다임); 11, 12, 13, 14, 15, 16, 17, 18, 19, ⑳(두 번째 다임); 21, 22, 23, 24, ㉕ (니켈); 그리고 ㉖, ㉗

25) 다임은 10센트 동전 이름이고 니켈은 5센트 동전 이름인데, 크기는 니켈이 더 크다.

(2개의 페니)이라고 쓴다. 교사는 아이들에게 그들이 셀 때마다 숫자를 기록할 수 있는 가산기(Adding machine tape)를 제공한다. 아이들에게 수를 세로로 쓰도록 가르쳐서, 각 수들이 하나의 긴 수처럼 보이지 않게 한다.

- 1씩, 5씩, 10씩 세기 연습을 위해 플라스틱 페니, 니켈, 다임을 가지고 가게 놀이를 한다. (쿼터는 100과의 관계를 제공해준다. 그러나 이것은 올해에 하기에는 너무 복잡하다.) 팽이, 반지, 머리핀, 작은 플라스틱 조각상, 작은 봉제 동물 인형 등과 같은 작은 물건들을 몇 세트 모으고, 각 물건에 가격표를 붙인다. 가격은 학생들에게 적절한 수의 범위로 책정한다. 예를 들어, 교사는 가장 비싼 물건에 12센트를 매길 수 있다. (가격표에 '$'나 '¢'와 같은 단위를 포함시키고 토론한다. 그리고 학생들에게 이러한 단위를 페니, 니켈, 다임의 가치에 대한 정보와 함께 수학 공책에 적도록 한다.)

  아이들에게 짝활동을 하도록 한다. 한 명은 그 물건을 팔고, 다른 한 명은 플라스틱 동전으로 그것을 사도록 한다. 두 어린이 모두 동전의 이름을 부르면서 각 거스름돈을 위한 돈을 센다. 거래가 끝난 후, 역할을 바꾼다.

  교사는 궤간순시하면서, 동전의 이름과 가치를 학습하는데 더 많은 도움이 필요한 학생을 알아내야 한다. 교사는 또한 적절하게 수를 세고, 수를 결합하고, 어림을 사용하고, 새로운 동전으로 교환하는(예를 들어, 아이들은 11개의 페니 대신 1다임과 1페니를 선택할 수 있다) 학생이 누구인지도 알아내야 한다.

5장

12월

기하

학습 환경

12월은 신나고 바쁜 달이다. 1년 중 이맘때에는 많은 교사들은 아이들의 들뜬 기분을 수업에 통합시키면서, 각 교과목의 학습 내용을 빠트리지 않으면서 수업을 해 가는 것은 실제적으로 쉽지 않다고 생각한다. 이런 상황에 대처할 수 있는 한 가지 방안이 있다. 그것은 학생들의 관심을 새로운 것 또는 학생들이 예상하지 못한 것으로 옮기는 것이다. 기하는 수학적 가능성이 풍부하고, 흥미로운 기분 전환을 제공해 주면서 실세계와 풍부한 연결을 꾀할 수 있는 영역이다. 교사는 이 달의 학습을 계획하면서, 교사는 학생들이 도형들을 인식하는 것을 넘어서 특정한 도형들의 속성들을 분명하게 정의할 수 있도록 도와주어야 한다.

이 달에, 아이들은 수세기, 비교하기, 분류하기, 패턴 만들기, 대칭 찾기를 할 것이다. 아이들은 다양한 도형들을 가지고 무늬를 만들면서, 자신들이 만든 무늬에 있는 부분들에서 찾을 수 있는 정보들을 찾는 활동을 할 것이다. 이 장에 기술된 활동들은 실세계와 연관되어 있고, 수학의 한 영역을 다른 영역과 연결시킨다. 또한 이 활동들은 "삼각형은 변이 몇 개 있습니까?", "2개의 삼각형에는 변이 모두 몇 개 있습니까?"와 같은 질문에 대답하도록 촉구함으로써 아이들의 수학적 추론을 격려하게 될 것이다.

또한, 12월은 종교와 관련된 휴일들이 많다. 한 가지 특정한 종교적 휴일에 초점을 두기보다는, 가족과 관련된 주제들을 계속적으로 만들어 가면서, 학생들이 자기 가족의 전통에 대해 탐구하도록 격려하는 것이 좋다. 가족과 기하를 연결시키는 활동 중 매우 효과적인 한 가지는 퀼트 작품을 만드는 것이다.

많은 아이들이 기하를 매우 매력적인 것으로 생각한다. 공간 과제를 할 때, 교사는 학급에서 특별히 잘하는 누군가를 발견할 것이다. 기하나 공간 영역에 대한 활동을 할 때 쉽고 뛰어나게 수행해내는 몇몇 아이들은 수 활동이나 읽기 활동을 할 때는 어려움을 겪었던 아이들일 수도 있다. 아이들이 기하에서 성공하는 경험을 하게 되면, 이들은 수학에 대해 긍정적 관점을 가질 수 있게 되며, 학습자로서 자기 자신에 대해서도 긍정적 관점을 가질 수 있다.

주교육청이나 시교육청에서 1학년 아이들이 학습해야 하는 것으로 소개하는 기하 학습 내용은 특정한 도형들일 수 있다. 특정한 도형의 이름과 관계없이, 교사는 학생들이 다음의 기하학적 이해를 발달시키고 있는지를 확인하는 것이 좋다.[26]

- 도형들은 신중하게 정의된 이름을 갖고 있다.
- 도형들은 변화성을 가지고 있다. (즉, 여러 종류의 삼각형이 있다.)
- 도형들은 떼고 붙이고를 할 수 있다.
- 도형들은 다른 도형들을 가지고 만들 수 있다.
- 도형들은 변과 꼭지점을 가지고 있다. (또는 각)
- 우리 주변 어디에나 도형이 있다.

---

26) 교사들에게 "교육과정에 제시된 수학 내용은 교사가 지도해야 할 최소한의 내용입니까? 아니면 제시된 수학 내용만 지도하면 됩니까?"라고 질문을 던지면, 대부분의 교사들이 "최소한"이라고 대답한다. 이 진술도 같은 맥락에서 이해 할 수 있다. 그런데 교직계에 "교과서의 성서화"라는 폐습이 자리 잡고 있고 또 수업에 그대로 반영되고 있는 것은 안타까운 일이다.

일과 활동

달력

달

역년(曆年)에서 마지막 달인 12월은 특히 아이들이 1년은 반복패턴이라는 점을 깨닫도록 도와준다. 아이들이 달이 반복되는 것을 눈으로 볼 수 있도록 해 준다. 이를 위한 한 가지 방법은 각 달을 시각적으로 묘사하기 위해서 옛날 달력이나 잡지의 그림, 예를 들어, 여러 달에 걸친 계절별 동물 그림들을 이용하는 것이다. 한 장의 큰 색인 카드 위에 한 장의 그림을 붙이는 식으로 그림들을 붙이고, 각 카드 위에 그 달에 적합한 이름을 적는다. 카드들을 달의 순서에 맞게 전시하고, 한 행의 연속성을 내포하도록 달의 날짜 수를 적어 넣는다. 순서를 강조하기 위해서, 큰 종이에 달 이름 목록을 만들고, 그 목록을 달력 가까이에 붙여 놓는다. 시간이 남는다면, 각 달의 카드를 섞어서 아이들이 그것을 바른 순서로 다시 늘어놓을 수 있도록 하는 것도 좋다. 또는, 카드 하나를 빼고 어느 달이 빠졌는지를 말해 보도록 하는 것도 좋은 방법이다.

큰 달력 전시

아이들은 교사가 이번 달에 맞는 큰 달력을 만드는 것을 돕도록 한다. 아이들에게 빈 달력 격자를 보여주면서 11월 부분이 모두 없어졌음을 이야기한다. 작은 달력에서 11월 달력을 보고, 12월에는 1일을 어디에 표시해야 하는지를 결정할 수 있는 방법에 대해 토론한다.

아이들이 기하에 대해 생각하도록 하기 위하여, 아이들이 빈 칸을 보고 그것에서 볼 수 있는 도형들에 대해 말하는 시간을 갖는다. 대화 도중에 *직사각형*이나 *정사각형*이라는 단어가 나올 것이다. 수학용어집에 도형의 이름들을 포함시킨다. 그러고 나서 무엇이 직사각형이 직사각형이 되게 하는 것이고 정사각형이 정사각형이 되게 하는 것인지에 대해 묻는다. 이것은 정사각형이 직사각형의 특별한 *형태*라는 것을 설명할 수 있는 아주 좋은 기회이다. 아이들에게 다른 도형들로 달력을 만드는 것이 효과적이라고 생각하는지를 물어본다. 달력에 원이나 삼각형으로 수를 위한 공간을 만들 수 있다는 아이디어를 아이들이 내면 이 또한 들어준다. 12월에 있는 날짜의 수에 대해 토론하고 아이들이 흥미 있어 할 만한 특별 행사들에 대해서 이야기를 나눈다.

교사가 만들어 놓은 달력 숫자들을 나누어주고 아이들이 돌아가면서 압정으로 그것을 격자에 고정시키도록 한다. 각 아이가 이 격자의 상단에 있는 단어들(요일명)을 점검하도록 하고 자신이 받은 수가 어떤 요일에 갈 것인지를 결정하도록 한다.

교사는 자신이 만든 숫자들을 사용하는 대신에 아이들이 직접 자기 자신의 달력 표시물을 만들게 해도 좋다. 아이들은 삼각형 모양의 소나무 또는 원형 모양의 눈사람과 같은 도형 무늬들을 사용해서 이것을 매우 쉽게 할 수 있을 것이다. (만약 12월의 대표적인 그림들인 이런 모양이 당신의 지역적 상황에 맞지 않는다면, 아이들이 혼자서 다룰 수 있는 다른 도형들을 대안으로 선택할 수도 있다.) 각 아이가 여러 가지 대안들 중에서 한 가지를 결정할 수 있도록 허용해 준다. 교사는 달력에 있는 격자 크기로 잘라 낸 두 가지 색깔의 정사각형 종이들을 학생들에게 나누어 주고, 아이들은 이 정사각형 종이를 이용해서 자신의 도형을 자를 수 있다. 이렇게 학생들이 만든 달력 표시물은 달력의 격자에 잘 맞을 것이다.

모든 아이들이 자신이 선택한 달력 표시물 만들기를 완성하고 난 후, 특정한 종류의 달력 표시물을 만든 아이가 몇 명인지, 그리고 아이들이 만든 이 달력 표시물들이 달력 격자 위에 배열될 수 있는 방법을 알아본다. 12월의 달의 수와 학급구성원의 수가 다를 것이다. 아이들은 12월 달에 필요한 충분한 달력 표시물을 완성할 수 있는 방법에 대해 토론할 수 있다.

모든 아이들이 자신의 달력 표시물을 만들고 나면, (예를 들어) 나무를 만든 아이들을 일어나게 하고 이들을 센다. 칠판 위에 나무 달력 표시물의 개수를 판서한다. 그리고 (예를 들어) 눈사람을 만든 사람들을 일어나게 하고 이들의 수를 센다. 그 개수도 판서한다. 나무 표시물의 수와 눈사람 표시물의 수가 같은지 아이들에게 물어본다. 달력 격자에 "나무, 눈사람, 나무, 눈사람, 나무, 눈사람(즉, ab, ab, ab, 패턴)"식으로 배열하는 것이 좋을지에 대해 토론한다. 만약 아이들이 이 패턴이 가능하다고 생각한다면, 아이들에게 이 패턴을 보여 줄 수 있도록 자신들의 달력 표시물들을 줄 세워 보도록 한다. 만약 나무 표시물의 수와 눈사람 표시물의 수가 같지 않다면, 나무 표시물과 눈사람 표시물을 두 집합으로 분리해 놓는다. 나무 표시물과 눈사람 표시물의 개수를 비교해보고, 적절한 다른 패턴에 대해 토론한다. 아이들은 이 패턴이 어떻게 보이는지를 점검하기 위해서 자신들이 직접 이용해서 배열할 수 있다.

학급구성원들이 한 가지 해결책을 찾았다면, 달력 표시물 위에 수를 적고 이것들을 달력 위에 올려놓도록 한다. (숫자들의 크기가 충분히 큰지 그리고 모든 수가 표시물들 위에 같은 방법으로 위치했는지 확인한다.)

아이들은 이 활동처럼 활동적이면서도 조사를 요구하는 특성을 좋아한다. 종종, 아이들은 달력에 훌륭하면서도 잘 된 작품을 만들기도 한다. 아이들이 이 과제를 다루는 동안, 아이들은 도형을 만들고 짝수와 홀수 그리고 수열과 같은 수의 관계를 다룬다. 아이들은 또한 한 문제에 대한 결과가 항상 사전에 분명한 것은 아니라는 사실을 알게 된다.

달력 카운트다운

이 달에 해야 할 많은 일들이 있기 때문에, 종이 고리 하나를 만드는 것을 고려해도 좋다. 그래서, 달력 일과 활동에 몇 가지 뺄셈을 포함시키도록 한다(11월에도 이와 유사한 활동을 했었다.) 이번에는, 겨울 방학까지 남은 날짜를 센다. 10개씩 종이 고리를(지난달에 설명했던 것처럼) 사용하는 대신에, 5개씩 종이 고리를 한 묶음으로 여러 묶음을 만들어 사용한다.

또 다른 한 가지 가능성은 큰 텐 프레임을 만드는 것이다. 교사는 큰 텐 프레임 위에 달력 표시물들을 붙여서 방학까지 며칠이 남아있는지를 보여 줄 수 있다(4장 참조). 지난 각 날에 대해, 종이 고리의 묶음을 떼어낸 수 만큼 표시물을 제거할 수 있다. 텐 프레임 안에 남은 표시물들은 카운트다운까지 며칠이 남았는지를 보여준다. 이 달에 초점을 두어야 할 것이 기하일지라도, 뺄셈에 관한 대화를 포함시키도록 한다.

어림 항아리

12월 한 달 동안, 매주 마다 다른 특정한 도형을 어림 항아리 안에 넣는다. 대부분의 교실에 있는 수학 조작물들은 작은 도형물들이다. 이들 도형물들은 모양면에서 그리고 크기면에서 매우 다양해서, 교사가 원하면 한 주 한 주 크기에 변화를 주면서 어림 항아리를 사용할 수 있도록 해 준다. 교사는 어린이들이 자신들의 어림값을 기록할 수 있는 편리한 도구로 종이끼우개를 다시 사용할 수 있다.

만약 교사가 지난 달에 어림 항아리 활동에 동전을 사용했었다면, 교사는 이 어림 항아리에 그 항아리 안에 있는 동전에 맞는 이름과 기호(*페니*란 단어와 페니 동전 그림)를 붙여주어서 아이들이 이 어휘를 배울 수 있도록 해 주었을 것이다. 교사는 12월 기하에서도 이 활동을 계속할 수 있다. 사용할 도형을 그리고 라벨지 위에 이것의 이름을 적는다. 그러고 나서, 이 라벨지를 어림 항아리의 뚜껑에 붙인다.

심화

- 2개의 똑같은 어림 항아리를 사용하고, 이 두 어림 항아리 안에 같은 유형의 비슷한 크기의 도형을 넣는다. 그 중 한 어림 항아리에 있는 도형의 수를 2배한다. 작은 수의 도형이 들어 있는 어림 항아리에 있는 도형들을 교사가 세는 것을 아이들이 돕도록 한다. 라벨지에 도형의 수를 적어서 어림 항아리에 붙이고, 이 수를 활용해서 두 번째 어림 항아리에 있는 도형의 개수를 어림하도록 한다.
- 같은 크기의 어림 항아리 두 개를 서로 다른 두 가지 도형으로 채운다. 2개의 어림 항아리에 넣는 도형의 개수는 같게 한다. 각 도형의 개수에 대해서 추측하고 비교할 때, 이 도형들의 속성들에 대해 토론한다. 이 활동은 수의 보존에 관한 이해를 촉진시킨다.
- 아이들에게 이 어림 항아리에 몇 개의 도형이 있는지를 예상해 보도록 묻는 것에다가, 이 어림 항아리 안의 조각들을 이용해서 이 어림 항아리에 있는 도형과 비슷해 보이는 모양 즉 더 큰 도형을 만드는 것이 가능하다고 생각하는지를 아이들에게 묻는다. 아이들이 도형들을 세도록 하고 난 후, 아이들에게 주어진 도형보다 새롭고 더 큰 도형을 만들도록 한다. OHP를 이용하여, 작은 정사각형 조각들을 가지고 큰 정사각형을 만드는 방법, 또는 작은 삼각형 조각들을 가지고 큰 삼각형을 만드는 방법을 보여준다.

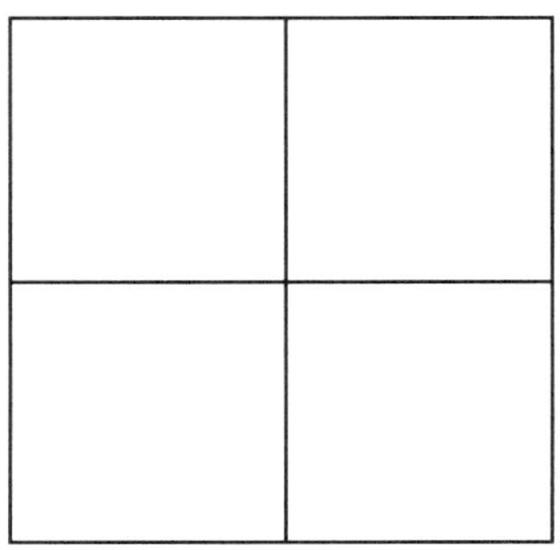

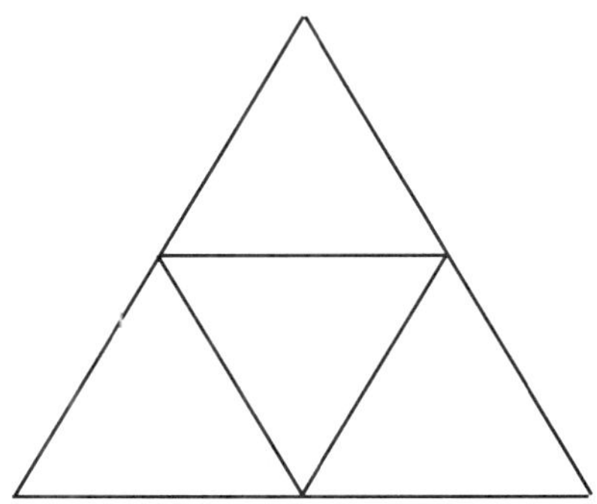

만약 아이들이 큰 도형을 만드는데 성공한다면, 큰 도형을 전혀 만들어 본 적이 없는 사람에게 어떤 조언을 해 주면 좋은지에 대해 질문한다. "무엇이 효과가 있었나요? 무엇이 어려웠나요?", "이 과정이 다른 도형에서도 가능하다고 생각하나요? 왜 가능하다고 생각하나요? 또는 왜 가능하지 않다고 생각하나요?" 이 활동은 이 달의 후반부에 있는 메뉴 활동 중의 하나가 될 수 있다.

수학 공책

이 달의 활동은 도형에 이름을 붙이는 활동뿐만 아니라 도형들의 속성들을 정의하는 활동까지 확장될 것이다. 학생들은 자신들의 수학 공책을 이용해서 이런 정보를 지속적으로 기록할 수 있다. 학급구성원들이 그날을 특징짓는 수를 기초로 하여 자신들이 해 놓은 수와 관련된 기록들에 대해서 상기시켜 준다. 아이들에게 이달에도 비슷한 것을 할 것이지만, 이번 달에는 수가 아닌 도형에 대해 생각하고, 쓰고, 그림을 그릴 것이라고 설명한다.

대부분의 1학년 학생들은 원, 정사각형, 삼각형, 그리고 직사각형을 정확하게 구별할 수 있다.[27] 본 활동을 시작하기 전에, 학급구성원들이 알고 있는 모든 도형의 목록을 작성하도록 한다. 목록에서 한 도형을 선택하고 그 도형에 대해서 선생님에게 말할 수 있는 사람이 있는지 물어본다. 큰 차트지에, 아이들의 생각을 기록한다. 논의된 각 도형을 그리고 각 도형의 이름을 적는다. 예가 되지 않는 것도 몇 가지 포함시키고, 그것들 각각에는 X 표시를 친다. 그것이 무엇인지 뿐만 아니라 그 도형이 왜 예가 되지 않는지에 대해 토론을 함으로써, 아이들은 도형의 속성을 분명히 알 수 있다. 토론을 하는 동안 각 도형의 변과 꼭지점을 확인하고, 꼭지점에 대해 이야기 하면서 *각*이라는 단어를 사용하기 시작한다. 교사는 기하용어집을 만들어 게시하고, 이달 동안 기하 관련 용어들을 추가해 간다.

각 도형에 대해 토론하면서, 교사는 아이들이 일상생활에서 그 도형을 볼 수 있는 곳이 어디인지에 대하여 생각해 볼 것을 요청한다. "우리 집 문은 직사각형이에요.", "교실에 있는 시계는 원이에요.", 또는 "우리 달력에는 정사각형이 있어요."라는 대답이 나올 것이다. 또한, 이러한 아이디어들을 차트지에 포함시킨다.

특정 도형에 대한 학급 토론을 한 후, 아이들에게 자신의 수학 공책에 아이디어들을 기록할 시간을 준다. 그리고 그 도형을 그릴 수 있는 사람이 누구인지 알아낸다. 교사는 어린이들이 *직사각형, 삼각형, 육각형* 등과 같은 단어를 쓸 수 있도록 도와주어야 한다.

교육과정에서 다루어야 한다고 명시되어 있는 기하 관련 영역의 지식을 아이들이 학습하는 데 위에 언급한 활동을 이용할 수 있다. 활동 순서를 정하고 나면, 교사는 단서들을 제공하면서 한 도형을 도입할 수 있다. 예를 들어, "나는 변이 4개이고, 꼭지점 또는 각이 4개인 도형을 생각하고 있어요."라고 말한다. 교사는 단서를 제공하면서, 그 도형을 그린다. 도형들 간의 공통점과 차이점을 토론한다. 예를 들어, 네 변이라는 특징은 실제로 직사각형이나 정사각형보다는 사다리꼴에 어울린다.

---

27) 아이들은 학교수학을 형식적으로 수업에서 취급하기 이전에 이미 비형식적 수학을 이해하고 있음을 인정해야 한다. 이와 관련해서 "김진호(2002), 비형식적 수학적 지식과 형식적 수학적 지식의 결합에 관한 소고. 학교 수학, 4(4), 553-563." 참고하기 바란다.

지각 수

만약 아이들이 아직 OHP에 배열된 작은 양의 물체의 수를 인식하는 경험을 하지 않았다면, 4장에 있는 *지각 수* 부분을 참고한다. 교사는 이러한 목적을 위해 특별히 만들어진 "점 카드"의 그림을 빨리 보여줌으로써 지각 수에 대한 정기적인 실습을 학생들에게 제공할 수 있다. (그림 5-1 참조)

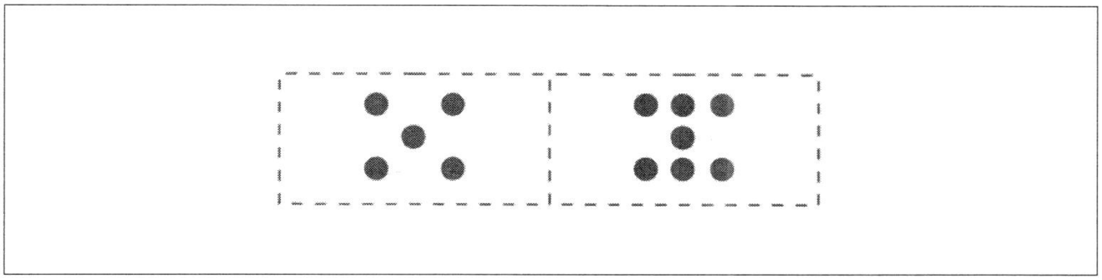

그림 5-1

지각 점 카드

지각 점 카드를 하나 선택하여 그것을 OHP에 짧게 보여준다. 그러고 나서, 학생들에게 자신들이 본 것을 그려보게 한다. 만약 아이들이 선을 사용해서 지각 점 카드 위의 여러 점들을 연결한다면, 나타날 수 있는 도형의 종류에 대해서 토론한다.

교사는 또한 비슷한 효과를 위해 도미노를 사용할 수 있다. (그림 5-2 참조)

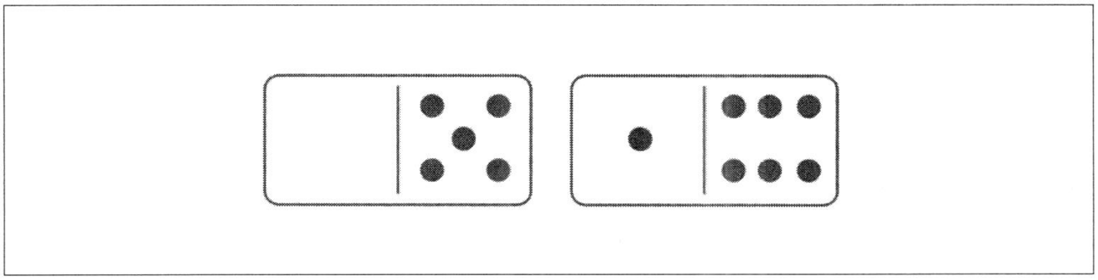

그림 5-2

도미노

도미노가 어떻게 디자인 되었는지에 대한 기본 정보를 제공해주기 위해서 Lynette Long이 쓴 ***Domino Addition***라는 책을 읽어보는 것도 괜찮다. 아이들이 도미노 세트를 점검해 볼 수 있는 시간을 주고, 학급구성원들이 도미노 안에서 알아낸 도형에 대해 토론하도록 한다. 그 다음에, OHP에 도미노 이미지들을 보여준다. 도미노의 절반만 보여주면서 시작한다. 아이들이 이러한 이미지에 익숙해지면, 전체 도미노를 보여준다. 특정 도미노에서 볼 수 있는 점의 전체 개수를 결정하는 방법에 대해서 논의한다.

수학

이 장에서 기하 수업은 2차원의 도형에 초점을 두고 있다. 이러한 활동들은 아이들이 미래에 3차원의 도형을 이해하는데 도움을 줄 것이다. (다음해 봄에, 교사는 이웃과 관련된 주제를 소개할 것이다. 그리고 3차원 기하는 그 때에 수학적 초점이 될 것이다.) 수업은 또한 2가지 범주로 나누어진다. 그것은 수학 동화를 기반으로 한 활동과 수학 조작물(패턴 블록, 탱그램, 연결 큐브, 지오보드와 블록, 속성 블록, 색 타일, 퀴즈네르 막대, 도미노 등)을 이용하는 활동이다. 교사가 어떤 것을 선택할지는 학급을 위한 상황의 관련성뿐만 아니라 사용할 수 있는 재료들에 기초를 두어야 한다.

수학 동화를 기반으로 한 활동

도형

Marilyn Burns가 쓴 ***The Greedy Triangle***[28]은 도형의 용어와 속성에 대해 소개하는데 특히 매력적이다. 풍부하고 재미있는 본문 내용은 여러 가지 도형을 다른 것들과 연결 짓는다. 이야기는 평범하고 나이든 자신에게 만족하지 못하고 다른 가능성을 동경하는 주인공인 삼각형(The Greedy Triangle)을 주인공으로 한다. 현명하고 힘이 센 Shape Shifter는 삼각형에 변을 더해서 Greedy Triangle이 변화하는 것을 도와준다. 결국, Greedy Triangle은 그의 원래의 모습이 최선이고 원래 모양으로 돌아가는 것이 만족스럽다고 마음먹는다.

교사는 학생들에게 이 책을 읽어주면서, 책에 나오는 새로운 도형들에 대해 이름을 붙이고 설명해준다. 그리고 그 도형들을 실세계의 예시와 연결시킨다. 예를 들면, "사각형은 야구 경기장, 텔레비전 화면, 창문 등이 될 수 있어." 이야기가 진행됨에 따라, 아이들은 그 도형에 변이 더해지면 무슨 일이 일어날지에 관해서 예상을 하기 시작한다.

28) 이 책은 "성형외과에 간 삼각형(신형건, 보물창고)"로 번역되어 있음.

이 이야기는 1학년 아이들이 토론하고 이해할 수 있는 많은 정보를 제공해 준다. 책을 읽은 후에, 삽화를 다시 보고, 도형을 종류별로 나누어 본다. 아이들은 학기 초부터 대칭과 친숙해져 있으므로 대칭에 대해서도 토론하려고 할 것이다. 만약 기하용어집을 교실에 전시할 목적으로 작성하고 있다면, 새로운 도형을 탐구할 때마다 이 도형을 목록에 추가하면서 확장해 나간다.

교사는 도형에 대해서 토론하고 기록하면서, *변, 꼭지점, 각, 선* 등의 용어를 계속해서 사용하는 것이 좋다. 이러한 용어의 반복은 학생들이 그것을 자신의 것으로 만들도록 도와준다. 학생들은 *사다리꼴*과 *육각형*과 같은 복잡한 용어를 사용하는 것에 대해 자부심을 갖기 시작한다.

도형을 지도하기에 적합한 그 밖의 수학 동화

어린이들이 도형 식별을 하는 데 도움을 주기 위해서 사용할 수 있는 훌륭한 수학 동화들이 많이 있다. 아마도 수학 공책에 도형에 대해 기록하는 일과 활동에는 특별한 도형에 대한 아이디어를 기록하는 것뿐만 아니라 도형에 관한 책 읽기도 포함될 것이다. 이러한 목적을 위하여 사용할 수 있는 책들을 제안하면 다음과 같다.

The Shape of Things, Dale Ann Dodds

My Very First Book of Shapes, Eric Carle

A Secret Birthday Message, Eric Carle

Ten Black Dots, Donald Crews

The Wing on a Flea, Ed Emberley

Color Farm, Lois Ehlert

Color Zoo[29], Lois Ehlert

A Cloak for a Dreamer, Eileen Friedman

Look Around: A Book about Shapes, Leonard Fisher

A Triangle for Adora, Ifema Onyetulu

The Boy with the Square Eyes, Snape and Snape

---

29) 이 책은 "알록달록 동물원(문정윤, 시공주니어)"로 번역되어 있음.

작가 연구

만약 교사가 도형에 관한 연구를 문학 그리고/또는 예술 작품과 연계시키는 데 관심이 있다면, 자신들의 작품에 기하를 정기적으로 주제로 삼는 동화 작가나 삽화가가 여럿이 있다. Ed Emberley, Tana Hoban, Brian Wildsmith는 기하와 관련된 여러 가지 흥미로운 작품을 제공해준다. 이 작가들의 책은 오랫동안 어린이 문학 작품 전집에서 특징이 있는 것으로 알려져 있다. 이러한 많은 책들이 출판이 되고 절판이 되고 있기 때문에, 교사는 학교의 교육정보자료실 직원이나 도서관 사서에게 이러한 전집의 선택을 도와달라고 요청해도 좋다.

Ed Emberley는 자신만의 예술적인 방식으로 어린 독자들에게 접근하는 것으로 알려져 있다. 아마 그의 가장 유명한 책은 ***Thumbprint Book***일 것이다. 1/2과 1/4과 같은 분수를 포함하는 ***Picture Pie, Make a World***, 그리고 ***The Wing of a Flea***와 같은 Emberley의 몇몇 작품들은 특히 기하를 하나의 주제로 삼고 있으며, 아이들에게 다양한 매우 만족스런 그림들을 그릴 수 있는 지시사항들을 단계별로 제공하고 있다. Emberley는 또한 재미있는 도형 관련 책을 지었는데, 그 책의 제목은 ***Go Away, Big Green Monster***이다. 이 책은 각 페이지마다 재미있는 그림의 일부가 되는 도형에 구멍을 내어 잘라 놓았다는 특징이 있다.

그림 그리기를 싫어하던 아이들이, 이러한 책들을 통해서 자신이 실제 예술가가 된 것 같은 느낌을 받았다고 말해 의견을 주었다. 왜냐하면, 책에 제시되어 있는 지시사항들을 따라 하면서 아이들은 일상생활에서 사물들이 작용하는 방식을 볼 수 있었기 때문이다. 단순한 도형을 가지고 시작해서 단계를 밟아가면서 그림을 완성시켜간다. 각 단계에 있는 도형에 한 가지 특징을 덧붙여 나가면서, 그림 그리는 순서는 성장패턴에 따라 전개된다. 아이들이 이 패턴이 전개되는 방식을 알아차린다면, 아이들은 이 아이디어를 사용해서 자기 자신의 고유한 도형 성장패턴을 만들 수 있다. 학급구성원들은 Emberley의 예를 통해 그림을 그리고 색칠하는 것부터 도장을 찍는 것 까지 모든 것을 좋아할 것이다.

Tana Hoban은 사진을 이용하여 수많은 효과 있는 기하 책들을 만들었다. 그녀의 그림책들 중의 몇 권은 *원, 삼각형, 정사각형, 도형, 도형, 도형, 많은 원, 많은 정사각형, 많은 정육면체, 원뿔, 원기둥, 구* 등을 포함하고 있다. 디지털 카메라나 일회용 카메라는 이제 적절한 가격에서 구할 수 있고, 그래서 사진은 교실에서의 탐구를 위해서도 이용할 수 있게 되었다. 아이들은 Tana Hoban의 기하 렌즈를 통해 세상을 바라보는 학급문고를 만들면서 학교 안 그리고 주변의 환경을 탐구할 수 있다.

Brian Wildsmith는 다른 형태의 테두리 안에 있는 도형의 콜라주를 색칠함으로써 삽화를 만든다. ***Brian Wildsmith's 123s와 Circus***[30]라는 책이 출판되었지만, 절판되었다. 하지만, 이 책들은 도서관에 있는 아동도서 영역에서 쉽게 찾아 볼 수 있다. ***Puzzle, Jack and the Meanstalk***[31], 그리고 ***The North Wind and the Sun***은 Brian Wildsmith의 독특한 도형 그리기 양식을 예를 보여 준다. 아이들은 테두리를 그리고 그 안에 삼각형, 마름모, 그리고 다른 도형들을 배열하면서 그림을 그려 넣을 수 있는 자유로운 형식의 디자인을 좋아한다. 일단 테두리와 도형이 완성되면, 아이들은 물감이나 마커펜을 사용해서 도형 내부를 칠해서 다채로운 색이 가미된 작품을 완성한다. 이러한 방법은 흥미로운 도형 학급문고를 만들 수 있다.

물체의 특성

Margaret Wise Brown의 책인 ***The Important Thing***[32]에 대한 특징은 2장에서 설명하였다. 이 책은 구체적인 대상을 보고 그것의 속성을 조사하는 것으로 구성되어 있다. 그리고 각 대상의 가장 중요한 속성을 알아내기 위하여 일정한 패턴을 반복한다. 이 달에, 교사는 이 책을 다시 사용할 수 있다. 그러나 도형과 도형의 속성에 초점을 맞추어야 한다.

예를 들어, 만약 교사가 정사각형에 대하여 토론하고 있다면, 학생들은 실생활에서 정사각형을 발견할 수 있는 다양한 장소(바닥이나 천정 타일)를 이야기할 수 있다. 그리고 아이들은 정사각형의 구체적인 특성을 파악할 수 있다. 다시 말하면, 반복어귀를 통해서 "하지만, 정사각형에 관해서 중요한 것은 …"에 대해 답하도록 아이들을 격려하고, 이를 통해서 아이들은 자기 자신의 아이디어들을 중요하게 생각하게 된다. 이 활동은 또한 학생들의 반응들로 이루어진 학급문고를 만들 수 있는 또 다른 기회를 제공한다.

30) 이 책은 "서커스(홍연미, 시공주니어)"로 번역되어 있다.
31) 이 책은 "잭과 못된 나무(김선애, 시공주니어)"로 번역되어 있다.
32) 이 책은 "중요한 사실(최재숙, 보림출판사)"로 번역되어 있다.

아이 스파이 게임

도형들을 선정하고 학생들이 이것을 발견하는 *아이 스파이* 게임을 한다. 빠르게 게임을 진행하기 위하여 한 번에 여러 가지 단서를 준다. 예를 들어, 만약 교사가 선정한 목표 사물이 교탁 근처에 있는 (원형)책상이라면, "교실 앞에 있는 큰 원을 찾았어."라고 말한다. 그러면 아이들이 목표 사물이라고 생각되는 사물이 있는 쪽으로 이동한다. 교사는 아이들이 목표 사물에 가까이 있는지 멀리 있는지를 알려주기 위하여 "가까워지고 있어."와 "멀어지고 있어."라고 말해 준다.

또한 도형을 사용하여 *아이 스파이* 학급문고를 만드는 것을 고려해본다. 이 책에서 아이들은 이 게임의 목표 사물이 되는 도형들을 그린다. Debbie Mackinnon이 쓴 ***Eye Spy Shaped***라는 책은 훌륭한 예를 제공한다. Brian Wildsmith의 ***Circus***와 같은 책들은 아이들이 그림 속에 있는 도형을 마음속으로 이리저리 사용해 보도록 생각할 수 있게 도와준다. 그렇지만, 일부 아이들은 정확하게 그려야 자신의 작품에 만족한다는 것에 주목해야 한다. 그런 학생들을 돕기 위해서 반듯한 자, 모양 틀, 또는 쿠키 칼 등을 준비해 준다. 일단 아이들이 자신의 삽화를 완성하면, 독자들이 각 그림에서 찾아야 하는 도형들에 대한 설명을 문장으로 적도록 도와준다. 만약 교사가 좀 더 복잡한 것을 원한다면, 운율이 있는 텍스트를 만드는 활동을 할 수 있다.

퀼트

1년 중 이맘때가 되면, 많은 아이들은 각 가정에서 독특한 송년행사를 한다. 그런 전통적인 행사들을 통해서 아이들은 예상 가능한 패턴들을 개념화할 수 있다. 그러나 대부분의 어린 학생들은 전통적인 행사들에 대하여 잘 깨닫지 못한다. 왜냐하면 그들은 다양한 전통적인 행사나 의식의 많은 반복을 관찰할 수 있을 만큼 그렇게 오래 살지 못했기 때문이다. 퀼트를 통해 가족 이야기를 하는 것은 과거가 개인적이며 실재가 되도록 해 주게 하는 한 가지 방법이다. 그런 퀼트를 주제로 한 다양한 좋은 아동 도서들이 있다. Ann Whitford Paul이 쓴 ***Eight Hands Round***는 전통적인 퀼트 패턴의 범위에 대한 역사적이며 기하학적인 정보를 제공한다. Tony Johnson과 Tomie De Paola가 쓴 ***The Quilts Story***는 ***Eight Hands Round***를 보완해 줄 수 있다. ***The Quilt Story***는 개인적인 세대와 연사적 변화를 통해 가족 퀼트를 추적한다.

아이들이 퀼트의 역사적 중요성과 퀼트 기하를 이해하도록 돕는 가장 효과적인 방법은 퀼트를 해본 경험에 대해서 학급구성원들과 이야기할 손님을 초대하는 것이다. 만약 교사에게 퀼트를 수집하는 학부모님, 친구, 또는 동료가 있다면, 그들이 퀼트를 가지고 와서 학생들에게 보여줄 수 있는지를 알아본다. 이러한 형식의 방문은 모든 사람에게 많은 정보를 주고 고무적이다.

퀼트는 부분/전체의 관계에 관한 것이다. 아이들에게 정사각형을 퀼트 하는 방법을 보여주면, 아이들은 이러한 관계를 볼 수 있다. 사람들에게 포대기(baby quilt)를 공유하도록 청해서 이것을 준비해 두면, 아이들은 자기 자신의 개인사와 가족 이야기에 관해서 생각해 볼 수 있는 시간을 가질 수 있다. 포대기는 학급에 전시하기에 적절한 크기이다. 실제 퀼트를 사용할 수 없으면, 교사는 다양한 퀼트 패턴이 있는 큰 사진들이 있는 달력을 흔하게 구할 수 있다. 이 사진들을 게시판에 붙여서 전시할 수 있다.

학생들이 퀼트에 대해서 어느 정도 알게 되었으면, 학생들이 자기 자신의 종이 퀼트 정사각형을 만들도록 격려한다. 처음에 시도는 간단하게 시작해서, 패턴이나 대칭이 분명하게 드러나도록 한다. 아이들이 활동을 해 가면서, 아이들은 드형의 방향을 정하기 위해서 다양한 방법으로 도형을 돌려보게 될 것이다. 아이들은 변들과 각들을 대응시켜보고 패턴뿐만 아니라 대칭도 주목하면서 공간 관계를 눈으로 확인할 수 있다.

준비물

- 개인당 6인치×6인치의 흰색 도화지 여러 장.
- 개인당 약 8장의 2인치×2인치의 색 도화지; 이 8장의 도화지 중 절반은 같은 색이고, 나머지 절반은 다른 색이어야 함. (예를 들어, 절반은 빨간색, 절반은 파란색)
- 여러 가지 다른 색의 2인치×2인치 크기의 색도화지로 만든 배열.
- 한 명당 딱풀 1개.
- OHP.
- 두꺼운 게시판 용 전지 한 장(또는 큰 종이가 있으면 된다.)과 종이 펀치 1개.
- 실꾸러미.

교수학습 지침

첫 번째 활동

1. 아이들이 여러 가지 배합을 만들어 보도록 하기 위해, 작은 색 도화지(2인치×2인치)들을 6인치×6인치의 흰색도화지 위에 배열해보는 활동을 하도록 한다.
2. 각 아이들에게 자신이 좋아하는 디자인을 선택하도록 하고 이것을 6인치×6인치 흰색도화지에 붙이도록 한다.
3. 디자인들을 살펴보고 토론한다. 아이들에게 색이 있는 정사각형을 가장 많이 사용한 디자인을 찾아보라고 요청한다. 어느 디자인이 색이 있는 정사각형을 가장 적게 사용했는지도 물어본다. (정사각형을 가장 적게 사용한 디자인은 흰색도화지의 중앙에 놓인 "다이아몬드"인 경우이다.)
4. 각 퀼트 정사각형의 뒤에, 2가지 색깔의 배합을 수식으로 적는다. 예를 들면, *빨강 4개+ 파랑 5개= 작은 정사각형 9개.*

두 번째 활동

1. 이틀 후에, 퀼트 패턴을 다시 탐구하도록 한다. 아이들에게 이번에는 그들이 원한다면 각각의 작은 색 도화지(2인치×2인치)를 한 번만 자를 수 있다고 말해준다. 정사각형을 대각선으로 잘라내는 시범을 보이고 잘라진 두 삼각형에 대해 토론한다. 만약 이 작은 정사각형의 중앙을 자른다면 어떤 모양이 나올지 예상해 보도록 한다. (절반으로만 나누는 것으로 제한할 필요는 없다. 여러 가지 방법으로 한 번 자르기를 할 수 있다. 그러나 한 번만 자르기 규칙은 아이들이 정사각형을 퍼레이드에서 뿌리는 색종이 조각처럼 여러 개의 작은 조각으로 자를 가능성을 줄여준다.)
2. 만약 OHP가 있다면, 1단계에서 교사가 다양한 방법으로 만든 삼각형과 직사각형들을 배열하고, 이것들을 OHP 위에 놓고 보여준다. (아래의 그림 참조) 6인치×6인치의 정사각형 위에서 삼각형과 직사각형으로 만들 수 있는 다양한 디자인에 대해 토론한다.
3. 다시 한 번, 아이들이 여러 가지 배열을 시도해 볼 수 있는 기회를 갖도록 한 후에, 자신이 가장 좋아하는 디자인을 배경 정사각형에 풀로 붙이도록 한다. 이 "퀼트 정사각형"들을 전시해서, 다른 아이들이 과제를 어떻게 했는지를 볼 수 있는 기회를 아이들에게 준다. 아이들은 자기 자신의 작품과 친구의 작품에 대해 토론하고 칭찬하는 것을 좋아한다.

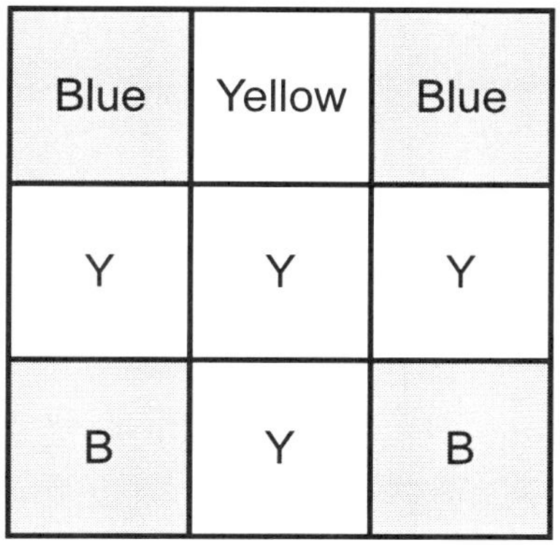

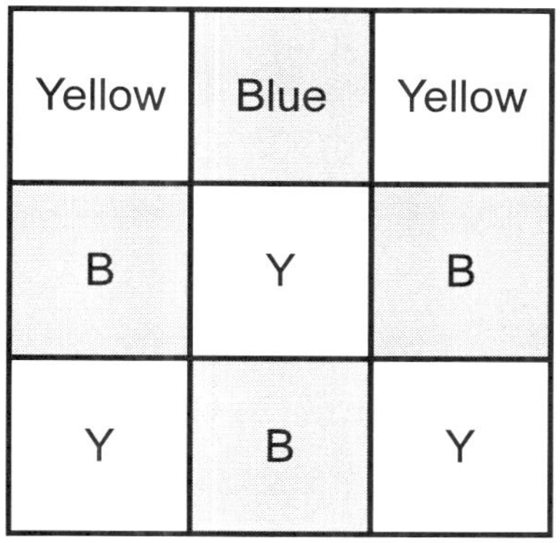

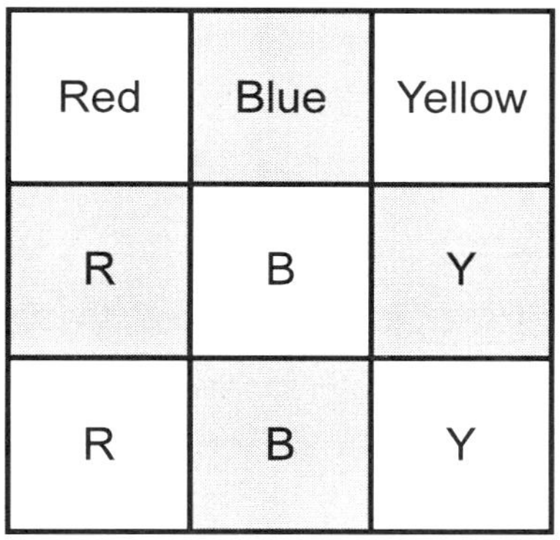

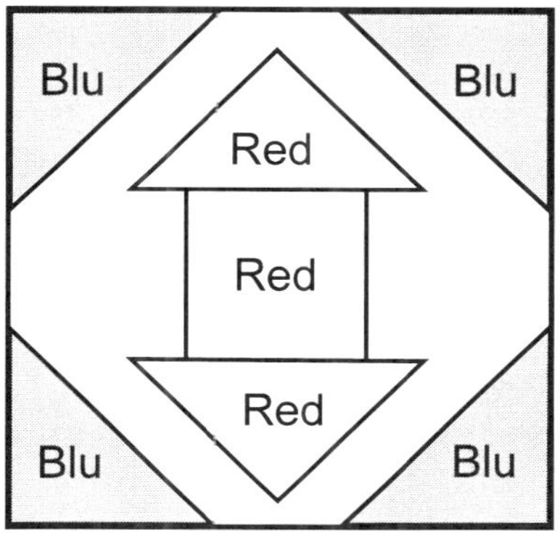

세 번째 활동

1. 이제 학급종이퀼트를 만든다. 학급 회의를 해서 어린이들이 최종 퀼트 작품에 대한 구체적인 부분들에 대해 토론할 수 있도록 해 준다. 토론을 할 때는 다음과 같은 질문을 한다.
   "학급종이퀼트를 위한 어떤 특별한 색 배합을 생각해 볼까요? 아니면, 어떤 주제에 맞추어 우리의 퀼트를 만들어 볼까요?"
   "어떤 색깔이 필요할까요? 정사각형 위에 사용하는 색깔의 수가 중요한가요?"
   "삼각형과 직사각형을 반씩 사용할 수 있을까요?"
2. 아이들에게 학급 프로젝트로 새로운 퀼트 정사각형들을 만들도록 청한다.
3. 정사각형들이 완성되고, 풀칠한 것이 마르고, 그리고 모든 아이들이 자신들의 작품에 만족할 때, 이 퀼트를 수집한다. 교사는 큰 전지를 사용해서 큰 대지(臺紙)를 하나 만든다. 차선책으로 종이 펀치를 사용해서 모든 퀼트 정사각형의 양쪽 끝에 구멍 2개를 뚫어서, 실로 매듭을 만들어 정사각형들을 붙인다. 이 활동은 시간이 꽤 걸리지만, 실질적인 결과물을 만들어 낸다.

이 퀼트를 전시할 때, 아이들은 자신이 이 작품에 기여한 점과 학급공동체의 수고에 크게 만족해한다.

종이접기

종이를 접어서 만든 작품들을 오리가미(종이접기; origami)라고 하는 데, 이것은 이 작품이 갖는 아름다움, 기하적 도전, 문화적 연결 때문에 매력적이다. 종이접기 책을 통해 몇 가지 뛰어난 종이 접기 작품의 예를 보여준 뒤에, 학생들은 종이접기를 성공적으로 할 수 있을 것이다. 아이들이 종이를 접어서 새로운 도형을 만드는 동안, 아이들은 부분/전체의 관계, 분수, 공간의 시각화, 그리고 방향성에 직면할 것이다.

다음의 두 책은 아이들을 위해 특별히 쓰여진 것이며, 종이접기 한 작품들의 특징을 잘 보여주고 있다. 이 책들은 교사가 학생들에게 이 주제를 소개하는데 도움을 줄 수 있다.

- Rosemary Well의 ***Yoko's Paper Cranes***는 가족의 전통에 대해 말해주고 세대를 연결하는 유대를 형성한다. 이 책의 주인공인 Yoko는 초년 성장시절을 일본에서 그녀의 부모와 조부모과 함께 보낸 아이이다. Yoko와 그녀의 부모는 미국으로 이사를 간다. 이 어린 소녀는 그녀의 조부모들을 그리워해서 편지를 보내기로 한다. 그녀는 조부모가 그녀에게 만들어주었던 것과 같이 정교한 종이학을 접는다.
- Laura Melmed는 1992년에 나온 ***The Rainbabies***라는 책으로 잘 알려져 있다. 1997년에 그녀는 또한 ***Little Oh***라는 책을 썼다. Jim Lemarch는 ***The Rainbabies***와, ***Little Oh***에 아름다운 삽화를 그렸다. ***Little Oh***의 주제는 아이 갖기를 고대하는 정다운 어른이다. 이 책의 경우, 배경은 일본이고, 이 어른들은 ***Little Oh***라는 종이접기 아이를 만들었다. 이어지는 모험의 끝에, ***Little Oh***는 결국 인간의 형상을 하게 되었고, 실제로 가족 구성원이 되었다. 아이들은 이 이야기를 듣고 기뻐하고 삽화에 나온 종이접기에 놀란다.

물론, 종이학과 종이인형은 뛰어난 종이접기 작품의 예이다. 1학년 학생들은 연꽃, 컵, 모자, 고양이, 물고기, 강아지와 같은 간단한 형태를 시도해야 한다. (그림 5-3과 그림 5-4 참조)

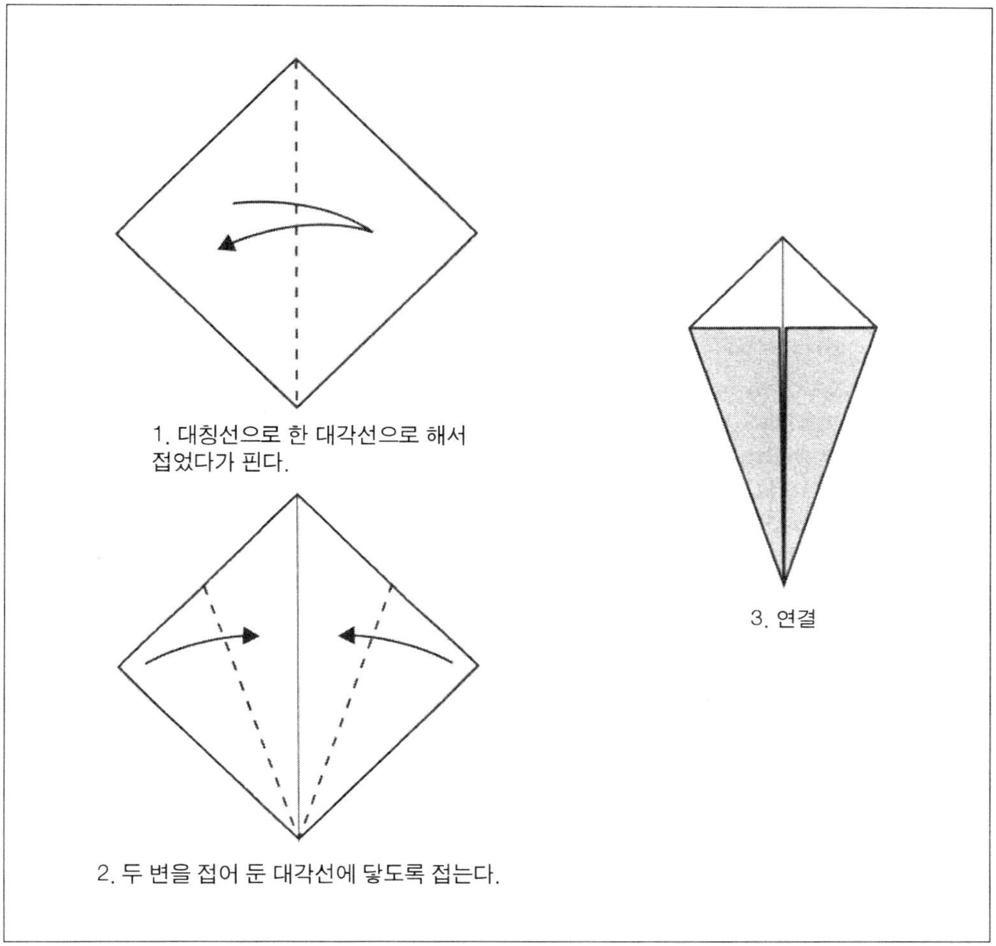

그림 5-3 ◀

종이접기로 연꼴 만드는 방법

그림 5-4

종이접기로 강아지를 만드는 방법

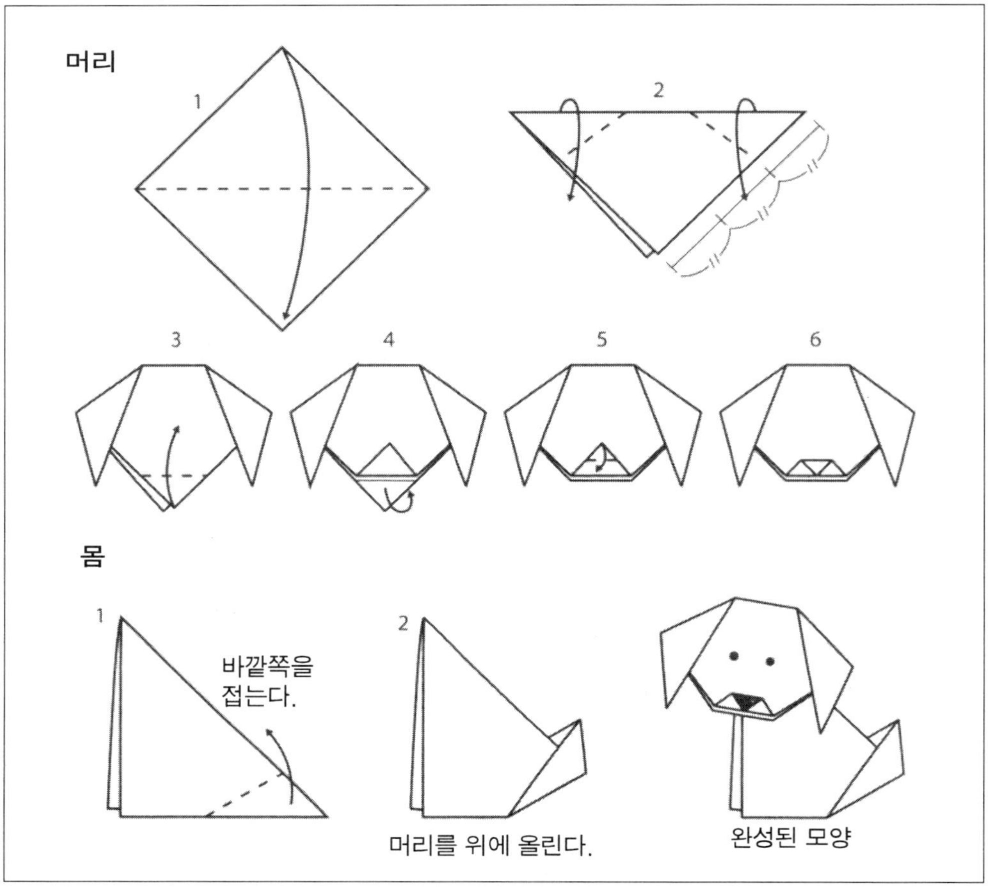

일부 아이들은 이런 작품에 큰 흥미를 가지게 되고 종이접기에 대해 특별한 관심을 갖게 된다. 교사가 재료와 예시 작품들을 아이들이 볼 수 있도록 해 주면, 시간이 지나면서 '종이접기 전문가'를 발견할 수 있을 것이다. 국어시간과의 연결을 위해서, 교사는 국어시간에 종이접기를 탐구할 수도 있다. 아이들에게 자신들이 만든 종이접기 작품들을 전시할 게시판을 만들도록 하고, 이것에 작품들을 붙이고, 등장인물들로 이야기를 꾸며 볼 수 있도록 한다.

칠교놀이(탱그램)

일본에서 유래한 칠교놀이는 정사각형의 형태에서 시작하는 퍼즐이다. 이 원래의 정사각형을 7개의 다른 기하 조각들로 나눈다. 나는 몇 년 동안 Ann Tompert가 쓴 ***Grandfather Tang's Story***를 칠교놀이를 소개하는 데 사용하고 있다. Grace Neuhaus가 쓰고 Scholastic사에서 출판한 ***Three Pigs, One Wolf, and Seven Magic Shapes***는 칠교놀이를 탐구하는데 활용할 수 있는 유용한 책이다.

준비물

- 한 사람 당 칠교놀이 복사지 2장. (부록 참조)

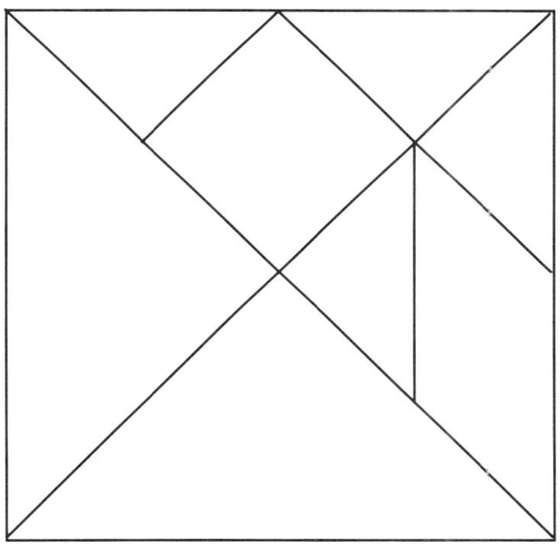

- 한 사람 당 편지 봉투 1개.

교수학습 지침

1. 앞에서 추천한 이야기 중에서 하나 또는 두 가지를 읽어준다. 서로 다른 방법으로 칠교놀이 조각들을 배합해서 만들 수 있는 특이한 형태들에 대해 토론한다.
2. 각 아이들에게 칠교놀이 복사본 2장과 봉투를 준다. 아이들에게 조심스럽게 칠교놀이를 자르도록 하고, 자른 조각들을 편지봉투에 넣도록 한다. 자르기 전의 모양이 어떠했는지를 알 수 있도록 칠교놀이 복사본 한 장은 수학 공책에 붙이도록 한다.

3. 모양 하나를 보여주고(예를 들어, 집 모양), 아이들이 자신의 칠교놀이 조각을 이용하여 이 모양을 만들어 보게 한다. 교사는 이 활동을 위해 여러 수준의 난이도를 선택하여 활용할 수 있다. 예를 들면 다음과 같다.
   - 각 아이에게 "칠교놀이 집"을 주고(부록 참조) 집 그림에서 볼 수 있는 것과 일치하는 칠교놀이 조각들을 놓도록 한다.

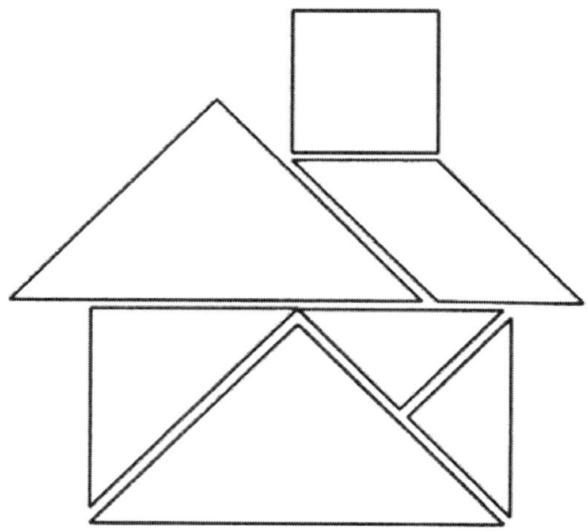

   - 디자인의 테두리만 보여주고 각 조각의 테두리는 보여주지 않는다. 그리고 학생들이 자신의 칠교놀이 조각을 이용하여 테두리를 채우도록 한다.
   - 자신의 기억이나 상상에 의지하면서, 테두리 없이 칠교놀이 조각들을 배열하도록 한다.

4. 아이들이 가장 좋아하는 칠교놀이 그림들을 이용해서 학급문고의 제작 또는 전시를 고려해도 좋다. 만약 자원자가 있다면, 아이들은 이야기를 묘사하고 어른들이 그것을 적는다. 그렇지 않으면, 아이들에게 자신들의 그림들에 맞는 아이디어들을 생성해 내도록 하면서, 단어장을 만들거나, 모르는 단어들이나 알 필요가 있는 단어들의 목록을 만들도록 한다. 만약 이것도 가능해 보이지 않으면, 문구는 간단하게 최소한으로 한다.

심화

아이들은 칠교놀이 조각들을 이용해서 자기 자신의 퍼즐을 만들 수 있다. 그러나 그 전에 이 퍼즐을 몇 개의 조각으로 만들 것인지에 대해 먼저 합의한다. 적은 수의 조각으로 시작해서 일곱 조각을 넘기지 않는 것이 좋다. 정사각형과 다른 도형으로 퍼즐을 만드는 것은 가치 있는 기하 메뉴 활동이 될 수 있는 가능성을 가지고 있다.

전체 학습 활동 / 메뉴 활동

패턴 블록 세트

패턴 블록은 잘 알려져 있고, 다양한 용도로 사용되고 있다. 이러한 패턴 블록으로 만들 수 있는 다채로운 색과 디자인은 모든 연령의 학생들을 기쁘게 한다. 패턴 블록은 도형 식별, 부분 / 전체 관계, 분수, 넓이와 둘레의 길이, 분류와 수세기와 같은 다양한 수학적 개념과 활동에 관하여 배울 수 있는 기회를 제공한다. 아이들을 소집단으로 집단을 만들면, 이 집단은 편안하게 패턴 블록 세트를 함께 사용할 수 있다. 따라서 교사는 전체 학급, 소집단, 또는 메뉴 활동에 이상적인 활동들을 설계할 수 있다.

만약 1학년 아이들이 패턴 블록을 해본 경험이 많지 않다면, 패턴 블록을 탐구할 수 있는 여러 계기를 만들어 주는 것이 좋다. 아이들이 각 패턴 블록의 유형에 대해 알아낸 것을 토론 할 수 있도록 한다. 학생들이 블록을 가지고 활동을 하는 동안, 돌아다니면서 관찰을 한다. 이 때 고려해야 할 것이 몇 가지 있다.

- 아이들이 충분한 블록을 가지고 있는가?
- 아이들이 블록을 가지고 어떤 유형의 활동을 하고 있는가?
- 아이들이 수학 용어를 사용하고 있는가?
- 아이들이 몰입하고 있는가?

일부 아이들은 대칭 디자인을 만들 수도 있고, 일부 아이들은 블록을 조합하여 비슷한 블록을 만드는 방법을 찾고 있을 수 있다. 또 다른 일부 아이들은 패턴을 만들 수도 있다. 아이들이 활동을 하고 있는 동안 교사는 아이들을 관찰한다. 이 관찰을 통해서, 교사는 각 활동의 종반부에 있는 전체 학급 토론에 사용할 질문거리들을 만들어 낼 수 있다. 아이들이 그들이 한 것에 대하여 아이디어를 나누고 의사소통을 하는 것은 중요하다. 이런 의견의 교환은 아이들이 어휘를 이해하는 데 도움을 주고 학급구성원들로부터 배울 수 있는 기회를 만든다. 활동이 끝난 뒤나 어린이들이 블록을 정리하기 전에, 잠깐 교실을 돌아볼 수 있는 시간을 준다. 아이들에게 교실을 돌아다니면서 다른 사람이 한 것을 보고, 만든 친구에게 질문을 하고 자신이 주목한 것에 대해 토론하는 시간을 갖도록 한다.

만약 교사가 패턴 블록 세트에서 일부를 선택해서 한 세트를 만들고 싶다면, 아이들이 이 과제를 돕도록 한다. 여기 그 방법이 있다.

준비물

- 3~4명의 소 모둠 당 패턴 블록 한 세트.
- 한 그룹 당 5~6개의 작은 비닐 봉투.
- 전지 1장.

교수학습 지침

1. 3명 또는 4명으로 구성된 모둠을 만든다.
2. 패턴 블록 한 세트를 각 모둠에 나누어준다.
3. 패턴 블록을 모양별로, 그리고 색깔별로 분류하게 한다. 학생들이 분류한 각 블록의 개수를 수학공책에 기록하도록 한다.
4. 각 모양마다 블록의 개수가 같은지 다른지, 그리고 왜 세트가 그렇게 구성되어 있는지에 대해서 토론한다. (예를 들어, 녹색 삼각형이 더 많고, 노란색 육각형은 더 적다.)
5. 아이들이 각 모양의 블록을 3개 또는 4개의 집단으로 나누도록 하는데, 이 때 각 집단에 있는 블록의 수는 같도록 한다(예를 들어, 녹색 삼각형들을 집어서 한군데에 모은다.). 만약 "남은 것" 즉 어떤 집단에도 속하지 못하는 것이 있으면, 이 조각들을 어디에 넣으면 좋을지에 대해 논의한다. 예를 들어, 만약 어떤 사람이 여분의 노란색 육각형을 가지고 있다면, 이 모둠은 여분이 있어도 좋은지 아니면, 이것을 학급의 패턴 블록 수거장소에 돌려놓을 것인지 결정할 수 있다.
6. 이제 아이들이 각 색깔별로 나눈 집단별로 플라스틱 봉투에 넣으면 더 작은 세트들을 만들게 한다. 이것은 각 모양의 비율에 따라 작은 패턴 블록 세트를 만든다.

패턴 블록 그래프

학급구성원들은 이 활동을 하면서 패턴 블록 그래프를 만들 수 있다.

준비물

- 패턴 블록 한 세트.
- 종이 봉지 한 개.

교수학습 지침

1. 패턴 블록의 각 모양을 모아 놓은 것을 종이 봉지에 넣는다. 학급에 있는 학생 수보다 약간 더 많은 블록을 넣어서, 모든 어린이들이 가방에서 블록을 꺼낼 기회를 가질 수 있도록 한다.
2. 아이들이 원으로 둘러앉아서 패턴 블록이 들어있는 신비한 봉지에 순서대로 다가갈 수 있게 한다. 모든 아이들이 블록을 가져가면, 원을 돌아가면서 각 아이에게 자신의 블록을 보여 달라고 하며 확인하도록 한다. (이 단계에서는, 색 이름이 좋다.) 교사는 학생들에게 자신의 블록이 마지막 사람이 집은 블록과 어떤 점에서 비슷한지를 설명하도록 할 수도 있다. 만약 서로 옆에 앉은 어린이들이 동일한 블록을 가지고 있다면, 그들은 그 블록의 공통된 특징을 설명할 수 있다.
3. 칠판이나 큰 종이 위에, 모든 아이들이 집은 블록을 나타내는 그래프를 그린다. (아래 참조)

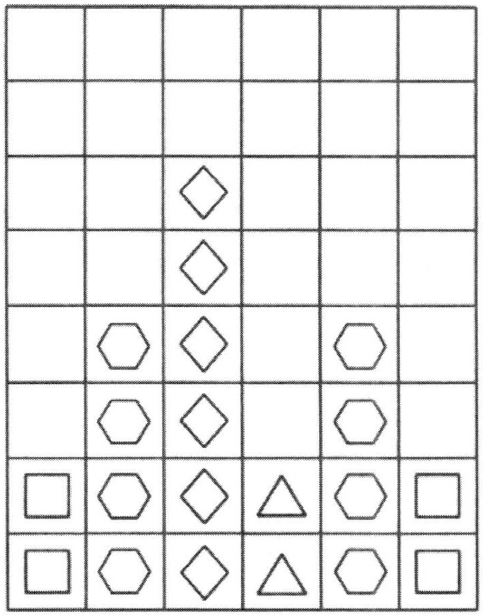

4. 아이들이 그래프에 관하여 참인 수학 문장을 만들도록 한다. 예를 들어, 아이들은 특정 범주 안에 있는 각 도형들의 변이 몇 개인지 또는 꼭지점이나 각이 몇 개인지를 알아낼 수도 있다. 색깔과 도형의 이름을 넣어서 각 범주에 이름표를 붙인다. 예를 들어, *노란색 육각형, 빨간색 사변형, 파란색 마름모, 흰색 마름모, 녹색 삼각형,* 그리고 *주황색 정사각형*과 같이 이름을 붙일 수 있다. 학생들이 이 용어들을 사용하는 것을 장려하기 위해서, 교사는 이 용어들을 판서하면서 말로도 해 준다.

내 블록 알아맞히기

*내 블록 알아맞히기*는 촉감을 이용하여 패턴 블록을 알아맞히는 2인 1조 게임이다. 위에서 제시한 패턴 블록 그래프는 여러 가지 도형의 이름을 목록화하고 이 활동을 위한 용어를 구성하도록 도와줄 것이다.

준비물

- 학생 2명 당 작은 패턴 블록 한 세트.

교수학습 지침

1. 2인 1조에게 작은 패턴 블록 한 세트를 준다.
2. 경기자 1은 경기자 2가 눈을 감고 있는 동안 블록 하나를 고른다.
3. 경기자 1은 경기자 2의 머리 위에서 블록을 잡고 있는다.
4. 경기자 2는 그 도형을 만져보면서 탐구한다. 그리고 그 모양의 특성을 설명하고 어떤 블록인지를 알아맞힌다.
5. 경기자들이 역할을 바꾸어가며 각 모양의 패턴 블록을 계속해서 반복하여 탐구한다.

아이들이 게임을 하는 동안, 돌아다니면서 관찰을 하고 어떤 이야기를 하는지 잘 듣는다. 학생들이 도형의 변과 각에 대해 설명하고 토론하도록 한다. 만약 학생이 도형에 대해서 색깔로만 이야기한다면, 그 색깔을 확인하고 기하학적 이름도 덧붙일 수 있도록 한다. "그래, 그것은 빨간색 사다리꼴이야! 어떻게 알았니?!" 아이들은 아마도 처음에는 기하 단어를 익히느라 애를 먹을 것이다. 그러나 한두 번 말하다보면 단어를 익히는데 그렇게 오랜 시간이 걸리지는 않는다. 정확한 용어를 사용하는 것이 곧 학급 문화의 일부가 될 것이다. 결국, 아이들이 멸종 공룡의 길고 다양한 이름을 다 외울 수 있듯이, 기하 용어도 배울 수 있다는 것은 그리 놀라운 일이 아니다.

쌍둥이 만들기

이 게임은 특히 도형을 가지고 몇 가지 경험을 한 어린이들에게 매력적인 게임이다. 어린이들은 2인 1조로 모둠을 구성하고, 활동 중 짝이 만드는 것을 보지 않는다. 먼저, 한 짝이 패턴 블록으로 모양을 만들고 다른 짝에게 설명을 해 주어서 이 짝이 자신이 만든 것과 같은 모양을 만드는 놀이이다. 이때 모양을 재현해야 하는 짝은 친구가 만드는 과정을 보아서는 안 된다.

준비물

- 시범을 보이기 위한 OHP 한 대.
- 학생 1명당 작은 패턴 블록 한 세트, 시범을 보이기 위한 교사용 한 세트.

교수학습 지침

첫 번째 활동

1. 교사가 게임의 시범을 보이는데 도움이 되도록, 자신감 있고 쾌활한 지원자를 나오도록 한다. 폴더를 거꾸로 하여 OHP의 한 가운데에 벽을 만든다. 벽의 한쪽 편에 이 학생을 위치하게 하여, 벽의 다른 쪽을 볼 수 없도록 한다. 이 학생에게 한 세트의 패턴 블록을 준다. 일단 시범을 시작하면, 각자는 자신의 OHP 유리판만을 볼 수 있고, 상대방이 하는 것을 보아서는 안 된다고 이 학생에게 말해 준다.
2. 나머지 학생들에게 이 게임은 하기 까다롭기 때문에, '조용한 관찰자'가 되어야 한다고 말한다. 즉, 이 말은 교사와 앞에 나온 학생이 게임을 하는 동안 앉아 있는 학생들이 어떠한 단서도 알려주어서는 안 된다는 것을 의미한다.
3. 이 학생에게 패턴 블록 모양을 만들기에 적절한 지시를 해 줄 것이라고 말한다. 교사는 블록을 놓을 때마다, 자신이 하고 있는 것을 이 학생에게 말해 주어서, 이 학생이 같은 것을 할 수 있도록 한다. 교사가 실제로 쌍둥이 모양을 만들고 있는지를 알아보기 위해서 스크린을 엿 볼 수 있는 사람은 교사뿐이라는 점을 반복해서 말해준다.
4. 시범이 진행되는 동안, 나머지 학생들은 교사가 하는 지시사항들을 경청해야 하고 스크린을 보아야 한다고 설명해 준다.
5. 정육각형 블록을 OHP 위에 놓는 것으로 시작한다. 그리고 이 학생에게 똑같이 하라고 말해준다.

6. 그러고 나서, 교사의 모양에 또 다른 블록 하나를 추가한다. 지시를 할 때에는 분명하고 구체적이어야 한다는 것을 알려주기 위하여, 처음에는 애매한 지시의 형태로 단서를 준다. 예를 들어, "녹색 삼각형을 처음 정육각형 옆에 놓아라."라는 단서를 준다. 그러고 나서, "처음 정육각형의 꼭대기에 주황색 정사각형을 놓아라."와 같이 보다 구체적인 지시를 한다. 언어의 확실성과 *위, 아래, 옆, 바로 위, 왼쪽, 오른쪽*과 같은 개념적 용어의 이해는 이 게임의 핵심적인 요소이다.
7. 교사가 5개나 6개의 조각을 놓고 나서, 교사와 이 학생이 쌍둥이 모양을 만들었는지 확인하기 위하여 벽을 올린다. (무엇이 똑같고 무엇이 똑같지 않은지의 예를 보여주는 그림 5-5를 본다.)
8. 게임을 한 번 더한다. 이번에는 이 학생이 게임을 이끌어가게 한다. 이 두 번째 게임 후에, 게임을 하는 두 사람이 게임을 하고 있는 동안 서로에게 질문을 할 수 있도록 허용하는 것이 좋은 생각인지 아닌지를 교사와 이 학생은 논의하는 시간을 갖는 것이 좋다. 일부 어린이들은 이것이 할 수 있는 현명한 행동이라고 느끼는 반면에, 일부 어린이들은 이것을 하면 이 게임이 너무 쉬워진다고 결정을 할 수도 있다. 학생들이 게임을 시작 하기 앞서서, 학급구성원들은 이 게임의 이런 측면에 대해 합의를 해야 한다.

   메모: 이 게임에 대한 소개는 재미있고 짧아야 한다. 아이들이 방법을 알 수 있을 만큼만 소개하면 된다. 하지만, 교사는 지시 받은 것에 대해서 의도하지 않은 오해를 하는 경우를 고려해 볼 수도 있을 텐데, 그런 경우라면, 교사는 학생들에게 유용하고 분명하게 지시하기에 도전하는 활동에 대해 아이들과 논의해 보는 것도 좋다.

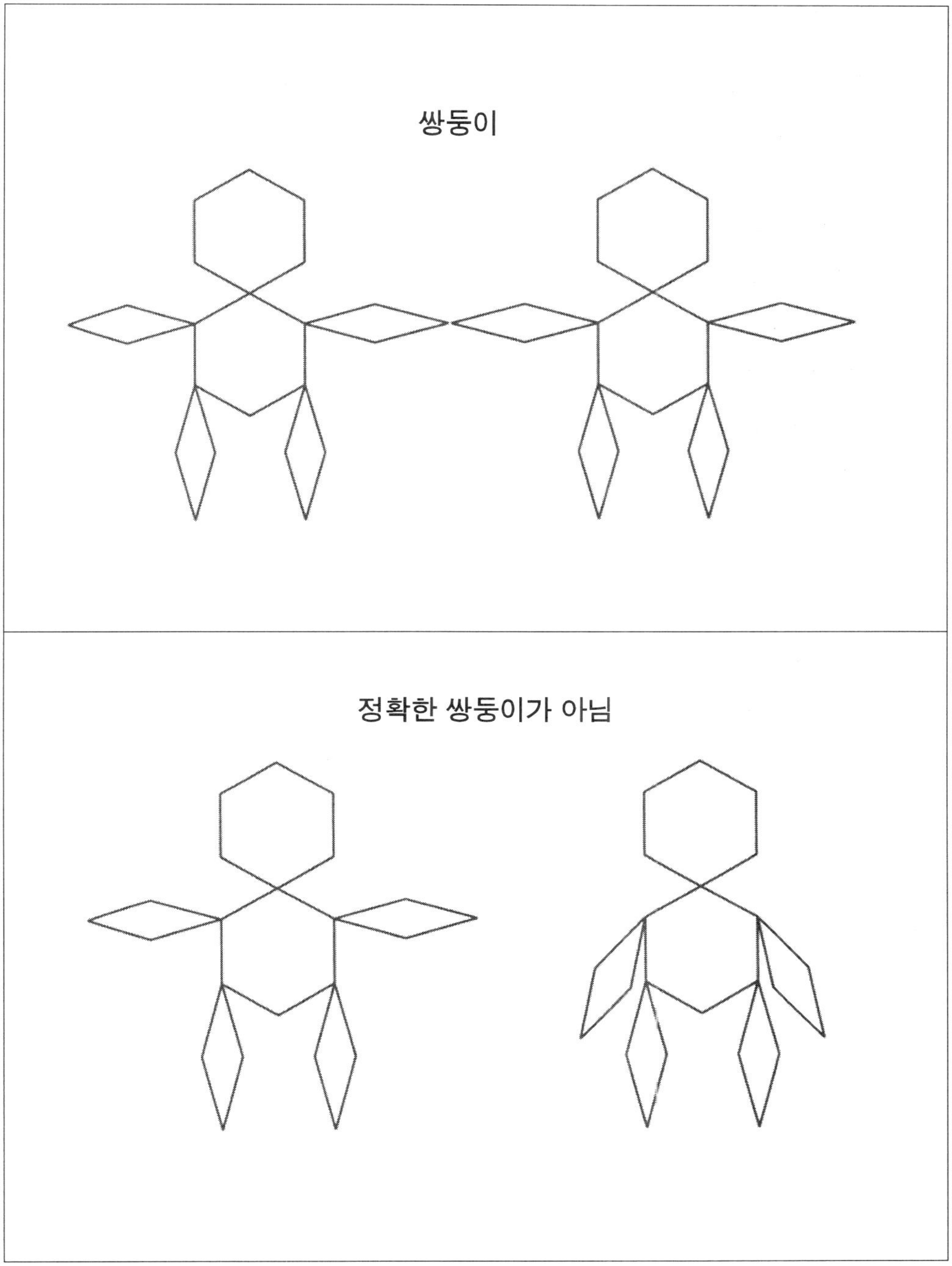

그림 5-5

패턴 블록을 사용해서 *쌍둥이 만들기* 게임을 할 수 있다.

두 번째 활동

1. 일단 모든 학생들이 이 게임을 진행하는 방법에 대한 일반적인 아이디어를 이해하고 나면, 학생들을 2인 1조로 모둠을 구성하도록 한다. 2인 1조의 각 모둠에게 몇 개의 패턴블록을 나누어 주고, 각 조원들은 받은 패턴블록을 같은 패턴 블록들로 구성된 두 세트를 만들고, 각자 한 세트씩 갖도록 한다.
2. 조원들은 옆에 나란히 앉으라고 한다. (어린이들이 이렇게 앉으면, 교사의 지시에 따라서 자신들이 하는 것을 같은 시각에서 볼 수 있도록 도와준다.)
3. 학생들이 큰 책이나 폴더 같은 것으로 파트너 사이에 벽을 만들도록 한다.
4. 게임을 시작하도록 한다.
5. 학생들이 언제 벽을 들어 올리고 역할을 바꾸어야 하는지를 알 수 있도록 하기 위해, 종을 울리는 것과 같은 몇 가지 신호를 사용한다. 각 어린이들은 지시를 하는 사람과 지시를 받는 사람이 되어보는 기회를 가져야 한다. 어떤 역할이 더 어렵다고 생각하는지를 물어보는 것은 재미있다.
6. 모든 학생들이 최소한 한 번씩 두 가지 역할을 모두 해본 후에, 게임을 멈추고 아이들에게 이 활동이 주는 즐거움과 도전거리에 대해 논의하도록 한다. 관련 있는 용어는 *수학용어집*에 첨가한다. 이 게임을 메뉴 선택 활동으로 제공하는 것에 대해서도 고려해 보는 것도 좋다.

패턴 블록 모양

이 활동에서, 학생들은 다시 2인 1조로 활동을 하고 패턴 블록을 사용해서 모양을 만든다. 이 활동의 목표는 다른 모양의 패턴 블록을 사용하여 파트너가 만든 모양을 다시 만드는 것이다.

*쌍둥이 만들기*에서 했던 것처럼 OHP를 이용하여 게임 시범을 보여준다. 꽃과 같은 간단한 모양으로 시작한다. 다양한 조각에 대하여 적절한 대체 조각은 무엇인지에 대해 논의한다. 예를 들어, 만약 첫 번째 모양에서 정육각형 1개와 녹색 삼각형 6개를 사용했다면, 파트너는 이들 대신에 파란 마름모를 사용할 수 있을 것이다. (그림 5-6 참조)

어린이들이 활동하는 동안, 어린이들이 만드는 모양들은 점점 복잡해 질 것이다. 어린이들이 각 색깔의 패턴 블록을 몇 개씩 사용했는지를 기록할 수 있도록 기록지를 주는 것도 좋다. 교사는 각 모양에서 사용된 패턴 블록의 수를 보이기 위해서 수를 비교하고 총합을 낼 수 있다.

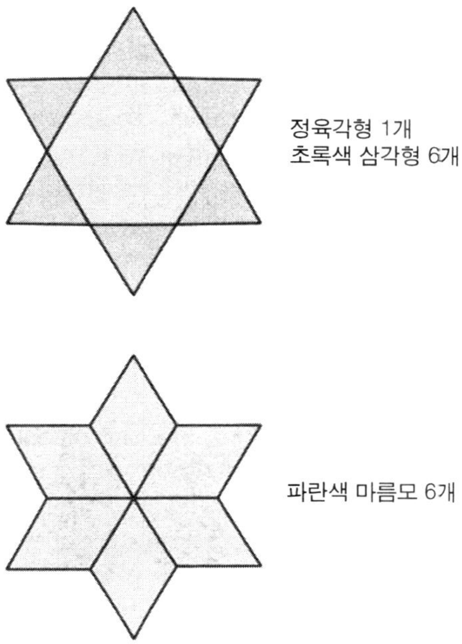

그림 5-6

삼각형, 육각형, 그리고 마름모를 사용해 만든 패턴 블록 모양

그림 5-7

패턴 블록을 사용해서 모빌을 만들 수 있다

패턴 블록 모빌

모빌의 균형을 잡는 것은 과학적인 원리를 포함하고 있으며, 활동 결과물은 아름다운 미술 작품이 될 수 있기 때문에, 모빌을 만드는 것은 오랫동안 매력적인 초등학교 활동이 되어 왔다. 이 활동은 모빌을 만드는 과정을 통해서 도형들을 수학의 한 부분으로 통합시킨다. 패턴 블록 조각은 두꺼운 종이를 잘라서 만들거나 틀판을 이용해 만들 수 있다. (부록과 그림 5-7 참조) 어린이들은 또한 병뚜껑, 필통과 같은 본 뜰 수 있는 사물을 찾거나, 그리고 교실에 있는 다른 사물들을 찾을 수 있다.

이 활동은 여러 가지 선택 사항을 제공한다. 예를 들어, 어린이들은 각자 모빌을 만들 수도 있고, 소집단을 만들어서 함께 작업할 수도 있다. 또는, 교사는 교실에 전시하기 위하여 학급 모빌을 만들 수도 있다. 학급 모빌을 만들기 위해, 어린이들은 모양을 묶을 수 있는 걸개의 길이를 다양하게 할 수 있다. 또는, 종이접시를 나선형으로 자르고, 나선형으로 다양한 길이의 걸개를 붙이고, 이 걸개에 여러 가지 모양을 추가하고, 이것을 실에 매단다.

일단 어린이들이 자신의 모양 조각을 잘라내면, 실세계에서 그 도형의 예를 보여주는 방법으로 그 도형들을 장식할 수 있다. 예를 들어, 그들은 빌딩, 얼굴, 가구 등의 몇 가지 매우 창의적인 아이디어를 가지고 온다. 학생들은 또한 선 하나에 도형 하나를 매달거나 선 하나에 여러 가지 모양을 붙일 수도 있다.

모빌이 완성되었을 때, 어린이들에게 모양 조각을 모두 몇 개 사용했는지, 각각의 모양 조각은 몇 개씩 사용했는지, (만약 교사가 확장된 질문에 관심이 있다면) 변과 각은 모두 몇 개인지를 물어보는 것이 좋다. 교사는 철물상에서 구입한 나무 막대기에 도형을 매달아서 학급 모빌을 만들 수 있다. (그림 5-8 참조) 이러한 더 큰 모빌은 매우 흥미로울 수 있다. 학급구성원들은 이 모빌을 만드는데 몇 가지 종류의 모양이 사용되었는지를 결정할 수 있다. (그림 5-9 참조)

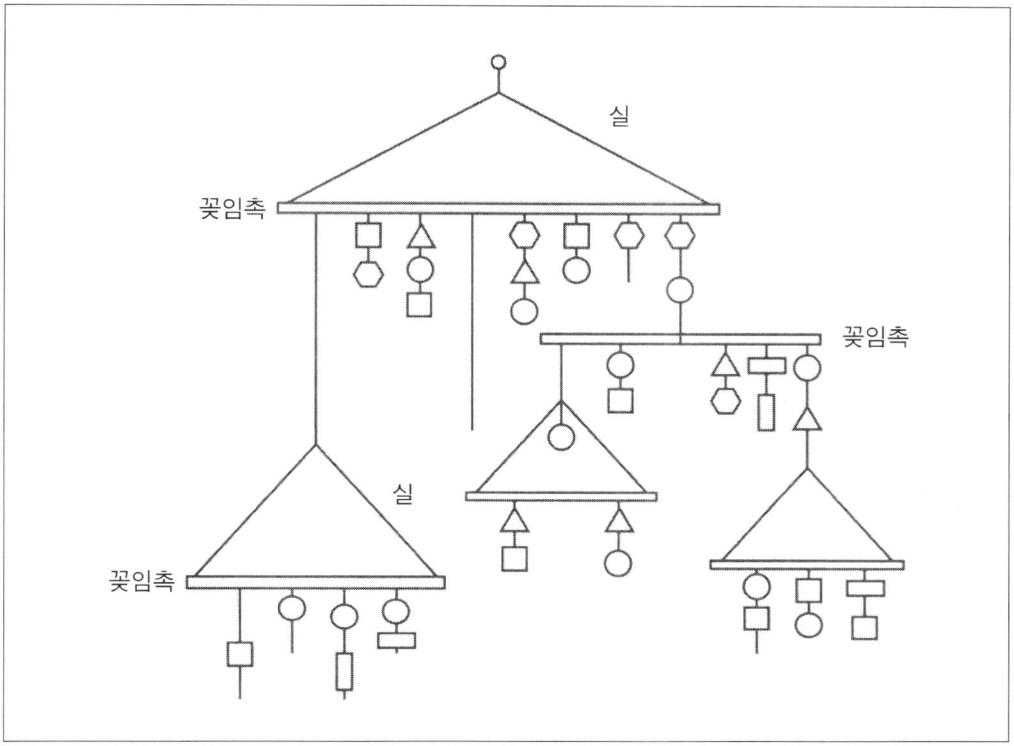

그림 5-8

여러 개의 꽂임축(dowel)을 이용해 만든 학급 모빌의 일 예

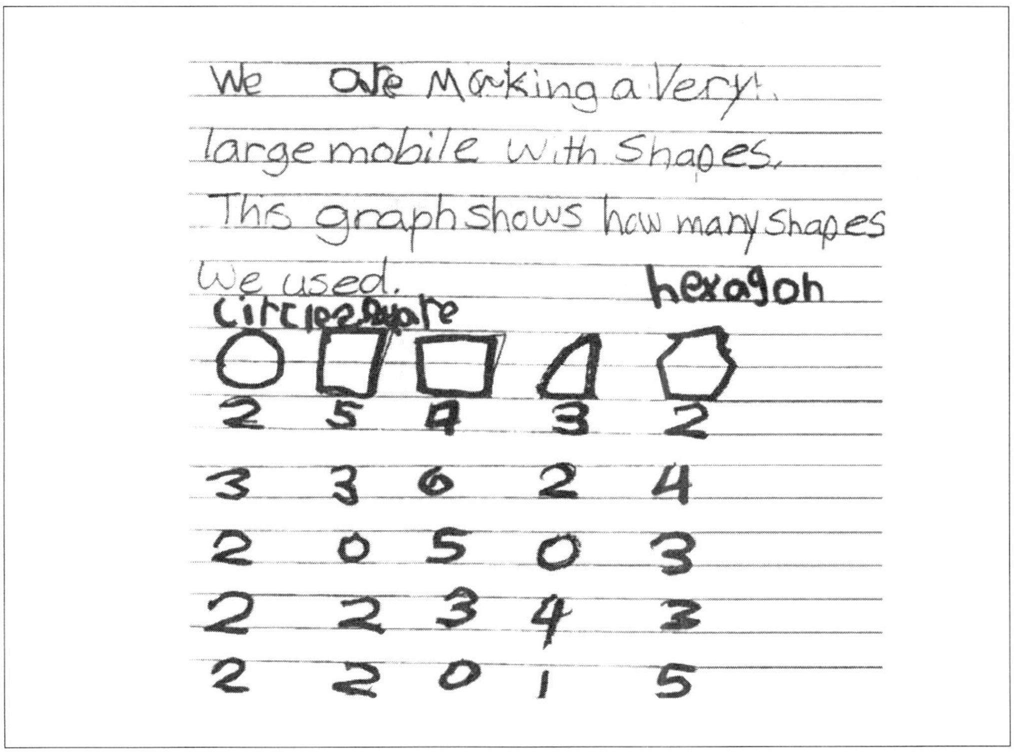

그림 5-9

학생들은 학급 모빌에 있는 모든 모양의 수를 셌다.

질문하기

이 장에 기술된 각 활동은 교사가 학생들을 관찰하고, 학생들의 이야기를 경청하고, 학생들이 활동을 하는 동안 질문을 할 수 있는 기회를 제공해 준다. 아래에 제시해 둔 기하와 관련된 일반적인 질문들은 교사가 궤간 순시를 하는 동안 유념하고 있으면 매우 유용하게 사용할 수 있다.

"이것들이 비슷한가요, 다른가요?"

"이것들은 어떤 점에서 비슷한가요?"

"다른 곳에서 이 도형을 본 적이 있나요?"

"이 모양은 어떤 모양을 닮았나요?"

"이것은 변이 몇 개인가요?"

"이것은 꼭지점(또는 각)이 몇 개인가요?"

"만약 이 도형이 2개가 있다면, 변이나 각은 모두 몇 개가 될까요?" "만약 이 도형이 3개(또는 그 이상)가 있다면?"

"이 도형과 같은 도형 하지만, 이것 보다 더 큰 도형을 만들 수 있을까요?"

"다른 조각들을 사용해서 이것과 같은 모양을 만들 수 있을까요?"

"만약 ... 라면 어떤 일이 일어날까요?"

"이 도형을 절반으로 나누는 상상의 선을 그릴 수 있을까요?"

"그것은 대칭인가요?"

"대칭축이 하나 이상 되나요?"

"이 특별한 부분에 무엇이 가야 할 것인지 예상할 수 있나요?"

"이 모양을 볼 수 없는 누군가에게 이 모양에 대해서 설명할 수 있나요?"

"만약 이 모양을 뒤집는다면, 어떻게 보일까요?"

6장

1월

덧셈과 뺄셈

학습 환경

교사는 학생의 계산 능력 향상을 돕기 위해서 반복 연습과 시험이라는 방법에 의존하고 싶을 수도 있다. 그러나 아이들은 다양한 방법으로 의미를 구성하며, 각자 개인차를 가지고 있다. 간단한 방법이나 절차를 가르치는 것이 단기간에는 도움을 줄 수도 있으나, 아이들이 의미를 구성하는 것에 도움을 주지 못한다. 아이들이 학습한 것을 부분적으로 이해하는 것은 자연스러운 일이고, 빠른 수행을 요구하는 것은 오히려 학생의 이해를 해칠 수 있다. 이 장에서는 학생들의 개인적인 사고 과정을 존중하면서, 학생들이 다양하고 융통성 있는 전략을 사용하여 덧셈과 뺄셈 능력을 확장시킬 수 있는 방안을 보여준다. 아이들이 점점 더 복잡한 개념과 마주칠 때, 융통성과 다양성은 번갈아 가면서 그들의 성공을 도울 것이다.

1월에, 교사는 어떤 기법이나 절차도 제공하지 않고 학생들에게 문제를 해결해 보라고 독려하는 것이 좋다. 일단 아이들이 문제를 해결하면, 교사는 학생들에게 그 문제를 어떻게 해결했는지 설명하도록 하는 것이 좋다. 이러한 토의는 1학년 학생들이 그들의 생각을 분명하게 표현하고, 자신의 수학을 구성하도록 도울 것이다. 아이들이 스스로 해결책을 찾았을 때, 교사는 그들이 논리적으로 생각하고, 규칙을 찾고, 적절한 구체물을 사용해서 아이디어를 탐구할 수 있도록 돕기 위해 후속질문을 하거나 질문들을 이어갈 것이다.

이 달의 수학 활동은 다음에 초점을 둘 것이다.

- 수 모으기.
- 중량의 제거형 뺄셈.
- 수량의 분리 (부분과 전체).
- '얼마나 더 많은지' 결정하기.
- 덧셈과 뺄셈의 관계 이해하기.

수 개념 발달과 관련된 1월의 활동은 다음과 같다.

- 하나씩 세기.
- 묶어서 세기.
- (뺄셈에서) 작은 수에서 큰 수까지 올라가면서 세기.
- 거꾸로 세기.
- 규칙적으로 세기.
- 같은 두 수의 사용.
- 10씩 묶음의 사용.

1월이 지나가면서, 학생들이 하나의 주제에서 다른 주제로 순조로우면서도 자연스럽게 넘어갈 수 있도록 친숙한 활동들을 꾸준히 사용하는 것이 좋다. 예를 들어, 아이들에게 패턴 블록을 사용해서 덧셈 및 뺄셈과 관련된 작업을 계속할 수 있는 기회를 제공하면, 아이들은 자신들이 12월에 학습한 기하에 대한 이해를 유지할 수 있다. 아이들에게 두 가지 모양의 패턴 블록을 사용하여 새로운 모양을 만들도록 하면서 덧셈과 뺄셈에 대한 논의를 시작한다. 아이들은 만들 수 있는 모양을 모두 찾아내기 위해서 두 종류의 블록을 세어서 연결시킨다. 또한 아이들은 자신의 활동을 설명해 봄으로써, 꾸준히 수학적 용어나 개념을 사용하여 자신의 생각을 분명하게 표현하게 되고 덧셈과 뺄셈 기호를 되새길 수 있게 된다.

일과 활동

달력

일과 활동은 반 전체 아이들이 정기적으로 할 수 있는 경험들을 제공한다. 이 달에, 교사는 년, 월, 일을 확인하면서, 학생들에게 어제 일어났었던 일, 오늘 일어나고 있는 일, 내일 일어날 일에 대해서 말할 수 있는 기회를 제공한다. 몇몇 아이들은 아직도 시간 순서에 관한 언어를 혼동할 수도 있다.

날짜

수직선(數直線)을 만드는 것은 달력에 대한 학생들의 이해를 강화시킬 수 있다. 이 달의 달력 활동으로써, 아이들이 수직선 위에 그 날의 날짜가 적혀있는 부분에 빗금 표시를 하도록 한다. 아이들이 쉽게 접근할 수 있는 장소에 가로로 긴 종이조각을 놓아두고, 종이 위에 한 줄로 31칸을 그린 다음 1부터 31까지 번호를 붙인다. (그림 6-1 참조)

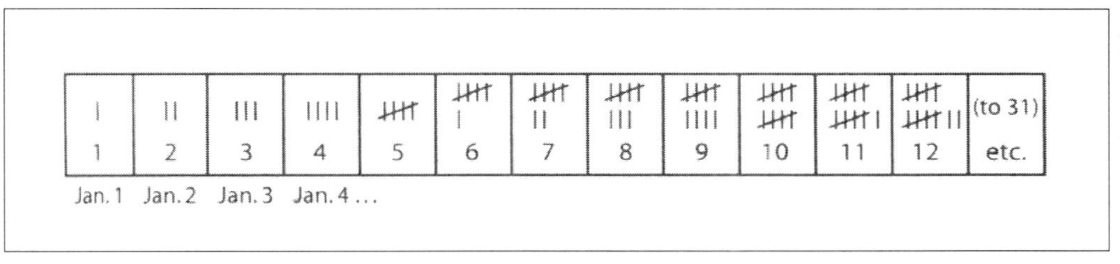

그림 6-1 ◀

이 수직선은 1월의 날짜들을 나타내고 있다.

매일 학생들이 그 날의 날짜 위에 빗금 표시를 해나가면서 이 달력 활동이 꾸준히 이어질 수 있도록 한다. 월요일마다 학급에서는 '주말에 무엇을 할 것인가?'에 대한 토의를 할 수도 있다. 이러한 일과 활동은 학급 구성원들이 간단하지만 효과적으로 도구를 사용하여 날짜의 추상적인 양을 기억할 수 있도록 해준다.

계절

미국의 많은 지역에서, 1월은 새해의 시작 이상의 많은 것을 의미한다. 1월은 한 겨울이다. 많은 학생들과 교사들에게, 1월은 계절에 대한 주제에 집중할 수 있는 완벽한 시기이다. 지난 달 달력에 대한 일과 활동에서는 '달'에 대해 주로 다루었었다. 교사는 학생들의 관심을 계절에 대한 것으로 이동시키기 위해서 12월과 관련된 물건을(예를 들어, 그림이 있어서 달을 확인할 수 있는 카드들) 한 번 더 사용할 수 있다. 이 주제에 대해 탐구하는 동안에는 교사와 학생들이 학교 밖에서 관찰할 수 있는 환경 변화에 집중하는 것이 좋다.

계절 변화가 별로 없는 지역일지라도, 교사는 아이들이 계절 변화가 세계의 다른 지역에 어떻게 영향을 미치는지에 대해 배우도록 도울 수 있다. 우리는 흔히 여행을 하고 정보에 빠르게 접근할 수 있는 시대에 살고 있다. 여기저기에 살고 있는 친구, 가족과 자주 의사소통할 수 있는 것에 감사해야 한다. 많은 아이들은 미국의 여러 다른 지역, 심지어는 세계 전역에서 어떤 일이 발생하고 있는지에 대해 대부분 알고 있다. 교사는 지도를 구해서 학생들이 의미 있는 장소 위에 표시하도록 하고, 1월 한 달 동안에 그곳에서 어떤 일이 발생하고 있는지에 대해 물어볼 수도 있다. 만약 이러한 조사가 흥미를 유발한다면, 아이들이 더 많은 것을 배울 수 있도록 날씨 채널을 보게 하는 것도 좋다. Gail Gibbons의 ***The Reasons for the Seasons***와 같은 많은 훌륭한 책들 또한 아이들이 계절의 순환에 대한 이해를 발달시키도록 도울 수 있다.

그래프 그리기

계절 변화라는 주제는 그래프를 그릴 수 있는 많은 요소들을 포함한다. 예를 들어, 학생들은 그래프에서 다음과 같은 정보를 알아낼 수 있다.

- 좋아하는 계절
- 좋아하는 겨울 활동
- 스타일, 색, 또는 다른 기준으로 분류될 수 있는 벙어리장갑, 모자, 또는 다른 겨울 의류
- 매일의 실외 온도
- 매일의 날씨
- 실내 휴식 일수
- 실내 또는 실외 휴식의 선호도
- 좋아하는 실내 휴식 활동
- 매일 아침 일출 시간
- 매일 밤 일몰 시간
- 생일

- 다른 계절에는 못보고 겨울에만 볼 수 있는 것
- 다른 계절에는 보고 겨울에는 볼 수 없는 것

교사가 선택한 그래프 주제가 무엇이든 그래프 안에서 부분/전체의 관계와 덧셈, 뺄셈 문제들을 살펴본다. 다양한 그래프 형식을 사용하는 것이 좋다. (그림 6-2 참조) 여느 때처럼, 학생들이 각 그래프에 대한 이해를 수학 문장으로 표현하도록 한다.

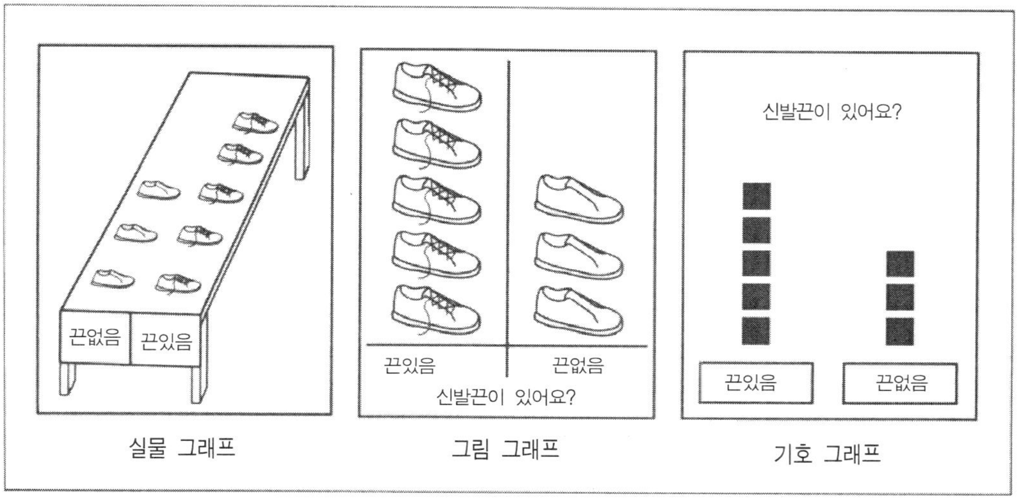

그림 6-2
다양한 그래프 형식

어림 항아리

1월은 어림의 중요성을 강조하기 위한 좋은 시기이다. 학생들에게 때로는 어림만 해보아야 할 때도 있고, 그리고 정답을 찾기 전에 종종 어림을 해 보는 것이 필요할 때도 있다고 반복해서 말해준다. 학생들에게 어림한 것을 바꾸는 것은 정확한 답에 더 가까이 가기 위한 좋은 전략이라는 것을 상기시켜 준다. 어림과 관련된 실제 예들을 추가로 말해주는 것도 좋다. 예를 들어 교사는 부모님이 가족의 저녁 식사를 위한 스파게티 면이 충분한지를 확인하기 위해서 스파게티 면을 일일이 세어보는지 아닌지를 아이들에게 물어볼 수 있다. 사람들이 돈과 관련된 어림을 하는 다양한 상황에 대해 토의해 본다.

교사와 학생들이 매일 사용하는 것과 관련된 쉬운 어림 활동이 있다. 교실에 있는 책을 한 아름 모아서 원 안으로 가지고 온다. 아이들에게 교실에 있는 모든 학생들이 볼 수 있는 충분한 책이 원 안에 있다고 생각하는지 물어본다. 원 안어 책이 몇 권 있다고 생각하는지 물어본다. 학생들이 어림한 것을 들은 후에, *적절하지 않은* 추측을 생각해서 말해보도록 한다. 누군가는 '백만'과 같은 수를 말할 것이다. 이런 극단적인 양이 나왔을 때, 학생들 모두는 웃으면서 그렇게 많은 것은 가능하지 않다는 것에 쉽게 동의할 수 있다.

책꽂이에 100권의 책이 있을 수 있는지를 물어보면서 격차를 좁혀 나간다. 아이들이 그들의 대답에 확신이 서지 않을 때까지 점점 더 작은 수들을 제안한다. 그 다음에는 확실히 너무 적은 양을 어림하여 말하고, 다시 수들이 적절한 추측처럼 들리기 시작하는 지점까지 거꾸로 활동한다. 일단 학생들이 가능하다고 여기는 범위를 찾아내면, 책들을 10개씩 쌓으면서 세기 시작한다. 교사는 10개씩 묶음을 한 개씩 만들 때마다, 아이들에게 남아있는 책들을 보여주면서 자신이 추측한 것을 바꾸기를 원하는지 물어본다. 실제 개수를 확인할 때까지 이 과정을 되풀이한다. 이 연습은 어림의 중요성을 강조하고 아이들이 그 과정에서 융통성을 가지도록 도와주며, 더 넓게는 수 감각을 발달시킨다.

이전 장에서 학생들이 어림 항아리 옆에 어림을 기록하는 방법을 설명했다. 만약 교사가 이 달에도 어림 항아리를 사용하기로 결정했다면, 내용물의 양을 증가시킬 수 있다. 항아리 속 물체가 정확히 몇 개인지를 알아내야 한다는 압박감을 줄이기 위해서, 교사는 아이들이 어림 항아리 옆의 종이끼우개 위에 어림한 것을 쓰고 자신의 이름은 쓰지 *않도록* 할 수 있다. 그러나 몇몇 아이들은 흥분하여, 그 칠판 위에 쓸 수 있는 가장 큰 수를 쓸지도 모른다. 교사는 이러한 행동을 두 가지 방법으로 다룰 수 있다.

- 큰 수를 써 넣을 수 있는 또 하나의 종이끼우개를 제공한다.
- 아이들에게 그들이 읽을 수 있는 한 쓰고 싶은 어떤 수라도 써도 좋다고 말해준다.
- 그 수에 대해 질문이 있는 사람이 쓴 사람에게 물어볼 수 있도록, 자신이 쓴 수 옆에 이름을 쓰도록 한다.
- 시작하는 수를 선택하고 아이들이 수를 점차 확장할 수 있도록 수열을 만든다. 그 수들이 섞이지 않도록 세로 목록에 순서대로 쓴다. 예를 들어, 교사는 92, 93, 95, 96, 97, 98, 99, 100, 101, 102, 103을 쓰고, 아이들에게 그 규칙대로 계속해 보라고 요구할 수도 있다.

지금 당장은 그런 숫자들이 어린이들에게 의미가 없을지라도, 아이들이 큰 수에 대한 재미를 갖는 것을 격려하는 것이 좋다. 큰 수를 읽고 쓰는 것은 재미있고도 좋은 연습이 되기 때문이다. 그 후에 어림 항아리 안에 든 것을 적절하게 추측해서 써 넣을 수 있도록 종이끼우개를 다른 것으로 바꾼다. 만약 학생들이 무작위 추측을 계속 한다면, 아이들에게 어림한 것을 쓰도록 하고 돌아다니면서 그들이 기록한 것을 본다. 이러한 방법은 적절한 범위 내에서 어림을 유지할 수 있도록 해줄 것이다.

아래에 덧셈과 뺄셈 또는 수 모으기와 관련된 몇 가지 어림 항아리 활동이 있다.

- 색 타일처럼 두 가지 서로 다른 색을 지니고 있는 물체들로 가득한 항아리 하나를 사용한다. 어림 항아리 활동에서 했던 학급의 이전 경험을 토대로 적당한 양을 결정한다. 그 다음에 어림 항아리 옆에 둔 종이끼우개의 윗부분에 "빨간 타일은 몇 개인가요?", "파란 타일은 몇 개인가요?", "타일은 모두 몇 개인가요?"와 같은 질문을 써 놓는다.
- 어림 항아리에 대한 흥미를 유지하기 위해서 안에 든 물체에 대한 단서를 써 놓는다. 많은 학생들이 지금쯤은 단서를 경험해 보았을 것이고, 그동안 어림과 관련된 일과 활동을 경험해왔다. 따라서 아이들은 단서에 대해 편안함을 느낄 것이다. 단서의 예로는 이런 것들이 있다. "빨간 타일은 파란 타일의 두 배이다.", "항아리에는 10개의 파란 타일이 들어 있고 파란 타일은 빨간 타일보다 두 개 더 많다. 항아리에 들어있는 타일은 모두 몇 개인가요?", "모두 합하여 15개의 타일이 있고 그 중 5개는 빨간색이다. 파란색은 몇 개인가요?"
- 두 개의 항아리를 사용한다. 각각의 항아리에 10개 이하의 물체를 넣는다. 항아리 옆 종이끼우개 위에 미완성의 식을 쓰고, 아이들에게 그 식에 적절한 수를 써 넣도록 한다. 예를 들어, 교사는 _+_=_, 또는 _+_=10, 또는 _+5=_라고 쓸 수 있다. 식을 변화시키면서, 아이들이 식의 의미에 대해 생각할 시간을 가질 수 있도록 해준다. 어림 항아리 일과 활동을 소개할 때마다 "수식"의 사용 과정에 대해 토의하고 수식을 만들어본다.

12월에 했던 것처럼 매일 한두 명의 아이들은 어림 항아리 안에 든 물체를 꺼내고 세는 것에 대한 역할을 맡게 될 것이다. 아이들이 세기 시작하기 전에 반드시 예상해 보도록 한다. 아이들에게 텐 프레임을 제공하여 적절한 도구를 사용할 수 있도록 해주는 것도 좋다. 한 주가 끝날 때쯤, 항아리에 든 것을 세었던 아이들은 그들이 발견한 것을 다른 학생들에게 발표할 수 있다.

지각 수

OHP 위에 지각 수 카드[33] 또는 슬라이드를 짧게 보여 주기를 계속한다. 한 가지 색의 점이나 모양을 보여주는 것이 아니라, 슬라이드 위에 두 가지 투명색으로 된 사물을 이용해서 수의 합성을 보여 준다. 교사는 또한 아이들에게 수량을 보여주고 나서 그것의 일부분을 덮고 다음과 같이 물어볼 수 있다. "몇 개가 없어졌지?"

1-100 차트

1-100 포켓차트는 수와 수의 관계에 대한 학급 토의를 활기차게 만들어 준다. 아이들은 이 포켓 차트에 가서 그들의 활동과 관련된 수를 확인함으로써 자신의 생각을 분명하게 설명할 수 있다. 만약 이 차트가 없다면, 수학 공책에 붙였던 1-100 차트의 복사본을 OHP 위에 놓고 그것을 보면서 설명할 수 있도록 한다.

교사는 학생들에게 덧셈과 뺄셈을 할 수 있는 다양한 기회를 제공하기 위해서 이 수 차트를 사용할 수 있다. 예를 들어, 학생들은 "더하기 1," "빼기 1," "더하기 2," "빼기 2," "더하기 10," "빼기 10," 등을 이 수 차트를 사용하여 설명할 수 있다. 그들은 또한 거꾸로 세기를 위해 이 차트를 사용할 수 있다.

이러한 활동을 시작하는 한 가지 방법은 학급전체나 소 모둠 상황에서 사용할 수 있는 문제 카드를 몇 장 만드는 것이다. 카드에는 "더하기 1," "빼기 2," "더하기 10," "빼기 10," 또는 "0까지 거꾸로 세기"와 같은 지령을 적어둔다. 학생들이 원 안에 모두 앉아있을 때, 한 아이에게 1-100 포켓차트에서 한 수를 없애도록 한다. (만약 교사가 출석일 수로 100번째 날을 카운트다운 하는데 이 차트를 사용하고 있다면, 일부 수들은 아직 그 차트에 적혀 있지 않을 수 있지만, 상관없다.) 한 수를 제거한 후에, 그 아이나 다른 사람이 카드 더미에서 하나의 카드를 고른다. 교사는 이 수와 카드를 선택한 학생이 카드의 지령에 대답할지, 아니면 다른 아이가 대답할지를 결정할 수 있다. 만약 카드에 있는 지령이 너무 복잡하거나 큰 노력을 요한다면, 전체 학급 토의를 할 수도 있다. 모든 학생들이 활동할 수 있도록 충분한 카드를 만든다.

33) 지각 수란 아이들 마다 다르겠지만 한 눈에 몇 개인지를 세지 않고 알 수 있을 정도의 양을 의미한다. 일반적 7-8개 정도의 양을 의미한다.

텐 프레임

많은 아이들은 시각적 기하 모델을 통해서 추상수를 명확하게 이해할 수 있다. 가능하다면, 아이들에게 매주 텐 프레임을 사용할 기회를 제공하는 것이 좋다. (4장 참조) 아이들이 텐 프레임을 반복하면 할수록, 5씩 세기와 10씩 세기에 대한 이미지는 자동으로 구성될 것이다. 텐 프레임은 또한 아이들이 자리값 문제를 보다 쉽게 해결하도록 돕는다. 일단 아이들이 텐 프레임을 경험하면, 그들에게 특정한 수를 텐 프레임 위에 어떻게 나타낼지 눈을 감고 상상하거나 떠올려 보도록 한다. 예를 들어, 만약 교사가 36을 제안한다면, 10개씩 되어있는 직사각형을 몇 개 채우고 6은 텐 프레임 위에 어떻게 배열해야 하는지를 물어본다.

교사는 또한 아이들이 어림 항아리와 같은 다른 수세기 활동에서 텐 프레임을 사용하도록 격려할 수 있다.

수학 공책

교사는 1부터 10 사이에 있는 수들을 '그 날의 수'로 크게 다루면서 복습하고 싶을 수도 있다. 아이들이 주어진 수를 가지고 가능한 한 많은 덧셈식과 뺄셈식을 만든 후 공책에 쓰도록 한다. 아이들이 타일, 지우개, 연결정육면체 같은 작은 물체를 텐 프레임 위에 올리면서 그들이 생각한 것을 실제로 해보도록 한다. 아이들은 또한 식에 어울리는 이야기를 만들 수도 있다. 예를 들어, 만약 누군가가 7+3=10이라는 식을 알았다면, 다른 사람에게 '7+3=10'을 보여줄 수 있는 이야기를 하도록 한다. "옛날에, 학생 7명이 학교 버스를 타고 있었어. 어린이 3명이 더 탔고, 그래서 10명이 되었어."

학생들은 수학 공책을 덧셈, 뺄셈, 등호를 연습하는데 사용할 수 있다. 아이들이 문제해결 활동을 할 때, 공책에 그들의 생각을 계속해서 표현하도록 요구하는 것이 좋다. 처음에는 그 결과가 아마 서투를 것이다. 1학년 학생들은 이제 막 쓰기 기능을 발달시키기 시작하고 있으며 수학 기호를 사용하는 경험을 해나가고 있다. 아이들은 쓰기를 배우는 동안은 단지 비슷한 것을 사용하기 때문에 수학적으로 의사소통하기 위한 많은 연습이 필요할 것이다. 교사는 칠판이나 차트지에 수식과 개념을 기록하면서, 아이들이 따라 쓸 수 있도록 한다. 이러한 적극적인 참여는 그들이 내용을 기록하는 것을 넘어서 개념을 명확하게 이해하고 주체의식을 발달시키도록 도울 수도 있다.

수학

1월의 수업은 아이들이 덧셈과 뺄셈 연산에 대한 이해를 구성하도록 도와줄 의도로 구성되었다. 의미를 구성한다는 것은 덧셈구구 및 뺄셈구구(기초셈), 기호와 같은 내용 정보를 기억하는 것 이상의 것을 포함하는 지적 활동이다. 덧셈과 뺄셈에 대한 1학년 활동은 그 후에 배울 큰 수, 곱셈, 나눗셈에 대한 더 복합적인 이해를 구성하기 위한 기초를 쌓아줄 것이다. 덧셈과 뺄셈은 수 사이의 특정한 관계를 포함하고 있는 추상적인 개념이다. 다음에서 설명하고 있는 활동들은 아이들이 이러한 관계를 획득할 수 있도록 해준다.

5장에서와 마찬가지로, 이 장에서 제공하는 활동들은 '수학 동화를 기반으로 한 활동'과 '게임'의 두 부분으로 구성되어 있다.

수학 동화를 기반으로 한 활동

기하에서 수로의 이행

Lucy Coats가 집필한 ***Neil's Numberless World***에서, Lucy Coats는 익숙하지 않으면서 이해할 수 없는 수를 발견한 Neil을 등장시키고 있다. Neil은 복잡한 수가 없다면 더 잘 살아갈 수 있을 것이라고 생각한다. 그래서 그는 생일에 모든 수들이 완전히 사라지게 해 달라는 소원을 빈다. 그의 소원이 이루어졌을 때, 그 결과는 극적이고 그가 기대했었던 것만큼 기쁘지 않았다.

이 책은 수가 우리의 삶에 영향을 미치는 다양한 방법에 대한 탐구를 촉진시킨다. 수를 이용하는 다양한 목적에 대해 생각해 봄으로써, 아이들은 지난달의 기하에 대한 초점에서 이번 달의 수 활동으로의 변화를 시작할 수 있다.

수 세기

대부분의 아이들은 책, 노래, 손가락 놀이, 운율을 활용하는 세기 활동에 익숙하다. 아래에 설명해 놓은 많은 이야기들은 페이지가 넘어갈 때마다 어떤 것의 더하기 1을 제시하고 있다. 덧셈과 뺄셈이라는 주제를 소개하기 위해서, 학생들에게 다양한 형태의 수 관련 책들을 제공하고 책을 읽을 시간을 준다. 그 다음에 아이들이 그 책들에 대해 알게 된 것이 무엇인지 토의해 본다. 그 책들의 비슷한 점은 무엇이고 다른 점은 무엇인지 물어본다. 그리고 이야기 속에서 어떤 일이 발생했는지에 대해 논의한다. 인상 깊었던 장면을 선택하여 연기도 해본다.

이 토의 중에 누군가가 몇몇 책들에는 더하거나 빼는 것이 들어가 있다고 말할 것이다. 만일 이러한 것이 이야기되지 않는 경우에는, 아이들에게 이야기 속에서 수나 양과 관련하여 어떤 일이 발생했는지를 물어보고, 알아낼 수 있는 규칙에 대해 물어본다. 이러한 대화를 하는 동안 덧셈과 뺄셈 기호와 등호에 대해 다시 학습해 본다. 다음은 추천된 책들을 간략하게 기술해 놓은 것이다.

*Eric Carle*의 Roosters Off to See the World

많은 학생들은 이미 이 책에 익숙할 것이다. 교사는 이 이야기를 읽으면서, 아이들이 이야기 속에 나오는 덧셈과 뺄셈을 직접 해보게 하기 위해서 연결정육면체나 다른 물체들을 사용할 것을 요청할 수 있다. 이 책은 이야기의 덧셈과 뺄셈 사건을 확인할 수 있도록 각 페이지의 상단 구석에 축소된 그림을 제공한다.

이 책 속의 수들은 다루기 쉽기 때문에, 아이들은 이야기 속의 행위들을 실제로 실행하는 것이 어렵지 않다는 것을 알게 될 것이다. 학생들은 캐릭터의 역할을 하고 이야기를 연극의 형태로 실행하기를 원할 수도 있다. 그리고 그 연극 속에서 한 학생은 이야기 속에 나타나있는 수학 연산을 실제로 해보기 위해서 적절한 타이밍에 큰 덧셈이나 뺄셈 기호를 들고 나올 수도 있다.

*Donald Crews*의 Ten Black Dots

이 책은 오랫동안 사랑받고 있는 책이다. 이 책은 하나씩 세어나가는 것과 세상의 원들을 식별하는 것에서부터 세면서 세상에 있는 원을 확인하는 것에서부터 특정한 합을 만들 수 있는 수들의 합성을 탐구하는 것까지 모든 것을 지도할 수 있다. 교사는 이 책을 다양한 전체 학급 활동에 사용할 수 있다. 예를 들어, 학생들은 10개의 검은 점 중 특정한 수를 포함하고 있는 그림들에 맞는 그들 자신의 아이디어들을 담고 있는 학급문고를 만들 수 있다. 또는, 대부분의 사무용품을 파는 가게에서 볼 수 있는 작은 검은 점 스티커를 이용하여 그림책을 만들 수도 있다.

덧셈과 뺄셈의 개념을 소개하기 위해서, 교사는 아이들이 두 가지 서로 다른 색으로 된 점들로 구성되어 있는 그림을 그리게 할 수 있다. 아이들이 이 그림을 보고 그림 속의 점에 대해서 토의 할 때, 교사는 적절한 글과 수식을 사용해서 삽화에 대응하는 학생들의 아이디어들을 칠판 위에 쓸 수 있다. 예를 들어, 다음과 같이 쓸 수 있다. "세 발 자전거의 빨간색 바퀴 하나와 검은색 바퀴 두 개를 합하면 바퀴 세 개가 된다. 1+2=3." 뺄셈의 예를 들어보면 다음과 같다. "세 발 자전거에 세 개의 바퀴가 있는데 빨간색 바퀴 하나가 떨어졌다. 검은색 바퀴 두 개가 남았다."

아이들은 뺄셈보다는 덧셈으로 활동하는 것이 더 쉽다는 것을 알게 된다. 그들은 종종 전체에서 빼기를 하는 것보다는 덧셈을 할 때 전체를 구성하는 부분에 대해 생각하는 것을 더 좋아한다. 전체와 부분의 관계에 대한 학급 토의는 학생들이 독립적으로 활동할 때 필요한 문제 해결 기능을 강화시켜 줄 수 있다.

*Atsuko Morozuma*의 One Gorilla

이 책은 수의 증가에 대해서 탐구할 수 있으며 삽화가 아름다운 그림책이다. 이 책과 ***Roosters Off to See the World, Ten Black Dots*** 사이의 공통점과 차이점에 대해 논의해 본다. 이 책의 특별한 점은 마지막 페이지에서만 모든 캐릭터들을 함께 보여주고, 그 마지막 페이지에서는 삼각형 모양의 증가 패턴을 볼 수 있다는 점이다. 학생들과 함께 이 삽화의 특성에 대해 논의한다. 아이들이 수에 관련된 이야기를 듣는 동안, 간단한 그림 그리기, 연결정육면체 세기, 빗금표시하기와 같은 다양한 방법으로 양을 점검해 볼 수 있도록 한다. ***One Gorilla***를 다시 읽고, 이번에는 그 이야기 속에 몇 마리의 동물들이 나오는지를 점검하도록 한다. (그 예로, 그림 6-3과 그림 6-4 참조) 그리고 책의 마지막 페이지에 있는 그림을 참조하여 점검한 것이 정확한지 검토한다. 고릴라는 모든 페이지에 나오는 단 하나의 캐릭터이므로, 아이들이 고릴라를 언제 어떻게 세었는지에 대해 가끔씩 토의할 수 있도록 한다.

그림 6-3

Marvin은 다양한 종의 동물들을 그리고 합을 적으면서 동물들을 세었다.

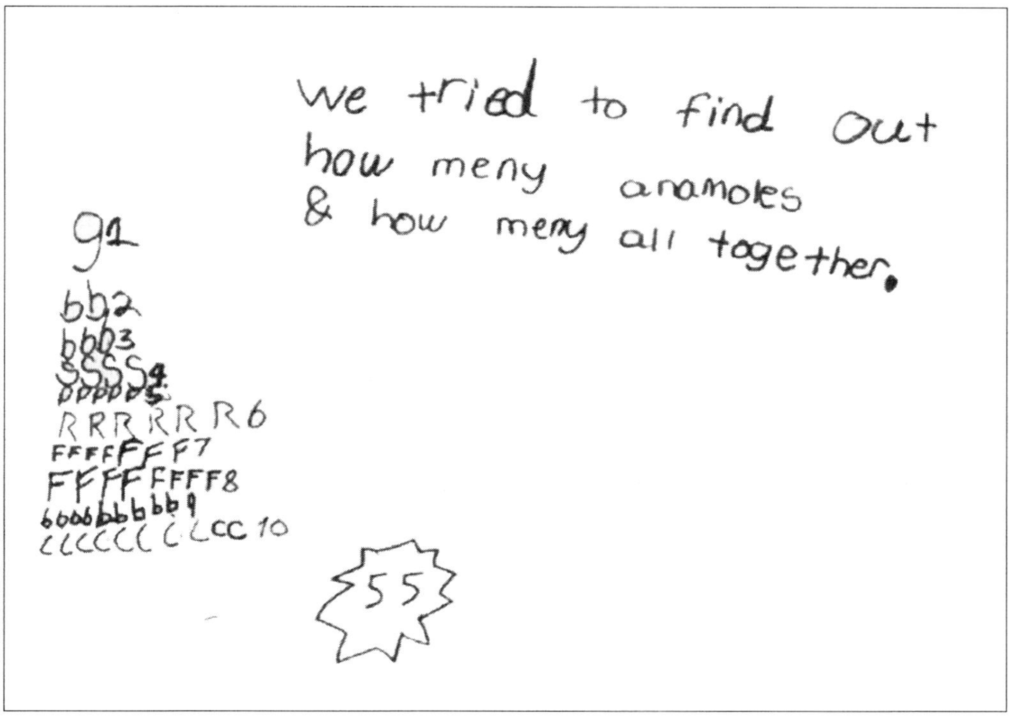

그림 6-4

Soraya는 문자를 사용해서 다양한 종의 동물들을 세어갔고 합을 기록하였다.

*Jim Aylesworth*의 One Crow: A Counting Rhyme

이 책은 동물 농장의 여름과 겨울을 보여준다. 교사는 1년의 주기적인 규칙에 대한 토의를 할 때 이 책을 쉽게 사용할 수 있다. ***One Gorilla***에서처럼, 각 페이지에는 새로운 종의 동물들이 등장하고 수는 10까지 증가한다. 각 계절이 지나갈 때마다, 이 책의 경우는 각 계절의 끝에, 교사는 학생들에게 얼마나 많은 캐릭터들이 나타났는지 세어 보도록 할 수 있다. 책에 동물들이 많이 나오기 때문에, 다음과 같은 문제를 만들어 낼 수 있다. "외양간에 양 네 마리와 오리 세 마리가 있다. 동물들은 모두 몇 마리인가?" 또는 "오리 세 마리가 연못으로 나갔다. 외양간에 남아있는 동물은 모두 몇 마리인가?"

교사는 또한 아이들에게 묶음으로 셀 수 있는 것들을 세도록 할 수 있다. 예를 들면, "헛간 앞마당에 양 네 마리와 오리 두 마리가 있다. 동물들의 발은 모두 몇 개인가? 꼬리는 모두 몇 개인가? 부리는 몇 개인가?" 책이 여름과 겨울로 구성되어 있으므로, "어느 계절이 빠져있어요?"와 같은 질문을 할 수도 있다.

책을 읽은 후에, 칠판 위에 가로로 큰 정사각형 네 개를 그리거나 큰 종이를 네 칸으로 나누고, 아이들이 그 안에 계절과 관련된 장면을 연속적으로 그리도록 한다. 아이들은 ***I Spy***라는 책과 같은 형식으로 네 장면을 그리기 위해서 모둠으로 활동할 수 있다. (***I Spy*** 책은 복잡한 사진을 제시하고, 독자들이 그 사진 속에서 어떤 것을 찾도록 한다. 이 책은 아이들에게 매우 인기 있다.) 각 모둠의 학생들은 겨울에는 눈송이나 눈사람 같은 적절한 이미지의 계절 장면을 만들 것이다. ***One Crow***에서는 또한 사계절 모두에 들어갈 수 있는 또 다른 계절적 규칙인 매일 태양이 뜨고 지는 규칙도 사용한다.

*Lois Ehlert*의 Fish Eyes[34)]

이것은 다채로운 삽화로 꾸며져 있으며 1부터 10까지 세기를 할 수 있는 책이다. 교사들이 문장과 수식을 연결시킬 수 있도록 이 책에서는 *더하기 1*이라는 글도 제시하고 있다. 예를 들어, 1+1=2, 2+1=3, 등. 어린 아이들은 물고기를 특히 쉽게 그린다. 따라서 이 책은 아이들을 가르치기에 좋은 학습 도구가 된다.

아이들은 특정한 색이나 디자인을 사용하여 정해진 수의 물고기를 그린 다음에 새로운 색의 물고기를 하나 더 그림으로써 '더하기 1'에 관한 그림을 그릴 수 있다. 또는 더해지는 물고기는 다른 방향에서 수영해 올 수도 있다. (그 예로, 그림 6-5와 그림 6-6 참조)

34) 이 책은 '알록달록 물고기(김소영, 시공주니어)'로 번역되어 있다.

그림 6-5

Tara는 웃고 있는 3마리의 물고기에 한 마리를 첨가했다.

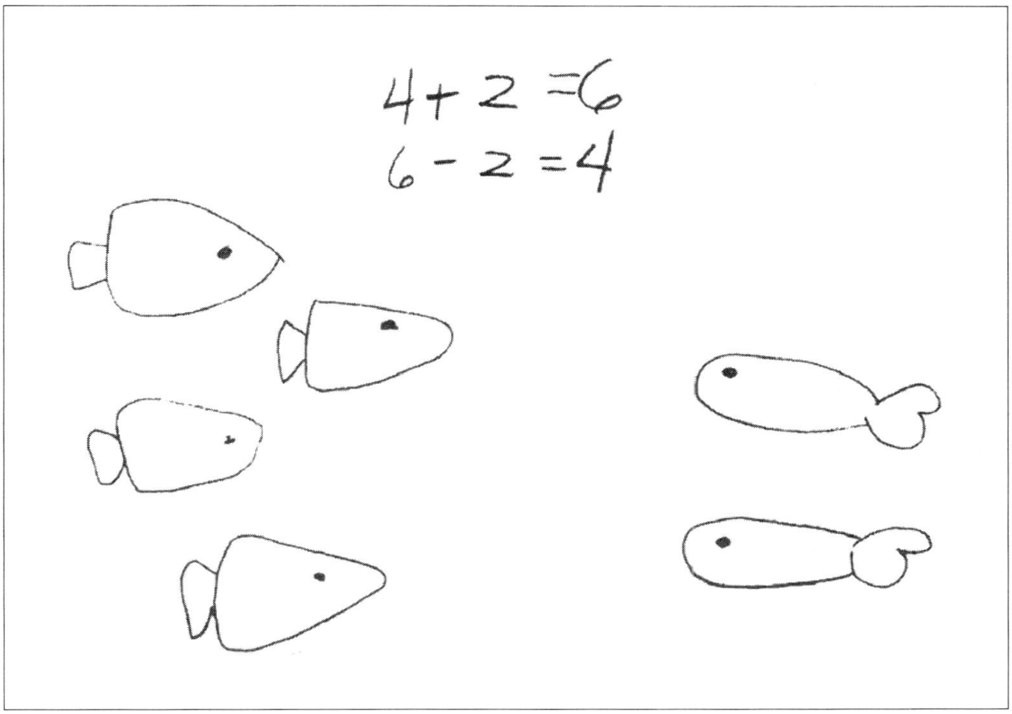

그림 6-6

Nathan은 두 마리의 새로운 물고기를 네 마리의 물고기에 첨가하는 것이 여섯 마리를 만드는 방법 그리고 이들을 다시 제거해서 네 마리를 만드는 방법을 보여주었다.

그림 6-6을 보면, 교사는 또한 이 책을 뺄셈에 대해 이야기하는데 사용할 수 있다. 아이들이 "플랩"[35]를 만들도록 하고, 그림을 하나 그리도록 하고, 이 그림의 일부에 색칠한 날개를 테이프로 붙여서 이 그림의 일부분을 가리도록 한다. Eric Hill이 쓴 책 시리즈 ***Where's Spot?***[36]에서도 그 예를 볼 수 있다. 아이들은 물고기 장면을 그리고 날개를 가지고 물고기 중 일부를 가려서 본 페이지의 장면과 일치시키면서 한 마리 또는 여러 마리의 물고기 위에 테이프로 날개를 붙인다. 아이들이 자신들이 만든 페이지들을 보여 주었을 때, 모든 아이들은 놀라면서 재미있어 할 것이고, 교사는 덧셈식과 뺄셈식을 설명할 기회를 갖게 될 것이다. 교사는 또한 물고기들의 눈의 수의 합을 확실히 볼 수 있는 T차트를 만들어서 학생들이 같은 두 수로 된 것과 수 패턴을 탐구하도록 격려할 수 있다. (아래 그림 참조)

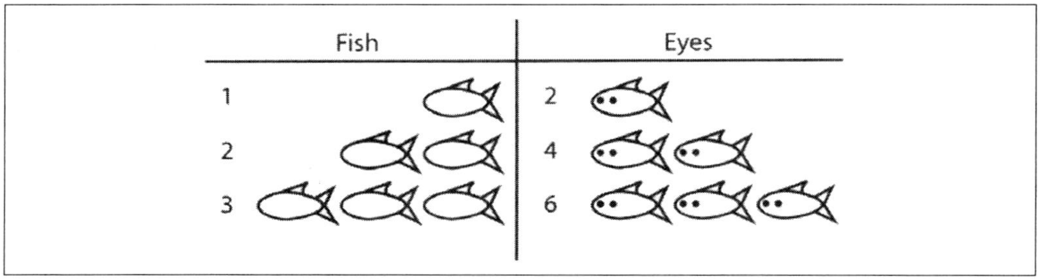

*Mitsumasa Anno*의 Anno's Counting Book

이 책은 계절 변화와 1부터 12까지의 수를 보여주는 시골 풍경을 담고 있다. 큰 활자로 인쇄된 숫자가 선명하게 표현되어 있고, 각 페이지마다 10개의 정사각형 위에 제시된 양만큼이 색칠되어 있는 그림도 있다. 12에 도달하면, 나머지 두 개의 정사각형은 10개의 정사각형 옆에 따로 표시되어 있다.

이러한 그림들은 아이들이 자리값을 잘 이해할 수 있도록 도와준다. 시골 풍경 속에 있는 다양한 그림을 세어 보는 것은, 너무나도 분명하게 셀 수 있기 때문에 재미가 있다. 또한 독자들이 그림을 주의 깊게 보면, 그림의 많은 미묘한 측면들을 발견하게 될 것이다. 예를 들어, 각 페이지에 있는 교회 탑의 시계는 그 페이지의 수에 해당하는 시간을 가리키고 있다. 아이들은 한 페이지에서 다음 페이지로 넘어갈 때 같은 점과 다른 점을 찾는 것을 즐길 수 있다. ***One Crow***처럼, ***Anno's Counting Book***은 계절 변화와 수 관계에 대한 이해를 도와준다.

35) 유아용 도서 중 페이지의 중간에 작은 종이를 덧대어서 들춰 보게 만든 장을 페이지(날개)를 의미한다.
36) 이 책은 '스팟이 어디에 숨었나요(한국프뢰벨주식회사)'로 번역되어 있다.

*Vickie Leigh Krudwig*의 Cucumber Soup

이 이야기는 개미탑에서 떨어져서 개미집의 하나밖에 없는 입구를 막아버린 거대한 오이로 시작한다. 10마리의 개미들은 그들을 성나게 하는 오이를 필사적으로 밀고 당겨보지만 소용없다. 그들은 오이를 움직일 수 없다. 그들은 도움을 요청한다. 9마리의 시끄러운 모기들, 8마리의 오렌지 빛 무당벌레, 7마리의 털 많은 정원 거미, 6마리의 보풀 같은 땡벌, 5마리의 자줏빛 나비, 4마리의 밝은 반딧불이, 3마리의 노란 메뚜기, 2마리의 초록 사마귀, 1마리의 작은 벼룩이 개미를 도와주러 온다. 마침내 오이는 움직인다.

이 책의 각 페이지는 곤충들의 특색에 대한 실제 정보를 제공한다. 마지막 페이지는 오이 스프를 만들기 위한 9가지의 요리법을 제공하고 있으므로, 만약 교사가 요리와 관련된 측정 활동을 소개하는데 관심이 있다면, 마지막 페이지를 참고하기 바란다.

처음으로 이 이야기를 듣거나 이 책을 읽은 아이들은 예상을 할 수도 있고, 삽화를 볼 수도 있고, 아니면 단순히 이야기를 즐길 수도 있다. 여러 차례 읽음으로써 학생들은 캐릭터의 특색을 잘 파악할 수 있고, 10에서 1까지 세는 것에 익숙해 질 수 있다. 그러고 나서 학급에서는 그림을 보고 행동을 묘사하면서 그 이야기를 다시 말 할 수 있다. 일단 아이들이 이야기에 편안함을 느끼면, 교사는 다양한 곤충들의 수를 파악하면서 발견한 것을 삽화로 그리도록 할 수도 있다. (그림 6-7 참조) 이것은 생각처럼 쉽지 않다. 아이들이 삽화를 다 그렸을 때, 학생들이 그림을 그리기 위해 사용한 방법들을 공유하도록 한다.

그림 6-7

Anil은 다양한 종류의 곤충들을 세는 것을 놓치지 않고 따라가기 위해서 이들을 그림으로 그렸다.

수 세기를 넘어서는 활동

다음의 책들은 학습 내용의 난이도를 한 단계 올리고, 학생들이 더 복잡한 덧셈과 뺄셈을 할 수 있도록 도와주는 책이다.

*Ann Jonas*의 Splash[37)]

이 책은 덧셈과 뺄셈 활동으로 가득 차 있다. 다양한 캐릭터들이 연못에서 나타났다가 사라진다. 삽화를 보면 어떤 캐릭터가 연못 안에 있고, 어떤 캐릭터가 연못 밖에 있는지를 분명하게 알 수 있다. 큰 물 튀김 또는 두 번의 물 튀김 후에, 이야기는 얼마나 많은 캐릭터들이 연못 안에 있는지를 독자가 결정하도록 한다. 교사는 아이들이 활동과 기호를 연결시키도록 돕기 위해 차트지 위에 수식의 형태로 그 활동을 기록할 수 있다.

교사는 또한 '연못 안으로, 연못 밖으로'라는 아이디어를 사용해서 학생들이 덧셈과 뺄셈에 대한 학급문고를 만들도록 할 수 있다. 연못 속의 개구리처럼, 한 가지 캐릭터를 사용하여 이야기를 단순화시킨다. 아이들에게 연못과 연못 위에 떠있는 수련 잎을 볼 수 있는 책의 한 페이지를 보여준다. 교사는 그 페이지의 아래쪽에 다음과 같은 문장을 써 넣을 수 있다.

> "연못에 개구리 _마리가 있었다. _마리가 뛰어 올랐다. 이제 _마리가 남았다."
> "수련 잎 위에 개구리 _마리가 있었다. 개구리 _마리가 물속으로 뛰어 들어갔고, 이미 수영을 하고 있었던 개구리 _마리가 있었다. 이제 연못 속에는 개구리 _마리가 있다."

교사는 또한 연못 장면을 묘사하는 스토리보드를 만들 수 있다. 덧셈과 뺄셈 이야기를 설명하기 위해서, 아이들이 동물 모양의 지우개나 작은 플라스틱 동물과 같은 작은 셈도움물을 사용하도록 한다. 예를 들어, 학생들은 물속이나 수련 잎 위에 셈도움물을 놓음으로써 수의 다양한 결합을 보여줄 수 있다. 아이들이 기호를 익힐 수 있도록 문장을 완성하도록 한다.

---

37) 이 책은 '퐁덩퐁덩 몇 마리가 있나요(박기연, 아이세움)'으로 번역되어 있다.

*Amy Axelrod*의 Pigs Will be Pigs

이 책은 즐거운 돼지 가족을 주연으로 한 책들 중 하나이다. 이 이야기에는 돈 모으기와 세기가 나타나 있다. 이야기는 너무 배가 고팠지만 집에는 음식이 없다는 것을 알게 된 돼지의 깨달음과 함께 시작한다. 그들은 외식을 하기로 결정한다. 그들은 돈이 없다는 것을 알고 매우 실망한다. 돼지들은 여분의 잔돈이 있나 없나 여기저기를 살펴본다. 그들은 돼지 저금통, 옷 주머니, 세탁기, 연장통과 같은 다양한 장소에서 돈을 발견한다. 매번 누군가는 돈을 발견하고, 돈을 발견한 돼지는 자신이 발견한 돈의 양을 설명한다. 저녁을 먹기에 충분한 돈을 모았을 때, 돼지 부인이 구두 상자에 모든 돈을 넣고, 가족은 식당으로 향한다. 돼지들은 앉자마자 메뉴를 살펴보고 선택한다. 그들은 폭식을 하고, 그 이야기의 끝에 그들은 안도하며 집으로 돌아간다.

이 이야기 속에는 덧셈과 뺄셈을 탐구할 수 있는 여러 가지 기회가 있다. 가장 분명한 활동은 학생이 돼지들이 돈을 찾는 동안 발견한 돈의 양을 추적하는 것이다. 교사는 각각의 아이에게 플라스틱이나 실제 동전으로 채워진 작은 봉지를 줄 수 있다. 그 다음에 학생들은 돼지들이 발견한 돈의 양을 확인해 나가면서 그 이야기를 연기할 수 있다. 아이들은 짝과 함께 활동할 수도 있다.

이 이야기를 실감나게 극화하기 위해서, 교사가 이야기를 천천히 다시 읽고 호명된 학생들은 적절한 양의 돈을 구두 상자에 넣어 볼 수도 있다. 그러고 나서 여러 종류의 동전의 가치에 대해 토론하면서, 학급구성원들은 상자 안에 있는 돈의 합계를 셀 수 있도록 서로서로 돕는다. 일단 아이들이 결론에 도달하면, 책의 뒷 페이지에 있는 돈의 양을 보고 정확하게 세었는지 확인한다.

마지막으로, 교사와 아이들은 식당 장면을 재창조할 수 있다. 메뉴판을 보고 음식을 주문하는 역할극을 하기 위해 장난감 음식이나 잡지에 있는 음식 그림을 대판지에 붙여서 사용한다. 아이들이 간단한 메뉴를 만들어 내도록 도와준다. 아이들은 각각의 메뉴에 값을 매기는 활동을 한다. 학생들이 친숙한 상황 속에서 덧셈과 뺄셈을 익힐 수 있도록 해주는 활동을 위해, 교사는 장난감 음식이나 그림을 이용하여 이러한 식당 메뉴를 만들 수 있다.

*Lily Toy Hong*의 Two of Everything

이 책은 아이들이 두배로 늘어나는 양의 개념에 대해 생각하는 것을 돕는다. 이 중국 민간설화는 독자의 관심을 사로잡기 위해서 마술과 이야기의 반전이 거듭된다. 이야기 속에서, 남편이 마술 항아리를 발견하기 전까지는 Haktak 부부는 겸손하고 열심히 일하면서 살아간다. 어떤 것이 이 항아리에 들어가면, 그것은 자동으로 두 배가 된다. 이 마술 항아리에 놀라운 문제가 있다는 것을 부부는 곧 발견하게 된다.

Two of Everything은 몇 가지 흥미 있는 활동들을 위한 포석이 깔려있다. 예를 들어, 학생들은 이야기를 극화하기 위하여 그들의 상상력을 동원할 수 있다. 아이들에게 항아리에 넣어서 두 배가 되게 할 수 있는 교실의 물건을 찾도록 한다. (교사는 이용할 수 있는 물건을 즉석으로 찾을 수도 있다.)

교사는 또한 학급문고를 만들 수 있다. 적당한 크기의 종이를 반으로 접는다. 그렇게 해서 생기는 앞표지 위에, 아이들이 항아리에 넣은 것을 그리고 쓰도록 한다. 접은 종이의 안쪽 면에는 두 배가 된 양을 그리도록 한다. 교사는 아이들이 1에서 25까지의 수를 사용하도록 하고 같은 두 수의 합을 순서대로 볼 수 있도록 학급문고를 배열하는 것도 좋다.

교사는 또한 그렇게 해서 생기는 학급문고를 다음과 같은 문장을 사용하여 같은 두 수의 합에 대한 정보를 제공하는데 사용할 수 있다. "나는 항아리에 __개를 넣었고 __개가 되었다." 학생들이 같은 두 수의 합에 대한 개념을 탐구한 후에, 같은 두 수의 합에서 나타나는 규칙을 보여주는 유용한 차트를 만들 수 있다.

$$1 + 1 = 2$$
$$2 + 2 = 4$$
$$3 + 3 = 6$$
$$4 + 4 = 8$$
$$5 + 5 = 10$$

아이들이 위의 수식에서 규칙을 찾고 그들이 알아낸 것에 대해 토의하도록 한다. 다음은 뺄셈을 통하여 같은 두 수를 조사한 것이다.

$$2 - 1 = 1$$
$$4 - 2 = 2$$
$$6 - 3 = 3$$

같은 두 수를 이용한 식으로 목록을 만들고, 아이들이 수학 공책에 붙여놓고 사용할 수 있도록 목록의 복사본을 나누어 준다.

전체 학급 활동 / 메뉴 활동

수학 게임은 여러 가지 이유로 유용하다. 게임은 개념에 대한 반복 연습과 경험을 제공하고 학습자들이 흥미를 느끼게 하며, 긴장을 풀고 학습에 참여하도록 한다. 뿐만 아니라 많은 게임들은 의사소통 기능을 발달시킨다. 게임은 또한 학성들이 활동하는 동안에 그들의 생각을 듣고, 질문을 하고, 격려하고, 제안을 하고, 학생들과 협의할 수 있는 기회를 제공한다.

아래에 제시된 게임들은 전체 학급의 탐구나 메뉴 활동 시간에 사용될 수 있다. 학생들에게 게임을 정기적으로 제안하도록 한다. 교사는 다음과 같은 일반적인 질문을 하면서 각 게임에 대한 토의를 시작할 수 있다. "오늘 우리가 이 게임을 했을 때 재미있는 것을 발견한 사람 있어요?", 또는 "오늘 활동을 하면서 그 활동 속에서 뺄셈을 사용한 사람 있어요?" 활동하는 동안에 발생한 가장 재미있는 일에 대해 물어볼 수도 있다. 또 어떤 때에는 초점을 학생들이 마주치게 되는 도전으로 이동시킬 수도 있다. 또는 전체 학급 토론을 진행하는 동안에, 같은 두 수의 사용이나 10 만들기와 같은 특정한 주제를 강조하고 싶을 때도 있을 것이다. 이러한 대화는 학급 친구들의 생각과 경험에 대한 통찰을 얻게 해줄 뿐만 아니라, 아이들이 게임과 수학을 연결시킬 수 있도록 도울 수 있다.

5개의 탑

이 게임은 아이들에게 개수를 세고, 수에 대해 생각하고, "몇 개가 더 많은가?"라는 질문에 답하는 방법을 찾을 수 있는 기회를 제공한다.

준비물

- 2인 1조의 모둠별로 주사위 2개.
- 2인 1조의 모둠별로 연결정육면체 한 세트.

교수학습 지침

1. 첫 번째 학생이 두 개의 주사위를 굴린다. 주사위를 굴려서 나온 두 수를 더한 수만큼의 연결정육면체를 연결하여 탑을 쌓는다.
2. 두 번째 학생도 똑같이 한다. 각 학생이 5개의 탑을 만들 때까지 경기를 계속한다.
3. 각각 5개의 탑을 만든 후에, 자신이 쌓은 탑에 있는 연결정육면체의 수를 센다. 또한 가장 많은 연결정육면체를 가지고 있는 사람이 누구인지, 그리고 몇 개 더 많이 가지고 있는지를 알아본다. 그리고 수학 공책에 그들이 발견한 것을 기록한다.

게임을 하는 학생들이 주사위를 굴리고, 연결정육면체를 연결하고, 공책에 기록하는 동안, 학생들이 사용하는 방법을 관찰하고, 듣고, 주시한다. 아이들이 셀 수 있는가? 아이들이 모든 연결정육면체를 하나씩 세지 않고 수를 더할 수 있는가? 아이들이 정확하게 수를 쓸 수 있는가? 합계를 결정하는데 도움을 주는 수를 사용하는가? 학생들이 누가 더 많은 연결정육면체를 가지고 있는지, 그리고 몇 개나 더 많이 가지고 있는지를 결정할 때, 아이들이 사용하는 전략이 무엇인지 살펴본다. 예를 들어, 어떤 아이들은 연결정육면체의 수를 비교하기 위해서 탑들을 한 줄로 만들어 세울 수도 있다.

이 게임에 대해 학급에서 토의할 때, 교사는 아이들이 5개의 탑에 모두 몇 개의 연결정육면체가 있는지 말하는 것을 수식으로 적어주는 것이 좋다. 예를 들어, 5+7+3+10+6 같이 적어 준다. 또한 이 수들을 합할 수 있는 방법에 대해서도 논의해 본다. 예를 들어, 누군가가 7과 3, 그리고 5와 6을 함께 놓아서, 문제를 10+10+11로 변형시키는 방법을 언급할 수도 있다. 아이들이 이러한 더 큰 수에 대해서 생각할 수 있도록 1–100 차트, 텐 프레임, 빗금 표시, 또는 수직선과 같은 수학적 도구들을 사용하도록 격려한다. 학생들은 수학 시간에 5개의 탑을 여러 번 쌓아보면서 그 과정을 반복할 수 있다.

흔들어서 던지기

1학년 학생이 덧셈 및 뺄셈과 관련해서 성취해야 할 가장 의미 있는 것 중의 하나는 1부터 10까지의 수 각각의 조합 즉 '수족(數族)'의 학습이다. *흔들어서 던지기*는 두 가지 색으로 되어 있는 셈도움물(대개 한 면은 노란색, 다른 면은 빨간색인 작은 원반)을 사용하거나, 한 면에 한 가지 색을 칠하고 다른 면에는 대비 되는 색을 칠한 리마콩을 사용하는 게임이다. 아이들은 두 가지 색으로 되어 있는 셈도움물을 가지고 수의 합성을 탐구하기 위해, 혼자서 또는 파트너와 함께 활동할 수 있다. 아이들은 컵이나 손을 사용하여 셈도움물을 흔들어서 테이블 위나 바닥에 던진 후에, 각각의 색깔이 몇 개나 떨어져 있는지를 살펴본다. 학생들은 수의 조합을 탐구하기 위해 수학 공책을 사용할 수 있다. 또는 학생들이 놀이에 대한 정보를 적을 수 있는 종이를 제공할 수도 있다. 결과가 적힌 자료는 토의를 위해 전시되거나 활용될 수 있다.

지금쯤이면 1학년 학생들이 수들의 합을 조사하는 몇 가지 경험들을 해보았을 것이다. 예를 들어, 이전 달에 그들은 꽃 위에 앉아있는 두 가지 색의 나비와 꼬리 깃털이 두 가지 색인 칠면조를 이용하는 활동에 참여했다. 이러한 활동들은 학생들이 합에 대해 생각하기 시작하도록 도왔다. 여기에 그런 초기의 활동들을 토대로 한 활동이 있다.

준비물

- 학생 한 명당 또는 학생 두 명당 컵 하나와 두 가지 색으로 된 셈도움물 한 세트.
- 두 가지 색의 마커. 예를 들어, 빨간색 1개와 노란색 1개.
- 20~30장의 카드.
- 전지 1장.

교수학습 지침

첫 번째 활동

1. 학생들을 원 안으로 모이게 하여, 모든 학생들이 교사를 볼 수 있도록 한다.
2. 아이들이 색깔 있는 나비와 칠면조의 꼬리 깃털을 가지고 활동했던 경험을 떠올리도록 한다.
3. 아이들에게 두 가지 색으로 된 셈도움물을 보여준다. 천천히 그것들을 던져서, 모든 학생들이 빨간 면으로 떨어진 것이 몇 개이고 노란 면으로 떨어진 것은 몇 개인지를 볼 수 있도록 한다.
4. 5개의 셈도움물을 손에 넣고 흔들면서, 아이들에게 그것을 바닥에 던지면 어떤 일이 일어날지를 예상해 보게 한다. 셈도움물을 실제로 던진 다음에, 아이들에게 그들이 본 것을 설명하도록 한다.
5. 두 가지 색깔의 마커를 사용해서 교사가 던져서 나온 합을 카드에 그린다. 예를 들어, 만약 셈도움물 세 개는 빨간 면으로 떨어졌고 두 개는 노란 면으로 떨어졌다면, 카드 위에 빨간 원 세 개와 노란 원 두 개를 그린다.
6. 교사가 5개의 셈도움물을 다시 던졌을 때, 똑같은 결과가 나올 것이라고 생각하는지 아이들에게 물어본다. 다른 가능성에 대해서 토의하고, 아이들의 예상을 카드 위에 기록한다.

7. 카드를 전지에 붙인다. 규칙을 보기 위해서 그 합을 한 가지 기준에 따라 놓아야 한다고 생각하는지를 학생들에게 물어본다. 학생들의 반응에 따라 카드를 배열한다. (그림 6-8 참조) 몇 명의 아이들은 합에서 논리적인 규칙(rrrrr, rrrry, rrryy, rryyy, ryyyy, yyyyy)을 찾을 수 있겠지만, 어떤 아이들은 그렇지 않을 수도 있다. 그들은 반복적인 경험을 통하여 점차적으로 이해하게 될 것이다.

그림 6-8

5를 조직적으로 표현한 패턴(학급 토론 후 정리하고 기록한 색인카드)

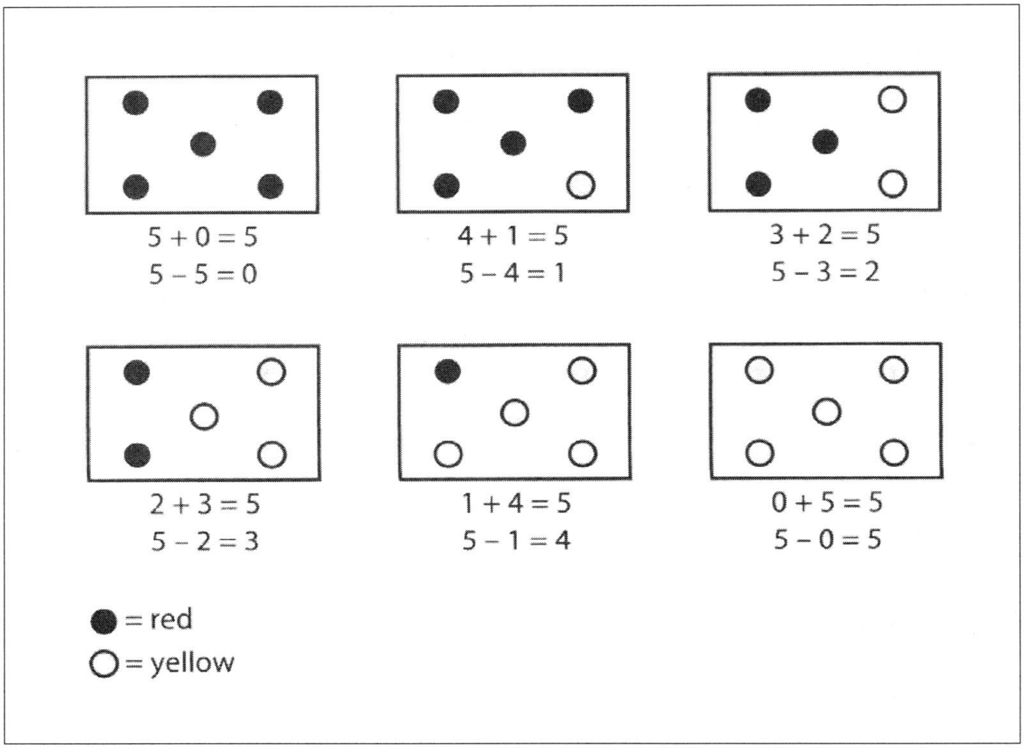

두 번째 활동

1. 5개를 던져서 나올 수 있는 합을 기록한 후에, 여러 명의 아이들에게 셈도움물을 주고 동시에 던지도록 한다. 학급의 아이들에게 던져서 나온 모든 합이 전지에 나타났는지를 체크해 보도록 한다. 새로운 것이 있다면 전지에 첨가한다.
2. 빨간 면 세 개, 노란 면 두 개와 같은 합들 중에서 하나를 선택하고, 그 합에 대한 덧셈 식을 쓰는 방법을 설명할 수 있는지를 물어본다. 아이들이 합한 것을 직접 볼 수 있도록, 교사 앞에 있는 바닥에 빨간 셈도움물 세 개와 노란 셈도움물 두 개를 합하여 놓는다. 칠판 위에 3+2=5를 적는다.

3. 이제 두 가지 색에 대한 뺄셈식을 말할 수 있는지 물어본다. 실제로 분리하는 행동을 다시 한 번 보여주고, 칠판 위에 5-3=2(또는 5-2=3)라고 적는다.

많은 아이들은 합에서 시작하여 그 색깔들 중에서 한 가지 색을 제거하는 것이 매우 흥미가 있다는 것을 발견한다. 학생들이 셈도움물을 가지고 개별 활동을 할 때, 주변을 돌아다니고 대화도 하면서 그들의 이해를 체크해 본다. 아이들에게 이런 유형의 뺄셈 문제에 대해 설명해 보도록 요구한다.

세 번째 활동

1. 두 가지 색으로 된 셈도움물을 이용하여 새로운 수업을 하는 동안, 커다란 틱택도 게임판을 만드는 것처럼 아이들에게 수학 공책 한 페이지를 9개의 직사각형이나 정사각형이 되도록 나누게 한다.
2. 셈도움물을 던져서 나온 합을 쓰기 위해 빨간색과 노란색 크레용 또는 마커를 사용할 것이라고 학생들에게 말한다. 학생들에게 각각의 그림 밑에 덧셈식과 뺄셈식을 써야 한다고 말해 준다. 교사는 학생들이 절차를 이해했다고 확신할 때까지 이것을 계속해야 한다. (이 비형식적인 형태의 기록은 아이들 각자가 덧셈과 뺄셈 기호를 잘 다루고 있는지를 명백히 알 수 있도록 해주고, 누구에게 도움이 필요한지를 결정하는데 도움을 준다.)
3. 아이들에게 2인 1조로 모둠을 만들도록 한다. 그들이 다룰 수 있는 수를 교사가 판단하여, 각 모둠에게 다른 합이 되는 목표 수들을 할당한다. 예를 들어, 교사는 몇몇의 아이들은 5개의 셈도움물을 가지고 활동하도록 하고, 어떤 아이들은 10개의 셈도움물을 가지고 활동하도록 해 주는 것이 좋다고 판단할 수 있다. 교사는 각 모둠이 셈도움물을 선택하도록 하고 각 모둠이 선택한 사물의 양을 보고 교사는 각 모둠에게 적절한 수 조합을 제공함으로서 각 모둠에 목표수를 할당할 수 있다.
4. 학생들에게 셈도움물을 흔들어서 던졌을 때 무엇을 볼 수 있을 것이라고 생각하는지 예상해 보도록 한다.
5. 아이들이 '흔들어서 던지기' 게임을 시작하도록 하고, 수학 공책에 만들어 놓은 칸 안에 결과를 기록하도록 한다. 학생들이 각 그림에 식을 써넣는 것을 잊지 않도록 주의를 환기시켜 준다. (그림 6-9 참조)

   몇몇 아이들은 어떤 합은 다른 것보다 더 자주 나타난다는 것을 알아낼 수도 있다. 학생들이 자료에 나타난 결과를 이해하고 규칙을 확인하기 위해서 활동할 때, 수족(즉, 어떤 수를 만들기 위해서 두 수의 조합을 만드는 모든 방법)이 나타나기 시작할 것이다.

6. 아이들이 게임을 끝마쳤을 때, 활동에 대한 학급 토의를 한다. 학생들이 관찰한 것에 대해 토의하고 기록된 정보를 생각의 증거로 이용할 수 있도록 한다. 그들의 추론에 대해 질문을 한다. 예를 들어, "'6-3=3'은 무슨 뜻이에요? 모든 합을 찾았나요? 만약 그렇다면, 왜 그렇게 생각해요?" 교사는 학생들이 그 시간 외에도 볼 수 있도록, 교실의 수학 영역에 몇몇 자료를 붙일 수도 있다.

그림 6-9

교사는 "6-3=3이 의미하는 것을 선생님에게 설명할 수 있어요?" 또는 "여러분은 모든 조합을 찾았다고 생각하나요? 그렇지 않다고 생각하나요? 왜 그렇다고 생각해요?"라고 질문해도 좋다.

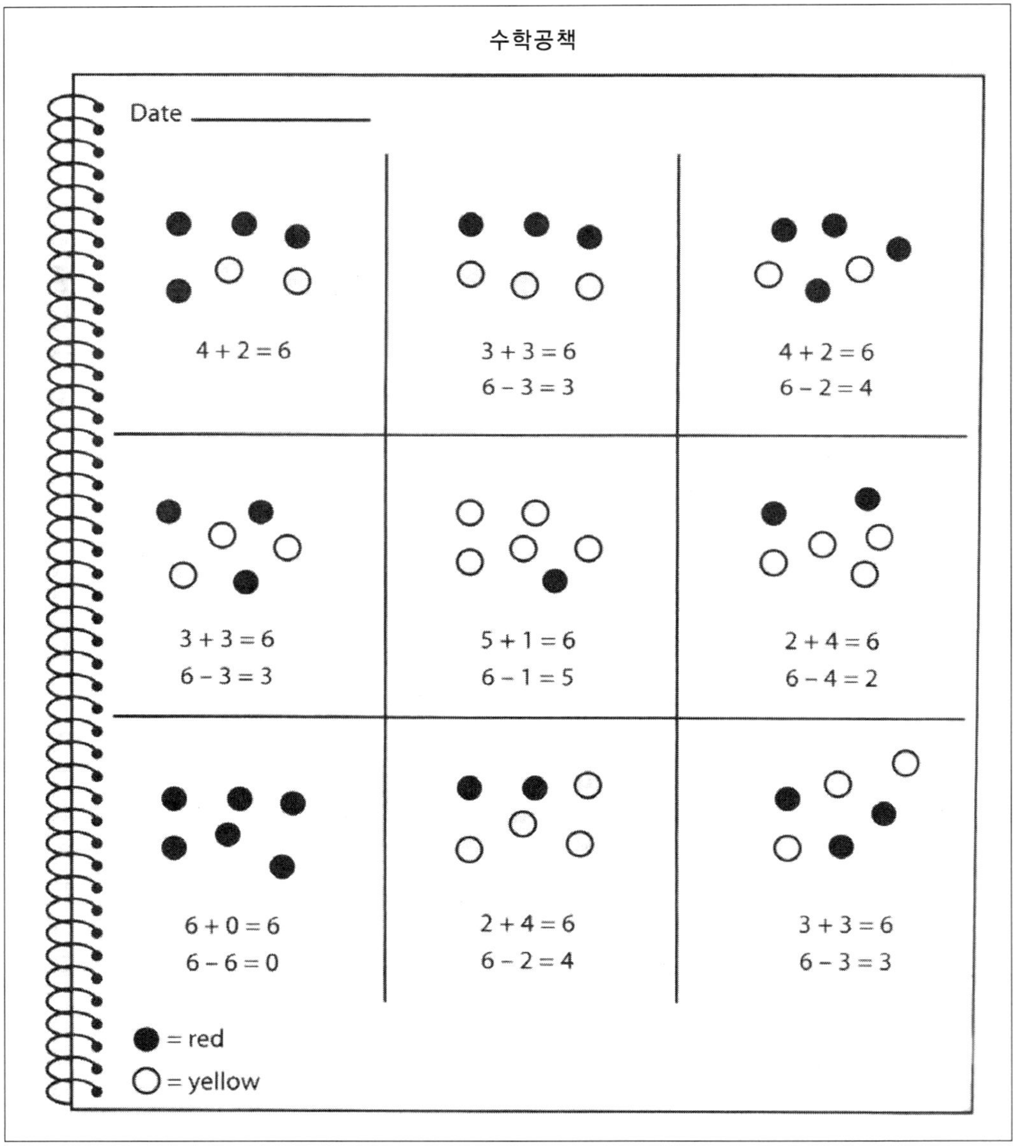

연결정육면체 이야기

이 활동에서 아이들은 사람, 물건, 동물을 나타내기 위해서, 그리고 덧셈과 뺄셈 이야기를 실행에 옮기기 위해서 연결정육면체를 사용한다.

준비물

- 모둠별 연결정육면체 한 세트.

교수학습 지침

1. 칠판에 간단한 덧셈과 뺄셈 이야기를 쓰고, 학생들에게 큰 소리로 말해준다. 아래에 ***About Teaching Mathematics(Burns 2000)***으로부터 발췌한 몇 가지 예가 있다.

   "풀밭에 무당벌레 4마리와 개미 3마리가 있습니다. 모두 몇 마리의 곤충이 있습니까?"
   "우리는 쥐에게 먹이 6개를 주었습니다. 쥐는 그 중 4개를 먹었습니다. 먹이는 몇 개가 남았습니까?"
   "목장에 말 4마리가 있습니다. 말 2마리가 더 목장을 돌아다니고 있습니다. 말은 모두 몇 마리입니까?"
   "자동차 7대가 슈퍼마켓 주차장에 있습니다. 두 사람이 가게에서 나와서 각자의 차를 몰고 갔습니다. 남아있는 차는 몇 대입니까?"

2. 모둠으로 활동하면서, 아이들은 함께 연결정육면체를 모으고 분리하는 활동을 통해 이야기를 실행해 본다.

만약 교사가 이것을 메뉴 활동으로 하기로 결정했다면, 교사는 종이에 문제를 써서 그 활동을 선택한 학생들에게 줄 수 있다. 교사는 또한 색도화지나 게시판에 장면을 그리고 나서 덧셈과 뺄셈 이야기를 설명하기 위해 작은 물체를 사용함으로써, 이 게임에 스토리 보드 요소를 도입할 수 있다.

10 만들기

대부분의 1학년 학생들은 카드놀이에 어느 정도 익숙하다. 카드 게임에 내재되어 있는 수 관계는 대응시키기부터 더하기와 빼기에 이르는 기능을 위한 반복 연습을 제공한다. 교사는 한 묶음의 카드를 바닥이나 테이블 위에 엎어놓고 아이들이 뒤집으면서 색, 수, 또는 모양이 같은 것끼리 대응시키는 *집중게임*을 하면서 카드 게임을 시작할 수도 있다. 교사는 또한 2인 1조로 구성된 모둠의 두 짝에게 두 카드의 수를 비교하도록 하는 *전쟁게임*을 할 수 있다.

일단 아이들이 카드에 편안함을 느끼게 되면, 덧셈과 뺄셈이라는 수학 개념을 반복적으로 연습할 수 있게 해주는 게임을 소개한다. *10 만들기*는 2인 1조로 하는 게임으로, 이 게임은 아이들에게 여러 장의 카드의 조합을 찾아서 그 합이 10이 되는 경우를 찾는 게임이다. 어떤 게임을 하더라도, 게임의 끝에는 이긴 사람과 진 사람이 있다. 아이들이 승리감이나 좌절을 느끼든 안 느끼든, 그들에게 게임을 즐기기 위해서는 자기 수양이 필요하다고 설명해 준다. 재미도 제공하고 교사의 중점도 강화시키기 위해서 승리와 패배에 대한 과도한 반응을 역할극으로 실연해 본다.

*10 만들기*를 하려면 카드를 뒤섞고, 얼굴 그림이 있는 카드와 조커를 없애고, 카드 더미 속에 게임할 수 있는 카드만 놓아두어야 한다. 교사는 아이들이 바닥에 카드를 놓는 방법과 카드 더미를 다시 만들기 전에 카드를 뒤섞는 방법을 볼 필요가 있을 것이다.

준비물

- 2인 1조의 모둠 당 얼굴 그림 카드와 조커가 들어있지 않은 카드 한 벌

교수학습 지침

1. 학생들 앞에 엎어놓은 카드 더미를 이용하여 게임을 시작한다.
2. 학생들은 카드를 한 장씩 교대로 뒤집고, 뒤집은 카드를 한 줄로 놓는다. 그리고 그 중에서 합하면 10이 되는 카드들을 찾는다. 예를 들어, 10을 뒤집거나, 6과 4를 뒤집은 경우가 이에 해당한다.

승리와 패배의 감정을 줄이기 위해, 교사는 아이들이 각자 만든 10을 한 공간에 놓게 하는 것도 좋다. 이것은 10을 가장 많이 만든 사람을 따라 잡으려는 자연스러운 성향을 제거해준다. 아이들은 또한 게임을 시작하기 전에 수학 공책에 10의 조합을 쓰고, 게임을 할 때 그 목록을 참고할 수 있다.

빨간색은 몇 개인가?

이것은 2인 1조로 하는 또 다른 카드 게임이다.

준비물

- 2인 1조의 모둠 당 20장의 카드. (에이스부터 10까지 2세트, 또는 빨간색 카드 10장과 검은색 카드 10장)
- 2인 1조의 모둠 당 10개의 직사각형으로 나누어진 종이 1장. (부록 참조)

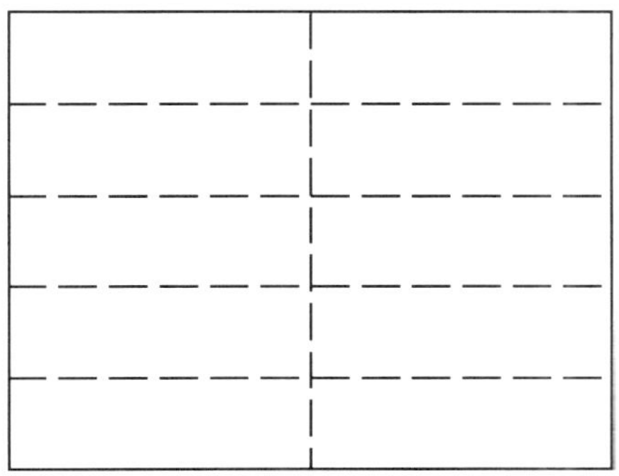

교수학습 지침

1. 2인 1조의 모둠에서 1명이 카드를 뒤섞고, 10장씩 나누어 갖는다.
2. 학생들은 손에 쥐고 있는 빨간색 카드의 수를 센다.
3. 1명이 두 학생이 가지고 있는 빨간색 카드의 합계를 직사각형 위에 기록한다. 예를 들어, 4 + 6.

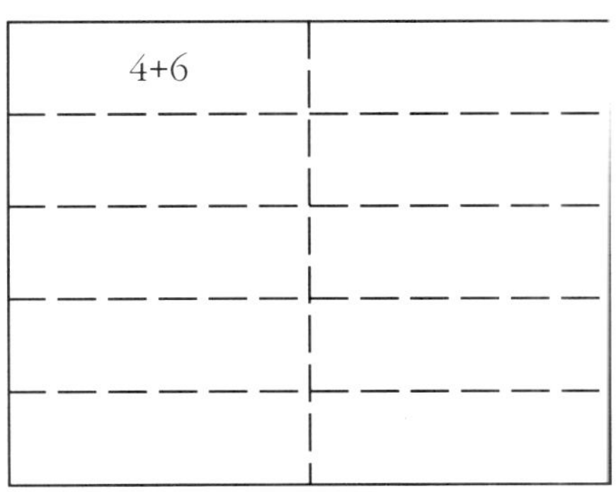

4. 다시 카드를 섞어서 나누어준다. 이번에는 다른 학생이 두 학생이 가지고 있는 빨간색 카드의 합계를 기록한다.
5. 종이의 10칸을 모두 채울 때까지 게임을 계속한다. 이 게임은 아이들에게 10의 조합에 대해 탐구할 수 있는 기회와 그 조합을 기록함으로써 표기법을 익힐 수 있는 기회를 제공한다.

그릇 비우기

2인 1조로 하는 이 활동은 뺄셈 기능을 강화시켜 준다.

준비물

- 2인 1조의 모둠 당 연결정육면체나 타일 20개.
- 2인 1조의 모둠 당 주사위 1개.
- 2인 1조의 모둠 당 그릇 1개.

교수학습 지침

1. 그릇에 연결정육면체나 타일 20개를 넣는다.
2. 지원자를 앞으로 나오도록 한 후 게임을 설명해 주고 주사위를 굴린다.
3. 칠판 위에, '첫 번째 굴림'이라고 쓰고 주사위에 나타난 수를 기록한다.
4. 지원자가 주사위에 나타난 수만큼의 물체를 그릇에서 꺼내도록 한다.
5. 던진 횟수와 빼기가 된 수를 계속 기록하면서, 그릇을 비울 때까지 그 과정을 반복한다. (그림 6-10 참조) 마지막에는 그릇에 남은 물체와 꼭 똑같은 수가 나올 필요는 없다.
6. 아이들에게 2인 1조로 모둠을 만들도록 한다. 그릇에 연결정육면체나 타일 20개를 넣고 게임하도록 한다. 처음에 설명했던 것처럼 그들이 굴린 것에 대해 수학 공책에 기록하도록 한다.

   이 게임은 학생들에게 뺄셈 연습을 시켜주고, 물체를 그릇에서 꺼낼 때 뺄셈 기호를 쓸 수 있는 기회를 제공한다. 게임 한 판을 끝낸 후에, 학생들이 주사위에서 나온 수에 대해 토의할 수 있는 시간을 갖는 것이 좋다. 학급 토의 시간에는 다음과 같은 질문을 할 수 있다.

   "가장 큰 수는 어떤 수이고, 가장 작은 수는 어떤 수인가요?"

   "주사위를 한 번 굴려서 그릇을 비우는 것이 가능할까요? 만약 가능하지 않다면, 몇 번을 굴려야 가능한가요?"

   "그릇을 비우기 위해서 가장 많이 굴렸을 때는 몇 번인가요?

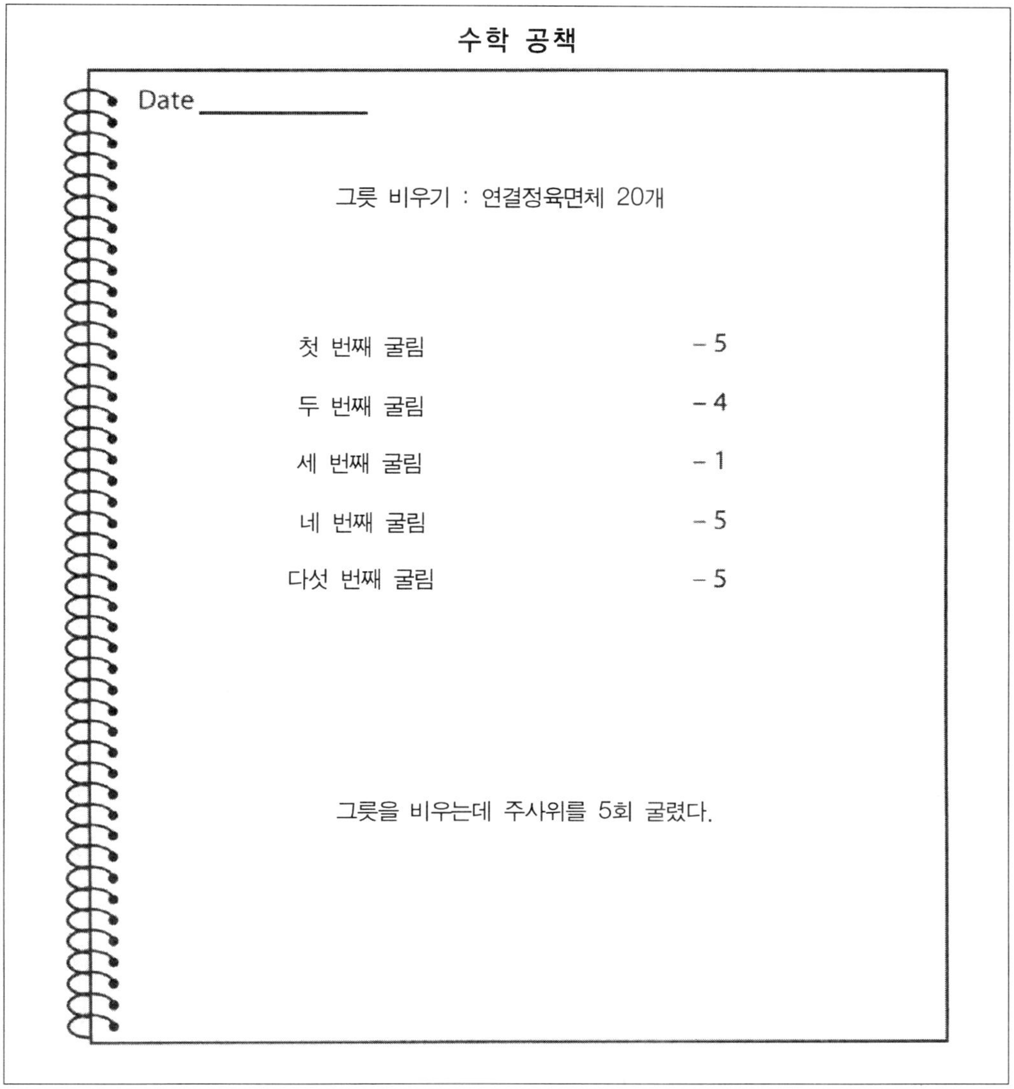

그림 6-10

굴린 횟수와 뺀 수

복주머니 뺄셈

뺄셈 기능에 초점을 맞춘 또 다른 2인 1조 활동이 있다.

준비물

- 2인 1조 모둠 당 연결정육면체나 타일이 담겨 있는 봉지 하나.

교수학습 지침

1. 아이들과 함께 활동할 물체의 수를 선택한다. 학생 한 명은 연결정육면체나 타일을 선택한 수만큼 봉지에 넣는다.
2. 다른 학생은 봉지에 손을 넣어서 타일 몇 개를 꺼내고, 자신이 꺼낸 것이 몇 개인지 보여준다.
3. 두 학생은 몇 개의 타일이 봉지 속에 있는지 예상해 보고, 예상한 것을 확인한다.
4. 학생들은 각각 자신의 수학 공책에 그 식을 기록한다. (예를 들어, 15-7=8)

한 움큼 쥐기

2인 1조로 하는 이 활동은 비교와 뺄셈 기능을 강조한다.

준비물

- 2인 1조의 모둠 당 약 30개의 연결정육면체 또는 다른 작은 물체가 들어 있는 작은 가방 1개.

교수학습 지침

1. 2인 1조의 각 모둠은 연결정육면체 또는 다른 작은 물체가 들어있는 가방 한 개를 받는다.
2. 두 학생이 차례로 한 움큼의 물체를 꺼내서 세어본다.
3. 학생들은 각각 꺼낸 물체의 수를 세고 기록한다. 그리고 어느 것이 더 많은지를 결정한다.
4. 그 다음에 학생들은 다음의 질문에 답한다. "물체가 많은 것은 적은 것보다 몇 개 더 많습니까?" 학생들은 수학 공책이나 기록지에 그 정보를 기록한다.

이 활동을 하는 동안 교사는 문제 해결을 돕기 위해서 텐 프레임과 1-100 차트를 제공할 수 있다.

단어의 값은 얼마인가?

학생들은 이 재미있는 활동을 통해서 자신의 덧셈 능력을 발휘할 수 있다.

준비물

- 작은 칠판 1개

교수학습 지침

1. 칠판 위에 한 줄로 알파벳을 적는다.
2. 각 문자 밑에, 다음 규칙에 따라 수를 적는다. A 밑에는 1, B 밑에는 2로 시작하여 I 밑에 9를 쓸 때까지 순서대로 적는다. 그 다음 알파벳인 J 밑에서는 1부터 다시 시작한다. R 밑에 9를 쓸 때까지 한다. Z 밑에 8을 쓰면 숫자적기가 끝난다. (그림 6-11 참조)

단어의 값은 얼마인가?

A	B	C	D	E	F	G	H
①	②	③	④	⑤	⑥	⑦	⑧
I	J	K	L	M	N	O	P
⑨	①	②	③	④	⑤	⑥	⑦
Q	R	S	T	U	V	W	X
⑧	⑨	①	②	③	④	⑤	⑥
Y	Z						
⑦	⑧						

C A T
3 + 1 + 2 = 6

그림 6-11 ◀
'단어의 값은 얼마인가?' 게임을 위한 문자와 수를 적어 둔 칠판

3. 학급구성원들이 이것을 분명하게 볼 수 있도록 하기 위해서, 번호가 붙어 있는 알파벳을 이용해도 좋다.

4. 아이들에게 오직 하나의 알파벳으로 된 두 단어를 생각하도록 한다. 예를 들어, 단어 A와 단어 I. 칠판을 보면서, 단어 A에 대응하는 수는 무엇인지 토의하고, 이 수를 단어 I에 대응하는 수와 비교해 본다. 어떤 단어의 값이 더 큰지를 토의하고, 그것이 얼마나 더 큰지에 대해 알아본다.
5. 그 다음에는 아이들에게 두 개의 알파벳으로 되어 있는 단어 두 개를 수학 공책에 쓰도록 한다. 그 단어들의 값이 얼마인지를 결정하도록 한다. 여러 가지 예들을 함께 조사해 본다.
6. 학생들이 방법을 알게 되었을 때, 조금 더 긴 단어나 그들의 이름을 가지고 이와 같은 과정을 시도해 본다. 학생들이 여러 단어들의 값을 조사해 본 후에, 다음과 같은 질문을 한다.

"지금까지 한 것 중에서 어느 단어가 가장 값이 큽니까?"
"찾은 것 중에 똑같은 값을 가지는 단어들이 있습니까?"
"단어들의 값이 10보다 큰지 작은지를 확인할 수 있는 방법이 있습니까?"

학생들이 활동하면서 수에 대한 정보를 얻기 위해, 연결정육면체, 수직선, 텐 프레임, 1–100 차트, 또는 다른 도구들을 사용할 수 있도록 해준다.

7장

2월

확률

학습 환경

대학 통계 강의에 대한 기억을 회상해 보면, 어떻게 확률이란 주제가 1학년 학생들에게 적절할 수 있겠는가 하고 의아해 할 것이다. 우리는 확률, 자료 조사, 그리고 통계가 우리 모두의 삶에 영향을 끼친다는 것을 알고 있다. 우리는 우산을 챙겨야 할지, 어떤 건강 보험을 선택할지, 그리고 다른 선택의 순간에 어떤 결정을 할 때마다 확률을 고려한다. 학생들 또한 자신감 있고 생산성이 높은 시민이 되기 위해 정보를 수집하고 해석하는 방법을 배워야 한다.

우리 성인들은 불확실함에 대처하기 위해 자료나 통계표를 분석한다. 사실, 우리는 확률을 어떤 일이 일어날 가능성이 얼마나 되는지를 결정하기 위한 방법으로 생각할 수 있다. 실제 삶 속에서, 결정을 한다는 것은 종종 이용 가능한 자료들을 비교, 검토하는 것을 포함한다. 우리는 어떤 일이 *발생할지* 정확히 알 수는 없지만, 가능성에 근거하여 결정을 *할 수는 있다*. 어떤 질문에 대한 양적 자료를 수집하는 것은 통계적 사실을 얻고자 하는 것이다. 이들 통계표를 사용해서 예측값을 만들어 내고, 추론을 이끌어내고, 궁극적으로 결정을 내리는 것은 통계와 확률의 관계가 밀접함을 보여준다.

어린 아이들이라 할지라도 이들은 확률을 포함하고 있는 사건에 대해 때때로 다소 놀랄만한 예측을 하기도 하며, 오개념을 형성하고 있을 수도 있다. 어른과 마찬가지로, 아이들이 발생하기를 *바라는* 것이나 개인적인 기호가 아이들의 사고에 쉽게 영향을 줄 수 있다. 이 달에 학생들은 예측하고, 자료를 수집하고, 어떤 결과가 다른 경우보다 발생할 가능성이 더 큰지를 발견하는 기회를 갖게 될 것이다. 그들은 또한 계속해서 수들 사이의 관계를 접하게 될 것이고, 점점 수와 관련된 활동에 능숙해질 것이다.

그래프를 해석하고 그리는 것은 자료를 이해할 수 있는 훌륭한 방법이다. 이 달의 활동은 아이들에게 실제의 수와 실제의 문제를 다룰 기회를 제공한다. 이전 달에 했던 것처럼, 학생들은 그들이 결정을 하는데 도움이 될 문제-풀이 전략을 계발한다. 학급 토론, 게임, 수학 동화는 그래프와 조사표를 만들고 해석하는 것, 수들 사이의 관계를 분석하는 것, 그리고 어떤 일이 발생할 가능성이 있는지 적은지에 대한 질문들을 고려하는 것을 연습할 수 있는 기회를 제공한다.

아이들은 경험을 축적해나가면서 확률과 통계의 밑바탕이 되는 기본 개념을 점차 습득한다. 이번 달 활동을 계획할 때, 학생들이 아래의 개념을 이해하도록 도울 수 있는 방법에 대해 생각해 보는 것이 좋다.

- 어떤 사건들은 다른 사건들 보다 발생할 가능성[38]이 좀 더 있고, 어떤 사건들은 발생할 가능성이 같다.
- 우리는 발생할 가능성이 같은지 다른지를 결정하기 위해서 정보(자료)가 필요하다.
- 확률은 *더 많은, 더 적은, 얼마나 많은, 전체, 약간(부분), 모두, 발생할 가능성이 같은, 발생할 가능성이 다른, 예측, 자료, 조사*와 같은 특수한 용어들을 포함한다.
- 특정한 종류의 자료를 표현하는 기호, 그림, 그리고 빗금 표시가 있다.
- 우리는 자료를 보고 그것의 의미를 이해한다.
- 자료의 범주와 양-그 범주 안의 양- 사이에는 관계가 있다.

---

38) equally likely는 어떤 사건이 '발생할 가능성이 같다'는 의미이다. 예를 들어, 동전을 던지면 앞면과 뒷면이 발생할 가능성은 같지만, 주사위를 던졌을 때 소수가 발생할 가능성과 합성수가 발생할 가능성은 같지 않다.

일과 활동

달력

학교에 등교하는 100번째 날은 일반적으로 2월에 있다. 100번째 날을 경축하는 행사는 많은 교실에서 전통이 되어가고 있다. 교사는 100번째 날의 행사를 정성껏 또는 간단하게 계획할 수 있다. 교사가 그 행사를 얼마나 중요하게 여기는지에 관계없이, 100번째 날은 아이들에게 수체계의 패턴을 탐구하고 1에서 100까지의 수에 대한 인식을 발달시킬 수 있는 다양한 기회를 제공해 준다. 여기에 100번째 날까지 카운트다운 하는데 사용하거나 학생들에게 이 날이 중요한 날이 되도록 하는 활동의 예가 있다.

- 학교가 위치한 지역의 커다란 지도에서, 학교를 중심으로 100마일 안에 위치한 장소들을 확인하고 목록을 작성한다.
- 100개를 옮길 수 있는 것(예를 들어, 콩)을 그리거나, 써본다. 그리고 옮길 수 없는 것도 (농구공과 같은 것들) 써본다.
- 100조각으로 구성된 직소 퍼즐을 완성한다.
- 100개가 연결되어 있는 종이 고리를 만들고, 여러 가지 방법으로 10개씩 부분을 나누어 본다.
- 1~100 수표를 5조각으로 잘라서 퍼즐을 만들어 본다.
- 종이로 만든 도형 100개를 사용하여 모자이크를 만들어 본다.
- 요양원에 보낼 발렌타인 데이 카드 100개를 만들어 본다.
- 무료급식소(food pantry)에 보낼 캔에 든 물건 100개를 모은다.
- 100초 동안 이름을 몇 번 쓸 수 있는지, 몇까지 셀 수 있는지, 박수를 몇 번 칠 수 있는지, 점프를 몇 번 할 수 있는지를 알아본다.
- 100발자국으로 가면 얼마나 멀리 나갈 수 있는지를 알아본다.
- 수학 조작물(연결정육면체, 타일 등) 세트를 보고, 그 세트에 100개가 들어있을 가능성이 있는지 추측해본다. 그리고 추측한 것이 맞는지 세어본다.
- 아이들에게 교실을 나갈 때마다 용기에 연결정육면체를 한 개씩 떨어뜨리도록 한다. 하루가 끝날 때, 그 연결정육면체를 세어보고, 100씩 몇 개인지, 10씩 몇 개인지, 1씩 몇 개인지에 대해 토의해본다.

100번째 날과 함께, 2월은 발렌타인 데이와 대통령의 날 뿐만 아니라 치아 건강에 대한 인식도 다루어야 한다. 교사는 모든 이러한 특별한 행사를 달력 일과 활동에 쉽게 넣을 수 있다. 그림이나 기호를 이용하여 특별한 날을 위한 표시를 만들고, 달력의 적당한 위치에 그려 넣는다. 아이들은 다음과 같은 질문을 자연스럽게 한다. "발렌타인 데이 까지는 얼마나 남았죠? 100일이 되려면 얼마나 남았나요?" 이런 질문을 할 때마다, 학생들은 그들이 세기 시작해야 할 부분과 세기를 멈춰야 할 부분이 달력의 어디인지를 생각해본다. "오늘도 세어야 할까?" "특별한 행사 날도 세어야 할까?"

이 시기에 1학년 아이들은 종이 고리를 이용하여 매일 고리를 하나씩 제거하면서 특별한 날까지 카운트다운 하는 것을 경험했을 것이다. 아이들이 특별한 날까지의 날의 수를 세어야 하는 문제를 해결할 때, 그들에게 예전에 사용했던 다양한 도구를 상기시켜 준다(텐 프레임, 빗금 표시, 연결정육면체, 종이 고리). 이번 달에는, 특별한 날까지 세고 싶은 방법을 아이들이 결정하도록 한다. 아마도 학급에서 한 가지를 선택하기로 결정하거나, 각자 자신이 하고 싶은 방법으로 특별한 카운트다운을 하기로 결정할 수도 있다. 결정을 하는 책임을 아이들에게 넘김으로써, 수학적 도전과 문제에 대한 책임감을 고취시킬 수 있다.

날씨

미국의 어떤 지역에서 2월은 날씨에 초점을 두었을 때 재미있는 달이 될 수 있다. 실제 날씨와 아이들이 예측한 날씨를 비교해 보기 위해 날씨 그래프를 만든다. 그 지역의 전형적인 2월 날씨를 목록에 적은 다음, 날씨 그래프를 위한 범주(맑음, 흐림, 눈, 비와 같은)를 만든다. 매주 새로운 그래프를 만들 수 있다. 예측한 것과의 공통점과 차이점을 토론하면서, 한 주와 다음 주의 그래프를 비교해 본다.

일기 예보는 *'발생할 가능성이 있는', '발생할 가능성이 적은'*과 같은 용어를 사용할 수 있는 자연스러운 기회를 제공한다. 아이들이 이런 단어를 접할 때마다, 일기 예보에 관한 극단적이거나 심지어는 터무니없는 시나리오를 제공하여 그들이 그 개념을 인지할 수 있도록 돕는 것이 좋다. 예를 들어, 만약 미국의 북부지역에 산다면 다음과 같이 묻는다, "내일 날씨가 소풍을 갈 수 있을 정도로 화창하고 따뜻한 게 가능할까?" 만약 따뜻한 미국의 남부지역에 산다면 다음과 같이 묻는다, "내일 미끄럼을 탈 정도로 눈이 많이 오는 것이 가능할까?"

날씨 그래프를 만들기 위한 대안으로 게시판의 한 쪽에 일반 달력을 붙여놓고, 날씨 정보를 써넣는 방법이 있다. 이 달력은 아이들이 쉽게 접근할 수 있도록 해야 한다. 날마다, 아이들은 달력의 적절한 곳에 날씨 그림을 그린다. 주말에 매일의 날씨 그림에 대해 토의해보고 다음 주를 예측해본다. 이 달 말에는, 날씨 범주에 빗금 표시를 하여 이 달의 날씨 자료를 만든다. 날씨 자료에 나타나있는 것을 세어보고 비교해본다 (예를 들어, 눈 오는 날의 수 대 맑은 날의 수). 학급의 아이들은 또한 다른 지역의 날씨와 비교하기 위해 날씨 신문, TV 날씨 채널, 또는 인터넷을 활용할 수 있다. 이런 일과 활동은 수학, 과학, 사회 학습을 자연스럽고 흥미롭게 연결시켜 준다.

출석

출석과 급식자 수에 대한 자료는 학교생활에서 매일 얻을 수 있는 통계적 정보이다. 그리고 이것은 교실에서 전형적으로 행해지는 일과이다. 이번 달에, 교사는 이런 자료를 수집하면서, 급식사무실에서 출석과 급식자 수에 대한 정보를 끊임없이 얻어야 하는 이유에 대해 토의해 본다. 또한 아이들에게 수두에 걸린 학생과 같은 출석에 관한 정보 또는 인기 있는 식단과 같은 급식자 수에 관한 정보를 예측하는데 도움이 되는 것이 있었는지 학생들에게 물어본다. 발생가능성이 적은 시나리오에 대해 토론할 때에는 이런 친근한 주제를 사용하는 것이 좋다. 예를 들어, 내일 두 명만 학교에 출석하는 일은 가능성이 없는 일이다.

많은 학교에서 점심시간에 다양한 음식을 선택할 수 있도록 하고 있다. 그리고 어떤 아이들은 집에서 점심을 싸온다. 학생들에게 그 주의 점심 메뉴를 살펴보게 한다. 그런 다음 가장 인기 있을 것 같은 메뉴가 무엇인지 예측해보게 한다. (특정한 개인이 좋아하는 음식이 아닌, 대부분의 아이들이 좋아하는 메뉴를 의미함.) 아이들에게 다른 반 아이들도 비슷한 선택을 할 것이라고 생각하는지 물어본다. 왜 그럴까, 아니라면 왜 그렇지 않을까? 학생들에게 출석한 학생 수(각 날마다 출석하고 결석한 아이들의 수)와 급식자 수(급식을 하는 아이들의 수와 도시락을 싸오는 아이들의 수)를 기록할 수 있는 기록지를 만들도록 안내한다. 한 주의 자료를 다음 주의 것과 비교해 본다. 아이들이 이런 과정에 익숙해지면, 지금까지 모은 자료를 보고 알아낸 것과 예측할 수 있는 것은 무엇인지 토의한다. 이런 과정을 어떤 일이 발생할 가능성이 있는지 그리고 발생할 가능성이 적은지를 결정하는 것과 연결시킨다.

어림 항아리

이 달에는 적절한 확률 용어와 아이디어를 어림 항아리 활동에 포함시킨다. 합리적인 추측을 통해 가능성을 좁혀가는 어림을 할 때마다 우리는 가능성이 있는지 없는지에 대해 생각하는 과정을 거친다. 2월 동안, 학생들에게 가능성이 있는지 없는지에 대해 생각해볼 수 있는 다양한 문제를 제공해 준다. 몇 가지 예를 소개하면, 다음과 같다.

"이 교실에 40명의 사람이 들어갈 수 있을까?"
"이 교실에 큰 코끼리 20마리가 들어갈 수 있을까?"
"1분에 5000번 뛰는 것은 가능할까?"
"1분에 200번 뛰는 것은 가능할까?"
"움직이지 않고 1분간 자전거 위에서 균형을 잡는 것이 가능할까?"
"막대기 위에서 균형을 잡는 것은 가능할까?"

그런 다음 어림 항아리와 관련하여 가능성이 있는지 없는지에 대한 질문을 한다. 아래 예와 같은 질문을 할 수 있다.

"우리가 연결정육면체 20개를 병에 담을 수 있을까(또는 구슬이나 타일)?
"연결정육면체 80개는 담을 수 있을까(또는 구슬이나 타일)?"
"야구공 20개를 담을 수 있을까(또는 감자나 하키공)?"

매주 가능성 있는/가능성 없는 문장을 큰 종이 맨 위쪽에 쓰면서 한 주를 시작한다. 종이를 나누어 한쪽은 *'가능성 있는'*이라고 적고, 다른 쪽은 *'가능성 없는'*이라고 적는다. 아이들이 포스트잇에 응답을 기록하고, 둘 중 적절한 범주 아래에 포스트잇을 붙이도록 한다.

질문과 조사

이달의 하순으로 가면서, 학생들은 다른 일과 활동을 통해 배운 것들을 사용하여 재미있는 질문을 생각해내고, 자신들의 질문에 대한 반응을 수집하여 표로 만들기 위한 조사 계획을 세울 수 있다. 이 활동은 꽤 도전적이다. 왜냐하면 많은 아이들이 질문과 진술을 구분하는데 어려움을 겪기 때문이다. 현장 견학을 하는 동안 또는 학급구성원들이 초청강사의 강연을 듣고 난 후, 여러분은 이런 것을 보았었을 것이다. "질문 있는 사람 있습니까?"라고 물었을 때, 학급구성원 중 누군가는 직접적으로 그 주제와 관련이 있을 수도 있고 또는 관련이 없는 진술을 늘 할 것이다. 질문하는 기술은 수학 이외에도, 국어와 같은 많은 분야에서 어린이들에게 유익하다. 질문을 하고 질문에 대답하는 방법을 아는 것은 또한 아이들을 좀 더 나은 청취자로 만들어 준다.

좋은 조사 질문을 만드는 것이 무엇인지에 대한 이해를 도우면서 조사에 대한 토의를 시작한다. 흥미 있는 질문들은 정말 궁금해 했던, 또는 확신할 수 없는 것과 관련이 있다.

"치아가 3개 이상 빠졌니?"
"차를 타는 것을 좋아하니?"
"집에서 허드렛일을 하니?"

아마도 학생들은 발렌타인 데이를 기념할 계획이 있을 것이다. 만약 그렇다면, 교사는 아이들에게 파티를 어떻게 하기로 계획했는지에 대해 질문이 있다고 말한다. 질문은 단순히 하나의 간단한 정보로 대답할 수 있는 것이 아님을 설명한다. (예를 들어, "발렌타인 데이는 2월 14일입니까?") 또한 그것은 쉽게 예측하여 대답할 수 있는 것도 아니라는 것을 말해준다. ("너희들 대부분은 한턱내는 것을 좋아하니?").

이것은 예전에 했던 질문과는 다르다는 것을 말해준다. 이것은 각 아이들이 생각하는 것을 찾아내기 위해 하는 질문이다. (가능하면 많은 사람들이 재미있어할 파티 계획을 세울 수 있도록.) 그러고 난 후에 질문을 한다. 다음 질문을 한다고 가정해보자. "파티를 하는 동안 게임을 하고 싶니 아니면 쿠키를 굽고 싶니?" *쿠키 굽기, 게임하기*라는 2개의 이름표를 만들어 두 개의 소쿠리 앞에 놓는다. 이름표를 큰 소리로 읽고, 어떤 것이 게임하기 소쿠리이고 어떤 것이 쿠키 굽기 소쿠리인지를 설명해 준다. 그런 다음 학생들에게 나와서 연결정육면체나 다른 셈도움물을 그들의 기호에 따라 넣게 한다.

교사는 '투표'가 필요한 때, 또는 투표지에 이름을 써야할 때에 대한 개념을 설명할 수도 있다. 그리고 만약 아무도 투표하는 방법을 모른다면, 그들은 다른 선택을 하게 될 수도 있다는 것을 이야기해 줄 수도 있다. 아이들에게 왜 이러한 일이 발생할 수 있는지를 생각해보도록 한다. 쿠키 굽기와 게임하기 중에서 선택을 할 때, 다른 사람의 대답에 영향을 받지 않도록 할 수 있는 방법에 관한 아이디어를 생각해본다. 가끔 아이들은 투표를 하는 동안 고개를 숙이고(엿보기 금지) 손을 드는 방법을 제안한다.

매일 일과를 시작하기 전에, 질문의 예를 만들 시간을 갖는다. 예 뿐만 아니라 몇 가지 잘못된 예도 제시하고, 아이들이 질문에서 그것을 구분할 수 있는지 살펴본다. 이 활동을 할 수 있는 한 가지 방법을 제시하면 다음과 같다. 아이들이 일과 활동을 시작하려고 원 안에 앉아있을 때, 또는 그들이 이야기를 들을 준비를 하고 있을 때, 몇 개의 질문과 진술을 만들어서 이야기해 본다. 아이들은 질문을 들었을 때 엄지손가락을 들고, 진술을 들었을 때 응답하지 않는다. 교사가 이미 답을 알고 있는 질문(예를 들어, "너희들 대부분은 쉬는 시간을 좋아하니?")을 하고, 이런 질문을 좀 더 정보가 필요한 질문("너는 오늘 P.E 신발을 가져왔니?")과 비교해본다. 아이들의 답을 쉽게 예상할 수 없는 질문을 교사가 생각해 낼 수 있도록 아이들에게 도움을 요청한다. 이런 질문을 종이에 적고, 그 밖의 조사 아이디어가 필요한 경우에 사용할 수 있도록 그것을 박스에 모아둔다. (학급에서는 100번째 날을 기념하기 위해서 100개의 질문을 모으기로 결정할 수도 있다.)

곧 아이들은 조사를 하기에 적절한 질문을 만들어내는데 익숙해질 것이다. 이제 조사를 하는 아이디어에 대해 토의한다. 조사를 할 때에는 사람들이 질문에 한 반응들을 보여주기 위해서 이것을 종이에 체계적으로 조직하는 것을 포함한다는 것을 설명해 준다. 조사는 그래프와 차트와 같다. 왜냐하면 이런 것들이 정보를 이해하기 쉽게 보여주기 때문이다. 학급에서 예전에 같이 했던 그래프와 차트의 예를 제시한다. 학생들이 학급그래프를 보고 '수학적으로 참인 문장'을 만들었던 방법을 상기시킨다.

적어도 일주일에 한 번은 모아놓은 박스에서 질문을 한 가지 선택하여, 질문에 대한 반응을 나타낼 수 있는 방법에 대해 토의해 본다. 이런 토의를 하는 동안, 아이들에게 이름 쓰기, 빗금 표시하기, X표하기, 체크하기 등의 방법을 선택하여 사용할 수 있음을 상기시켜 준다. 자료를 나타낼 수 있는 다양한 방법을 토의한 후에, 아이들에게 조사할 수 있는 것의 예를 수학 공책에 그려보도록 한다. (그림 7-1 참조) 학생들이 전체 학급 토의 시간에 연습할 수 있는 기회를 줌으로써, 교사는 이번 달 말에 학생들이 개별적인 조사를 개발할 수 있도록 도울 수 있다.

그림 7-1

내가 담당하고 있는 아이들은 자신들의 조사 질문에 대한 반응들을 기록하는데 빗금표시를 사용할 것을 제안했다.

수학 공책

이번 달에는 아이들이 확률에 관한 전체 학급 활동과 메뉴 활동을 하면서, 조사하고 조사한 것을 기록하기 위해 수학 노트를 사용할 수 있다.

수학

2월의 수업은 아이들에게 다양한 경험을 주도록 설계되어 있다.

- 양을 비교하기
- 그들이 발견한 것에 대해 의사소통하고 표현해보기
- 일어날 가능성이 있는 사건 예측하기
- 결론 이끌어내기

전체 학급 수업은 확률 개념과 확률에 관한 어휘를 발달시킬 수 있는 게임과 그래프 그리기 활동을 포함하고 있다. 어떤 게임은 더하기와 빼기도 포함하고 있다. 앞장에서와 마찬가지로, 이 장에 소개되어 있는 활동들은 수학 동화를 기반으로 한 활동과 전체 학급/메뉴 선택 활동으로 조직되어 있다. 아래의 활동들을 자유롭게 선택하여 사용할 수도 있고, 제시된 것과 다른 순서로 제시할 수도 있다.

수학 동화를 기반으로 한 활동

확률을 가르치기 위해 수학 동화를 고르는 것은 기하나 숫자를 가르치기 위한 주제를 선택하는 것과 다르다. 이 장에서 다룰 수학 내용은 3개 범주로 나뉜다.

- 그래프를 그리는 활동이 가능한 책
- 100번째 날에 관한 활동을 제안하는 책
- 학생들이 *'발생 가능성 있는'* 또는 *'발생 가능성 적은'*, *'실제의'* 또는 *'가상의'*, *'가능한'* 또는 *'불가능한'* 등과 같은 상반되는 개념을 습득할 수 있도록 도와주는 책

그래프 그리기

빠진 치아

Henry Pluckrose의 ***Look at Teeth***는 치아 건강에 대한 실제 정보를 제공한다. 치아 건강에 초점을 두는 것은 특히 1학년과 관련이 깊다. 1학년은 많은 아이들이 젖니가 빠지고 치아 건강에 대한 책임을 배워야 할 때이다. 아이들과 함께 그들의 치아가 빠졌을 때의 경험에 대해 이야기해 본다. 여기에 몇 개의 아이디어가 있다.

- 치아는 곧 생길 것이고, 그러면 미소도 더 예뻐질 것이기 때문에, 아이들에게 그들의 치아가 빠졌든지, 그렇지 않든지, 환한 미소를 띄고 사진을 찍어야 한다고 이야기해 준다.
- 아이들에게 오늘 밤 이를 닦을 때 그들의 치아를 세어보도록 한다. 다음날 그 결과에 대해 토의한다.

아이들은 이 동화를 읽고 이런 대화를 나누는 것을 통해서 빠진 치아의 개수에 대한 그래프를 만들 수 있는 준비를 할 수 있다. 몇몇의 아이들에게 빠진 젖니의 개수를 물어본다. 세로로 그 응답의 범위를 목록으로 만든다. (예를 들어, 1개 빠짐, 2개 빠짐, 3개 빠짐 등.)

아이들에게 빠진 치아의 개수가 몇 개인 사람이 가장 많을지 예측해보도록 한다. 아이들이 생각하기에 가장 '발생 가능성이 적을 것 같은 개수'를 이야기해 보도록 한다. 이런 활동은 나중에 배울 *최빈치*(가장 많이 나오는 수), *중앙값*(그 범위의 중간에 있는 수), *평균값*(평균인 수)에 대한 이해를 돕기 위한 사전 준비가 된다.[39] 이제 그래프를 만든다.

준비물

- 치아 모양으로 자른 종이.
- 어두운 색의 포스터지 1장.

교수학습 지침

1. 포스터지를 수평으로 놓는다. 포스터지의 왼쪽에, 앞서 학급 아이들과 함께 토의했던 빠진 치아 개수의 범위를 목록화 한다.
2. 학생들은 그래프 위에서 빠진 치아의 개수를 나타내는 수를 찾고, 같은 수만큼의 치아 종이를 그래프에 붙인다. 예를 들어, 만약 카미카라는 학생의 치아가 2개 빠졌다면, 그녀는 그래프 위에 쓰여 있는 2라는 숫자 옆에 종이 치아 2개를 붙일 것이다. (그림 7-2 참고)
3. 일단 모든 학생들이 그래프에 종이 치아를 붙인 후, 이 자료를 셀 수 있는 다양한 방법에 대해 토의해 본다. 예를 들어, 같은 열에 있는 치아의 개수를 구한 다음 총합을 구할 것인가? 2개씩 셀 것인가? 하나씩 셀 것인가?
4. 학생들에게 그래프에서 알아낸 것에 대해 수학적으로 참인 문장을 만들어보게 한다. 다음은 그 예이다.

"치아가 1개 빠진 사람은 5명이고, 치아가 3개 빠진 사람도 5명입니다."
"모두들 치아가 적어도 한 개는 빠졌습니다."
"한 명은 치아가 5개나 빠졌습니다."

---

39) 이 수학 교실에서 수학과 교육과정을 운영하는 기본 방침을 특정 수학 내용을 특정하게 정해진 수업시간에만 학습하는 것이 아니라 나선형으로 전개해 가는 것이다. 그 출발점은 물론 학습자의 비형식적 지식이다.

심화

Caren Holtzman이 쓴 ***A Quarter from the Tooth Fairy***를 읽는다. 아이들은 치아 요정이 빠진 치아의 다양한 수만큼 남겨놓은 돈이 얼마인지를 결정한다.

그림 7-2

빠진 치아 그래프

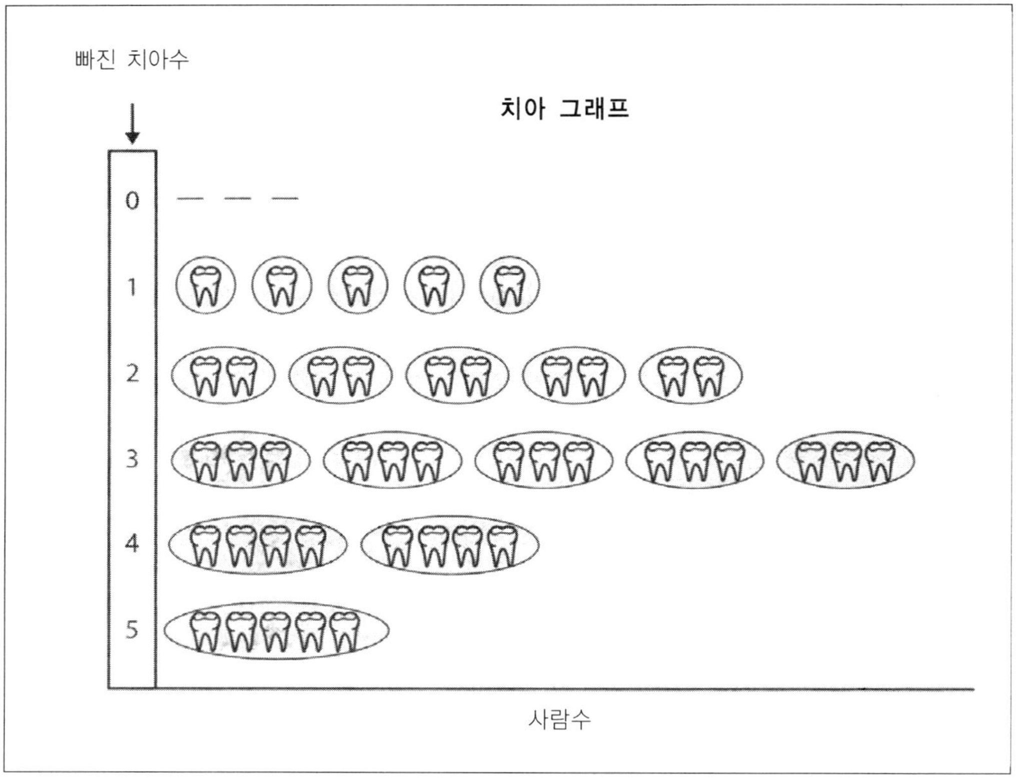

발렌타인

Frank Modell의 ***One Zillion Valentines***는 발렌타인 데이 카드를 사기보다는 만들기로 마음먹은 한 소년에 대한 이야기이다. 이 이야기를 읽고 난 후, 학생들은 발렌타인 데이 카드에 관한 벤 다이어그램을 만들 것이다.

준비물

- 포스트지 1개.
- 빨간펜 1개.
- 분홍펜 1개.
- 빨간색 종이 2~3장.
- 분홍색 종이 2~3장.
- 빨간색과 분홍색이 섞여있는 포장지 또는 벽지 샘플.

교수학습 지침

1. 수업을 준비하기 위해, 커다란 2개의 원이 겹쳐져 있는 벤 다이어그램을 포스터지에 그린다. 한 개의 원은 빨간펜으로 그리고 또 다른 원은 분홍펜으로 그린다. 빨간 원은 *빨간 하트*, 분홍원은 *분홍 하트*라고 이름 붙인다. 겹쳐진 부분은 *분홍-빨강 하트*라고 한다.
2. 준비한 색종이를 각각 접고 하트의 반 외곽선을 점선으로 촘촘하게 그린다. (그림 7-3 참고) 하트의 크기는 벤다이어그램 안에 쉽게 들어갈 수 있도록 한다.
3. 아이들에게 빨간색, 분홍색, 빨간색과 분홍색이 섞여있는 종이 중에서 한 가지를 선택하여, 점선을 따라 오려서 하트를 만들도록 한다.
4. 빨간 하트를 만든 아이들에게 그것을 들어보라고 한다. 분홍 하트와 분홍-빨강 하트를 만든 아이들에게도 마찬가지로 그것을 들어보라고 한다.
5. 아이들이 쉽게 접근할 수 있는 곳에 벤다이어그램을 놓는다. 여러 아이들에게 그들의 하트를 어디에 놓아야 할지 생각해보도록 한다. 그리고 그 이유를 토의해 보도록 한다.
6. 자신 있는 학생들에게 앞으로 나와서 그들의 하트를 적절한 위치에 붙여보게 한다. (그림 7-4 참고) 만약 학생들이 실수를 한다면-예를 들어, 그들이 분홍-빨강 하트를 겹쳐진 부분이 아닌 빨간 하트 부분에 놓았다면- 아이들에게 문제에 대해 다시 한 번 생각해 보도록 한다. 이 예에서, 교사는 하트가 실제로 빨간색으로 되어있는 부분이 있기 때문에 빨간 원 안에 들어갈 수 있다는 것을 확인할 수 있다. 그러나 그 다음에 하트가 빨간색과 분홍색을 둘 다 가지고 있기 때문에 또 다른 공간에 놓을 수 있는지 물어본다. 벤다이어그램은 아이들이 한 가지 이상의 유사성에 대하여 동시에 생각할 수 있도록 도와준다.
7. 일단 모든 아이들이 그들의 하트를 벤다이어그램에 놓게 한 후, 아이들에게 이 벤다이어그램에 대해서 수학적으로 참인 문장을 생각해보고 이것의 목록을 만들도록 한다. 이 다이아그램과 함께 아이들이 만든 목록을 게시한다.

그림 7-3

발렌타인 다이아그램

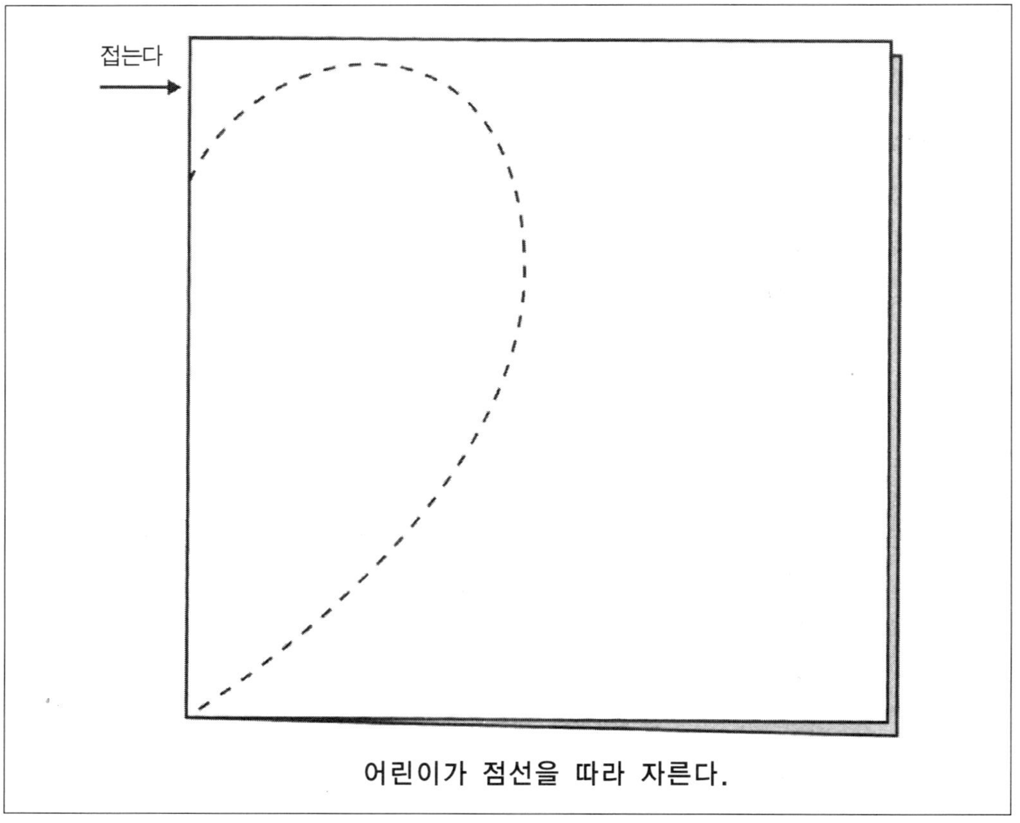

그림 7-4

발렌타인 다이아그램

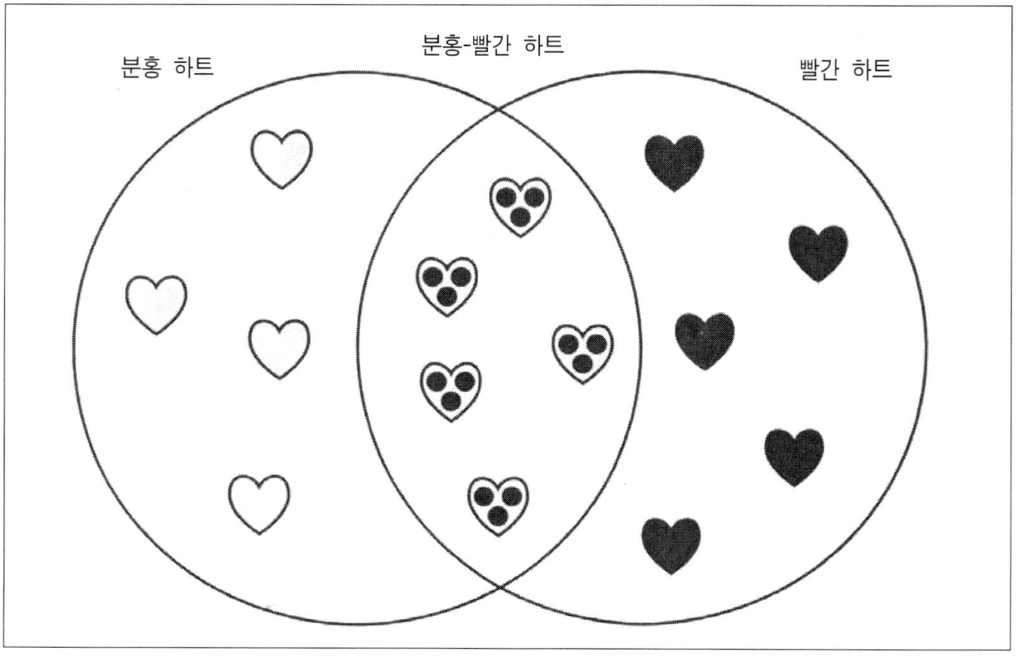

링컨 대통령의 턱수염

Louise Borden의 ***A. Lincoln and Me***는 애브라함 링컨에 대한 정보를 제공한다. 이 이야기는 이러한 역사적 인물과 자신이 비슷하다고 느끼는 한 어린 소년으로부터 시작된다. 책을 읽고 토의한 후에, 학생들에게 링컨이 아이들을 매우 좋아했으며, 그가 미국 대통령이 되기 전에도 그리고 대통령이 된 후에도 아이들로부터 많은 편지를 받았다는 것을 설명해준다. 사실, 링컨이 처음에 작은 사무실에서 일할 때, 어린 소녀가 그에게 편지를 써서 그가 턱수염을 기르면 더 멋져 보일것이라고 했다. 그는 그녀의 충고를 받아들였고, 턱수염을 길렀다.

이 활동은 학생들이 예상을 하고, 덧셈과 뺄셈을 연습하고(첫 번째 활동과 두 번째 활동), 그래프를 그릴 수 있는 기회를 제공한다(세 번째 활동).

준비물

- 턱수염이 있는 링컨의 사진; 학생 수만큼.
- 턱수염이 없는 링컨의 사진; 학생 수만큼.

교수학습 지침

첫 번째 활동

1. 아이들에게 턱수염이 있는 링컨의 사진과 턱수염이 없는 링컨의 사진을 보여준다.
2. 학생들에게 턱수염이 *있는* 링컨을 좋아하는 사람은 몇 명이고, 턱수염이 없는 링컨을 좋아하는 사람은 몇 명일지 예상해보게 한다. 만약 학생 수가 너무 많다면(20명~30명 또는 그 이상), 문제를 단순화 하여 학급 인원이 10명 정도 되는 것으로 가정해본다. 이 상상의 열 명 가운데 턱수염이 있는 링컨을 좋아하는 학생은 몇 명일까? 턱수염이 없는 링컨을 좋아하는 학생은 몇 명일까?
3. 합계를 10명으로 하여 수식을 써 본다. 예를 들어, 만약 가상의 학생 중 5명이 턱수염 있는 링컨을 좋아하고 5명이 턱수염 없는 링컨을 좋아한다면, 5+5=10이라고 쓴다.

두 번째 활동

1. 학급에 몇 명이 있는지 물어본다.
2. 칠판에 ____+___=25(학급 인원수)를 쓴다. (참고: 이 활동의 남은 부분에서도 학급 인원수를 25로 간주할 것이다. 교사는 자신의 학생 수에 맞추어 다음 단계를 진행하면 된다.)
3. 아이들에게 수식에 있는 빈 칸이 나타내는 것이 무엇인지 설명해준다. 예를 들어, 첫 번째 빈칸은 턱수염이 *있는* 링컨을 좋아하는 사람들의 수를 나타낸다. (첫 빈 칸 위에 턱수염 있는 링컨의 사진을 붙인다.) 두 번째 빈칸은 턱수염이 없는 링컨을 좋아하는 사람들의 수를 나타낸다. (이 빈 칸 위에는 턱수염 없는 링컨의 사진을 붙인다.)
4. 아이들에게 턱수염이 *있는* 링컨을 좋아하는 학생이 한 명일 경우를 가정해 보고, 빈 칸을 채워보게 한다. 1+___=25
5. 그런 다음, 두 번째 빈 칸에 몇 명이 들어갈지 물어본다. 아이들이 토의를 통해서 24를 이끌어 낼 수 있도록 도와준다. 두 번째 빈 칸에 24가 들어간다는 것을 결정한 방법에 대해 토의한다.
6. 이제 2+__=25, 그 다음에는 __+23=25, 그리고 15+__=25과 같은 몇 개의 새로운 수식을 쓴다. 아이들이 스스로 수식을 만들어서 해보도록 하고, 그동안 해왔던 것처럼 그 이유에 대해서 토의해 본다. 아이들이 수를 세고 수적 관계를 파악하기 위해서 텐 프레임과 연결정육면체 또는 다른 구체물을 사용할 수 있도록 한다.
7. 뺄셈이 있는 수식을 소개한다. 예를 들어, 25-__=24. 이 수식이 의미하는 것은 무엇인지 물어본다. *이* 수식에서 25가 의미하는 것은 전체 학생 수라는 것을 아이들이 이해할 수 있도록 도와준다. 빈 칸이 나타내는 것은 턱수염이 *있는* 링컨을 좋아하는 학생 수이고, 반면에 24는 턱수염이 *없는* 링컨을 좋아하는 학생 수임을 설명해 준다. 25-24=1, 25-5=20 또는 25-10=15와 같은 더 많은 뺄셈식을 시도해 보도록 한다.

세 번째 활동

1. "*당신은 턱수염이 있는 링컨이 더 멋있다고 생각합니까, 아니면 턱수염이 없는 링컨이 더 멋있다고 생각합니까?*"라는 질문을 칠판 맨 위에 적는다. 밑에는, *'턱수염이 있는'* 그리고 *'턱수염이 없는'*이라는 2개의 라벨을 붙인다.
2. 아이들에게 턱수염이 있는 사진과 없는 사진 중에서 더 선호하는 사진을 선택하여 칠판의 적당한 곳에 붙이도록 한다. (그림 7-5 참조.)

3. 아이들에게 그래프를 보고, 그들이 알아낸 것에 대해 수학적으로 참인 문장을 만들게 한다. 다음과 같은 반응이 나올 수 있다. "턱수염이 *있는* 링컨을 좋아하는 사람이 더 많다." "턱수염이 없는 링컨을 좋아하는 사람이 더 적다", "턱수염이 있는 링컨을 좋아하는 사람이 턱수염이 없는 링컨을 좋아하는 사람보다 1명 더 많다." 이러한 반응은 *'더 많은'*, *'더 적은'*, *'몇 개 더 많은'*과 같은 개념에 대한 이해를 나타낸다.
4. 아이들이 자신들이 이 그래프에서 본 것을 나타내는 덧셈식과 뺄셈식을 제안하도록 시켜도 좋다.

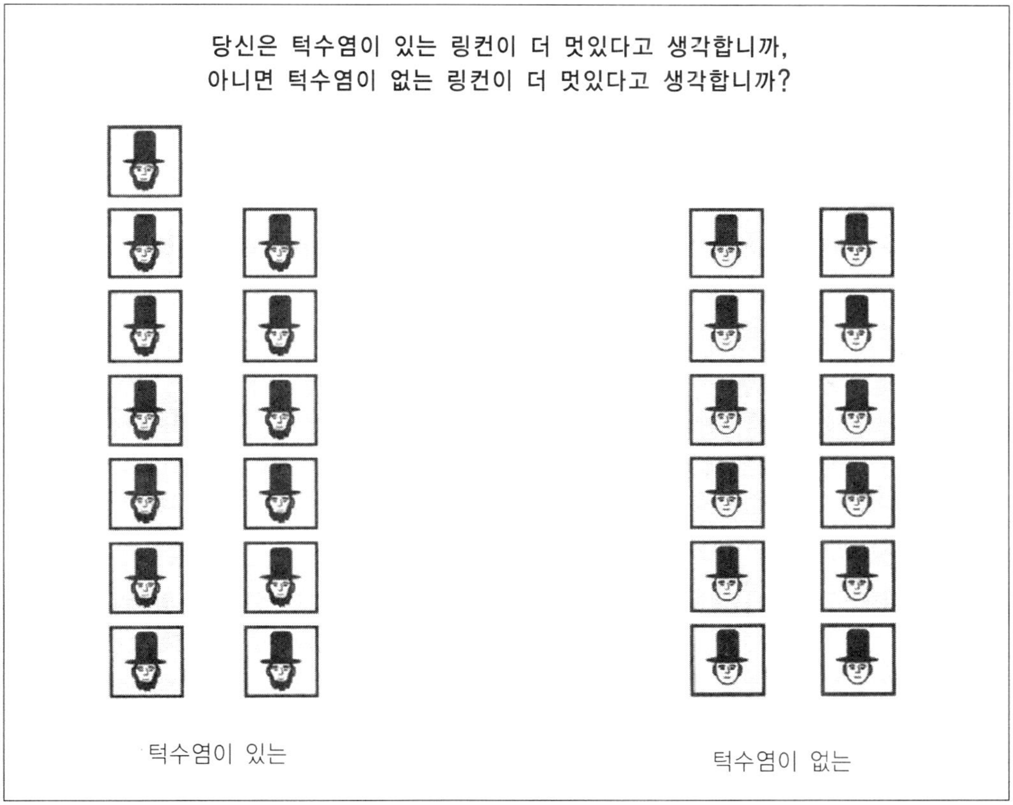

그림 7-5

당신은 턱수염이 있는 링컨이 더 멋있다고 생각합니까, 아니면 턱수염이 없는 링컨이 더 멋있다고 생각합니까?

100번째 날

계획하기

Joseph Slate가 쓴 ***Miss Bindergarten Celebrates the 100th Day of Kindergarten***이라는 책과 Angela Medearis가 쓴 ***The 100th Day of School***이라는 책은 학교의 100번째 날을 기념하기 위한 아이디어를 만들어낼 수 있다. 학급회의 중에, 아이들은 기념일을 위한 활동을 계획할 수 있다. 아이들이 유치원 때 배운 것을 기억하는 수학 활동과 올해 배울 새로운 활동에 대한 토의를 시작할 때, 이 두 권의 책을 이용하면 좋다. 수학용어집을 옆에 두고, 토의 중에도 떠오르는 새로운 단어가 있으면 추가할 수 있도록 한다. 이 시간은 또한 아이들이 배우기를 원하는 것과 습득하기를 원하는 수학 기능에 대해 토의하기에 좋은 시간이다. 결국 학생들은 100번째 날을 유치원생들과 함께 기념하고 싶어할 것이다. 예를 들어, 그들은 유치원생과 파트너가 되어 분류하기 세트에서 100개의 물건을 셀 수 있다.

100개의 얼굴 그리기

Terri Sloat의 ***From One to One Hundred***(본서의 초반부에 언급했던)는 분류하기와 세기를 다룬다. 각 페이지는 독특한 주제를 담고 있다. 책의 표지는 상기되어있는 많은 어린이들의 얼굴을 묘사하고 있다. 학생들과 이 책을 다시 읽어본 후에, 아이들에게 표지에 있는 얼굴은 몇 개라고 생각하는지를 어림해보도록 한다. 한 100명? 50명? 25명? 아이들에게 100번째 날을 축하하기 위해 100개의 얼굴을 전시한 것을 만들어보자고 한다. 얼굴을 그리기는 쉽다. 그리고 아이들은 놀랄 만큼 다양한 생각을 한다. 필요한 것은 다음과 같다.

준비물

- 아이들마다 피부색톤을 가진 색지 여러 장
- 아이들마다 그리고 색칠할 도구 여러 개. (싸인펜, 물감, 또는 다른 도구)

교수학습 지침

1. 각 아이들이 얼굴을 몇 개씩 그릴 것인지 결정한다. 100개의 얼굴을 그렸는지를 알아보는 방법을 토의하는데 1-100 포켓차트를 사용한다. 교사는 각 수 포켓 안에 막대기를 하나씩 넣어 놓고, 각 아이가 몇 개의 얼굴을 그려야 하는지를 보여주기 위해 막대기들을 배포하기 시작한다.

2. 아이들에게 교사가 준 종이 위에 여러 개의 얼굴을 그리라고 한다.
3. 아이들이 여러 개의 얼굴을 그린 후에, 게시판 같은 커다란 공간에 그 얼굴들을 게시한다. 아이들에게 좀 더 효율적으로 얼굴을 셀 수 있는 배열 방법을 제안해 보도록 한다. 누군가는 얼굴을 2개씩, 5개씩, 10개씩 배열하는 방법을 추천할 수도 있다.
4. 게시판 위에 마지막으로 결정된 얼굴 세기 방법으로 얼굴을 배열한다.

특히 이런 종류의 미술 활동을 즐기는 아이들에게 만약 그들이 원한다면 얼굴 그림을 더 그리도록 한다. 교사는 또한 '얼굴-만들기' 수업을 2~3번 이상 할 수도 있다. 학생들이 만든 이러한 간단한 게시물은 세기 기회를 제공함과 더불어 많은 즐거움과 유머를 제공할 것이다.

반대 개념

이 부분에서는 아이들이 *'가능한/불가능한, 십중팔구/혹시, 발생 가능성 있는/발생 가능성 적은, 비슷한/비슷하지 않은, 진실/가장, 허구의/실제의'*와 같은 짝이 되는 단어들을 탐색해 볼 수 있는 상반되는 이야기들을 보여준다.

테가 있는 모자와 테가 없는 모자

Ann Morris의 ***Hats, Hats, Hats***는 다양한 모자를 그려놓은 아름다운 사진이 있는 책이다. 각 페이지에서는 모자를 쓰고 있다는 점은 같지만, 다른 문화와 다양한 스타일을 보여주는 다른 종료의 모자를 쓰고 있는 사람들의 사진을 보여준다. 책을 읽고 난 후에, 책에서 볼 수 있는 모자를 실제 생활에서도 발견할 수 있다고 생각하는지, 아니면 그렇다고 가정할 수 있는지 물어본다. 그런 다음 책에 나오는 다양한 지역의 위치를 찾기 위해 지도나 지구본을 이용하게 한다.

Esphyr Slobodkina의 ***Cap for Sale***[40]은 ***Hats, Hats, Hats***의 '실제적인 이야기'와 대조되는 '허구적인 이야기'를 제공한다. 이 이야기는 여러 세대에 걸쳐서 아이들에게 인기를 끌고 있으며, 이 이야기에서 모자를 팔지 못한 한 행상인이 낮잠을 자기로 결심한다. 그가 잠든 동안에, 원숭이들이 모자를 가져간다. 그리고 그 후에 행상인과 함께 즐거운 시간을 보낸다. 아이들은 극적인 이 이야기를 좋아하며, 장난이 심한 원숭이인 척 하기도

40) 이 책은 '모자사세요(박향주 역, 시공주니어)'로 번역되어 있다.

한다. 교사는 이야기를 진행시키는 동안 갑자기 나타난 모자를 추적하거나, 색깔이 다양한 10개의 모자를 쓴 원숭이를 교실 게시판에 붙이는 것으로 수학과의 연결로 확장시킬 수 있다.

마케팅, 마케팅

Ted Lewin의 ***Market***은 뉴욕에서 우간다의 마을까지 걸쳐져 있는 시장 이미지를 보여주는 시각적이고, 사실적인 책이다. ***Hats, Hats, Hats***와 마찬가지로, 이 책은 세계 여러 지역의 유사성과 차이점을 보여주기 때문에 사회 공부도 된다. 교사는 아이들에게 그 그림의 어떤 부분이 현실적이라고 생각하는지를 물어보고, 책의 생생한 장면에 대해서 더 확실하게 알아볼 수 있는 지도와 다른 도구들을 탐구해보도록 할 수 있다.

Market과 비슷한 책인 Anne Miranda의 ***To Market, To Market***을 읽는다. 이 소란스러운 책은 *"뚱뚱한 돼지를 사기 위해 시장으로, 시장으로"*와 같은 친숙한 리듬을 사용한다. 아이들은 삽화의 유머를 즐기고, 이런 아주 우스운 그림과 ***Market***에서의 아름답고 사실적인 그림의 차이를 분명하게 느낄 수 있다.

북극곰

북극곰은 특히 겨울에 추운 지방에 사는 아이들 사이에서 꽤 인기 있다. Gail Gibbons의 ***Polar Bears***에는 이 뛰어난 북극의 동물에 대한 재미있는 정보들이 담겨있다. 책의 선명한 삽화와 교육적인 특징은 아이들이 정확한 정보를 확인할 수 있도록 도울 것이다. 그 다음에 아이들은 그 책과 북극곰에 대한 허구적 이야기의 차이점을 즐길 것이다.

Hans de Beer의 ***Little Polar Bear***는 사랑스러운 캐릭터를 소개하고, 이전의 책과는 구분되는 점이 있다. 작은 곰은 그가 인간인 것처럼 행동한다. 학생들은 동물들이 사람처럼 행동하는 또 다른 이야기에 대해 토의할 수 있다. (예를 들어, 곰돌이 푸, 금발머리 소녀와 3마리 곰, the Berenstain Bears). 대부분의 아이들은 이러한 이야기가 가상이라는 명백한 결론을 낼 수 있다.

즐거운 개들

John Muir과 Rubay Donnell이 쓴 ***Stickeen***[41]은 탐험가이자 환경보호론자인 John Muir와 그의 작은 개 Stickeen에 대한 장엄한 실제 이야기이다. Muir와 Stickeen은 알라

---

41) 이 책은 '스티킨(장상욱, 바다어린이)'로 번역되어 있음.

스카 모험을 하는 동안 남다른 용감함을 보여준다. 첫 페이지부터, 작가는 이것은 실제 이야기라는 것을 명백하게 밝힌다. 아이들은 역사적 사실 때문에 놀라며 독특한 그림 속에 빠져들게 된다.

상상으로 쓴 것과의 비교를 위해서, Peggy Rathman이 쓴 ***Officer Buckle and Gloria***를 읽는다. 이 매력적이며 유머러스한 이야기는 경찰관과 그의 개의 우정에 대한 이야기이다. 경찰관 Buckle은 진지하고 따분한 안전과 관련된 메시지를 전하기 위해 학교를 방문한다. 아이들을 기쁘게 하기 위해, 그의 개 Gloria는 Buckle의 뒤에서 쇼를 보여준다. 경찰관과 그의 개를 묘사한 이 장면은 이 이야기가 허구라는 충분한 증거가 된다.

이런 대조적인 이야기 몇 가지를 경험한 후에, 아이들은 학급 문집에 그들의 아이디어를 이용하여 '발생 가능성 있는 / 발생 가능성 적은'이라는 페이지를 만들거나 책의 제목을 기록할 수 있다. 그들은 또한 자신에 대한 발생 가능성 있는 / 발생 가능성 적은 이야기를 만들어낼 수도 있다.

전체 학급 활동 / 메뉴 활동

아래에 제시된 활동들은 아이들이 게임과 조사를 통해 수학 정보를 얻도록 고취시키며, 그들이 수집한 자료를 바탕으로 비슷한 또는 비슷하지 않은 일에 대한 예측을 해볼 수 있게 해준다.

주사위 두 개 던지기

둘이서 하는 이 게임은 아이들이 가능성이라는 개념을 알아보고 덧셈을 연습할 수 있도록 해준다. 주사위 두 개를 반복해서 굴리다보면, 어떤 합이 다른 합보다 더 자주 발생할 것이다. 아이들은 그 합을 기록하고, 그들이 발견한 것을 시각화하기 위해 그래프를 그릴 수 있다.

준비물

- 2인 1 모둠 당 주사위 2개.
- 큰 주사위 2개.
- OHP.
- 모둠 당 '주사위 두 개 굴리기'라는 제목의 학습지 1장. (그림 7-6과 부록 참고)

그림 7-6 ▶

주사위 두 개 굴리기 기록지

2	3	4	5	6	7	8	9	10	11	12

결승선

교수학습 지침

첫 번째 활동

1. 먼저 게임을 설명해 준다. 만약 큰 주사위 2개를 가지고 있다면, 학생 도우미들에게 이것들을 열 번 굴리고, 각각의 결과(주사위 숫자의 합)를 학생들에게 보여주도록 한다. 학생들이 이 활동을 하는 동안, 큰 차트지나 칠판에 그 결과를 기록한다. 두 개의 주사위의 합을 나타내는 등식의 형태로 그 결과를 기록하는 것이 좋다. 예를 들어, 2+1=3, 5+2=7, 6+6=12. 만약 큰 주사위를 이용하지 않는다면, 몇 명의 아이에게 주사위를 굴린 다음, 그 결과를 교사가 기록했던 것처럼 발표하도록 한다.

2. 일단 주사위를 열 번 굴려 자료를 얻게 되면, 뒤돌아서서 그것을 본다. 아이들이 둘씩 짝을 짓도록 하고, 자료에서 볼 수 있는 수 조합에서 알아낼 수 있는 것에 관해 토의해 보도록 한다.
3. 아이들이 알아 낸 것에 대해 이야기해 보도록 한다. 아마도 그들은 한 번 이상 발생하는 수 조합과 합을 확인할 것이다.
4. 반복되는 것에 대해 토의해 본다. 아이들에게 두 개의 주사위를 던져서 얻을 수 있는 모든 조합을 생각해낼 수 있는지 물어본다. 만약 A 학생이 하나의 주사위를 던지고 B 학생이 다른 주사위를 던진다면, 어떤 상황이 발생할 것이라고 생각하는지 물어본다. 어떤 학생들은 1+1, 즉 "뱀의 눈snake eyes[42)]"은 합이 6이나 7이 되는 것보다 어렵다는 것을 발견할 것이다.
5. OHP를 사용하여 기록지를 보여준다.
6. 다시 한 번 몇 명에게 주사위를 굴리도록 한다. 기록지에 그 결과를 기록한다. 예를 들어, 만약 학생들이 3과 2를 던지면, '5'줄의 첫 번째 빈 칸에 3+2=5를 써 넣는다. 학생 여러 명을 나오게 해서 기록하는 방법을 돌아가면서 연습해 보도록 한다. 어떤 열의 기록이 다른 열의 기록보다 좀 더 많이 쌓이는 것이 보일 때까지 주사위를 굴리고 그 결과를 기록한다.
7. 학생들과 기록한 것을 보면서, 그들이 발견한 점을 물어본다. 어떤 열은 다른 것보다 좀 더 길다는 것을 지적한다. 학생들에게 이것은 단지 우연인지, 또는 이렇게 되는 이유가 있는 것인지를 물어본다. 그들이 짝과 함께 게임을 하고 그 결과를 기록할 때, 그래프의 모양이 어떤 모양이 될지에 대해서 특별한 주의를 기울여야 한다고 말해준다. 학생들은 그들이 만들 그래프가 학생들 전체와 함께 만든 것과 비슷하다고 생각하는가, 아니면 다르다고 생각하는가? 예측하기를 원한다면 예측해보는 것도 좋다.

두 번째 활동

1. 학생들이 둘씩 짝을 짓게 하고, 빈 기록지를 나누어 준다. 게임을 위해, 두 학생이 교대로 주사위를 굴리고, 기록한다. 또는 각 게임자가 게임을 하는 동안 같은 작업을 수행할 수도 있다. 하나의 열이 모두 채워지면 게임은 끝이 난다.
2. 두 명씩 짝을 지어 게임을 한 후, 아이들에게 그들의 기록지를 돌려달라고 한다. 아이들의 기록지를 보고 가능하다면 다양한 결과를 붙인다. 그래프는 대략적인 V모양을 보여주며, 이 게임이 진행됨에 따라 결과를 예상할 수 있다는 것을 확인할 것이다. (그림 7-7 참고)

---

42) 영어문화권에서는, 두 개의 주사위로 놀이를 할 때 모두 1일 나왔을 때, 그 모양이 마치 뱀의 눈과 같고 뱀의 눈을 보는 것이 불길하다고 느끼는데 주사위의 경우 또한 안 좋은 결과가 나오기 때문에, 이 경우를 snake eyes라고 한다.

3. 아이들이 왜 7이나 8과 같은 합이 2나 12보다 더 자주 나오는지에 대해 토의하도록 한다. 예를 들어, 7은 1+6, 2+5, 3+4, 4+3을 하면 나온다. 많은 1학년 학생들은 이러한 관계에 대해 일반화 할 수 없을 것이라는 사실을 고려한다.

그림 7-7 ▶

Margaret과 Pita는 자신들을 기록지를 참고해서 발생가능성이 적은 조합들을 예측했다.

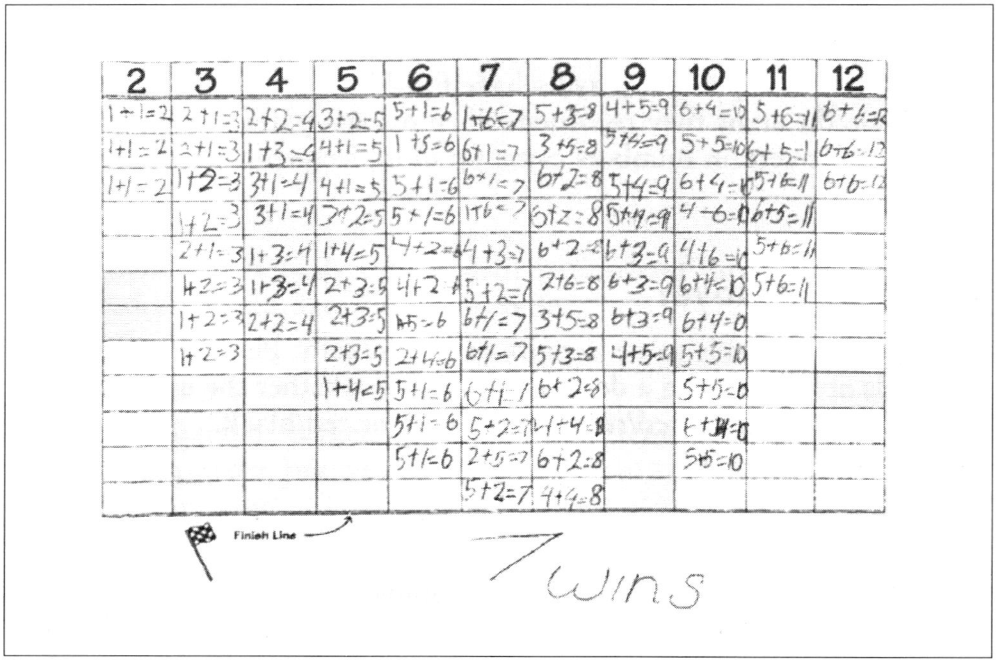

달걀 상자 흔들기

이 게임은 *'주사위 두 개 던지기'*와 비슷하다.

준비물

- 2명당 1개의 달걀 상자.
- 게임 조각으로 이용할만한 동전이나 타일 2명당 2개씩.
- 마커 1개씩.
- 마스킹 테이프 또는 불투명 테이프.

교수학습 지침

1. 달걀 상자 속 안쪽 열을 따라 각 달걀 칸의 바닥에 마커를 사용하여 1~6까지의 숫자를 쓴다. 상자 속 바깥 열에도 1~6까지의 숫자를 쓴다.
2. 달걀 상자의 윗부분에 있는 구멍을 테이프로 덮는다.
3. 각각의 달걀 상자 안에 게임 조각 두 개를 넣는다.
4. 아이들이 짝을 짓게 한다. 그리고 규칙을 설명한다. 게임자들은 달걀 박스를 흔들고 그것을 열어서 게임 조각이 어디에 있는지 살펴본다. 그들은 *'주사위 두 개 굴리기'*에서 했던 것처럼, 2개의 숫자를 서로 더하고 그 결과를 수학 공책에 기록한다. (예를 들어, 4+2=6, 1+6=7. 등)
5. 전체 아이들과 함께 몇 번 시연해 보고, 수식을 쓰는 방법을 시범 보인다.
6. 게임자들은 게임을 시작한다. 게임은 흔들기를 20번 한 후에 끝난다.
7. 모든 아이들이 게임을 끝내면, 학생들에게 그들이 기록한 합에 동그라미를 그리도록 한다. 그 다음에 학생들과 함께 패턴에 대해 토의해 본다. 예를 들어, 어떤 숫자들은 다른 수에 비해 좀 더 자주 나타난다.

카드 두 장 뒤집기

아이들은 이 게임을 짝과 함께 또는 혼자서 할 수 있다. 게임자들은 한 번에 두 개의 카드를 뒤집은 다음, 뒤집힌 카드가 빨강 / 빨강, 검정 / 검정, 빨강 / 검정 중 어떤 조합을 보여주는지를 관찰하게 될 것이다.

준비물

- 학생 1명당 또는 2명당 카드 한 벌. (조커 제외)

교수학습 지침

1. 학생들을 위해 게임을 시연한다. 칠판에 빨강 / 빨강, 빨강 / 검정, 검정 / 검정이라는 세 개의 열을 만든다. 학생들에게 수학 공책에 같은 열을 만들도록 한다.
2. 카드를 섞은 후, 뒤집어 쌓아 놓는다.
3. 학생들에게 카드 2개를 뒤짚게 한다. 칠판의 알맞은 열에 빗금 표시나 X를 표시한다. 공책에도 똑같이 기록하게 한다. 학생들에게 어떻게 표시하는지를 상기시키고, 그 방법에 동의하도록 한다. (예를 들어, 4개의 빗금을 긋고 1개를 사선으로 그어 5를 표기하기)

4. 지원자들에게 여러 번 더 뒤집으라고 하고, 그 결과를 계속해서 기록한다. 학생들이 공책에도 계속 기록해야 한다는 것을 잊지 않도록 한다.
5. 몇 번의 시연을 해 본 후, 학생들에게 카드를 계속 뒤집으면 어떤 일이 생길지를 예측할 수 있는지 물어본다.
6. 모든 카드를 다 뒤집을 때까지 계속한 후, 세 열의 결과를 비교해 본다. 학생들에게 어떤 열이 가장 많이 나왔고, 어떤 열이 가장 적게 나왔는지를 물어본다. 그 결과는 우연인지, 짝끼리 해도 똑같은 결과가 나올지 물어본다. 그 이유를 토의해 본다. 몇몇 학생들은 가족들이나 친구에게 게임에 대해 직접 설명을 해보는 것을 가정해보거나, 사람들이 게임의 끝에 어떤 일이 생길지를 이해할 수 있도록 도와줌으로써 그들의 예측을 이야기하는 것은 쉽다는 것을 발견할 수도 있다.
7. 아이들이 둘씩 짝지어서 그들 스스로 게임을 해보도록 한다.
8. 다시 아이들을 모아서, 결과를 토의한다.

클립 던지기

둘이서 하는 이 게임은 활발한 참여를 수반하며, 아이들의 예상과 자료 수집 기술을 더욱 발달시킨다.

준비물

- 3가지 색깔의 종이로 만들어진 큰 원모양의 목표물, 2명당 1개.
- 클립 2명당 1개.
- 큰 원모양의 목표물에 있는 3가지 색깔과 같은 색의 연결정육면체, 2명당 10개, 15개 또는 20개.

교수학습 지침

1. 2명당 하나의 목표물을 만든다. 각 목표물은 원의 중심이 같고 서로 붙어있는 세 개의 원으로 이루어져 있으며 세 개의 원은 서로 다른 색이다. 바깥쪽 원이 중간 원과 가장 안쪽의 원보다 두드러지게 커야 한다. 가장 작은 원은 과녁의 중심처럼 보여야 한다. (아래 그림 참고)

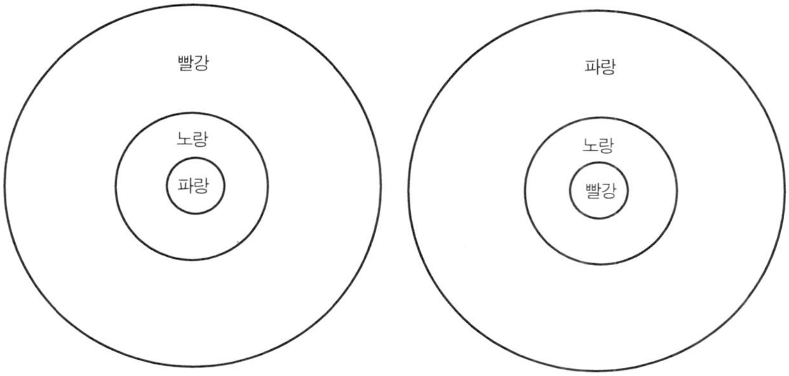

2. 게임을 설명해준다. 설명을 위해 목표물 하나를 바닥에 놓고, 클립을 든다.
3. 몇 명의 학생을 앞으로 나오게 하여 클립을 목표물 위해 떨어뜨리거나 던지게 한다. 지원자들에게 클립이 떨어진 부분이 어디인지 기록하기위해 연결정육면체를 이용하도록 한다. 예를 들어, 목표물의 큰 원은 빨강, 중간 원은 파랑, 가장 안쪽 원은 노랑이라고 가정해보자. 클립이 빨강에 떨어졌을 때, 기록자는 빨강 연결정육면체를 모은다. 클립 던지기가 끝난 후에 클립을 다음 사람에게 넘긴다. 기록자는 클립이 떨어진 위치와 동일한 색깔의 연결정육면체를 계속해서 모은다. 학생들에게 게임이 계속되면서 일어날 일을 예측해보게 한다.
4. 학생들은 연결정육면체의 개수를 채울 때까지(예를 들어, 10개, 15개, 또는 20개), 클립을 던지고 연결정육면체를 모으는 활동을 계속한다. "각 색깔이 얼마나 모였니?", "어떤 색깔이 가장 많이 모였니?", "어떤 색깔이 가장 적게 모였니?"와 같은 질문을 한다.
5. 학생들끼리 게임을 해보게 한다. 둘이서 번갈아가며 클립을 던지고 결과를 기록하기 위해 연결정육면체를 모으는 활동을 하도록 한다. 활동이 끝났을 때, 학생들에게 물어본다. "짝의 결과와 너의 결과를 어떻게 비교할 수 있을까?", "네가 예상한 결과를 얻었니?", "네가 모두 10번 던졌다는 것을[또는 목표 수에 따라] 어떻게 알 수 있니?"

게임이 지속되는 동안, 몇 명의 학생들은 클립을 가장 안쪽 원에 맞추기 위해 노력할 것이다. 그것은 게임의 목표는 아니다. 진짜 목표는 클립을 던질 때 대부분 어디에 떨어지는지를 예측해보는 것이다. 만약 게임자들이 중앙을 맞출 경우가 얼마나 될지 예측해보기를 원한다면, 그것도 좋은 방법이다. 이것 또한 가능성이라는 개념을 가지고 활동하는 것이기 때문이다.

동전 던지기

이 게임 또한 예측하고 결과를 추적해보는 기회를 제공해 준다.

준비물

- 아이들마다 동전 1개.

교수학습 지침

1. 아이들에게 동전을 보여주고 동전이 두 면으로 되어있음을 설명한다. 앞면과 뒷면이라는 단어를 사용한다.
2. 학생들에게 동전을 20번 던졌을 때 어떤 일이 발생할지 예측해보게 한다. 예측을 한 후에, 그렇게 생각한 이유를 토의해본다.
3. 칠판에 앞면과 뒷면이라는 두 개의 열을 만든다. 동전을 20번 던져서, 각 결과를 빗금 표시를 이용하여 알맞은 열에 기록한다. 같은 결과를 아이들은 수학 공책에 기록한다.
4. 각 아이들에게 동전을 준다. 학생들이 스스로 동전을 20번 던지고 알맞은 열에 빗금 표시를 하여 각 결과를 기록하면서, 이 활동을 반복하도록 한다. 그 결과에 대해 토의해 본다.
5. 아이들에게 만약 동전 2개를 이용했다면 그 결과가 같을 것이라고 생각하는지 다를 것이라고 생각하는지 물어본다. 동전 2개를 던졌을 때 나올 수 있는 결과에 대해 토의해 본다.
6. 칠판에 앞면/앞면, 뒷면/뒷면, 앞면/뒷면이라는 3개의 열을 만든다. 아이들을 3명씩 모둠을 만들도록 한다. 각 모둠에 2개의 동전을 준다. 2명은 동전을 던지고, 한 명은 그 결과를 기록한다. 아이들은 번갈아가며 동전을 던지고 기록할 수 있다.

10에 대한 모든 것

이것은 어림 기술을 강화시킬 수 있는 또 다른 짝 활동이다.

준비물

- 2명당 15~20개의 작은 물건이 들어있는 작은 가방 1개. (예를 들어, 연결정육면체)
- 맨 위에 '10보다 적은', '10', '10보다 많은'이라고 써져있는 기록지, 2명당 2장.

교수학습 지침

1. 아이들이 두 명씩 짝을 짓게 한다. 짝을 지은 두 명에게 작은 물건이 들어있는 가방을 준다. 또한 기록지도 두 장씩 준다. 아이들이 아래의 규칙에 따라 활동을 하도록 한다.
2. 게임자 1은 가방에서 *'10개보다 적게'*, *'정확히 10개'*, 또는 *'10개보다 많이'* 잡을 것이라고 생각하는지를 예상해본다.
3. 게임자 1은 가방에 손을 넣고 물건을 한 움큼 잡는다.
4. 게임자들은 손으로 잡은 물건의 정확한 숫자를 세고, 게임자 1의 기록지의 적절한 부분에 숫자를 적는다.
5. 게임자 1은 물건을 가방에 되돌려 놓는다.
6. 각 게임자가 10번 쥐고 기록할 때까지, 게임자들은 이런 과정을 반복한다. 그 다음에 두 게임자는 그들의 결과를 비교한다.
7. 모두가 게임을 한 후에 게임에 대한 토의를 한다. 아이들에게 그들이 얻은 결과를 바꿀 수 있는 방법을 생각해보도록 한다. 예를 들어, 만약 가방에서 한 움큼을 집어낼 때 더 작거나 더 큰 아이가 했다면 어떻게 될까? 만약 가방 속에 크기가 다양한 물건들이 들어 있었다면 그 결과는 어떻게 될까?

항아리 속 국자

이 활동은 아이들이 *발생가능성 있는*과 *발생가능성 적은*이라는 개념에 대해 생각해볼 수 있도록 해준다.

준비물

- 크기가 다양한 플라스틱 항아리 3개 또는 4개.
- 작은 국자 1개. (예를 들어, 커피 캔에서 나온 것 같은)
- 약 3파운드[43)]의 렌즈콩이 들어있는 가방

43) 1파운드는 약 453g이다.

교수학습 지침

1. 항아리 중에 하나를 선택하고, 그것을 채우기 위해서는 국자로 렌즈콩을 몇 번 떠서 부어야 하는지를 아이들에게 물어본다. 아이들에게 명백하게 너무 크거나 명백하게 너무 작다고 생각하는 여러 추측을 해보도록 한다.
2. 그러고 나서 학생들이 좀 더 현실성 있는 결과에 도달할 때까지 이 두 개의 극단적인 결과 사이에서 범위를 점점 좁혀나가도록 한다. 추측한 것을 칠판에 적는다. (3, 4, 5, 6, 7, 8, 그리고 8이상의 숫자들이 포함된 목록이 만들어질 것이다.)
3. 칠판에 적은 추측을 하나씩 지적하면서, 아이들에게 그들이 지지하는 추측에 손을 들게 한다.
4. 한 국자 떠 넣으며 렌즈콩을 항아리에 채우기를 시작한다. 아이들은 한 국자씩 옮겨질 때마다 큰 소리로 센다. 항아리를 중간정도 채웠을 때, 멈춘다. 그리고 아이들에게 다시 추측해보라고 한다. 어림은 *주어진 시점에서* 가장 좋은 추측이고, 새로운 정보를 얻었을 때 추측을 한 번 정도 바꾸는 것도 괜찮다는 것을 알려준다.
5. 항아리 채우기가 끝나면, 실제로 국자를 몇 번 사용했는지 살펴본다. 아이들 모두 합리적인 추측을 했다는 것에 자신을 갖게 한다. 실생활에서 대부분의 추측은 실제의 결과와 정확하게 맞아떨어지지는 않는다는 것을 상기시킨다.
6. 이미 사용했던 항아리보다 더 크거나 작은 병을 들어올린다. 학생들에게 전에 채웠던 항아리보다 더 많이 들어가는지 더 적게 들어가는지를 물어본다. 반응에 대해 토의한다.

만약 교사가 이 활동을 선택 메뉴로 제공하고 싶다면, 아이들이 어떤 시간에 어떤 항아리를 사용했었는지를 확인할 수 있도록 학생들에게 A, B, C 라벨이 붙은 다양한 용기를 제공하는 것이 좋다. 학생들이 그들의 예상과 실제의 수를 수학 공책에 적게 한다.

조사

이 달의 일과 활동과 다른 활동들을 하는 동안, 아이들은 어떻게 질문하는지를 배웠다. 그들은 또한 학급의 수집 상자에 넣을 질문을 만들었고, 어떤 종류의 질문들이 어느 정도의 확신을 가지고 예상할 수 있는 답을 가지고 있는지에 대해 토의해 왔다. 예를 들어, 아이들이 다음과 같은 질문을 받았다고 생각해보자. "여러분은 하루 동안 언제 음식을 먹습니까?" 이런 경우, 이 질문에 대한 응답에는 어느 정도 확신이 있다. 따라서 반응을 조사하려는 사람은 자신이 조사할 것에 대한 상당히 정확한 예상을 할 수 있다.

반면에, 만약 누군가가 자신이 생각하기에 발생가능성이 있을 반응을 얻기 어려운 질문을 제시한다면, 이런 질문도 '재미있다'고 생각될 수 있다. 이런 형태의 질문이 조사에서 쓰일 때 재미를 준다. 여기에 조사해볼 만한 몇 개의 아이디어가 있다.

준비물

- 막대의 맨 위쪽에 포스트잇을 붙여서 만든 조사 신호 막대, 1명당 1개 - 포스트잇의 한 면에는 '예'라 쓰고 반대쪽은 '아니오'라고 쓴다.

교수학습 지침

1. 수집 상자에서 질문을 뽑는다. 예를 들어, "여러분은 높은 곳이 무섭습니까?" 그리고 그것을 큰 소리로 읽는다. 아이들에게 예/아니오 싸인의 적당한 면이 교사를 향하도록 막대를 들어서 조용하게 반응하도록 한다.
2. 한 지원자를 받아서 학급구성원들 중 'yes'라고 대답할 학생이 더 많다고 생각하는지, 'no'라고 대답할 학생이 더 많다고 생각하는지, 아니면 반응이 공평하게 나누어질 것인지에 대해 물어본다.
3. 차트나 그래프를 이용하여 질문과 응답을 나타낼 수 있는 방법에 대해 토의해 본다. 응답을 기록하기 위해 빗금 표시, 이름, X표 등의 사용여부에 대한 이야기를 나눈다. 모든 그래프나 차트의 맨 위에는 질문이 나타나 있어야 하지만, 그래프나 차트 자체는 다양한 형태를 가질 수 있다는 사실을 알려준다. 정보를 조직하는 다른 방법에 대해 토의해 본다. 지원자들에게 응답을 기록하도록 한다. (그림 7-8 참고)
   일단 학생들 스스로 조사를 해보게 하면, 그들은 좀 더 창의적인 것을 원한다. 학생들이 선택한 형식은 매우 다양하다. (그림 7-9~7-12 참고)

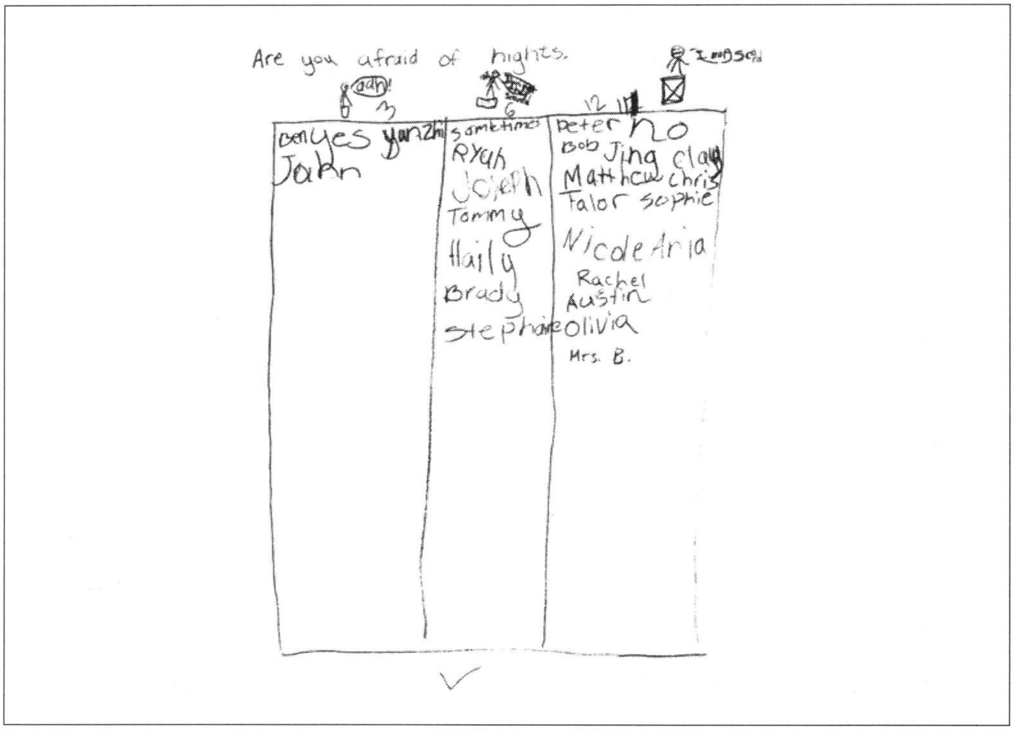

그림 7-8

이 학급구성원들은 “키에 대해 이야기 하는 것이 좋으니?”란 질문에 대한 반응을 설명으로 기록하기로 했다. 반응의 범주는 “예”, “가끔”, “아니오” 였다.

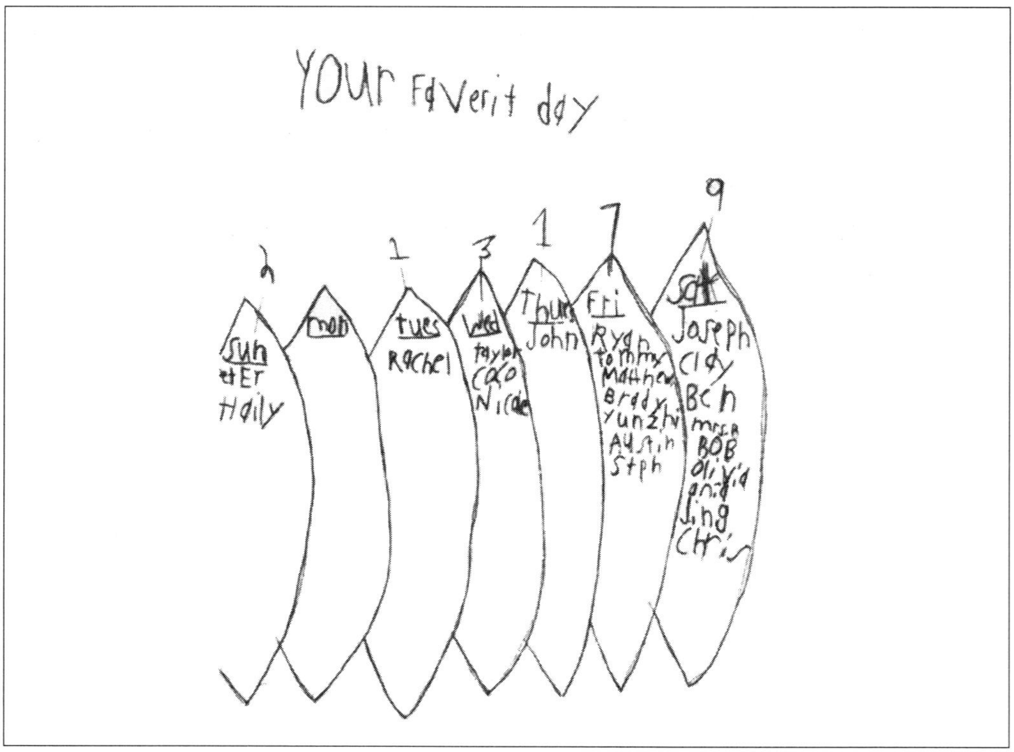

그림 7-9

Matthew는 나뭇잎을 닮은 모양과 이름을 이용해서 조사 질문(여러분이 좋아하는 날)에 대한 응답들을 기록했다.

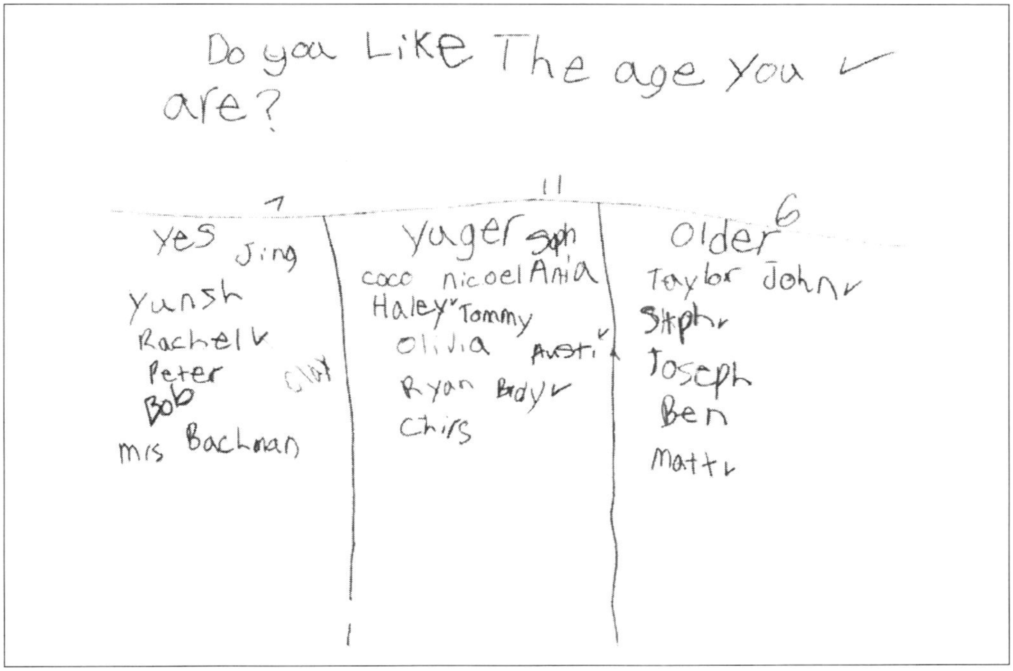

그림 7-10

Sophie는 "여러분은 여러분의 나이를 좋아하나요?"라는 조사 질문에 대해 "예", "어렸으면", 또는 "더 먹었으면"이라고 반응한 사람들의 이름을 목록화했다.

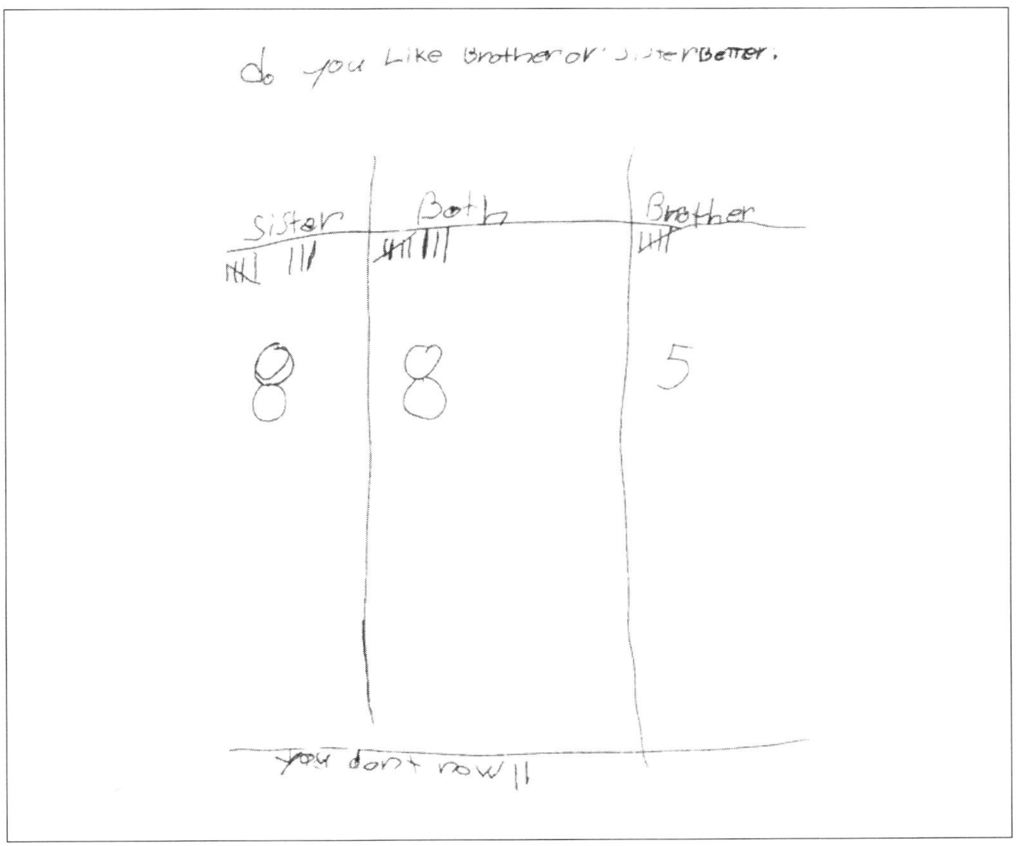

그림 7-11

Ania는 빗금 표시를 이용해서 "여러분은 여자 형제를 좋아하나요, 남자 형제를 좋아하나요?"에 대한 응답들을 기록했다. 응답은 "여자 형제", "모두", "남자 형제", 그리고 "모르겠다."를 포함하고 있다.

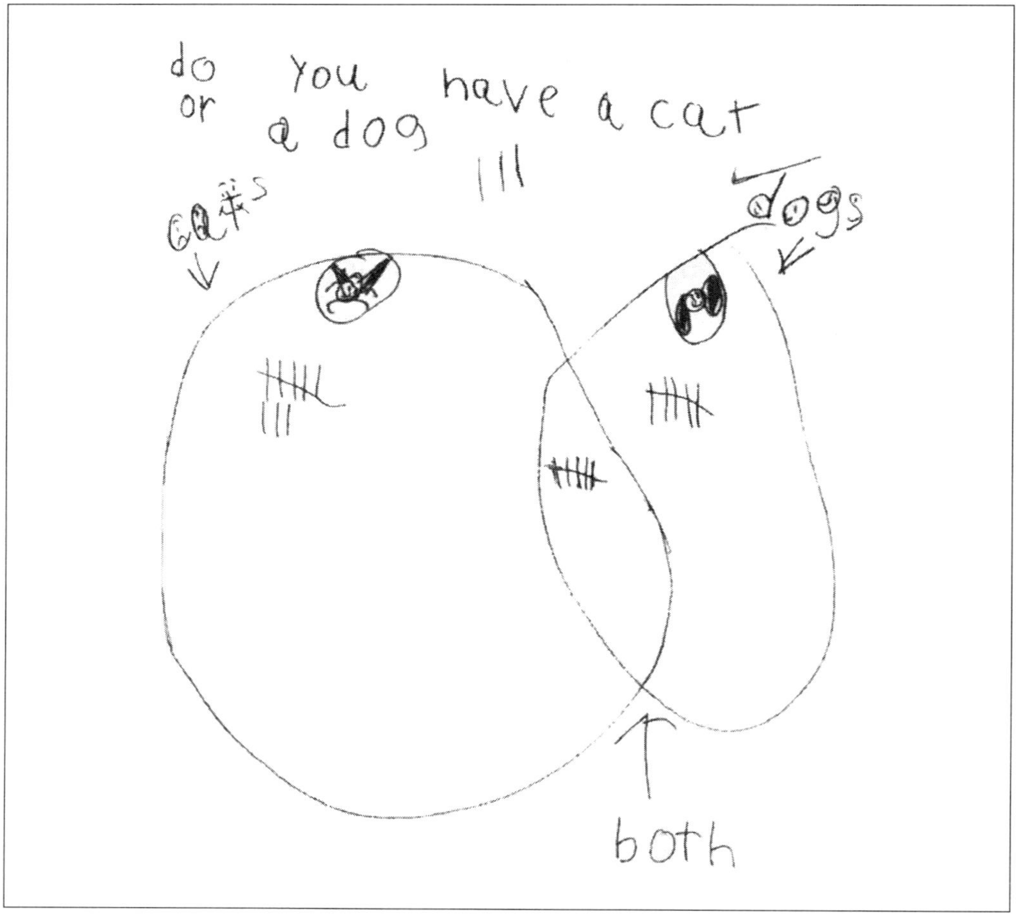

그림 7-12 ▶

Ben은 벤다이어그램을 만들었다. 그는 "여러분은 개를 가지고 있나요? 고양이를 가지고 있나요?"라는 조사 질문에 대한 응답들을 보이기 위해서 빗금 표시, 그림, 그리고 영역 이름으로 마무리 지었다.

아이들이 조사 활동에 흥미를 느껴갈수록, 교사는 약간 혼란스러울 수 있다. 이 활동을 다루기 쉽게 하려면, 조사를 수행하기 위한 계획을 개발한다. 여기에 몇 가지 가능한 사례가 있다.

- 어림 항아리 근처에 한 번에 2~3가지의 조사 내용을 놓는다. 한 주가 끝날 때쯤에 그것을 검토해본다.
- 하나의 메뉴를 선택하여, 학생들이 생각해보고 조사를 통해 응답을 모으도록 허락해준다.
- '조사 파티'를 두세 번 정도 갖는다. 매일 아이들이 조사할 것을 개발하고 반응을 교환하고 조사에 응답할 수 있도록, 며칠 동안 약 30분 정도 시간을 준다. 아침 일과 활동 시간이나 수학 시간에 조사 결과에 대한 토의를 한다.

흔들어서 던지기 복습

1학년 아이들이 덧셈과 뺄셈을 할 때 가장 중요한 것 중의 한 가지는, 1~10까지의 숫자에서 '수족(數族, number families)' 즉 조합을 배우는 것이다. *'흔들어서 던지기'*(6장 참고)는 이런 기술을 습득할 수 있는 기회를 준다. 이 장의 *'흔들어서 던지기'* 게임은 6장에서 나온 게임과 같고, 준비물도 같다. (아이들은 2가지 색으로 되어 있는 작은 주사위나 리마콩과 같은 셈도움물을 흔들어서 던지고, 각각의 색깔을 몇 개씩 볼 수 있는지 알아본다.) 그러나 이번 달에는, 게임의 초점이 좀 다르다. 이번 달에는, 주어진 수만큼을 흔들어서 던졌을 때 다른 수보다 더 많이 나오는 수 *조합이 있는지*를 예측해보는 것에 초점을 둔다. 방법은 다음과 같다.

준비물

- 각 면이 다른 색으로 색칠된 셈도움물, 또는 각 면이 다른 색으로 색칠된 리마콩, 한 명당 10개
- 한 명당 색인 카드 15장. (또는 색인 카드와 크기가 같은 종이 15장)

교수학습 지침

1. 6과 같은 특별한 수를 선택한다.
2. 아이들은 두 가지 색으로 되어있는 똑같은 물체 6개를 손에 쥐고 흔든 다음, 테이블 위나 바닥에 던진다. 그 결과를 색인 카드에 적게 한다. (예, 노란색 3개, 빨간색 3개 또는 노란색 2개, 빨간색 4개 등)
3. 정해진 수만큼 물체를 들고 15번을 흔들어서 던지기를 하는 동안 이 과정을 반복한다.
4. 학생들에게 카드를 같은 조합끼리 모아서 재배열하도록 한다. "어떤 조합이 가장 많이 나오는가?", "왜 그렇다고 생각하는가?", "그것이 또 나올 수 있다고 생각하는가?"
5. 각각의 아이들이 각자 이해한 방법으로 카드를 조직하고, 작은 책에 그 카드를 붙이도록 한다. 이것은 만약 교사가 이 활동을 선택 메뉴 활동으로 제공한다면, 토의를 진행할 때 좀 더 유용하고 명백한 결과를 만들어낼 것이다.

8장

3월

측정 : 길이, 높이, 거리, 시간

학습 환경

어렸을 때부터, 어린이들은 매우 자연스럽게 측정을 한다. 예를 들면, 놀이를 할 때 물건들을 나란히 놓고 직접 비교를 한다. 또는 팔을 벌려서 한 공간의 길이를 재고 같은 방법으로 다른 공간의 길이를 재어서 어디가 더 긴지를 비교하는 간접 비교를 하기도 한다. 어떤 공간의 거리를 걸음수로 측정하고, 다른 공간의 길이도 같은 방법으로 측정하여 그 결과를 비교하는 임의단위를 이용한 측정은 매우 자주 사용하는 방법이다.

이미 알고 있듯이, *정확한* 측정을 하거나 측정에 대해 다른 사람과 쉽게 의사소통을 하려면 표준단위를 사용하여 측정을 해야 한다. 이러한 목표에 따라 이번 달의 학습은 학생들의 임의단위를 사용하는 측정을 확대하고, 표준단위를 사용한 측정에 대한 이해를 발달시키는데 중점을 둔다.

측정은 일상생활에서 광범위하게 적용되고 있기 때문에, 교사는 외부 강사를 초빙하여 측정이 그들의 일에 어떻게 영향력을 미치고 있는지에 대해 학생들과 이야기 해보도록 할 수도 있다. 예를 들면, 학생들은 아마도 운동선수가 자신의 경기나 업적, 도전에 대하여 이야기하는 것을 듣고 싶어 할 것이다. 또한 학교의 수위 아저씨, 측량사, 건축가, 간호사들이 그들의 직업에서 쓰이는 측정 도구를 보여주고, 그것에 대해 이야기를 나눌 수도 있다. 또 액자 틀을 만드는 사람, 정원사, 퀼트 만드는 사람을 초빙하여 그들이 어떻게 측정을 하는지에 대해 물어 볼 수도 있다. 은퇴한 사람을 초빙하거나 직접 방문하는 것은 관련된 모든 사람들을 만족시키는 일이 될 것이다.

교사는 또한 측정 도구에 대해 학습할 수 있는 공간을 만들어 두는 것도 좋다. 학생들에게 집과 직업에서 사용하는 측정 도구의 종류에 대해 부모님과 함께 이야기해 보도록 한다. 이러한 활동은 학생들에게 집에서 자, 줄자, 온도계, 타이머, 시계, 저울과 같은 측정 도구를 학교로 가져오라고 할 때 도움이 될 것이다. 교사는 각 측정 도구에 그것을 가져온 학생의 이름을 붙이고 수업 시간에 그 도구들을 이용하여 측정을 해본 다음, 수업이 끝난 후 다시 돌려줄 수도 있다. 수학용어집에 측정 도구의 이름을 써 넣는다.

3월 한 달 동안, 교사는 측정에 대한 다음과 같은 이해를 발달시키기 위해 노력할 것이다.

- 물체의 크기는 직접적 또는 간접적으로 비교될 수 있다.
- 물체와 양은 임의단위와 보편단위를 사용하여 측정할 수 있다.
- 서로 다른 물체를 잴 때, 서로 다른 단위를 사용한다.
- 우리는 다양한 이유 때문에 측정한다.
- 우리는 다양한 도구를 사용해서 측정한다.
- 측정에는 *길다, 크다, 짧다, 더 짧다, 가장 짧다, 길이, 높이, 너비, 거리, 폭* 등과 같은 용어가 사용된다.
- 측정은 패턴과 수를 포함한다.

지난달에 확률 활동을 하면서, 학생들은 예측을 경험하고 그것에 자신감을 갖게 되었다. 학생들이 확률 영역에서 측정 영역으로 이동할 수 있도록 거리나 길이에 대한 예측을 해보도록 한다. 많은 학생들은 자신의 발걸음 수를 세는 것을 좋아한다. 그러므로 "선생님이 교무실과 체육관 중에서 어디로 갈 때 더 많이 걸어야 할까?"와 같은 학교 내의 상대적인 거리에 관한 문제를 제시해 보도록 한다. 위와 같은 질문의 해답을 찾을 수 있는 다양한 방법에 대해 토의해 본다.

일과 활동

달력

날짜와 시각 이해하기

이번 달의 달력 일과 활동에서는 시간 측정의 개념을 강조하게 될 것이다. 현재까지, 1학년 학생들은 계절, 달, 주와 같은 시간의 주기에 대한 인식을 발달시켜왔다. 이제 학생들은 날짜, 시각과 같은 더 작은 시간의 단위를 측정하게 될 것이다. 그들은 낮과 밤의 패턴을 인지하게 되고, 어떤 학생들은 하루가 24시간이라는 것을 깨닫기 시작할 것이다. 또 어떤 학생들은 정오와 자정이 어떤 면에서 중요한지를 이해할 수도 있다. 대부분의 학생들은 밤에 자고, 아침에 일어나는 기본 패턴을 받아들일 것이다.

이번 달의 달력 일과 활동에는 학교 행사가 있는 날에 행사 시각을 메모해 보는 활동이 포함되어 있다. 예를 들면, 하나의 활동에서 다른 활동으로 이동할 때, 학생들에게 잠시 이동을 멈추고 디지털 시계와 아날로그 시계를 모두 관찰해 보라고 한다. 5분 간격이 숫자로 어떻게 나타나 있는지에 대하여 토의해 본다. 시계를 보면서 1분은 60초이고 한 시간은 60분이라는 것을 알려준다. 이러한 사실들이 1학년 학생들에게는 임의적이고 추상적인 것으로 느껴질 수도 있다. 최근까지도 학생들 대부분은 60까지 세는 것을 어려워했기 때문이다. 교사는 주로 학생들이 시간을 말하는 것과 관련된 많은 패턴과 관계를 이해하기 시작할 때, 시계에서 '몇 시'와 '몇 시 30분'을 강조하는 것이 좋다.

시간 보내기

이번 달에, 교사는 시간을 보내는 것과 관련된 아침 일과 활동을 시작해도 좋다. 예를 들면, 학생들이 학교의 일과를 시작하기 전에 3분이라는 시간을 주고, 그 3분 동안 수업을 준비하도록 한다. 초침이 시계를 도는 것을 관찰해 보고, 초침을 보면서 1분을 재어보도록 한다. 아이들이 3분 안에 수업 준비를 할 수 있는지를 살펴볼 때에는 타이머로 3분을 설정하거나 모래시계를 이용한다.

교사는 또한 이름 쓰기, 제자리 뛰기, 2씩 20까지 세기와 같은 과제를 하는데 시간이 얼마나 걸리는지 알아보기 위해 매일 아침에 시간 게임을 할 수도 있다. 만약 가게에서 파는 큰 목재 시계가 없다면, 시계 바늘이 잘 보이고 아이들이 쉽게 다룰 수 있는 시계를 하나 얻거나 사는 것도 좋다. 또한 교사는 그 날의 줄반장을 나오라고 해서 시계 위에 특정 시각을 만들어서 보여 달라고 할 수도 있다. 시계 바늘을 돌리면서, 두 바늘의 다른 기능에 대한 토론을 할 수도 있다.

수에 대한 이해 강화하기

시간과 관련된 일과 활동과 함께, 교사는 수에 관한 이해를 강화하기 위해 달력과 관련된 활동을 계속해서 할 수 있다. 예를 들면, 학생들이 모두에게 중요한 날인 100번째 날이 될 때까지 카운트다운을 하는 것과 같은 것이다. 이제 교사는 학생들이 100 이상의 수를 세고, 세 자리 수에 대한 인지를 발달시킬 수 있도록 도울 수 있다. 예를 들면, 1년 동안의 수업 일수가 몇 일인지를 토의하고, 수업 일수를 알려준다.(예를 들어, 180일) 만약 1-100 포켓차트가 있다면, 모든 수를 제자리에 놓고 학생들에게 보여주도록 한다. 101부터 180까지의 수가 쓰여져 있는 카드로 1부터 100까지의 수를 덮는 것보다는 101-200 수 차트를 이용하여 그 날이 몇 번째 날인지를 나타내는 수 위에 매일 × 표시를 하는 것이 좋다. (그림 8-1과 부록 참고)

101	102	103	104	105	106	107	108	109	110
111	112	113	114	115	116	117	118	119	120
121	122	123	124	125	126	127	128	129	130
131	132	133	134	135	136	137	138	139	140
141	142	143	144	145	146	147	148	149	150
151	152	153	154	155	156	157	158	159	160
161	162	163	164	165	166	167	168	169	170
171	172	173	174	175	176	177	178	179	180
181	182	183	184	185	186	187	188	189	190
191	192	193	194	195	196	197	198	199	200

그림 8-1

달력 카운트다운

학생들은 이제 수가 더 커졌기 때문에 달력 활동을 하는 동안 더 많은 안내를 받기를 원할 것이다. 수업 일수에 대해 토론하기, 그 날의 수와 관련된 식 써보기, 매일 1 페니씩 모은 다음 다른 동전으로 바꾸기, 미리 모아놓은 빨대 100개에 빨대를 하나씩 더하면서 10개씩 묶어보기와 같은 세기와 관련된 일과 활동 중에서 학생들이 어떤 활동을 하든 교사는 그것을 지원해 줄 준비를 해야 한다.

어림 항아리

3월 동안, 교사는 학생들에게 상자 속에 있는 물체의 개수를 추측하기 보다는 예상하고 측정하도록 한다. 월요일마다 아이들에게 예를 들면, "이 실은 종이클립으로 몇 번 재어야 할까요?"와 같은 '금주의 측정 질문'에 답하도록 한다. 질문을 쓰고 그 아래 줄을 하나 긋고, 예상한 것과 실제로 측정한 것을 쓸 수 있는 공간을 만들어 둔다. (그림 8-2 참고)

그림 8-2 ▶

어림 항아리 기록지

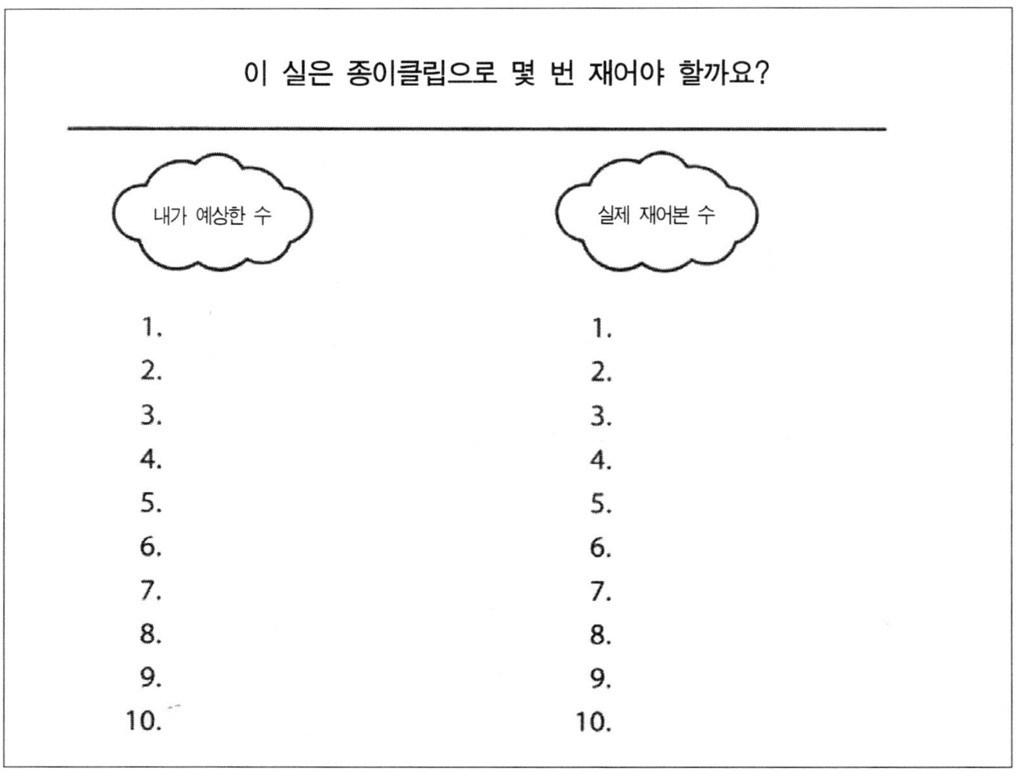

어림 항아리를 둔 곳에 질문이 적혀 있는 기록지와 종이와 필요한 물건들을 함께 놓아 둔다. 학생들은 그들이 예상한 개수와 실제로 세어본 개수를 기록지 위에 쓸 수 있다.

참고 : 학생들은 포스트잇에 써서 기록지 위에 붙일 수도 있고, 자신의 이름을 쓸 필요는 없다. 주별로 사용할 수 있는 측정 질문 몇 가지를 소개하면 다음과 같다.

"이 책상의 폭은 여러분의 손의 몇 배일까요?"
"이 책의 길이와 너비를 측정하려면 오렌지 막대[44]가 몇 개가 있어야 할까요?"
"작은 쌓기나무로 이것만큼 큰 블록을 만들려면 작은 쌓기나무는 몇 개 필요할까요?"

수학 공책

이번 달에, 학생들에게 새로운 용어가 나올 때마다 그것을 수학 공책에 적고 *수학용어집*에 써 넣도록 한다. 심지어 학기가 끝날 때쯤에도, 교사는 많은 학생들에게 다음 장으로 넘어갈 때마다 조언을 해주어야 하고, 수학 공책을 사용할 때마다 날짜를 써야한다는 것을 계속해서 이야기해 주어야 할 것이다.

매일 학생들이 새로운 수에 적합한 식을 쓰도록 하고 싶다면, 오늘의 날짜를 수로 사용하는 것을 생각해 볼 수 있다. 1인치, 1cm, 1피트, 1마일과 같이, 길이나 거리와 관련된 측정 용어와 함께 써져있는 수에 대하여 토의하도록 한다. 예를 들어, 만약 그 달의 5일이 되었다면, 1cm 그리고/또는 1인치인 종이를 이용하여 5cm와 5인치가 되는 종이를 잘라서 학생들이 참고할 수 있도록 한다. 이 종이를 수학 공책의 관련 페이지에 붙이도록 한다. 이러한 측정을 어디에서 볼 수 있는지 이야기해 보도록 한다. 교사는 또한 학생들이 참고하기 쉽도록 하기 위해 수학 공책에 cm와 인치가 나타나 있는 종이로 만든 자 두 개를 붙이도록 하는 것도 좋다. 학생들은 매일 자를 따라 1cm씩 그리고 1인치씩 칠해나가고, 1달 동안 그 두 길이를 비교할 수 있다.

44) 퀴즈네르막대 중 가장 큰 크기(10)의 막대를 의미한다.

지도

매일 아침마다 미국 지도나 세계 지도를 보여주고 한 명의 학생에게 지도에서 보고 싶은 곳을 고르도록 한다. *위, 북쪽, 아래, 남쪽, 오른쪽, 동쪽, 왼쪽, 서쪽*과 같은 방향을 나타내는 용어에 대한 토의를 한다. 교사는 실이나 줄을 사용하여 지도 위의 교사가 살고 있는 지점부터 학생이 고른 장소까지 이어볼 수도 있다. 방향과 거리를 비교해 본다. 지도가 마일과 같은 측정의 단위를 이용하여 거리에 관한 정보를 제공한다는 사실에 대해 토의한다. 학생들에게 일상생활을 하면서 마일에 관해 들어본 적이 있는지에 대해 생각해 보도록 한다.

시

매 주마다, 측정과 관련된 시를 공유한다. 큰 종이에 시를 써서 게시하고, 매일 아침에 시를 이용하여 챈트를 한다. 시 속의 수학적 아이디어에 대하여 토의하고, 새로 나온 용어를 수학용어집에 추가로 써 넣는다.

예를 들면 다음과 같다.

'Where the Sidewalk Ends[45]***'*** *에 나오는 "One Inch Tall"*

'Where the Sidewalk Ends' *에 나오는 또 다른 용어 "The Longest Nose in The World"*

'A Light in the Attic[46]***'*** *에 나오는 "Long Mobile"과 "Snake Problem"*

수학

이 장에서는 학생들이 참여 할 수 있는 전체 활동, 짝 활동, 개별 활동에 대하여 이야기 한다.

■ 길이와 거리 재기

45) 이 책은 "골목길이 끝나는 곳(이순미역, 보물창고)"으로 번역되어 있다.
46) 이 책은 "다락방의 불빛(신형건, 보물창고)"으로 번역되어 있다.

- 측정 어휘 사용하기
- 부분과 전체의 관계 그리고 패턴에 관한 과제 수행
- 수 모으기와 가르기

아래 활동들은 임의 단위를 이용한 측정으로부터 표준 단위를 이용한 측정으로의 전환을 강조한다. 앞 장에서와 같이, 이 장에 있는 활동들 또한 구체물의 사용을 수반하는 수학 동화를 기반으로 한 활동이며 전체 학급/메뉴 수업으로 구성되어 있다. 학급의 필요에 맞는 적절한 활동을 골라서 사용하는 것이 좋겠다.

수학 동화를 기반으로 한 활동

측정의 단위 탐구하기

Russo Marisabina의 ***The Line Up Book***[47]은 소년의 어머니가 소년의 점심식사를 챙겨 놓고 기다리는 부엌까지 선을 만들기 위해 바쁘게 물건들을 한 줄로 늘어놓는 어린 소년에 대한 이야기이다. 그 작은 소년이 만든 선은 장난감들로 시작해서 그 선을 완성하기 위해 소년이 발견한 모든 예쁜 물체들로 끝이 난다. 이 책을 이용하여 측정의 중요한 면에 대한 이야기를 시작할 수 있다. 이 이야기를 읽은 후, 학생들에게 다음과 같은 생각을 자극할 수 있는 질문을 던진다.

"소년이 선을 만들기 위해 사용한 물건들은 무엇인가요?"
"소년이 사용한 물건은 모두 몇 개라고 생각하나요?"
"소년이 만든 선으로 우리 교실을 가로지를 수 있다고 생각하나요?"
"장난감 자동차와 책을 이용하여 한 공간을 가로지르는 선을 만들려고 합니다. 똑같은 개수의 자동차와 책으로 선을 만들 수 있다고 생각하나요? 만약 블록을 이용하여 선을 만든다면 어떠할까요? 장난감 자동차와 같은 개수의 블록으로 선을 만들 수 있나요?"

47) 이 책은 "엄마 잠깐만요(양희진, 비룡소)"로 번역되어 있다.

이러한 질문들은 학생들로 하여금 어떤 것을 측정한다는 것의 의미에 대해 생각해 보도록 도와준다. 이제 교실 주변을 둘러보고, 교실에 있는 물건 중에서 소년이 선을 만들기 위해 사용할 수 있을 만한 것은 무엇인지 물어본다. 만약 소년이 장난감으로 교실을 측정했다면 어떤 일이 일어났을 지에 대해 토의해 본다. 교실의 길이나 너비를 재기 위해 필요한 장난감은 모두 몇 개일까요?

(학생들은 교실의 크기를 측정하기 위해 필요한 장난감의 개수는 장난감의 크기에 따라 다르다는 결론을 내릴 것이다.) 의자나 블록, 책, 또는 사람을 이용하여 교실을 측정해 보자는 학생들의 아이디어를 시도해 본다. 학생들에게 자신들이 결론 내린 측정을 토대로 교실의 크기에 관하여 그들이 알게 된 것과 모르는 것을 생각해 보도록 한다.

대화 도중에 측정 용어가 나오면, *수학용어집*에 중요 어휘를 계속해서 기록해 나간다.

이 장의 모든 활동들과 마찬가지로, 이 활동에서도 학생들은 수를 세고 탐구해야 한다. 또한 학생들이 측정하고 세기 위해 선택한 측정 단위는 그들이 얻은 정보에 큰 차이를 만들어 낸다.

비교 언어 사용하기

Mercer Mayer의 ***When I Get Bigger***는 어린 소년이 나이를 먹어감에 따라 일어나는 주요 사건들을 탐구한다. 주인공은 신문 배달을 할 수 있고, 어린 아이들을 도와줄 수 있고, 늦잠을 잘 수 있는 그 날을 꿈꾼다. 이 이야기는 비교를 나타내는 단어의 여러 의미의 예를 제공하기 때문에 가치가 있다. 특히, 이야기 속에서 "내가 좀 더 커졌을 때"라는 말은 "내가 나이를 먹었을 때"를 의미한다. 학생들에게 나이를 먹는다는 것은 일반적으로 좀 더 커진다는 뜻을 내포하게 된다. 그래서 학생들은 두 문장을 서로 바꾸어 사용하기도 한다.

학생들에게 책을 읽어주고, 학생들이 생각하고 있는 나이를 먹는다는 측면에 대해 토의한다. 수학용어집에 *'더 큰(bigger)'*이라는 말과 *'더 나이가 많은(older)'*이라는 말을 써 넣는다. 각 단어의 끝에 있는 철자 3개를 가리고 학생들에게 지금 보이는 단어가 무엇인지 물어본다. *큰(big)*이라는 단어와 *나이 먹은(old)*이라는 단어를 쓴다. 학생들에게 big–bigger–biggest와 old–older–oldest인 것의 예를 제공하고, 이것을 단어 목록에 포함시킨다. 작은(little), 어린(young)과 같은 다른 동등 비교에 대해서도 토의해보는 기회를 갖는다. 다시, ***older***와 ***younger*** 같이 ***-er***로 끝나는 단어의 규칙을 탐구한 다음,

oldest 와 ***youngest*** 같이 ***-est***로 끝나는 단어에 대하여 토의해 본다.

길이 비교하기

길이의 비교를 소개하기 위해서는 Sheila Keenan의 책 ***The Biggest Fish***나 Margaret Carney의 ***The Biggest Fish in the Lake***를 이용하면 좋다. ***The Biggest Fish***는 소설이기는 하나, 어린 소녀와 소녀의 할아버지가 낚시를 즐기고 함께 시간을 보내는 이야기로 실제 이야기 같다. 어느 날 아침 소녀는 혼자서 방파제 쪽으로 나가게 된다. 그리고 놀랍게도 가장 큰 물고기를 낚는다. ***The Biggest Fish in the Lake***는 낚시 대회가 열리는 마을에 관한 소설이다. 이 이야기 속에는 임의단위와 표준단위가 나온다.

준비물

- 색이 다른 색지, 그리기 도구.

교수학습 지침

1. 위의 두 가지 책 중 하나의 이야기를 학생들에게 읽어 준다.
2. 낚시에 관하여 학생들이 알고 있는 것에 대한 토의를 한다. 전에 낚시를 간 경험이 있는지 물어본다. 학생들은 대개 이러한 경험에 대해 이야기하는 것을 매우 좋아한다. 어떤 학생은 수족관이나 수족관이 있는 박물관에 가 보았을 것이다. 이러한 학생들에게 전에 보았던 물고기 중 가장 큰 물고기와 가장 작은 물고기에 대해 이야기해 보라고 한다.
3. 책이나 잡지에서 물고기 그림을 학생들에게 보여준다. 그리고 학생들에게 수학 공책에 물고기를 그려보라고 한다. 몇 번 시도해 보면, 어떤 학생들은 물고기를 그리는 방법에 대한 힌트를 줄 수 있게 되고, 도움이 필요한 학생들에게 힌트를 줄 것이다. 예를 들면, 어떤 학생은 타원을 그린 다음 꼬리와 지느러미 부분에는 삼각형을 그리라고 제안해줄 수도 있다. 어떤 학생은 글자 s를 옆으로 눕혀서 그리라고 조언할 수도 있다.
4. 칠판에 학생들의 제안을 이용하여 다양한 물고기를 그린다. 긴 물고기, 둥근 물고기, 큰 물고기, 작은 물고기 등과 같은 물고기의 모양과 크기에 대해 토의한다.
5. 이제 학생들에게 두 명씩 짝을 이루도록 한다. 그들에게 길이가 모두 다른 물고기 3마리를 그리라고 말한다. 그리고 물고기의 크기를 어떻게 할지에 대해서는 짝과 함께 상의하도록 한다.

어떤 학생들은 자와 같은 측정 도구를 이용할 수도 있고, 어떤 학생들은 크기가 다른 종이를 이용하는 것이 유용하다는 것을 알아낼 수도 있다.

6. 칠판에 물고기의 시작점과 끝점을 나타내는 점을 그린다. 아래의 그림과 같이 점이 입과 꼬리가 되도록 물고기를 그린다.

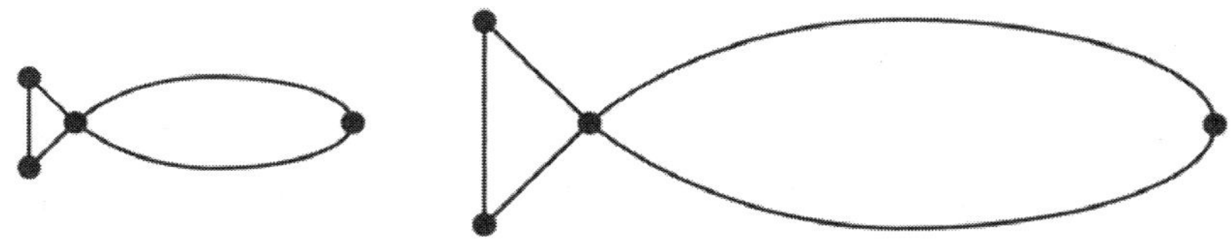

7. 점을 찍고, 물고기를 그리는 활동을 3번 반복하여, 크기가 다른 물고기 3개를 그린다.
8. 학생들에게 여러 색의 색지를 나누어 주고, 물고기를 그리기 시작하라고 한다.
9. 학생들이 물고기를 그리고 꾸몄으면, 그것을 자르도록 한다. 일찍 끝난 학생은 물고기를 더 그리거나, 학급의 모든 학생이 물고기를 3개씩 그리면 물고기 그림은 모두 몇 개가 되는지 어림해 볼 수 있다.
10. 물고기를 모두 자른 다음, 학생들은 짝이나 모둠원들과 함께 물고기를 길이에 따라 놓아보는 활동을 하게 된다.
11. 자른 물고기를 모아놓고, 물고기의 길이를 잴 수 있는 방법에 대해 토의해 본다. 대부분의 아이들이 하나의 물고기에 다른 것을 겹쳐보는 직접 비교의 방법을 사용한다. 학생들에게 만약 두 마리의 물고기를 겹쳐볼 수 없다면, 어떻게 그 길이를 비교할 수 있을 지 물어본다. 어떤 학생들은 간접 비교의 방법을 제안할 수 있다.("이 물고기는 제 손가락보다 길고, 다른 물고기는 제 손가락보다 짧아요.") 학생들은 자와 같은 측정 도구를 이용하여 측정의 표준 단위를 사용하는 방법을 생각할 수도 있다. 수학용어집에 새로 나온 단어를 추가한다.
12. 다음 날, 학생들에게 큰 원을 만들어 앉도록 하고, 각 학생들에게 큰 종이 물고기를 하나씩 나누어 준다. 두 물고기를 나란히 놓고 비교할 수 없을 때, 낚시꾼이 하는 것과 같이 물고기의 크기를 비교하기 위해 이용할 수 있는 수학 도구에 대해 토의한다. 물고기의 크기를 비교하기 위해 손이나 손가락을 이용할 수 있는지 물어본다. 손을 사용하여 크기를 재는 것을 시범보인 다음, 손을 사용하여 직접 재어보도록 한다. 서로의 결과를 비교해 본다. 만약 측정 도구들을 모아놓았다면, 모아놓은 도구들을 살펴보고 그 도구들을 이용하여 종이 물고기의 크기를 재어보도록 한다. (예를 들면, 자, 줄자, 1인치 쌓기나무, 센티미터 연결정육면체) 여러 측정 도구의 편리한 점과 불편한 점에 대하여 토의한다. 식료품 가게에서 실제 물고기의 크기를 잴 수 있는 다른 방법에 대해 생각해 보도록 한다.

13. 크기가 다른 물고기 그림을 섞고, 몇 개의 봉투에 한 줌씩 넣는다. 이것들은 메뉴 활동 시간에 유용하게 쓰이는 주문 세트로서의 역할을 할 수 있다. 학생들은 짝과 함께 봉투에서 그림을 꺼내어 펼쳐 놓은 후, 그것을 크기에 따라 배열할 수 있다. 순서대로 놓는 것이 끝나면, A가 눈을 감고, B가 그림 하나를 빼낸 다음 나머지를 순서에 맞게 빈 공간이 없도록 배열한다. (빼낸 물고기는 어디에 놓는 거에요?) A는 눈을 뜨고 빼낸 물고기 그림을 원래의 위치에 놓는다. 이 과정을 역할을 바꾸어 다시 한다. 학생들이 물고기 그림을 다시 놓을 때, 그들은 두 가지 생각을 해야만 한다. 한 쪽에 있는 물고기들은 다시 놓는 물고기보다 더 작아야하고, 다른 쪽에 있는 물고기들은 더 커야 한다는 것이다. 이러한 관계는 서수에서 꾸준히 지도하고 있다. (예를 들어, 5는 4보다 크고 6보다 작다.) 교사는 이 활동을 길이 비교와 언어를 평가할 때 활용할 수 있다.

이 물고기 그림 세트를 보관해 두고 나중에 덧셈과 뺄셈 문제를 해결할 때에도 사용하면 매우 유용할 것이다. 또한 이 그림들은 게시판을 꾸미는데도 유용할 것이다.

길이와 높이 탐구하기

William Joyce의 ***George Shrinks***[48]는 만약 당신의 키가 몇 인치 밖에 안 된다면 세상이 어떨지에 관해 써놓은 묘한 이야기이다. 많지 않은 글과 상상력이 가미되어 있는 삽화는 작은 소년이 그러한 시각에서 겪게 되는 모험과 도전에 대해 이야기 한다. 이 책은 상대적인 크기를 이해할 수 있는 상황을 제공한다.

교수학습 지침

1. 학생들에게 이 책을 읽어 준다.
2. 다음 몇 주 동안 길이와 높이를 포함한 개념에 대해 탐구할 것임을 설명한다. 다음과 같은 문장 구조를 이용하여 학급문고를 만들기 위한 아이디어를 브레인스토밍 하도록 한다.

   (　　　)은 (　　　)보다 길고, (　　　)보다 짧다.

   (　　　)은 (　　　)보다 키가 크고, (　　　)보다 작다.

48) 이 책은 "조지가 줄었어요(최현주, 문학동네)"로 번역되어 있다.

3. 각 학생에게 두 문장 중 한 문장만 쓰여져 있는 종이를 주고, 빈 칸에 자신의 생각을 적을 수 있도록 한다. 학생들은 빈 칸을 채우고, 그 문장과 관련 있는 그림을 그린다.
4. 그 그림들을 모아서 학급문고를 만들고, 1년 동안 다시 읽어볼 수 있도록 한다.

길이와 너비 비교하기

Robert Kalan의 ***Jump, Frog, Jump***[49]는 학생들이 자주 들어도 재미있어 하는 활기찬 이야기이다. 이야기 속에서 개구리는 자신을 잡으려는 다양한 동물로부터 가까스로 도망친다. 학생들은 개구리가 자유를 위해 길을 찾는 동안, 이야기의 후렴에 맞추어 챈트를 하는 것을 좋아한다.

교수학습 지침

1. 학생들에게 이야기를 읽어 주고, 후렴에 맞추어 챈트를 하도록 한다.
2. 학생들에게 개구리가 얼마나 멀리 뛸 수 있다고 생각하는지를 손으로 나타내게 한다. 그리고 *본인*은 얼마나 멀리 뛸 수 있다고 생각하는지도 손으로 나타내게 한다.
3. 학생들에게 교실에 있는 의자의 길이보다 더 멀리 뛸 수 있는지 없는지에 대하여 예측해 보게 한다. 그리고 책상의 길이보다 더 멀리 뛸 수 있는지에 대해서도 예측하게 한다. 교실의 전체 길이만큼 또는 교실의 전체 너비만큼 뛰려면 몇 번 뛰어야 한다고 생각하는지를 학생들에게 물어본다.
4. 뜀뛰기 측정의 개념에 대해 토의해 본다. 어떤 방법으로 이러한 뜀뛰기를 측정할 수 있는지 물어보고, 교실이나 이러한 활동을 할 수 있는 또 다른 공간(체육관이나 운동장)에서 뜀뛰기 수를 측정하기 위한 계획을 세우도록 한다. 아마도 학생들은 줄자를 이용하거나, 뜀뛰기의 시작점부터 끝점까지의 길이를 실로 측정하여 그 실을 잘라낼 것이다. 만약 학생들이 아스팔트와 같은 곳에서 뜀뛰기를 하고 있다면, 뜀뛰기를 할 때마다 그 시작점과 끝점을 분필로 바로 표시할 수도 있다.
5. 만약 교사가 시간을 더 들여서 스포츠 상황에서의 측정에 대해 언급하고 싶다면, 이러한 측정 정보를 알아낼 수 있는 방법에 대해 토의해 본다. 이것은 측정이 스포츠에서 사용되는 방법을 발견하기 위해 체육교사 또는 운동 코치와 의논을 할 수 있는 좋은 기회가 될 것이다.

---

49) 이 책은 "개구리야 뛰어 뛰어(신수진, 여우고개)"로 번역되어 있다.

6. 뛰뛰기한 것의 길이를 측정하는 방법에 관해 토의하는 동안, 새로 나온 어휘를 수학용어집에 기록하고, 그 어휘의 의미를 학생들이 확실히 알도록 해야 한다.

자연 번식 이해하기

Eric Carle의 ***The Tiny Seed***라는 책에는 자연 번식의 이야기가 나온다. 세계 각지에서 3월은 봄이 다가오는 시간이다. 만약 교사와 학생들이 미국 북부지방에 살고 있다면, 봄은 대화의 핵심 주제일 것이다. 1년 중 이 시기에 실내에서 씨앗이나 모종을 심는 것은 교육적이면서도 아이들이 흥미로워 하는 것이다. 씨앗이나 모종이 자라는 데에는 시간이 필요하기 때문에 ***The Tiny Seed***를 월초에 미리 읽고, 씨앗을 심고 측정하기 위한 계획을 미리 세워야 한다. 오랫동안 사랑받고 있는 책인, Ruth Krauss의 ***A Carrot Seed*** 또한 이러한 계획을 세우는데 유용할 것이다.

준비물

- 씨앗 또는 모종 그리고 식물을 심기 위한 작은 화분.

교수학습 지침

1. 위에서 추천한 책 중 하나의 책을 학생들에게 읽어 준다.
2. 작은 상자 안에 씨앗이나 모종을 심고 적절한 곳에 놓아두어서, 학생들이 일어나는 변화를 지속적으로 관찰하고 토의할 수 있도록 한다.
3. 각 화분에 얼마나 자주, 얼마나 많이 물을 주어야 하는지 결정한다. 식물에 물을 주는 일에 책임감을 가질 수 있도록 당번을 정하고, 돌아가면서 당번을 하도록 한다. 물을 줄 때 사용하는 측정 컵을 보여준다.
4. 경우에 따라 정확한 물의 양을 잴 필요는 없다는 것을 설명해 준다. 교사는 이 장의 후반부에서 측정과 식물 기르기에 관한 세부적인 것을 알게 될 것이다.

줄자 경험하기

Raymond Briggs의 ***Jim and the Beanstalk***은 고전 동화 ***Jack and Beanstalk(잭과***

콩나물)을 매력적으로 각색한 것이다. Jack처럼 Jim은 어느 날 아침 침실 창문 밖에서 자라고 있는 거대하고 괴상한 식물을 발견한다. 그 소년은 자신이 얼마나 높이 올라갈 수 있는지를 알아보기 위해 줄기를 타고 위로 올라간다. 그 소년이 꼭대기에 도착했을 때, 그는 거대한 성과 슬픈 거인을 발견하게 된다. 고전적인 이야기는 도둑질로 끝나는 무서운 이야기지만, Jim은 끈질긴 관용으로 예전의 잘못을 바로 잡기 위해 움직인다. 이야기가 진행되는 동안, Jim은 원래 거인의 아들인 늙은 거인의 커다란 컵, 큰 이빨, 거대한 머리를 재기 위해 줄자를 이용한다. 놀랍게도 Jim은 감사의 편지와 커다란 금화를 거인에게 받는다. 이 이야기는 측정뿐만 아니라 우정과 친절이라는 주제에 관하여 이야기 하고 있다. 또한 이 이야기는 줄자에 대한 소개 자료로 이용할 수도 있다.

준비물

- 줄자 1개.

교수학습 지침

1. 학생들에게 이야기를 읽어 준다.
2. Jim이 측정한 거인의 부분에 대하여 이야기 하고, Jim이 거인의 얼굴, 입, 머리의 크기를 재기 위해 줄자 말고 다른 것을 이용할 수 있는지 물어 본다.
3. 줄자의 이점에 대해 토의하고, 교실 안에 있는 물건 하나를 줄자를 사용하여 측정해 본다.
4. 학생들에게 부모님들이 줄자를 이용하는 것을 본적이 있는지 물어보고, 만약 그렇다면, 무엇을 할 때 이용했는지 물어본다.
5. 여러 가지 도구(줄자, 크기에 맞게 자른 실, 다른 도구 등)를 이용하여 짝의 키를 재어 보도록 한다. 어린 학생들은 연결정육면체를 이용하고, 사람의 키를 나타내기 위해 몇 개의 연결정육면체가 필요한지를 알아볼 수도 있다.

임의단위에서 표준단위로 이동하기

Susan Hightower의 ***12 Snails to 1 Lizard***의 주인공은 비버인 Milo이다. Milo는 댐을 고치기 위해 댐의 길이를 재려고 한다. 친구의 도움으로 Milo는 측정의 임의단위인 달팽이와 도마뱀의 크기를 사용하여 문제를 해결한다. 그는 결과가 만족스럽게 나오지 않자, 표준단위를 사용하게 된다.

준비물

- '신비한 측정 도구 상자'-측정을 하기 위해 사용할 수 있는 여러 물건이 들어 있는 상자(예를 들면, 길이가 다른 연필, 퀴즈네르 막대, 크고 작은 클립, 장난감 자동차, 숟가락, 연결정육면체, 자, 줄자, 실)

교수학습 지침

1. 학생들에게 이야기를 읽어 준다.
2. '신비한 측정 도구 상자'를 학생들에게 소개한다. 학생들에게 책상의 높이를 재기 위해 가장 적합한 물건이 무엇인지 말하도록 한다.
3. 상자에 들어있는 물건을 하나씩 꺼낸다. 학생들에게 유용한 측정 도구가 될 것이라고 생각하는 물건이 나오면 엄지를 들고, 적절하지 않다고 생각하는 물건이 나오면 엄지를 아래로 내리라고 한다. 그리고 만약 두 쪽 모두에 해당할 수 있는 상황이라고 생각되면 손바닥을 펴고 가볍게 흔들라고 한다.
4. 측정 도구 상자에 들어 있는 여러 물건들이 적절한지 적절하지 않은지에 대한 의견에 대해 토의해 본다.
5. 상자에 들어있는 물건을 사용하여 모둠끼리 또는 짝끼리 책상의 높이를 측정하고, 그 결과를 수학 공책에 기록하도록 한다. 이 기록은 학생들이 비교를 하고, 나중에 이용할 수 있는 자료를 축적하는데 도움이 될 것이다.
6. 전체 학급 토론을 진행하여 모둠원 또는 짝끼리 한 활동에서 발견한 것을 발표하도록 한다. 그들이 선택했던 물건이나 도구를 다른 측정 과제를 할 때에도 추천할 수 있는지 물어본다. 그리고 왜 추천하고 싶은지 아니면 왜 추천하고 싶지 않은지도 물어본다.

인치 사용하기

Leo Lionni의 ***Inch by inch***[50]는 배고픈 새로부터 도망치는 자벌레의 이야기를 통해 표준단위를 소개하고 있다. 이 이야기는 자벌레 한 마리를 놓고 특정 표면을 따라 그 자벌레를 몇 번 이동시켰는지를 세어서 무언가를 측정하는 방법의 유용함을 보여준다. 이 이야기 속에서 자벌레는 새의 날개, 부리, 꼬리, 다리와 같은 다양한 면을 따라 기어간다.

---

50) 이 책은 "꿈틀꿈틀 자벌레(이경혜, 파랑새어린이)"로 번역되어 있다.

자벌레는 자신의 노래의 길이를 재 달라는 개똥지빠귀를 만나게 된다. 자벌레는 개똥지빠귀에게 그것은 측정할 수 없다고 이야기해 준다. 그러나 지빠귀는 그를 잡아먹겠다고 위협한다. 결국 자벌레는 그것을 시도해 보기로 한다. 지빠귀는 노래를 부르기 시작했고, 자벌레는 1인치씩 도망을 가 결국 개똥지빠귀의 시선에서 사라지게 된다.

지금까지 학생들은 측정의 단위를 줄 세우고, 그 단위의 개수를 세는 측정 활동을 해왔다. 이러한 경험은 학생들이 측정 도구를 놓는 것의 중요성을 이해하는데 도움을 준다. 만약 물건 사이에 공간이 있다면, 그 측정은 정확하지 않을 것이다. ***Inch by inch***는 학생들이 면을 따라 하나의 단위를 계속해서 놓아야 한다는 것을 고려하도록 한다. 학생들은 연필, 책과 같은 물체의 길이나 교실의 둘레의 길이를 측정하기 위해 종이로 만든 자벌레(그림 8-3과 부록 참고)를 이용하여 이러한 방법을 연습할 수 있다.

그림 8-3

발자국과 자벌레 측정도구

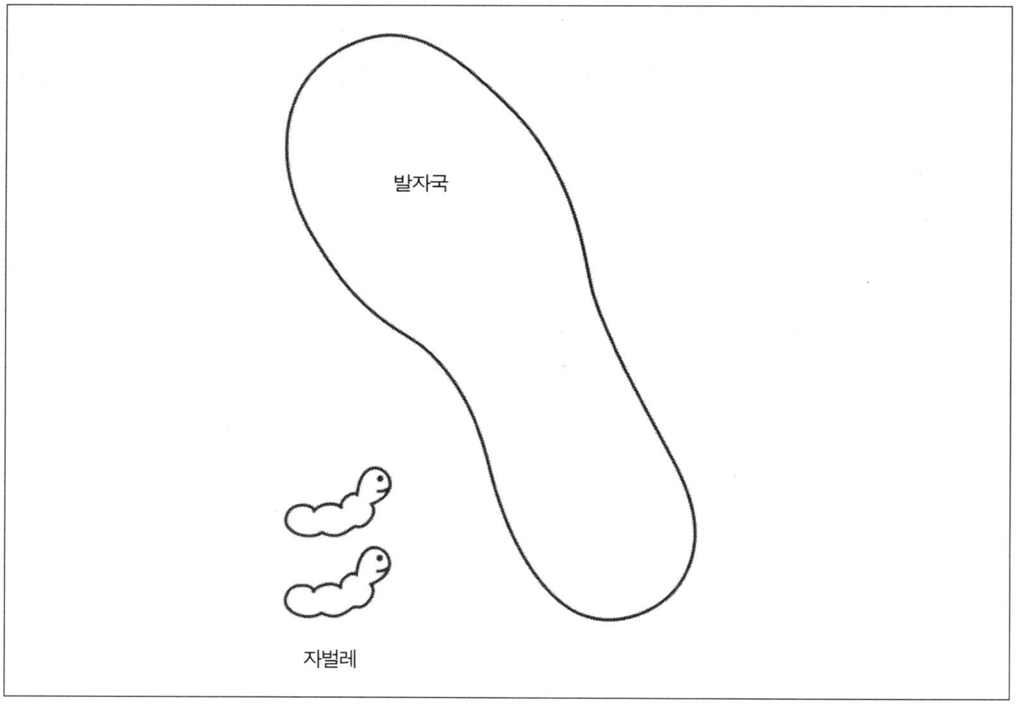

Inch by inch는 한 단위의 반복이라는 개념을 소개할 뿐만 아니라 학생들로 하여금 여러 종류의 물건을 측정할 수 있는 방법에 대해서도 생각해 보도록 한다. 예를 들면, 노래의 길이를 어떻게 잴 수 있을지에 대한 생각을 하도록 한다. 여러 가지 방법으로 시간을 측정한다는 사실에 대해 토의한 다음, 예를 찾아보라고 한다. 그리고 이러한 아이디어를 수학용어집에 추가하도록 한다.

발을 이용하여 측정하기

Rolf Myller의 ***How Big Is a Foot***는 왕비의 생일에 왕비에게 굉장히 멋진 선물을 주고 싶어 하는 왕의 이야기이다. 왕은 왕비에게 아름다운 침대를 선물하기로 결정한다. 불행하게도 침대는 아직 발명되지 않았다. 그래서 그 가구가 얼마나 큰지 아는 사람은 아무도 없었다. 왕은 그녀를 바닥에 눕히고 그녀의 주위를 조심스럽게 걸었다. 그리고 자신의 걸음 수를 세었다. 그는 그 가구의 너비는 세 걸음이고, 길이는 여섯 걸음이라고 설명한다. 침대를 만드는 기술자는 그 정보에 감사하고, 침대를 설계하기 위해 왕이 알려준 측정 정보에 따라 조심스럽게 침대를 만든다.

침대가 왕비에게 배달되었을 때, 그것은 너무 작았다. 그녀는 실망하였고, 왕은 화가 났다. 왕은 그 기술자를 감옥으로 보낸다. 거기서 운 나쁜 기술자는 측정에 문제가 있음을 알게 된다. 왕의 발은 작은 기술자의 발보다 훨씬 더 크다는 것이 밝혀졌다. 기술자는 왕을 설득하여 자신의 발로 침대를 만들기 위한 측정을 하고, 측정한 것을 이용하여 새로운 침대를 만든다. 그 침대는 왕비에게 딱 맞았고, 왕은 감사의 대가로 기술자를 왕자로 임명한다. 그 후로 왕의 발은 발로 측정하는 것이 필요할 때마다 사용되었다.

교수학습 지침

1. 학생들에게 이야기를 읽어 준다.
2. 학생들에게 새 신발을 살 때 발의 크기를 재기 위해 무엇을 사용하는지 물어본다. 길이, 너비, 신발 사이즈에 관한 개념에 대해 토의한다. 학생들에게 발의 길이를 재는 도구 위에 쓰여진 표시에 대해 알고 있는지 물어본다.
3. 학생들에게 교실의 크기를 발의 크기로 잰다면 몇 걸음이 될지 예상해 보도록 한다. 마이클 조던과 같이 매우 큰 스포츠맨을 언급하고, 조던의 발 크기로 교실의 크기를 재면 몇 걸음이 될지를 생각해 보도록 한다. 조던과 학생들 중 걸음 수가 더 많은 쪽은 어느 쪽이라고 생각하는지에 대해 토의하고, 그 이유도 이야기해 보도록 한다.
4. 이제 학생들이 교실을 직접 걸으면서 측정을 해보도록 한다. 그들의 결과를 교사가 같은 거리를 걸을 때의 걸음 수와 비교해 본다. 1 피트 크기의 신발이 그려진 종이를 이용하여 교실의 크기를 측정하고, 다시 그 결과를 비교해 본다. (그림 8-30이나 부록 참고) 발 그림이 길이가 1 피트인 자의 길이와 같다는 것을 학생들에게 보여 주고, 1 피트는 몇 인치인지에 대해 토의해 본다.

심화

학생들에게 자신의 발을 종이에 그려보도록 하고, 발끝부터 뒤꿈치까지를 직선으로 이어, 그 선을 따라 1인치 연결정육면체를 놓도록 한다. 선을 따라 놓은 연결정육면체의 개수를 세고 기록한다. 아이들이 거리를 측정하기 위해 사용한 연결정육면체의 개수를 세기 위해 10개씩 묶음의 수를 세는 방법에 대해 토의하도록 한다.

자의 구조 경험하기

Elinor Pinczes의 ***Inchworm and a Half***에서는 자 위에 표시되어 있는 작은 선들을 소개하고 있다. 이야기를 읽기 전에, 학생들에게 짝을 지어 자를 살펴보고 이야기를 나누도록 한다. 그들이 관찰한 것 중 몇 가지를 기록한다. 학생들에게 ***Inch by Inch***에서 배운 것이 무엇인지 생각해 보도록 하고, 지금 읽을 이야기도 자벌레에 관한 것이라고 말해 준다.

이 이야기에서 자벌레는 자신의 측정이 정확하지 않다는 것을 발견하고 좌절하게 된다. 자벌레는 몸이 정확히 나뉘어져 있는 자벌레 친구를 만난다. 그들은 함께 1인치, 1/2인치, 1/3인치, 1/4 인치를 측정한다.

준비물

- 실물화상기.
- 길이가 다른 여러 가지 물체: 1인치, 1/2인치, 1/3 인치, 1/4 인치.
- 1피트씩 표시되어 있는 자와 1cm씩 표시되어 있는 자: 모둠의 학생들이 충분히 사용할 만큼.
- 두꺼운 종이.
- 여러 가지 잡지 그림.

교수학습 지침

1. 학생들에게 이야기를 읽어 준다.
2. 실물화상기를 이용하여 학생들에게 길이가 1/2인치인 물체 두 개를 붙이면 길이가 1인치인 물체와 길이가 같다는 것을 설명한다. 같은 방법으로 길이가 1/3인치인 물체 3개, 길이가 1/4인치인 물체 4개를 연결하여 1인치와 길이가 같음을 설명한다.
3. 선과 숫자가 표시되어 있는 자를 이용하여 1인치가 같은 길이만큼씩 나뉘어져 있음을 보여준다.

이러한 관계는 학생들에게 굉장히 복잡한 관계이고, 대부분의 1학년 학생들의 측정 활동과 특별히 관련이 있는 것도 아닐 것이다. 그러나 학생들에게 자에 있는 표시들을 설명해 주는 것은 유익한 일이다.

4. 이야기 속에 나오는 야채들을 두꺼운 종이로 만든다. 학생들에게 피트 자를 이용하여 야채의 길이를 재어 보도록 한다. 그리고 센티미터 자를 이용하여 야채의 길이를 재어 보도록 한다. 두 결과를 비교한다.
5. 종이로 만든 야채와 학생들이 측정한 결과를 벽에 게시하여, 학생들이 그 결과와 기호에 대하여 토의할 수 있도록 한다.
6. 이 달이 끝날 즈음에 학생들에게 새로운 그림 몇 개를 주고, 측정해 보도록 한다. 이번에는 지난 몇 주 동안 이야기했던 측정 도구를 이용하여 개별적으로 활동해야만 한다. 학생들에게 적어도 그림 하나의 길이는 몇 가지 방법으로 측정하여 길이를 재어보고, 발견한 것을 종이에 기록하도록 한다. 학생들이 활동하는 동안, 교실을 돌아다니면서 그들의 생각을 설명해 달라고 한다. 비교와 관련된 어휘를 주의 깊게 듣는다. 학생들이 물체를 놓고, 측정하고, 기록하는 방법과 정확성을 관찰한다.
7. 기록한 종이를 걷는다. 이 결과물은 학생들이 개방형 문제를 접했을 때, 그들의 선호도와 측정에 대한 이해를 보여줄 것이다. 참고 : 학생들이 하나의 해결 방법을 선택했다는 것은 다른 방법을 이해하지 못했다는 것을 의미하는 것이 아니라, 그 학생에게 가장 편안한 방법이 무엇인지를 말해 준다.

시각 탐구하기

Bruce MacMillan의 ***Time to Go***는 독자들이 하루의 시각에 따라 어린 소년을 따라갈 수 있도록 아날로그 시계와 디지털 시계의 사진을 보여준다. 디지털 시계는 시각을 나타내는 숫자뿐만 아니라 A.M.과 P.M.을 보여준다. 간단하게 제시된 글을 통하여 오전, 오후, 저녁, 밤을 확인할 수 있다.

준비물

- 3×5인치의 색인 카드 약 30장.

교수학습 지침

1. 학생들에게 책을 읽어 준다.
2. 책에 나온 시각을 색인 카드에 쓴다. 특정 시각에 일어날 수 있는 일- 예를 들면, A.M. 7:00 기상, P.M. 8:30 취침 등의-을 설명하는 그림도 작게 그려 넣는다. 각 그림의 밑에 그림에 대한 설명을 써 넣는다.
3. 학생들에게 교사가 가장 이른 시각에서부터 가장 늦은 시각까지 색인 카드를 분류할 수 있도록 도와달라고 한 다음, 카드를 게시한다.
4. 시각을 재는 단위인 '분'에 대해 말해준다. 어떤 학생은 1분이 60초라는 것을 기억하고 있을지도 모른다. 초의 개념에 대해 토의하고, 수학용어집에 이러한 용어를 첨가한다.
5. 학생들에게 한 가지 실험을 해보고 싶다고 말한다. 1분 동안 책상에 엎드려서 쉬라고 하고, 1분이 되었다고 생각될 때 조용히 고개를 들으라고 한다.
6. 시간을 어떻게 재는지 학생들이 볼 수 있도록 초침이 있는 큰 아날로그 시계를 이용한다. 학생들에게 초침이 정확히 12에 도달했을 때, 책상에 엎드리라고 한다. 초침이 한 바퀴 돌아서 다시 12에 도착했을 때, 조용하게 "1분"이라고 말한다.
7. 1분이라는 시간이 학생들이 생각했던 것보다 긴지, 짧은지, 아니면 거의 같은지에 대해 이야기해보도록 한다.
8. 학생들에게 1분 동안 다양한 활동을 반복해서 하고, 1분 안에 그 과제를 몇 번 할 수 있는지 알아보도록 한다. 예를 들면, 1분 동안 빗금을 몇 개 그릴 수 있는지, 1분 동안 뜀뛰기를 몇 번 할 수 있는지, 숫자, 이름 또는 알파벳을 몇 개 쓸 수 있는지 알아보도록 한다. 친숙한 노래를 부르면서, 1분 동안 어디까지 부를 수 있는지 알아본다. 나중에, 학생들이 5분, 30분, 60분의 개념을 알아보기 위한 활동을 할 때, 1분에 대한 이해는 유용한 자산이 될 것이다.

시각 말하기

Amy Axelrod의 ***Pigs on a Blanket***은 바닷가에 놀러 가는 것을 좋아하는 돼지 가족에 관한 재미있는 이야기이다. 외출을 준비하는 동안 옆길로 새버린 돼지 때문에 시간은 자꾸 흘러간다.

학생들은 돼지 가족이 한 장소에서 다른 장소로 이동하는 과정을 복잡하다고 느낄 수도 있고 때로는 좌절할 수도 있다. 작가가 쪽마다 써놓은 시간을 보면, 돼지는 계획된 스케줄에서 점점 멀어지고 있다는 것을 알 수 있다. 결국 불쌍한 돼지는 시간을 다 써버리고 만다. 책의 마지막 장은 시계의 시간이 정확하게 흘러가는 동안의 이야기를 요약해서 다시 보여준다. 또한 이 책은 60초가 1분이고, 60분이 1시간이라는 것과 같은 시간의 단위에 관한 정보를 차트로 제공하고 있다.

준비물

- 큰 시계 판 한 개, 또는 각 학생 당 시계 한 개씩.
- 종이 접시, 할핀, 공작용 종이 한 개씩.

교수학습 지침

1. 학생들에게 이야기를 읽어 준다. 마지막 장의 요약 부분을 읽는 동안, 학생들에게 큰 시계 판을 참고하거나 개인 시계를 사용하여 이야기 속에 나오는 시각을 교사와 함께 다시 말해보도록 한다.
2. 공작용 종이로 바늘을 만들고 종이 접시로 시계 판을 만든 다음, 그 둘을 이용하여 손으로 시계 바늘을 움직일 수 있는 시계를 만들도록 한다. 학생들이 할핀을 이용하여 종이 접시의 중앙에 바늘을 꽂는 것을 도와준다. 시침과 분침이 길이가 다르다는 것을 확실히 이해시킨다. 아이들이 시계 판을 4부분으로 나누는 점을 찍는 것을 도와준다. 점을 제대로 찍었다면, 12, 3, 6, 9를 적절한 위치에 쓰도록 한다. 이러한 과정은 학생들이 숫자를 어느 위치에 써넣는 것이 알맞은 것인지를 이해할 수 있도록 도와준다.
3. 이야기를 다시 읽고, 이번에는 학생들에게 종이 시계 판 위의 특정 시각을 알아보도록 한다.
4. 학생들의 관심을 다양한 일상 과제를 완성하는데 걸리는 시간의 길이에 집중시킨다. 예를 들면, 아침에 일어나서 옷을 입는데 걸리는 시간, 양치를 하는데 걸리는 시간, 아침을 먹는데 걸리는 시간, 학교에 도착하는데 걸리는 시간, 잠자리를 준비하는데 걸리는 시간을 물어본다. 학생들에게 다양한 활동을 할 때 시계 바늘을 잘 돌릴 수 있도록, 시계 바늘을 돌리는 연습을 하도록 한다. 칠판에 하루 중에 이러한 활동을 하는 시각을 적는다.

전체 학급 활동 / 메뉴 활동

높이 비교

이 활동에서 학생들에게 서로 다른 물체의 높이를 비교하는 데 관심을 갖도록 한다.

준비물

- 교실에 있는 높이가 다른 5가지 물체. (예를 들면, 지우개, 분필, 휴지통, 책, 박제 동물)

교수학습 지침

1. 준비한 5가지 물체를 모든 학생들이 볼 수 있는 곳에 놓고, 학생들에게 물체 주위에 원을 이루어 앉게 한다.
2. 학생들에게 모아온 물체들을 보고 알아낸 것이 무엇인지 물어본다.
3. 몇 가지 대답을 들어 본 후, 학생들에게 이 물체들의 높이를 측정한 후 높이에 따라 순서대로 놓을 것이라고 말한다. 학생들에게 지금까지 접해 본 측정 용어들을 떠올려보라고 한다.
4. 학생들에게 어떻게 하면 물체들을 높이에 따라 순서대로 놓을 수 있는지 물어본다. 학생들이 몇 가지 아이디어를 말하도록 한 후에, 직접 비교의 방법을 사용하여 높이에 따라 물체를 분류한다. 물체들을 비교하면서 *높이, 길이, 긴, 가장 긴, 키가 큰, 가장 키가 큰, 짧은, 가장 짧은, 크기, 순서*와 같은 측정에 관련된 단어들을 칠판에 적는다.
5. 이제 학생들에게 교실에 있는 다른 물체의 높이와 길이에 대해 생각해 보라고 한다. 그들에게 물체를 몇 개 모아서 어떤 것이 가장 크고 어떤 것이 가장 작은지에 대해 생각해 볼 것이라고 말해준다. 학생들에게 교실 안에 있는 물건은 어떠한 것이라도 된다고 설명하고, 가능하면 쉽게 집어서 옮길 수 있는 것으로 선택하도록 한다. 그리고 그 물건들은 나중에 제자리에 돌려놓아야 한다고 이야기해 준다.
6. 3-4명이 한 모둠을 이루어 활동하도록 한다. 모둠의 각 학생들은 5가지 물체를 모아서, 모둠으로 가져간다. 모둠원들은 가져온 물체를 다 같이 비교해 본다. 과제에 대해 이야기 하며 칠판에 활동에 대한 설명을 적는다.

a. 5가지 물체를 모으고, 높이에 따라 순서대로 놓습니다.

b. 모둠원 각자가 선택한 물체를 함께 놓습니다.

c. 물체를 5개씩 세어봅니다. 모두 몇 개를 가지고 있습니까?

d. 높이에 따라 모든 물건들을 순서대로 놓습니다.

e. 어떤 물체가 가장 긴지, 가장 짧은지를 발표할 준비를 합니다. 높이가 같은 물체 또는 확실히 비교할 수 없는 물체가 있습니까?

7. 모둠에서 관찰한 내용을 발표하도록 하고, 학생들에게 교실을 돌아다니며, 다른 모둠의 구성원들이 모은 물체를 보도록 한다. 학생들에게 순서대로 놓여 진 물체에 대해 토의하면서 새로운 어휘를 수학용어집에 적도록 합니다.
8. 학생들에게 교실에 있는 물체와 집에 있는 물체의 높이나 길이를 비교하는 방법에 대해 물어본다. 만약 물체를 나란히 놓고 직접 비교를 할 수 없는 경우에는 어떻게 해야 하는지 물어 본다. 다른 장소에 있는 물체의 길이를 비교하기 위해 줄을 이용하는 것과 같은 가능한 방법에 대해 토의한다.
9. 집에서 자신의 키와 몸무게의 변화를 지속적으로 알고 싶은지에 대해 물어본다. 만약 그렇다면, 어떻게 해야 할까? 의사와 부모님이 키와 몸무게를 기록하기 위해 사용하는 방법에 대해 토의해 본다.

가족 그림

학생들은 이미 가족 구성원의 수에 대해 알아보았다. 이번 달에는 나이와 키의 상관관계에 대해 생각해 보도록 한다. 교사는 *Goldilocks and The three Bears(금발머리와 곰 세 마리)*를 이 활동의 도입에 이용할 수 있다.

준비물

- 그리기 도구.

교수학습 지침

1. 학생들에게 가족 그림을 또 한 번 그릴 것이라고 말한다. 그러나 이번에는 가족들 중에 가장 키가 큰 사람, 두 번째로 키가 큰 사람 등을 순서대로 그려봄으로써, 특히 키에 주목하게 될 것이다.

2. 키만 보고 누가 나이가 많은지를 알아내는 것이 가능한지에 대해 학생들에게 물어본다. 필요하다면 수학용어집에 *나이, 더 어린, 가장 어린, 더 나이가 많은, 가장 나이가 많은*과 같은 단어를 추가한다.
3. 학생들에게 가족 그림을 그려 보도록 한다. (그림 8-4 참고)

그림 8-4

Pia는 자신의 가족 그림을 그리면서 키가 서로 다른 5사람을 그렸다.

아빠가 가장 크고, 그 다음에 엄마가 크다. 나는 형과 남동생이 있다.

4. 이제 학생들에게 수학용어집에 있는 비교 용어를 이용하여 그림 속의 사람들을 묘사해 보도록 한다. (예를 들면, "아빠가 가장 키가 크고, 내가 가장 작아요. 우리 형은 나보다 나이가 많고, 내 동생은 나보다 나이가 적어요.")
5. 학급문고를 만들기 위해 그 그림을 모아 둔다.

심화

학생들에게 ***The Three Billy Goats Gruff***나 ***The Berenstain Bears***와 같은 가상적인 가족이 나오는 책이나 이야기에 대하여 생각해 보고 제목을 말해보도록 한다. 학생들은 이러한 친근한 캐릭터들을 이용하여, 키를 비교하는 연습을 더 많이 할 수 있다.

길이 비교

이 활동은 학생들이 간접 비교를 이용하여 물체의 길이를 비교할 수 있도록 도와준다.

준비물

- (두꺼운 책과 같은) 물건을 옮겨 직접 비교를 하기 힘든 물건.
- 활동지 1장씩. (그림 8-5와 부록 참고)

교수학습 지침

1. 교실에서 하나의 물체를 선택하고, 그것을 모두가 볼 수 있도록 높이 든다.
2. 학생들에게 교실을 둘러보고, 선택한 물체보다 *길이가 더 짧은, 더 긴, 같은* 물체를 찾아 보도록 한다. *길이와 너비*의 의미의 차이점을 이야기 해 보고, 학생들의 수학용어집에 이 단어들을 써 넣도록 한다.
3. 고른 물체와 길이가 같도록 실을 자르거나 길이가 같은 직육면체 막대를 만들고, 학생들이 고른 물건들과 비교하기 위해 자른 실이나 막대를 높이 들어서 간접 비교를 하는 방법을 시범 보인다.
4. 학생들이 고른 물건의 길이를 계속해서 측정해본다. OHP나 칠판을 이용하여 원래 물체의 이름을 기록하는 방법을 알려주고, 원래 물체보다 더 짧은 것, 더 긴 것, 거의 같은 것을 최소한 2개 정도는 목록에 써 넣도록 한다.
5. 그 다음에 학생들로 하여금 짝을 이루도록 하고, 학습지를 2명당 1장씩 나누어 준다. 학생들에게 비교 대상이 되는 물체들을 활동지의 적절한 칸에 써 넣도록 한다. 학생들은 그들이 원하는 만큼의 물체를 조사하여 보고할 수 있다.
6. 학생들이 활동하는 동안 교실을 돌아다니며 학생들에게 어떻게 비교하였는지 물어본다. 학생들이 사용하는 비교 용어를 자세히 듣고, 아직 정확한 용어를 사용하지 못하는 학생이 있다면 정확한 용어를 사용하여 말 할 수 있도록 도와준다. 교사는 활동지를 모아서, 누가 자신감 있게 과제를 수행하는지, 누가 이러한 활동을 더 많이 경험해야 하는지를 알아본다.

그림 8-5

길이탐색 기록지

물건의 이름	더 긴 것	길이가 거의 같은 물건	더 짧은 것

임의단위로 측정하기 그리고 세기 단위

이전에 한 활동들은 측정 용어와 직접 비교, 간접 비교에 초점을 맞춘 활동이었다. 이번 활동의 특징은 여러 가지 실이나 리본의 길이를 구하기 위해 임의단위를 이용해서 측정하는 것이다.

준비물

- 학생 1명당 길이가 다른 실이나 리본 5-6개. (길이가 같은 실은 같은 색임)
- 실이나 리본을 담은 작은 주머니.
- 학생 1명당 콩, 이쑤시개, 클립과 같은 작은 물체를 담고 있는 상자 한 세트.
- OHP.

교수학습 지침

1. 길이를 측정할 실이나 리본을 모으고, 쉽게 꺼낼 수 있도록 작은 주머니에 한 세트씩 넣어서 보관한다.

2. 각각의 학생들에게(또는 2인 1조) 길이가 같은 실과 작은 물체들이 담긴 상자를 나누어 준다. 학생들에게 실을 일직선으로 펴 놓고, 클립이나 콩을 실을 따라 놓은 다음, 그 결과를 수학 공책에 기록하도록 한다. 다양한 결과가 나올 것이고, 그런 범위가 나올 수 있는 이유에 대해 토의해 본다.
3. OHP를 이용하여 콩이나 클립 사이에 빈 공간이 있으면 어떻게 되는지를 설명하면서, 물체를 끝과 끝이 닿도록 조심스럽게 놓도록 한다.
4. OHP 위에 있는 콩이나 클립의 개수를 셀 수 있는 방법을 학생들에게 물어보고, 보다 효과적으로 셀 수 있는 방법을 토의해 본다. 만약 어떤 학생이 2개씩, 5개씩, 10개씩 세기를 제안한다면, 학생들에게 이러한 규칙을 적용하는 방법에 대해 생각해 보도록 한다.
5. 메뉴 학습 시간에 이용할 물체를 정한다. 학생들이 메뉴 학습 시간 동안 이 활동을 선택해서 할 때, 실의 길이를 측정하기 위해 물체를 놓고 세는 방법에 특히 주의하며 학생들을 관찰하도록 한다.

신체 측정하기

이 활동은 짝과 함께 하는 활동으로 학생들에게 키, 머리, 허리둘레와 같은 신체의 다양한 부분을 측정 할 수 있는 기회를 제공한다. 교사는 이 활동이 쉽게 이루어지고, 번잡하지 않도록 하기 위해 메뉴 학습 시간에 하루에 4명이나 6명의 학생들만 짝을 이루어 활동하도록 계획을 짤 수도 있다.

준비물

- 실 1꾸러미.
- 자 또는 줄 자 1개.
- 키와 몸무게를 동시에 측정할 수 있는 저울.
- 크기가 어린 아이만한 인형.

교수 학습

1. 두 명씩 짝을 짓고, 실을 이용하여 서로의 키를 재보도록 한다. 학생들로 하여금 다양한 방법으로 이 과제를 수행하도록 한다. 정해진 시작점(예를 들어, 발끝이나 머리 꼭대기)에서 실의 한 쪽 끝을 잡고, 정해진 끝점에서 실의 다른 한 쪽을 잘라야 한다는 것을 이야기해 준다.

2. 서로 짝의 키를 잰 실을 바닥에 놓고 비교하여, 누가 더 큰지 또는 두 사람의 키가 같은지 다른지를 확인해 보도록 한다.
3. 보통 사람의 키를 이야기할 때 사용하는 측정의 표준단위에 대해 토의한다. 만약 가능하다면, 인형을 이용하여 아기들의 *길이*를 어떻게 재는지 시범을 보인다. 이때에는 피트보다는 인치를 사용한다. 아기가 자람에 따라 인치로만 아기의 키를 나타내기에는 숫자가 너무 크기 때문에 피트와 인치를 같이 사용해야 함을 설명한다. 아기가 서서 걷기 시작하는 유아가 되면, 아기의 *길이*가 아닌 *높이*를 측정한다는 것을 알려 준다.
4. 신체검사를 할 때 올라 서 있었던 저울에 대해 생각해 보도록 한다. 가능하다면, 키와 몸무게를 동시에 측정할 수 있는 저울 하나를 보여주고, 저울에 키와 몸무게가 나타난다는 것을 알려준다. 원하는 사람은 앞에 나와서 자신의 키와 몸무게를 재보도록 한다.
5. 학생들에게 실로 측정한 길이를 줄자를 이용하여 피트나 인치로 바꾸는 방법을 알려준다. 학생들에게 가족의 키를 측정해 보도록 한다.

심화

- 학생들에게 실을 이용하여 짝의 키의 반과 두 배를 나타내도록 한다. 원래 실을 반으로 접고, 접은 실의 길이와 같은 새로운 실을 자르는 과정을 보여준다. 그리고 원래 실의 길이의 두 배가 되도록 다른 실을 붙인다. 학생들은 특히 두 배인 실의 길이에 관심을 가질 것이다. 그들은 이 실을 밖으로 가지고 나가서, 운동장에 있는 여러 가지 물체들의 길이와 실의 길이를 비교해 볼 수 있다. 학생들은 또한 실을 이용하여 물체들 사이의 거리도 잴 수 있다.
- 측정한 것을 짝과 함께 포스터로 만들어 보도록 한다. 짝끼리 실을 이용하여 서로 도와가며 팔의 길이, 허리둘레의 길이와 같은 신체의 치수를 측정하도록 한다. 포스터를 만들기 위해 학생들에게 긴 직사각형 모양의 종이를 나누어 주고, 측정한 실을 종이에 붙이도록 한다.
  교사의 신체를 잰 실을 종이에 붙이고, 측정한 부분의 이름을 써 넣는다. (그림 8-6 참고) 의도적으로 더 짧은 실의 끝 부분을 그 옆에 있는 더 긴 실의 끝 부분보다 밑에 오도록 붙이고, 학생들에게 더 짧은 실이 실제로 더 짧은지를 물어 본다. 이 설명의 핵심은 여러 가지 측정에서 시작점을 일정하게 하는 것이 중요하다는 개념을 형성하는 것이다. 종이의 아랫부분에서 몇 인치 정도 떨어진 곳에 직선을 그리거나 자국이 생기도록 종이를 접어서 측정의 기준선으로 삼는다. 그리고 기준선 위로 실을 붙인다. 학생들에게 기준선이 그려진 종이를 나누어 줄 수도 있다. 활동이 끝나면, 학생들에게 소그룹에서 그 결과에 대한 이야기를 나누도록 한다.

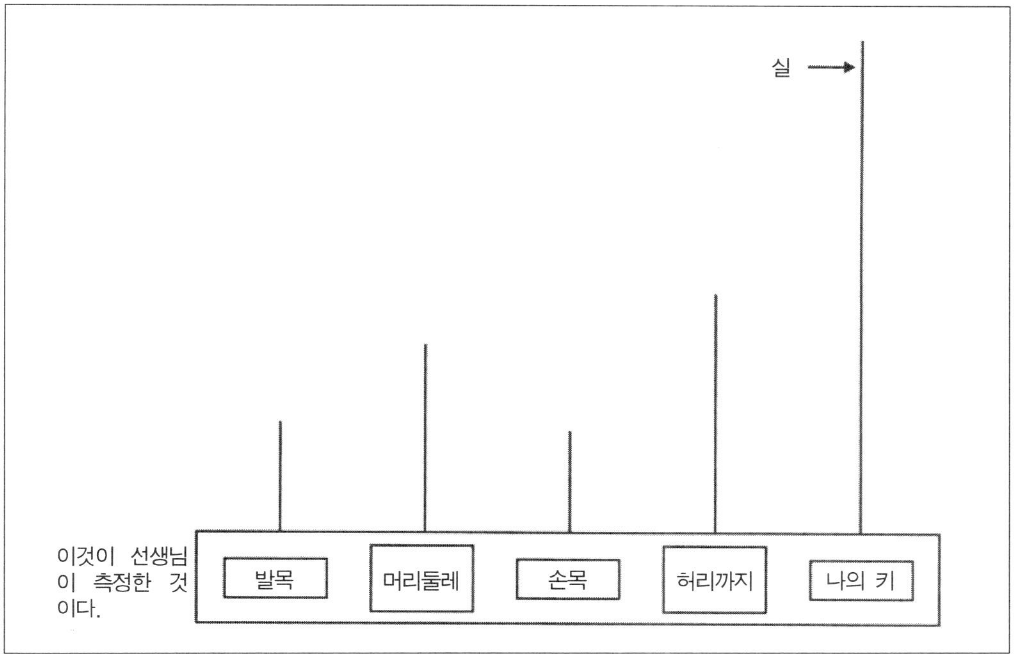

그림 8-6

신체 측정 다이아그램

물체 측정하기

이 활동은 표준 측정 도구와 비표준 측정 도구를 사용할 기회를 제공한다.

준비물

- 책, 연필, 크레용 케이스 등과 같은 길이를 잴 수 있는 다양한 물체.
- 1인치 연결정육면체나 타일, 자, 센티미터 연결정육면체와 같은 표준 측정 도구와 콩, 이쑤시개, 클립 등과 같은 비표준 측정 도구.

교수학습 지침

1. 측정할 물체를 고르고, 그 물체를 여러 가지 도구를 이용하여 측정하는 시범을 보인다. 학생들에게 측정한 물체, 측정 도구, 측정 결과를 수학 공책에 기록하도록 한다.
2. 학생들에게 스스로 물체의 길이를 재어 보도록 한다. 이 때, 같은 물체를 여러 가지 도구로 측정하도록 한다. 학생들이 활동할 때뿐만 아니라 전체 학급 토의를 하는 동안에도 그들이 사용한 측정 단위를 비교해 보고, 그 결과를 통해 알아낸 사실을 말해 보도록 한다.

던지기와 측정하기

이 게임 또한 짝과 함께 하는 게임이고, 학생들의 활발한 참여가 필요한 게임이다.

준비물

- 2인 1조당 던질 수 있는 작은 물체 1개(예를 들어, 클립이나 동전).
- 2인 1조당 그릇 3개.
- 2인 1조당 자 1개.
- 2인 1조당 테이프나 스티커 5-10개.

교수학습 지침

1. 바닥에 시작점을 표시한다.
2. 짝끼리 자를 이용하여 시작점에서 한 발자국, 두 발자국, 세 발자국이 떨어진 곳의 거리를 잰다. 세 군데에 스티커나 테이프로 표시를 해둔다.
3. 그릇이나 마가린 통을 표시한 세 곳에 놓는다.
4. 짝끼리 돌아가며 시작점에 서서 세 군데에 있는 그릇 중 하나에 클립이나 동전을 던져 넣는다. 물체를 가장 가까운 곳에 있는 그릇에 넣으면 10점, 두 번째 그릇에 넣으면 25점, 가장 먼 곳에 있는 그릇에 넣으면 50점을 얻는다. 100점이 될 때까지 게임을 한다.

쉬는 시간에 이 게임을 소개해서 모든 학생들이 이 게임의 사용법을 분명히 이해할 수 있도록 한다. 그런 후, 이 활동은 실내나 실외에서 모두 할 수 있다.

걸음의 크기 측정하기

이 활동은 "한 걸음은 얼마나 깁니까?"라는 질문에 대해 생각해 보도록 한다.

준비물

- 보호 테이프나 스티커.
- 1인치 연결정육면체, 1인치 타일 또는 자.

교수학습 지침

1. 학생들에게 교실을 가로 질러 세 번 걸어 보도록 한다. 첫 번째는 “아기 걸음”, 두 번째는 “중간 걸음”, 세 번째는 “거인 걸음”으로 걷도록 한다.
2. 다음과 같은 질문을 한다. “아기 걸음으로 갔을 때 더 멀리 갔나요?”, “아기 걸음, 중간 걸음, 거인 걸음 중에 어떤 걸음으로 갔을 때 더 많이 걸었나요?”, “세 가지 걸음으로 간 교실의 거리는 변했나요?”, “무엇이 변했나요?”, “우리 교실의 길이는 얼마인가요?”, “우리 교실의 너비는 얼마인가요?”
3. 쉽게 뗄 수 있는 작은 테이프 조각이나 스티커를 이용하여 바닥에 시작점을 표시한다.
4. 학생들이 짝을 짓도록 하고, 그 중 한 명에게 시작점에서 한 발자국 걸어보도록 한다. 그리고 보호 테이프나 스티커로 그 지점에 표시한다.
5. 1인치 연결정육면체, 1인지 타일 또는 자를 주고, 학생들에게 짝과 함께 그 길이를 측정해보라고 한다. 타일이나 연결정육면체 10개를 연결하여 연결정육면체의 개수를 효과적으로 셀 수 있는 방법에 대해 토의한다.
6. 학생들에게 그들이 측정한 걸음의 크기와 측정을 통해 알아낸 것을 수학 공책에 적도록 한다.

식물의 성장 측정하기

이 활동에는 다양한 가능성이 있지만 많은 시간이 걸린다. 교사와 학생들은 식물을 심을 것이고, 언제 측정 활동을 할 것인지는 정확히 예상할 수 없을 것이다.

준비물

- 실내에 심을 수 있는 두 가지 종류의 씨앗. (예를 들면, 아보카도 씨, 콩, 수선화 모종)
- 배양토와 작은 화분.

교수학습 지침

1. 두 가지 종류의 씨앗을 심는다. 지역의 특성과 교육과정은 무엇을 심어야 할지에 영향을 줄 수도 있다. 나는 항상 아보카도 씨를 한쪽 끝이 위를 향하도록 하여 반쯤 심은 것을 보면 행운이 있다. 이 큰 씨는 갈라지면서 매우 빠른 속도로 자라고, 학생들이 쉽게 측정할 수 있도록 수직으로 자란다. 콩의 씨나 수선화 모종 같은 어떤 것을 심는 것은 성장 데이터를 제공할 뿐만 아니라 과학과 흥미롭게 연계 시킬 수도 있다.

2. 학생들을 모으고, 봄 동안에 씨앗으로부터 싹이 튼 식물에 이름을 붙이도록 한다.
3. 살아있는 생물의 성장을 관찰하는 것은 측정 활동을 할 수 있는 매우 훌륭한 기회임을 설명해 준다. 학생들에게 교사가 선택한 씨앗을 보여주고, 싹이 트지 않을 경우에 대비해 여러 개의 씨앗을 심어야 됨을 알려준다.
4. 모두가 씨앗을 관찰할 수 있게끔 씨앗을 돌려 본다.
5. 몇 가지 비교를 한다. 차트 종이를 두 칸으로 나누고, 맨 위에 두 가지 종류의 씨앗의 이름을 쓴다. 씨앗의 둘레를 따라 그리고, 원래 크기를 기록한다. 학생들에게 두 종류의 씨앗에 대한 비교 문장을 만들고, 관찰한 것을 기록하도록 한다. 학생들은 촉감과 색깔뿐만 아니라 크기와 무게의 차이점에 대해서도 말할 것이다.
6. 학생들에게 씨앗이 싹 트는데 얼마나 오랜 시간이 걸릴 것이라고 생각하는지 예상해 보도록 한다. 학생들은 하나가 먼저 싹틀 것이라고 예상할 수도 있다. 만약 차이가 난다고 대답하면 그들에게 이유를 말해 보도록 한다.
7. 학생들이 관찰하는 가운데 씨앗을 심는다. 특정 시기에 자라는 식물이 어떤 것인지를 확인하기 위해 화분에 이름을 붙인다. (예를 들어, 화분 A, 화분 B, 화분 C, 화분 D)
8. 학생들과 함께 화분을 놓을 곳을 정한다. 씨앗을 어떻게 돌봐야 하는지에 대해 토의하고, 학생들과 함께 씨앗이 자라는데 필요한 햇볕과 물을 줄 수 있도록 계획을 세운다.
9. 씨앗을 심은 날을 달력에 표시한다.
10. 씨앗에 싹이 트면, 달력에 화분의 이름과 일어난 일을 적는다.
11. 매일 또는 일주일에 한 번과 같이 일정한 간격으로 학생들과 함께 식물의 키를 측정한다. 여러 가지 식물의 '성장 포스터'를 만든다. 포스터를 쉽게 만드는 방법 중 한 가지는 실을 이용하여 측정을 하고 성장 포스터의 식물의 키를 측정한 날짜 위에 그 실을 붙이는 것이다. 각각의 식물마다 다른 성장 포스터를 만들어도 된다. 또는 하나의 큰 포스터에 모든 식물을 다른 색의 실을 이용하여 나타낼 수도 있다.

만약 충분한 양의 씨앗이 싹을 틔웠다면, 학생들은 모둠을 지어 식물을 측정하고, 실을 알맞은 길이로 자른다. 만약 소수의 씨앗만 싹이 텄다면, 학생들은 교사가 이 과정을 하는 것을 즐겁게 관찰한다.

심화

학생들에게 인치와 센티미터를 사용하여 여러 가지 다양한 실의 길이를 비교할 수 있는 기회를 준다. 교사의 도움을 받는다면, 1학년 학생들은 자를 이용하여 이 활동을 할 수도 있을 것이다. 그러나 가장 효과적인 방법은 1인치 또는 1cm인 물체를 실 옆에 놓고, 그 개수를 세는 것이다. 또한 가능하다면 학생들과 함께 씨앗을 실외에 심고, 학기 동안에 식물의 성장을 꾸준히 관찰하도록 한다.

여행 길 만들기

이 활동은 블록을 이용하여 이야기에 나오는 가상적인 캐릭터의 여행 지도를 만드는 활동이다.

준비물

- 친근한 캐릭터가 나오는 책. (예를 들어, ***Winnie the Pooh***)
- 학생 한 명당 10-20개의 블록.
- 모든 학생들이 쉽게 사용할 수 있는 실 꾸러미.
- 학생 한 명당 자 1개.
- 학생 한 명당 1인치 타일이나 큐브 한 세트.
- 테이프.

교수학습 지침

1. 선택한 책을 읽는다.
2. 학생들에게 이야기의 주인공이 여행한 길과 방문한 곳을 블록을 이용하여 나타내도록 한다. 예를 들면, 만약 ***Winnie the Pooh***를 읽는다면, 아마도 Pooh의 여행은 Christopher Robin의 집에서 시작하여 꿀이 있기를 바라는 나무에서 끝날 것이다. 또는 섬에서 보물을 찾고 있는 해적의 이야기를 선택할 수도 있다. 블록을 이용하여 주인공이 이동한 경로를 표시한다.
3. 학생들이 길을 다 표시하였을 때, 학생들로 하여금 시작점에서 마지막 도착지점까지의 거리를 실을 이용하여 측정해 보도록 한다. 실을 이용하여 측정 할 때는 시작점을 테이프로 고정하도록 한다.

4. 이제 학생들에게 측정한 실을 직선이 되도록 펴라고 한다. 그리고 자에서 보았던 인치, 피트와 같은 표준단위를 이용하여 그것을 측정하도록 한다. 이때에는 학생들을 도와주어야 한다. 많은 학생들이 자에 쓰여져 있는 표시와 수를 혼동한다는 것을 발견할 것이다. (예를 들어, 어린 학생들은 자에 있는 "1"이 측정을 시작하는 곳을 나타낸다고 생각한다.) 혼동되는 부분에 대해 이야기해 보도록 한다.

심화

학생들에게 자 대신에 1인치 연결정육면체나 1인치 타일을 이용하여 실의 길이를 측정해 보도록 한다.

9장

4월

측정 : 넓이, 부피 그리고 무게

학습 환경

4월이 오면 학사 일정이 끝나간다는 것을 깨닫게 된다. 한편으로는 한 해가 끝나간다는 생각에 흥분되기도 하고, 다른 한편으로는 남은 주 동안에 이루어야만 하는 모든 것들이 갑자기 생각나기도 할 것이다. 지금이 1년 동안 학생들에 대해 모아놓은 자료를 반성해 볼 수 있는 가장 좋은 시간이다. 교사의 목표와 교육과정을 살펴본다. 가장 중요한 것은, 학급에 있는 각각의 아이들의 수학적 발달을 고려하는 것이다. 이것은 남은 주 동안 우선적으로 해야 할 것을 정할 수 있는 완벽한 기회가 된다.

4월에는 학생들이 측정에 꾸준히 관심을 갖도록 하며, 초점을 넓이, 부피, 무게에 대한 활동으로 이동시켜 갈 것이다. 학생들은 비교형 뺄셈, 이산량과 연속량에 대해 끊임없이 탐구하면서, 계속해서 수를 합병하고 재배열할 것이다. 1학년들은 "얼마큼 인가" 그리고 "몇 개인가"와 같은 질문에 답할 것을 요구하는 활동에 열중할 것이다. 그렇다 할지라도, 교사는 덧셈과 뺄셈을 더 많이 연습하도록 하는 것이 좋다.

측정 활동과 덧셈, 뺄셈 연습을 모두 제공하기 위해 주별 계획을 짠다. 예를 들어, 금요일에는 아이들이 덧셈과 뺄셈 게임을 하면서 시간을 보내도록 하고, 다른 요일에는 측정 개념을 심화한다. 절차적 지식의 지도를 최소화하고 연습 시간은 최대화하기 위해서, 교사는 또한 아이들에게 이미 친숙한 몇몇의 게임과 활동을 선택해도 좋다. 학생들은 교사가 기대하는 것을 이해하고 새로운 일과활동을 예상할 수 있기 때문에, 학생들과 함께 교사의 의도에 대해 논의한다.

이 달에는, 요리하기, 건축하기와 같은 실생활 상황들을 이용하여 학생들이 측정의 새로운 면을 이해할 수 있도록 할 것이다. 특히, 학생들이 집중하게 될 것은 다음과 같다.

- 평면도형의 면적 비교하기.
- 부피(예를 들어, 비었고, 반쯤 차있고, 가득 찬 것) 비교하기.
- 무게(가볍고, 무겁고, 더 무겁고, 가장 무거운 것) 비교하기.
- 시각에 대한 이해를 깊게 하기.

일과활동

달력

학교 생활

학생들은 등교한 날의 수를 세는 달력 활동을 계속할 것이다. 100일이 지나면, 교사는 학생들에게 큰 달력 위에 학교에 등교한 날의 수를 쓰기 시작하도록 할 수 있다. 만약 그렇게 한다면, 1-100 포켓차트는 다른 문제 해결 활동을 위해 사용할 수 있게 된다. 만약 아이들에게 3월에 101-200 차트를 주었다면, 아래와 같은 일과활동을 시도해 본다.

1. 학생들과 함께, 1년 중 남은 날의 수를 알아본다.
2. 칠판에 교육청에서 제시한 총 수업 일수를 적는다(예를 들어, 180). 학생들에게 101-200 차트에 그 수를 표시하도록 한다.
3. 올해 학생들이 이미 학교에서 보낸 날의 수를 토의하게 하고, 수표에서 그 수를 찾도록 돕는다.
4. 다음에는 학생들이 올해에 남은 수업 일수가 며칠인지를 조용히 생각할 수 있는 시간을 준다. 짝과 함께 혹은 소모둠을 만들어 이 문제에 접근하는 방법에 대해 이야기해 보도록 한다. 다음 2주 동안에는 수업 일수가 며칠 남았는지를 생각해보는 것으로 문제를 단순화시킬 수도 있다.
5. 학생들이 제안한 다양한 문제 해결 전략에 대해 논의한다. 어떤 학생들은 오늘 날짜부터 세어나갈 수도 있고, 일부는 거꾸로 셀 수도 있다. 또 어떤 학생들은 차트에서 수를 묶어볼 수도 있고, 어떤 학생들은 달력 위의 날을 셀 수도 있다. 어떤 학생들은 여전히 그저 추측만 하고 있을지도 모른다.

   아이들이 문제를 해결할 수 있는 다양한 접근법을 접할 수 있도록 한다. 그들의 탐구와 정리되지 않은 생각은 며칠 혹은 몇 주에 걸쳐서 계속될 수도 있다. 또한 그들이 다른 사람의 추론을 눈으로 볼 수 있도록 돕는다. 칠판이나 OHP에 수 차트를 놓고 사용하여, 그들의 생각을 단계별로 설명하도록 한다.
6. 학급에서 학사 일정이 며칠 남았는지에 대해 의견이 일치하면, 그 수를 나타낼 수 있는 종이 고리를 만든다. 고리를 10개씩 같은 색이 되도록 연결한다. 학생들이 쉽게 접근할 수 있도록 달력에 고리를 걸어 놓는다. 남은 날들이 하루씩 줄어든다는 것을 보여주기 위해, 매일 달력 도우미가 고리를 하나씩 빼도록 한다. 이 일과활동에서 나타나는 빼기 1의 패턴에 대해 논의해 본다.

식물과 계절

만약 3월에 여러 개의 씨앗을 심었다면, 이 식물들의 성장을 계속해서 기록한다. 매일의 온도나 강수량을 기록하는 것과 같은 봄 달력을 만들 수 있는 기회를 가져보는 것도 고려해 본다.

시간

8장에서 해왔던 활동을 하면서 시간에 대한 주제를 계속해서 탐구한다. 만약 아직 해보지 않았다면, 시계 위에 분침과 시침이 있는 그림 카드를 만든다. 각각의 시계 그림 아래에, 디지털시계에 나타나는 것처럼 시각을 쓴다. *A.M., P.M., 아침, 오후, 저녁, 밤*과 같은 용어도 이용한다.

매일 아침, 이 '수수께끼 카드' 중 하나를 뽑아서 그 카드에 있는 정보를 읽도록 한다. 학생들이 카드에 있는 시각의 의미에 대해 논의하고, 그 시간에 일반적으로 무엇을 하는지 생각해 보도록 한다. 예를 들어, 카드에 써진 시각이 오전 10:30이라면, 학생들은 다음과 같이 말할 수도 있다. "아침 10시 30분에, 저는 도서관에 갑니다." 이 활동을 하는 동안 학생들을 도와준다. 카드를 그리고, 읽고, 반응함에 따라 학생들의 자신감은 곧 성장해 나갈 것이다.

아침, 오후, 그리고 저녁에 하는 가장 좋아하는 활동 그래프와 아침에 늦잠을 자거나 일찍 일어나는 것에 관한 학급 학생들의 선호도를 나타내는 그래프를 만드는 것을 고려해본다. *A.M., P.M., 늦은, 일찍*과 같은 용어를 계속 사용한다. 아이들이 그래프를 만들기 전에 반드시 예상을 해보도록 하고, 그래프를 만든 후에는 그래프를 보고 참인 수학 문장을 이야기해 보도록 한다.

어림 항아리

이번 달에 할 어림 활동과 일과활동은 넓이와 부피에 대한 대화로 시작할 수 있다. 매주, 학생들에게 구체물을 주고, 그것으로 공간을 덮고 용기를 가득 채우는 활동을 해야 하는 질문을 던진다. 예를 들면 다음과 같다.

넓이 탐구하기

1. 1인치 타일로 큰 항아리를 채우고, 책과 같은 평평하고 직사각형 모양인 물체 옆에 항아리를 놓는다.
2. 학생들에게 책을 덮기 위해 필요하다고 생각하는 타일의 개수를 예상해 보도록 한다. 책 위에 타일 몇 개를 올려놓으면서 짧게 설명을 해준다. 종이끼우개를 제공해서 아이들이 예상한 것을 기록할 수 있도록 한다.

3. 개수를 정확하게 세기 위해, 매일 두 명의 학생이 어림 항아리를 확인하는 책임을 맡도록 하고, 그 학생들은 책 위에 타일을 놓으면서 질문의 답을 결정하도록 한다. 수학 공책에 찾은 것을 간단하게 적도록 하여, 학생들이 결과를 쉽게 참고할 수 있도록 한다.
4. 금요일에는 그 주에 어림 항아리 활동을 한 모든 아이들이 함께 모여서 결과를 비교할 수 있도록 하고, 그들이 찾은 것을 학급에서 발표하도록 한다. 발표자들에게 그들이 센 것이 같은지 다른지를 논의하도록 한다. 만약 어떤 모순이 있다면, 그 원인에 대해 깊이 생각해 보도록 한다.
5. 이 학생들에게 어떻게 세었는지를 설명하도록 한다. OHP 필름 위에 책 둘레를 따라 그리고, OHP를 사용하여 그 외곽선 안에 타일을 올려놓는다. *행, 열* 같은 용어를 사용하고, 면적을 덮고 타일을 세면서 나타나는 모든 수 패턴을 기록한다. 세는 과정에서 관찰한 것을 공유하기 위해 이것을 미리 체크한 아이들을 격려해 준다.

"보다 더" 이해하기

1. 다시 한 번 1인치 색 타일을 가지고 큰 항아리를 채운다.
2. 항아리 옆에 있는 책상 위에 크기가 다른 상자 뚜껑 2개를 놓고, 뚜껑 A와 B라고 한다.
3. 항아리 옆에 있는 종이끼우개 위에, 도전적인 아이들에게 각각의 뚜껑을 덮기 위해 필요한 타일은 몇 개인지에 대해 생각해 볼 수 있는 문제를 제시한다. (그림 9-1 참고)
4. 아이들에게 타일이 더 많이 필요한 뚜껑은 어떤 것이라고 생각하는지, 그리고 "몇 개 더" 필요하다고 예상하는지를 물어본다.

그림 9-1 ◀

상자 A와 상자 B의 비교형 질문

- 상자 A와 B 중에서 어떤 것을 덮을 때 타일이 더 많이 필요할까요?
- 만약 차이가 있다고 생각한다면, 더 큰 상자를 덮기 위해서는 타일이 몇 개 더 많이 필요하다고 생각합니까?

만약 상자 A가 더 많은 타일이 필요하다고 생각한다면 사선(/)을 하나 그으시오.	만약 상자 B가 더 많은 타일이 필요하다고 생각한다면 사선(/)을 하나 그으시오.
몇 개 더 필요합니까?	몇 개 더 필요합니까?

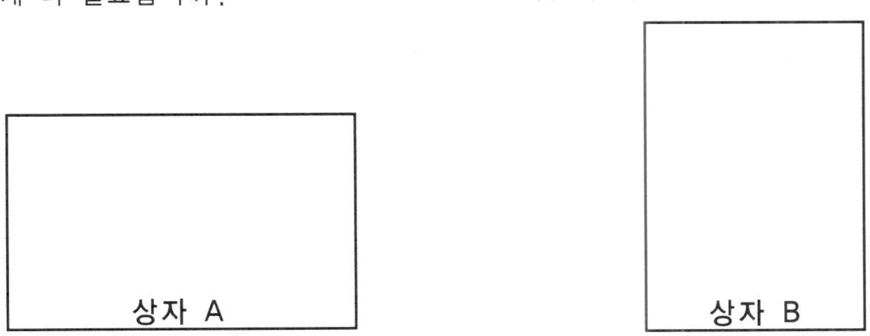

부피 이해하기

1. 렌즈 콩, 옥수수 낱알 또는 모래로 크고 투명한 가방(예를 들어, 아이스백)을 채운다. 이것을 작은 국자나 1/4 계량컵과 함께 둔다.
2. 이 가방보다 부피가 작은 투명하고 원통형인 항아리를 고른다. 학생들에게 "렌즈 콩(또는 옥수수나 모래)으로 이 항아리를 가득 채우려면 국자로 몇 번 떠야 한다고 생각해요?"라고 묻는다. 아이들이 예상한 것을 종이끼우개에 적도록 한다.
3. 매일 어림 항아리 담당자들이 필요한 국자의 수를 결정하도록 한다. (아이들이 물체를 쏟아볼 수 있도록, 반드시 크고 평평한 상자와 같은 물건을 항아리 아래에 두어야 한다.)
4. 한 주의 마지막 날에, 어림의 범위에 대해 논의하고 발표자들이 발견한 것을 공유하도록 한다. 학생들에게 이런 방법으로 세는 것이 부정확하거나 모순이 있는 원인은 무엇이라고 생각하는지를 물어본다. '가득 찬'이라는 용어에 대해 논의하고 아이들에게 약간 덜 차거나 넘치는 국자를 보여준다. 만약 항아리가 가득차지 않는다면 어떻게 해야 하는지 물어본다. 이러한 대화는 측정 결과의 정확성이 미묘한 차이에 달려 있다는 것을 아이들이 분명하게 인식할 수 있도록 해준다.
5. 그 다음 주에, 어림 항아리가 놓여있는 탁자 위에 이미 사용했던 것과 같은 국자와 새로운 항아리 2개를 더 놓아둔다. 항아리에 A와 B라고 쓴다. "국자를 몇 번 사용해야 항아리 A가 가득 찰 것이라고 생각합니까? 항아리 B는 어떤가요?", "국자를 더 많이 사용해야 하는 항아리는 어떤 것이라고 생각합니까? 국자를 몇 번 더 사용해야 합니까?"와 같은 몇 개의 질문을 종이끼우개 위에 적는다. 아이들이 두 개의 항아리에 대한 예상을 모두 쓸 수 있는 공간을 만들어 놓는다.
6. 이 주의 마지막 날에, 아이들을 모아놓고 항아리를 채우는 것에 대한 설명을 해준다. 교사가 각 항아리에 국자로 뜬 물체를 넣을 때마다 학생들이 수를 세도록 한다. 항아리를 채우면서 알게 된 것을 비탕으로 학생들이 추측한 것을 바로잡아주기 위해서, 중간에 한 번씩 활동을 멈추고 학생들에게 질문을 한다. 이전 달에 했던 것처럼, 아이들에게 어림은 최종 답이 아닌 '최고의 추측'이라는 것을 떠올리도록 한다. 더 많은 정보를 얻은 후에 어림한 것을 바꾸는 것은 매우 합리적인 행동이라는 것을 한 번 더 이야기해 준다.

그러고 난 후, 아이들에게 똑같은 항아리 두 개를 채우기 위해서는 국자로 물을 몇 번 떠야하는지에 대해 생각해 보도록 한다. 이 질문에 대해서는 다른 전체 활동 시간이나 메뉴 활동 시간에 탐구하도록 할 수도 있다. 아이들이 이런 종류의 질문을 학교에서 뿐만 아니라 집에서도 생각해 볼 수 있도록 격려해준다.

수학 공책

이번 달에는, 1학년 학생들이 매주 내주는 문제에 대한 자신의 생각을 기록하기 위해 수학 공책을 사용할 수 있다. 이미 학생들에게 친숙한 아동용 도서는 문제를 낼 때 이용할 수 있는 유용한 자료가 된다. 그런 문제를 다루게 되면, 학생들은 수에 대한 이해가 깊어지고, 교사는 평가에 유용한 정보를 얻을 수 있게 된다. 다양한 반응이 나올 수 있는 개방형 문제를 사용함으로써 이 시간을 유용하게 활용하도록 한다. 교사는 한 문제를 전체 학생들에게 제시할 수 있다.

예를 들어, ***The Line Up Book***[51], ***Biggest Fish in the Lake, Time to Go***와 같은, 3월에 학급구성원들에게 읽어 주었을 수도 있는 이야기들을 한 번 생각해 본다. 교사가 이 이야기들을 바탕으로 제시할 수 있는 문제를 몇 가지 제시해 보면 다음과 같다.

한 작은 소녀가 침대 옆으로 장난감 자동차를 줄지어 세우고 있었어요. 소녀는 오직 빨간색과 파란색 자동차만 사용했어요. 소녀가 일을 다 마쳤을 때, 12대의 자동차가 침대를 따라 놓여 있었어요. 소녀는 빨간 자동차 몇 대와 파란 자동차 몇 대를 사용한 것일까요?

Wesley와 Alex는 낚시를 하러 갔어요. 그들이 집에 왔을 때, 그들이 잡은 물고기의 개수는 짝수였고, Alex는 Wesley보다 2마리를 더 잡았어요. 이들이 잡은 물고기는 몇 마리일까요?

Joe와 Mitch는 낚시를 하러 갔어요. 두 사람이 잡은 물고기의 수는 같았어요. 그들이 잡은 물고기의 합은 18마리보다 적었어요. 그들이 잡은 물고기는 각각 몇 마리이고, 물고기 수의 합은 얼마일까요?

Claire는 일찍 일어나는 것을 좋아했어요. 어느 날 아침, Claire의 여동생이 7시에 일어났는데, Claire는 이미 한 시간 반 전에 일어나 있었어요. Claire는 몇 시에 일어난 걸까요?

---

51) 이 책은 "엄마 잠깐만요!(양희진, 비룡소)"로 번역되어 있다.

전지에 문제를 써서 아이들이 한 주 동안 그것에 대해 생각해 볼 수 있도록 한다. 나는 자주 컴퓨터에 문제를 쳐서, 그것을 여러 번 복사한 다음, 그 문제를 수학 공책에 붙이고 싶어 하는 아이들에게 문제를 잘라서 내준다. 아이들이 쓰기 활동을 시작하기 전에, 반드시 그 문제를 '그들의 언어로' 다시 한 번 말해 보도록 한다. 구체물, 수 차트, 텐 프레임을 이용하여 문제를 해결할 수 있도록 한다.

학생들이 꾸준히 그들의 생각을 수학 공책에 기록하도록 격려한다. 공책을 사용하는 것은 아이들이 추론한 것을 기록하고, 어떤 정보를 참고하였는지에 대한 흔적을 남기고, 이전의 활동을 되돌아보는 습관을 발달시키는 데 도움을 준다. 공책은 또한 새로운 용어를 누적할 수 있는 이상적인 자료이다. 교사는 새로운 어휘를 수학용어집에 써넣음으로써 아이들이 공책에 자신의 측정 용어 목록을 계속해서 만들어 나가도록 격려할 수 있다. 이번 달의 활동은 *덮기, 넓이, 채우다, 가득 찬, 컵, 티스푼, 무게, 온스, 원기둥, 정육면체, 구*와 같은 용어를 사용하면서, 측정 개념뿐만 아니라 기하에 대한 아이디어까지 확장될 수 있다.

수학

이번 달의 활동은 넓이, 부피, 그리고 무게에 대한 이해를 발달시킨다. 활동을 소개할 때, 교사는 비교 언어에 대해 토의하기 위해 수학용어집을 사용하고, 새로운 용어가 나올 때마다 그것을 용어집에 추가시킨다. 가능하다면, 사물의 양을 몇 개씩 묶는 것(예를 들어, 10씩)은 사물을 더 효과적으로 세도록 도울 수 있다는 것을 아이들에게 상기시킨다. 활동하는 동안 학생들을 관찰하고, 각각의 아이들이 양을 구하는 방법을 기록한다. 그들이 어떻게 구하고, 합병하고, 분리하고, 세었는지에 대해 물어본다.

이전 장들과 마찬가지로, 이번 달의 활동도 수학 동화를 기반으로 한 활동과 전체학급 / 메뉴 활동으로 구성되었다.

수학 동화를 기반으로 한 활동

반대 개념

Anne Scheiber의 ***Slower Than a Snail***에는 다양한 비교 용어가 나오고 학생들이 길이의 측정에서부터 넓이, 부피 그리고 무게를 재어보는 것으로 이동하도록 도울 수 있다. 이 교재는 지난 달 부터 배워왔던 측정 어휘를 확장시킨다. 지금까지 수학용어집에 써 넣었던 용어들을 복습하는 시간을 갖는다. 이야기를 읽을 때는, 학생들에게 귀 기울여 들으면서 수학용어집에 추가시킬 새로운 용어를 확인해 보라고 이야기한다.

Slower Than a Snail은 *길다*와 *짧다*, *비어 있는*과 *가득 찬*과 같은 대조되는 특성을 강조한다. 이야기를 읽은 후에, 반대되는 개념에 대해 논의한다. 아이들이 이 이야기에서 들은 반대 개념에 이름을 붙여보도록 한다. 이 반대되는 개념들을 큰 전지나 포스터지에 적는다. 아이들 각각에게 가운데에 선이 그려져 있거나 가운데가 접혀있는 종이를 한 장씩 내준다. 아이들에게 대조되는 용어 또는 반대되는 용어를 종이의 양쪽에 각각 적어보도록 한다. 써넣은 용어 아래에, 아이들이 단어의 뜻에 맞는 그림을 그려 넣을 수도 있다.

시간

Eric Carle의 ***The Grouchy Ladybug***은 새벽 5시에 하늘에 태양이 떠오르면서 시작된다. 두 무당벌레는 진디로 아침식사를 하기 위해 같은 잎 위로 내려온다. 한 무당벌레가 같이 먹기 싫다고 화를 내며 모험을 찾아 날아간다. 이제 모험이 시작된다. 각 페이지의 오른쪽 위에는 이야기가 진행되고 있는 시각을 보여주는 시계가 있다.

매 시간, 성난 무당벌레는 조금씩 더 큰 새로운 등장인물을 만난다. 그는 등장인물들에게 1대 1 결투를 신청한다. 그러나 싸움이 본격적으로 시작되기 전에, 무당벌레는 "오! 넌 별로 크지 않아!"라고 말하며 화를 내고 날아간다. 마침내, 오후 5시에, 무당벌레는 고래 한 마리를 만난다. 이 고래는 너무 거대해서, 무당벌레가 15분마다 고래 몸의 다양한 부분 중 싸울 곳을 선택해야 한다. 결국, 고래는 놀란 무당벌레에게 꼬리로 무서운 일격을 가한다. 이 일격으로 무당벌레는 바다를 가로질러, 원래의 나뭇잎으로 되돌아갔다. 이때는 때 마침 저녁시간이었다. 이 경험은 무당벌레에게 몇 가지 교훈을 주었다. 그는 예의 바르게 행동하고, 즐겁게 식사를 하며, 협동심을 가지려고 노력하게 되었다.

준비물

■ 종이 위에 막대 사탕의 막대를 시계 바늘처럼 붙여서 만든 시계 모양 여러 개 - '몇 시(1시부터 12시까지의 모든 시각)'를 나타내는 시계 모양 12개와 '몇 시 30분'을 나타내는 시계 모양 12개, 그리고 각각의 시계 모양에는 시각을 써 넣은 것이 보여야 함. (그림 9-2 참고)

교수학습 지침

1. 아이들에게 종이로 만든 시계 모양을 여러 개 보여주고, 이야기에 나온 순서대로 시계를 놓을 사람을 찾을 것이라고 말한다.
2. 아직 시계를 사용하지 않고, ***The Grouchy Ladybug***를 학생들에게 읽어준다.
3. 이야기를 다시 읽어 주면서, 이번에는 이야기에 나오는 시각을 나타내고 있는 시계 모양을 들어줄 지원자를 앞으로 나오라고 한다. 지원자를 요청하는 것은 교사에게 시계를 보고 시각을 말하는 것에 대한 학생들의 자신감의 정도에 대한 정보를 준다. 이야기를 읽으면서, 교사와 학생들은 책에 나와 있는 반복되는 내용의 패턴으로 챈트를 할 수 있다.
4. 아이들에게 새벽 5시를 나타내는 시계부터 시작하여 '몇 시'를 나타내는 모든 시계를 가장 이른 시각부터 가장 늦은 시각까지 순서대로 놓아보도록 한다. 그 다음에 그 시계들을 벽에 붙이도록 한다. 이 때 시계 사이에 '몇 시 30분'을 나타내는 시계를 붙일 수 있도록 충분한 공간을 만들어둔다. 얼마동안 그 시계들을 벽에 붙여놓고, 아이들이 쉬는 시간에 시계를 볼 수 있도록 한다. 그리고 '몇 시 30분'을 만들 수 있는 방법에 대해 토의해 보도록 한다.

그림 9-2 ▶

종이시계

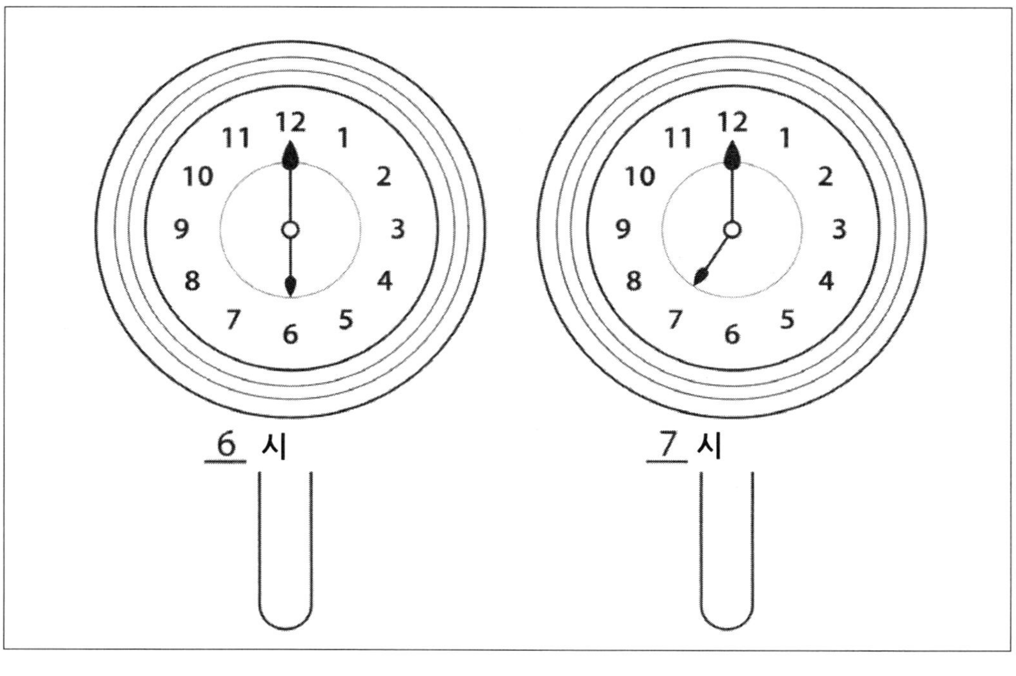

입체 도형

Tana Hoban의 ***Cubes, Cones, Cylinders, and Spheres***는 멋진 사진을 통해 입체 도형을 소개한다. 1학년생들은 이미 평면 도형에 대해 학습했다. 이 책은 상자를 채워보고 블록으로 활동해보는 기회를 제공함으로써 입체 도형을 소개한다.

준비물

- 약 20개의 공과 다양한 크기의 둥근 물체들.
- 손잡이가 있는 종이 원뿔. (그림 9-3과 부록 참고)

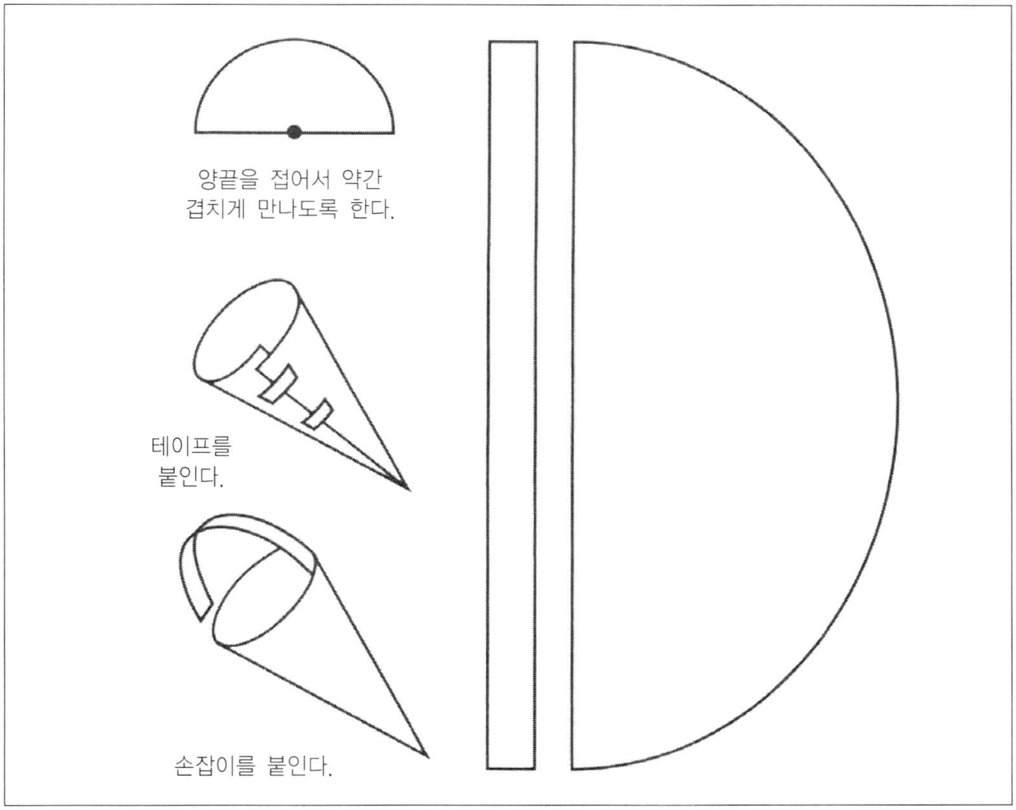

그림 9-3

원뿔을 만드는 순서

교수 학습

첫 번째 활동 : 구

1. 학생들과 함께 책의 각 페이지를 본다.
2. *구*라는 용어를 정의하고 그것에 대해 논의한다. 구와 원이 어떻게 비슷하고 어떻게 다른지에 대해 이야기를 나눈다.
3. 한 주 동안, 아이들과 함께 여러 가지 공과 크기가 다른 여러 가지 공 모양의 물체를 모은다. 상자나 바구니에 이 물체들을 담아 두고, 학생들에게 이것이 모두 몇 개라고 생각하는지 주기적으로 예상해 보도록 한다. 수집한 물체들이 늘어남에 따라, 물체의 개수를 쉽게 셀 수 있도록 몇 개씩 묶는 방법에 대해 이야기를 나눈다. (예를 들어, 3개씩 또는 4개씩)
4. 주기적으로, 학생들에게 기준(크기나 무게)을 정해서 공을 분류해 보도록 한다. 분류를 확실하게 하기 위해서 물체의 크기를 비교하는 방법에 대해 이야기를 나눈다. 만약 두 개의 구 중 어느 것이 더 큰지에 대한 논쟁이 일어난다면, 실이나 끈을 사용하여 두 개의 구의 원주를 측정한다. 구의 둘레를 따라 실을 감고, 실의 한쪽 끝이 다른 쪽 끝과 만나도록 한 다음 실을 자르는 것을 학생들에게 보여준다. 실의 길이를 비교해 보고, 물체의 상대적인 크기에 대해 논의한다.
5. *빠낸 공(Which Ball Is Missing?)*게임을 한다. (이 게임은 카펫이나 풀이 있는 바닥에서 하는 것이 가장 좋다.) 크기에 따라 공을 분류한 후에, 아이들에게 눈을 감으라고 한다. 그러고 나서 구 하나를 빼낸다. 비어있는 부분을 감추기 위해, 남아있는 공을 모두 붙여 놓는다. 학생들에게 눈을 뜨라고 한다. 빼낸 공을 보여주고, 그것이 어디에 있었던 공인지 물어본다. 그리고 아이들에게 그렇게 생각한 이유도 설명하도록 한다. 빼낸 공의 한 쪽에 있는 공들은 빼낸 공보다 더 작고, 다른 쪽에 있는 공들은 빼낸 공보다 더 크다는 것을 말하는 학생이 있는지 살펴본다. 이것은 단순한 크기 비교보다 더 복잡한 관계이다.

심화

학급 학생들에게 수집한 공을 가지고 둥글게 앉도록 하고, 공을 다른 사람에게 앞뒤로 굴려보도록 한다. 구의 성질을 탐구할 수 있는 시간을 갖도록 한다. 무게와 크기 같은 속성이 공을 쉽게 굴리는데 어떤 영향을 미치는지에 대해 논의한다.

두 번째 활동 : 원뿔

아이들이 손잡이가 있는 종이 원뿔을 만드는 것을 도와준다. 팝콘 파티를 열고 이 원뿔을 그릇으로 사용하도록 한다. 아이들에게 한 원뿔을 가득 채우려면 팝콘이 몇 국자 필요할지를 예상해 보도록 한다.

건설

어린 독자들이 측정은 건물을 지으며 놀이하는 것이라는 이해를 발달시키는데 유용한 여러 가지 책이 있다. 몇몇의 예는 다음과 같다.

- Gail Gibbons의 ***How a House Is Built***
- Gail Gibbons의 ***Tool Book***
- Shirley Neitzel의 ***The House I'll Build for the Wrens***

이 책 중 하나를 읽고, 건축가를 학급에 초청하여 건설에 대한 이야기를 나누도록 하는 것을 고려해 본다. 가능하다면, 그분에게 건설과 관련이 있는 측정 도구와 눈으로 볼 수 있는 계획안을 가지고 와달라고 부탁한다.

요리

비록 일부 학교와 교육청에서는 교실에서 요리하는 것을 허용하고 있지 않지만, 요리는 측정을 위한 이상적인 내용이다. 만약 학교가 요리를 허용하지 않는다면, 교사는 요리와 관련된 대화나 모의 활동을 통해서 측정을 탐구할 수 있다. 또한 아이들이 집에서 요리법을 시도해 볼 수 있다.

가이드라인

만약 학교가 교실에서 음식과 요리를 하는 프로젝트를 허용하고 있다면, 이 가이드라인을 명심해야 한다.

- 학생들이 가지고 있는 음식 알레르기를 파악한다.
- 가능하다면 교실에서 모둠 활동을 도와줄 학부모님을 초청한다. 도와줄 분은 많으면 많을수록 좋다. 충분한 도움과 함께, 아이들은 학급 시식 파티를 위해 쿠키나 다른 대접할 것을 만들면서 측정, 섞기, 휘젓기에 직접 참여할 수 있다.
- 위생에 대해 논의할 시간을 갖는다. 아이들이 요리를 시작하기 전에 그리고 화장실을 사용한 후에는 반드시 손을 씻어야 한다는 것을 명심하도록 한다. 그들이 깨끗한 공간에서 활동하도록 하고, 재료나 음식을 직접적으로 만지지 못하도록 한다.
- 요리 프로젝트를 시작하기 전에 요리법을 확대하여 붙이고 살펴본다. 그리고 필요하다고 생각하는 측정 단위에 대해 논의해 본다.
- 요리가 끝난 후에, 도움을 준 분들에게 만든 음식을 선물로 드린다. 또한 학교에서 일하는 급식 아주머니, 버스 운전기사 등과 같은 고마움을 전달해야 할 다른 분들에게 드리는 것도 고려해 본다.
- 만약 더 간단한 것을 원한다면, 요리를 메뉴 활동의 아이템으로 사용하는 것에 대해서 고려해 본다. 예를 들어, 교사는 아이들이 모둠별로 샐러리 위에 숟가락으로 땅콩버터를 여러 번 뿌리고 건포도를 뿌려서 "Ants on a Log[52]"를 만드는 것을 도울 수 있다. 또는 여러 학생들이 교사에게 과일 샐러드를 만들기 위해서는 재료를 섞고, 한 번에 반 컵씩 재료를 추가하라고 조언할 수도 있다.

가족이 좋아하는 음식

Deborah Hopkinson의 ***Fannie in the Kitchen***은 요리법에 대한 약간의 역사적인 정보를 제공한다. 1학년 학생들은 요리법의 기능을 어느 정도 인식하고 있지만, 요리 수업에서의 측정의 중요한 역할을 깨닫지 못하고 있다. 책에 있는 삽화는 독자에게 이야기가 과거에 발생한 일이라는 단서를 제공한다.

이야기의 주인공은 가족에게 아이가 태어나면서 소외되고 있다고 느끼는 어린 소녀이다. 가족이 요리사로 Fannie를 고용할 때, 아이는 심지어 자신이 더 쓸모없고 고독하다고 느낀다. Fannie가 소녀에게 가족이 좋아하는 요리 몇 개를 만들도록 가르치면서, Fannie와 아이 사이에서는 점차 신뢰감이 쌓여간다. Fannie가 다른 직업으로 옮기려는 준비를 할 때, 그녀는 소녀가 가족이 좋아하는 요리를 더 많이 만들 수 있도록 요리법을 적어주기로 약속한다.

52) 어린이용 간식거리 이름

Fannie의 요리법은 신선한 달걀을 고르는 방법과 같은 요리에 대한 조언뿐만 아니라 측정을 제공한다. 교사는 또한 이 책을 다루면서 최초로 요리책을 집필한 사람 중의 한 요리작가인 Fannie Merritt Farmer를 언급해도 좋다. 1896년에 출판된 초판은 오늘날 여전히 사용되고 있다. 만약 1학년 학생들이 정기적으로 부모님에게 편지를 쓰거나 받아쓰기를 한다면, 그들은 오늘날에도 인기 있으며 100년 전에도 인기 있었던 요리 중의 하나인 팬케이크 요리법에 대해 쓰고 싶어 할 것이다.

Fannie in the Kitchen은 *'요리법'*, *'재료'*와 같은 측정 용어를 소개하고, 요리할 때의 적정량에 대한 정보를 제공한다. 마지막 쪽에 있는 팬케이크 요리법을 읽는 시간을 갖는다. 아이들에게 계량컵과 계량스푼을 보여주고, 그것을 다양한 크기의 커피잔, 은수저와 비교해 보도록 한다. 요리에서 표준이 되는 측정 단위의 필요성에 대해 논의한다. 수학용어집에 새로운 어휘(예를 들어, *컵, 테이블스푼, 티스푼*)를 추가한다.

아이들에게 집에서 부엌일을 도운 적이 있는지 물어본다. 아이들이 요리에 대해 알고 있는 것을 논의하도록 함으로써, 이것을 실생활과 연결시킬 수 있다. 아이들에게 좋아하는 음식을 만드는 방법을 쓰라고 한다. 예를 들면, 몇몇의 아이들은 아마도 땅콩버터 젤리 샌드위치를 만드는 방법을 알고 있을 것이다. 어떤 아이들은 부모님이 마카로니와 치즈를 만드는 것을 자주 보았을지도 모른다. 아이들에게 어떤 재료가 이 요리법에 포함되었다고 생각하는지, 그리고 각각의 재료는 얼마만큼 넣어야 한다고 생각하는지 물어본다. 그들에게 재료를 넣는 순서를 열거해보도록 한다. 이런 활동은 *수량, 중량, 순서*의 개념을 일깨워준다.

만약 교사가 공동체 구축 프로젝트에 관심이 있다면, 가족들에게 학교로 좋아하는 요리법을 보내라고 안내한다. 아이들이 집으로 빌려가서 볼 수 있는 학급 요리책을 만든다.

칠리

Amy Axelrod의 ***Pigs in the Pantry*** 또한 요리와 관련된 내용이다. 이야기에서 Pig씨와 아이들은 Pig 여사의 코감기 회복을 돕기 위해 부엌 일을 대신해 주고, Pig 여사가 가장 좋아하는 스낵을 준비하기로 결정한다. 그들의 열정적인 노력에도 불구하고, "가장 매운 고추 요리법"에 실수가 생기고 말았다. 그 결과는? 소방관의 출동.

이 이야기에는 칠리의 실제 요리법이 제시되어 있어서, 교사에게 측정의 표준단위를 보여주고 그것에 대해 논의할 수 있는 기회를 준다. 아이들은 요리를 하면서 자신이 한 노력과 모험에 대한 이야기를 즐겁게 공유한다. 학급에서는 좋아하는 음식 목록을 만들고, 그 자료를 나타내기 위해 그래프를 만들 수 있다. 이 책은 또한 가족이 가장 좋아하는 것에 대해 논의를 하기 위한 출발점으로서의 역할을 할 수도 있다.

쿠키

Cynthia Rylant의 ***The Cookie-Store Cat***은 마음 따뜻한 제빵사가 입양한 작은 고양이에 대한 이야기이다. 이 운 좋은 고양이는 제과점에서 살게 된다! 아이들은 이야기를 들으면서, 군침 도는 쿠키를 정돈하는 것에 대해 듣는다. 책의 뒷장에는 다양한 요리법이 제공된다. 이 이야기를 읽은 후에, 학생들은 자신들이 좋아하는 쿠키 목록을 만들 수 있다. 아이들은 또한 그래프에 나타낼 때 쿠키인 것처럼 보이게 하기 위해 색도화지를 사용할 수 있다. 그래프를 완성한 후에, 그래프가 보여주는 것에 대해 참인 수학적 진술에 대해 목록을 작성해야 한다는 점을 상기시켜준다.

균형과 무게

Pamela Allen의 ***Who Sank the Boat?***는 근처에 있는 만(灣)에서 보트를 타기로 한 동물 친구들을 주연으로 하는 공상 이야기이다. 그 보트는 결국 가라앉는다. 이 이야기는 재미있는 삽화로 꾸며져 있고, 어린 독자들이 누가 보트를 가라 앉혔는지를 알아내려고 노력하면서 균형과 무게에 대해 생각할 수 있도록 해준다. 내용은 리듬감 있고, *균형, 무게, 가벼운, 수위*와 같은 단어를 소개하고 있다.

이 이야기를 읽은 후에, 학생들에게 저울로 다양한 물체(정육면체, 막대, 페니 등)의 무게를 재어 보는 경험을 하도록 한다. 물체의 무게를 비교하고 균형과 관련된 용어를 사용하도록 격려한다.

무게 비교

Ann Tompert의 ***Just a Little Bit***은 균형과 무게의 개념을 탐구할 수 있는 더 많은 기회를 제공한다. 이 이야기는 몇몇 동물 캐릭터들이 시소 위에서 불균형한 무게 분배 때문에 발생하는 문제를 해결하려 할 때 우정과 협동이 나타나는 것을 보여준다. 시소 위에서의 캐릭터들의 배치와 힘의 분배는 중요한 개념이고, 친구들은 코끼리의 무게를 이용하여 균형을 맞추려고 노력한다.

아이들은 저울을 시소라고 생각하고 저울 위에 작은 셈도움물을 올려놓으면서 이런 종류의 문제 해결을 시도할 수 있다. 다음과 같은 이야기를 해준다. “옛날에, 테디베어 5마리가 시소를 타러 갔어요. 한 마리가 한 쪽에 앉았고, 나머지 4마리는 다른 쪽에 앉았어요. 시소에서 무슨 일이 일어났을까요?” 학급구성원들에게 곰의 수만큼의 셈도움물을 저울 위에 놓으면서 자신이 추측한 것을 확인하도록 한다. 아이들에게 저울의 균형을 맞추기 위한 제안을 하라고 한다. 여기 또 다른 아이디어가 있다. 아이들에게 물체 두 개를 보여주고 어떤 것이 더 무겁다고 생각하는지 물어본다. 저울 위에 물체를 올려놓고 예측한 것이 맞는지 확인해 본다. 아이들에게 메뉴 활동 시간동안 사용할 물체 한 상자와 저울을 주고, 그것을 이용하여 물체의 균형을 잡아보도록 한다. 한 번에 사용할 수 있는 물체의 개수에 제한을 둔다.

모래

Stuart Murphy의 ***Super Sand Castle Saturday***는 모래 놀이와 측정 활동을 할 수 있는 내용을 제공한다. 이 이야기에는 바닷가에 있는 몇몇의 아이들이 등장한다. 아이들은 밀물이 들어오기 전에 누가 가장 높은 모래성을 쌓을 수 있는지를 알아보기로 했다. 접근 방법은 다양하지만, 아이들은 이 과제를 어려워한다. 때때로, 아이들은 멈추어서 삽, 수저, 발자국과 같은 다양한 측정 도구를 사용하여 성, 해자(垓字), 벽을 측정한다. 만약 학생들이 최근에 다양한 측정 활동에 참여했다면, 그들은 등장인물들이 다른 측정 도구를 사용하여 비교를 할 때 마주치게 되는 어려움을 이해할 것이다. 안전요원이 줄자를 보여주고 이 도구의 이점을 설명하면서 그들을 도와준다.

교수학습 지침

첫 번째 활동

1. 학생들을 모으고, 모든 학생들이 그림을 쉽게 볼 수 있도록 한 후에 이 책을 읽어준다.
2. 아이들에게 자신의 언어를 사용해서 등장인물들이 가지고 있는 문제를 설명해 보도록 한다. 첫 번째 아이가 설명을 한 후에, 추가할 것이 있는지 아니면 다른 방법으로 설명하고 싶은 사람이 있는지 물어본다. 이 이야기에서 한 등장인물이 했던 것처럼 다른 예를 제시하는 학생이 있을 것이다. 아마도 아이들은 이 이야기에서 측정 단위가 일치하지 않기 때문에 그 비교는 맞지 않다는 것을 깨달을 것이다.

3. 만약 아이들이 그들의 생각을 공유하는 것을 꺼려한다면, 자신의 생각을 짝에게 설명하도록 한다. 그러고 나서 모든 학생들에게 등장인물들의 문제에 이름을 붙여보라고 한다. 상자에서 이름표를 뽑아서 무작위로 이야기 속의 문제를 설명해 보라고 시킬 수도 있다. 이름이 뽑힌 아이는 자신의 생각을 발표할 수도 있고, 간단하게 "통과"라고 말할 수도 있다. 학생이 통과라고 말할 경우에 교사는 다른 이름을 뽑아야 한다.
4. 이 이야기에 대한 논의가 끝난 후에, 모래성을 만들어 본 사람이 있는지 물어본다. 아이들이 해변, 공원의 모래 상자, 운동장, 뒤뜰에서의 기억을 이야기하는 것을 들어본다. 아이들에게 모래성을 쌓을 때 사용했던 물건들을 말해보도록 한다. 교사는 아마도 삽, 물통, 그릇, 수저 등이 포함되어 있는 목록을 만들 수 있을 것이다.
5. 아이들에게 해변에서 모래성을 쉽고 재미있게 쌓을 수 있도록 해주는 것이 무엇인지 물어본다. 만약 아무도 "물"이라고 말하지 않는다면, 아이들에게 만약 상자에 마른 모래를 가득 넣고 그것을 이용하여 모래성을 만든다면 어떤 일이 발생할 것이라고 생각하는지를 물어본다. 상상의 상자 안에 모래를 넣는 것처럼 행동하고, 상자를 뒤집은 다음 조심스럽게 살살 흔드는 척한다. 모래가 상자 안에 있을 때와 같은 모양일지 아닐지를 물어본다. 대부분의 아이들은 모래가 액체 없이는 본떠진 형태 그대로 나올 수 없다는 것을 깨달을 것이다. 그러나 만약 아무도 이것을 말하지 않는다면, 모래가 모두 여기저기로 엎질러진 척한다. 물론 극적인 음향 효과도 포함해서!!

두 번째 활동

1. 아이들에게 크기가 다르고 깨끗한 원기둥 모양의 그릇 두 개를 보여준다. 그릇 중 하나는 넓고 다른 것은 길고 좁아야 한다.
2. 두 개의 그릇 중 어느 것에 모래를 더 많이 담을 수 있는지 알아볼 것이라고 설명한다. 아이들에게 모래를 더 많이 담을 수 있을 것이라고 생각하는 그릇을 골라보라고 한다.
3. 그릇을 채우기 위해 사용할 국자나 측정 도구를 아이들에게 보여준다. 그러고 나서 한 국자씩 추가할 때마다 세도록 하면서 하나의 그릇을 채운다. 그릇을 채우는 도중에 정기적으로 멈추고 그릇이 *반 이상 찼는지, 반보다 더 적게 찼는지,* 또는 *약 반쯤 찼는지*에 대한 논의를 한다.
4. 첫 번째 그릇이 약 반쯤 채워지면, 국자로 몇 번 담았는지를 논의하면서 고무줄로 중간쯤에 표시를 한다. 이 정보가 국자로 몇 번을 더 떠 넣어야 그릇을 가득 채울 수 있는지에 대해 생각하는데 도움이 되는지 아이들에게 물어본다. 아이들에게 그들이 추론한 것을 설명하도록 한다.
5. 첫 번째 그릇의 남은 부분을 계속해서 채우면서, 교사가 그릇에 국자로 떠 넣을 때마다 학생들이 그들의 추측을 수정하도록 한다. 국자로 몇 번 떠 넣었는지를 세고 국자로 떠서 그릇을 가

득 채우는 것을 보는 활동에 학생들을 계속 참여시킨다.

6. 첫 번째 그릇을 채우기 위해 국자로 몇 번 떠 넣었는지를 적는다. 이 정보는 두 번째 그릇을 채우는데 참고가 될 것이다.
7. 다시 한 번, 아이들에게 두 번째 그릇을 가득 채우기 위해서는 국자로 몇 번 떠 넣어야 하는지에 대해 생각해 보도록 한다. 학생들과 함께 국자의 수를 세어 가면서 그릇을 채운다.
8. 그릇을 반쯤 채웠을 때, 방금 전 첫 번째 그릇에서 한 것처럼 고무줄로 위치를 표시한다. 학생들에게 국자로 총 몇 번을 떠 넣어야 하는지에 대한 예상을 수정하기를 원하는지 물어본다.
9. 그릇의 남은 부분을 채운다. 국자를 떠 넣을 때마다, 아이들에게 이 그릇에 첫 번째 그릇보다 *더 많이* 담을 수 있는지, *더 적게* 담을 수 있는지 아니면 *거의 같은 양*을 담을 수 있는지에 대해 생각해 보도록 한다. 아이들에게 그들의 생각을 설명하도록 하여 여러 가지 아이디어를 들어본다. 그릇을 가득 채우고 모두 몇 국자를 떠 넣었는지 기록한다.
10. 각 항아리를 채우는 데 필요했던 국자의 수를 비교해본다. "어떤 그릇에 떠 넣은 국자의 수가 더 많을까? 어떤 것에 떠 넣은 국자의 수가 더 적을까?", "몇 번 더 많이 넣었니? 몇 번 더 적게 넣었니?", "만약 국자가 없었다면, 우리는 어떤 그릇에 국자를 더 많이 떠 넣어야 하는지 알아낼 수 있었을까?"와 같은 질문을 한다. 이 마지막 질문을 위해, 학생들에게 모래 상자나 풀장에 이것과 같은 그릇 2개가 있다고 생각하도록 한다. 어떤 그릇에 더 많은 모래나 물을 담을 수 있는지를 결정할 수 있는 방법에 대해 물어본다. "국자를 사용하지 않고 결정할 수 있을까?" 그릇을 모래, 물, 케찹, 먼지, 우유 등 어떤 것으로 채우든 상관없이 그릇에 같은 중량을 담을 수 있는지에 대해 생각해 보도록 한다.

아이들의 생각과 제안에 대해 논의하고, 이번 달 메뉴 활동 시간 동안 이러한 활동을 하게 될 것이라고 설명해준다. 구체물을 가지고 활동하고 즐기면서 예상했던 것들을 떠올려보도록 하고, 스스로에게 수학 질문을 해보도록 한다. 수학 메뉴 활동 시간이 끝날 때쯤에 학생들이 관찰한 것에 대해 토론할 것이라고 알려준다. 새로운 용어는 수학용어집에 써 넣도록 한다.

전체 학급 활동 / 메뉴 활동

쿠키 모양 틀

쿠키 모양 틀은 다양한 수학 활동을 하는데 유용하다. 대부분의 1학년 학생들은 색점토 그리고 이와 같은 다른 모형 합성물을 가지고 노는 활동의 재미를 경험했다. 만약 교사가 색점토 놀이를 할 수 있는 공간을 마련할 수 있다면, 색점토를 이용하여 다양한 놀이를 할 수 있다.

준비물

- 색점토 또는 비슷한 모형 합성물.
- 학생 1인당 밀대 또는 비슷한 도구 1개.
- 다양한 쿠키 모양 틀.
- 기록을 위한 연필과 종이.
- 리마 콩. (또는 다른 작은 셈도움물)
- 에나멜 스프레이 페인트. (필수 준비물은 아님)
- 학생 1인당 학습지 1장. (부록 참고)

교수학습 지침

첫 번째 활동

1. 아이들에게 밀가루, 밀대, 다양한 모양과 크기의 쿠키 모양 틀을 제공한다.
2. 아이들이 쿠키를 만들 때, 양과 크기를 비교하고 대칭을 탐구하는 대화를 하도록 한다.
3. 수학 시간이 거의 끝나갈 때쯤 학생들을 모아놓고 토론을 한다. 이러한 물체를 사용한 아이들에게 관찰한 것을 말해보도록 한다. 물체를 가지고 활동하면서 학생들이 만들어 낼 수 있는 이야기를 찾아보는 시간을 갖는다. 아이들은 일반적으로 이런 종류의 활동을 하는 동안 수학적 아이디어를 구체화한다. 이때 교사는 크기와 양의 비교에 관한 내용을 다루는 것이 좋다. 예를 들어, "작은 곰 네 마리가 탁자에 앉아 있었고, 각각의 곰은 쿠키를 두 개씩 가지고 있었지. 그러므로 우리는 쿠키 8개를 가지고 있었던 거야. ..."라는 이야기를 할 수 있다.

두 번째 활동

교사는 또한 아이들이 쿠키 모양 틀을 통해 넓이 개념을 탐구하도록 할 수 있다. 한 가지 아이디어를 제시하면 다음과 같다.

1. 학생들에게 쿠키 모양 틀, 연필, 종이, 리마 콩, 학습지를 제공한다.
2. 아이들에게 종이 위에 쿠키 모양 틀을 놓고 따라 그리도록 한 다음, 그 모양 안에 리마 콩을 올려놓도록 한다. 만약 쿠키 모양 틀이 없다면, 손이나 발을 대고 따라 그리게 할 수도 있다.
3. 아이들이 사용한 모양, 예상했던 리마 콩의 개수, 실제 리마 콩의 개수를 기록할 수 있는 학습지를 제공한다. 1학년 학생들은 어림을 하고, 추측을 가장 잘할 수 있는 아이디어에 대해 토론하는 많은 기회를 가져 왔다. 따라서 그들은 약간 어려운 이런 종류의 활동도 편안하게 할 수 있을 것이고, 어림한 개수와 실제 개수의 오차에 대해서도 크게 걱정하지 않을 것이다.

메모 : 만약 한 쪽만 색칠된 리마 콩을 제공한다면, 아이들은 효과적인 수세기를 위해 10개씩 묶는 것의 의미를 자연스럽게 이해하게 될 것이다. 바람이 없는 낮에 밖에서 리마 콩을 색칠하고, 통풍이 잘 되도록 하면 색칠된 리마 콩을 빨리 만들 수 있다. 콩을 각 콩의 한쪽 면이 보이도록 상자 안에 넣는다. 빨리 마르는 에나멜 스프레이 페인트를 사용해서 콩의 한 쪽을 칠한다.

내가 사용한 모양	예상한 리마 콩의 수	실제 리마 콩의 수

실 고리

이 활동은 서로 다른 길이를 비교하게 하고, 넓이와 어림에 대한 이해를 강화시킨다.

준비물

- 두꺼운 실. (선물을 포장할 때 사용하는 종류)
- OHP.
- 색타일, 리마 콩, 또는 다른 셈도움물.

교수학습 지침

첫 번째 활동

1. 학급구성원들이 보고 있는 가운데, 실의 길이가 1피트(약 30.48cm)에서 2피트 정도 되도록 실을 여러 개 자른다. 아이들의 활동에 필요한 실의 2배 정도가 되도록 충분히 잘라둔다.
2. 교사가 실의 길이를 비교하고 가장 짧은 것부터 가장 긴 것의 순서대로 실을 놓는 것을 학생들이 돕도록 한다.
3. 아이들에게 실의 양쪽 끝을 묶어서 고리를 만들 것이라고 말한다. 그리고 하나의 실을 이용하여 고리를 만드는 시범을 보인다. 고리를 OHP 위에 올려놓고 보여준다.
4. 아이들에게 실 고리를 가지고 만들 수 있는 여러 가지 모양을 생각할 수 있도록 도와 달라고 한다. 아이들이 원, 정사각형, 직사각형, 삼각형과 같은 모양을 이야기하면, 실 고리를 가지고 그 중 하나를 만든다.
5. 아이들에게 그 모양 속에 넣을 수 있는 색타일 또는 리마 콩의 개수를 예상해 보라고 한다. 실 몇 군데에 테이프를 붙여서 색타일을 놓아도 그 모양이 유지되도록 한다. 만약 OHP 색타일을 가지고 있다면 효과적인 수세기 전략을 생각해내기 위해 한 가지 이상의 색을 사용하는 것이 좋다. (예를 들어, 2씩 세기, 5씩 세기, 또는 10씩 세기)
6. 다른 모양의 면적을 채우기 위해 필요한 색타일의 개수도 같을지 아니면 다를지에 대해 논의한다. 고리를 다른 모양으로 만든 다음, 그것을 색타일로 채워본다.
7. 크기가 다른 실 고리를 이용하여 이 과정을 반복한다. 칠판이나 차트 종이에 실 고리로 만든 모양, 어림한 개수, 실제 개수를 기록하도록 한다. 아이들에게 이 정보를 수학 공책에 계속 써나가야 한다고 말해준다.

두 번째 활동

1. 아이들의 마음속에 위의 지시사항이 명료하게 남아 있을 때, 학생들에게 짝 활동을 하라고 한다. 학생들에게 실 고리, 색타일이나 리마 콩을 주고, 설명했던 과정을 반복하게 한다.
2. 아이들이 크기와 모양이 다른 면적을 셈도움물로 가득 채우는 경험을 한 후에, 그들에게 다양한 모양과 그 모양 안에 넣기 알맞은 색타일의 개수에 대해 알게 된 것을 발표해 보도록 한다. 다음과 같은 질문을 한다.

   "색타일을 더 많이 채울 수 있는 특정한 모양이 있나요?"
   "색타일을 더 적게 채울 수 있는 특정한 모양이 있나요?"
   "색모양의 선택이(예를 들어, 원 대 직사각형) 그 안을 채울 수 있는 타일의 개수에 영향을 주나요?"

3. 아이들이 모양을 채운 색타일의 개수를 정확하게 세기 위해 셈도움물을 어떤 방법으로 묶었는지 물어본다. 항상 그랬던 것처럼, 이런 종류의 논의 과정은 아이들이 그들의 추론을 가속화시키고 친구들의 생각을 흡수하는데 도움을 준다.

학생들이 이 활동을 명확하게 이해하고 있다는 생각이 들면, 이 활동을 선택 메뉴 활동으로 제공한다.

직사각형 그리기

이 활동에서, 학생들은 주사위와 모눈종이를 사용해서 직사각형을 만드는 연습을 한다.

준비물

- 주사위 2개.
- OHP.
- 마커.
- 2cm×2cm에서 1인치×1인치 정도의 격자로 된 모눈종이(부록 참고); 학생당 몇 장씩.

교수학습 지침

1. 모눈종이 한 장을 OHP 위에 올려놓고 보여준다. 종이의 가장 왼쪽 윗부분에 있는 정사각형 위에 점을 찍는다.

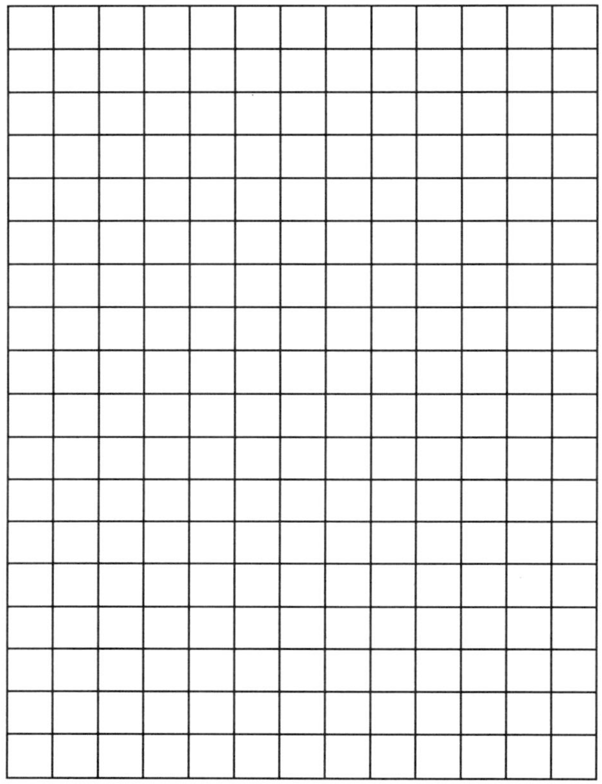

2. 주사위 2개를 굴릴 지원자를 앞으로 나오게 한다. 모눈종이의 *위쪽*에서 몇 칸을 셀지를 나타내는 주사위와 *아래쪽*으로 몇 칸을 셀지를 나타내는 주사위를 각각 선택한다. 이것으로 결론적으로 만들 직사각형의 테두리를 결정할 것이다.
3. 마커를 사용해 직사각형 안의 작은 정사각형 각각에 점을 찍으면서, 각각의 정사각형의 개수를 센다. 예를 들어, 4와 3이 나왔다면, 정사각형 4×3개로 이루어진 직사각형을 만들기 위해 위에서 정사각형 4개, 아래로 3개를 셀 것이다. (그림 9-4 참고)

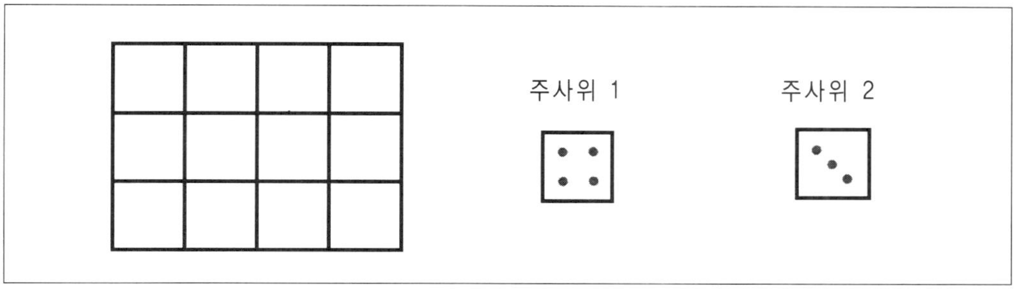

그림 9-4

주사위를 굴려 직사각형을 만든다.

4. 아이들이 보충 설명이 필요하다고 하면, 주사위를 굴리고 직사각형을 그리는 것을 여러 번 반복한다. (하나의 모눈종이 위에 많은 직사각형을 그릴 수 있다.)
5. 여러 개의 직사각형을 그린 후에, 각각의 직사각형에 있는 정사각형의 전체 개수를 세고 직사각형의 중앙에 그 수를 굵게 쓴다. 만약 2씩 세기, 또는 5씩 세기, 또는 10씩 세기와 같은 규칙을 사용하는 아이들이 있다면, 이러한 전략에 대해 논의한다.
6. 아이들에게 모눈종이를 내준다. 학생들에게 주사위를 여러 번 굴리고, 그 결과로 나올 수 있는 직사각형을 모눈종이 위에 그려보라고 한다.

심화

아이들에게 만든 직사각형을 오려서 도화지 위에 놓고 크기에 따라 분류해 보도록 한다. 이것은 직사각형을 배열하는데 사용한 기준에 대해 논의할 수 있는 기회를 제공한다. 예를 들어, 아이들은 직사각형 안에 있는 정사각형의 개수에 따라 직사각형의 크기를 결정했는가, 아니면 가장 긴 모양을 찾았는가?

블록 본뜨기

학생들은 모든 종류의 블록을 이용해서 본뜨기를 할 수 있고 모양들을 비교할 수 있다. 예를 들면, 아래와 같이 할 수 있다.

- 다양한 블록을 본뜬 후, 본뜬 것을 오려낸다. 다른 것 위에 그것을 올려놓고 치수를 비교해본다.
- 혼자 블록을 본뜬 후 짝에게 여러 블록 중에서 알맞은 블록을 찾으라고 하는 *'내가 그린 블록은 어떤 것일까?'*라는 게임을 한다.

- 색타일로 본뜬 것들을 채우고, 색타일의 개수를 비교해 본다. (아이들은 직사각형과 정사각형처럼 비슷하지 않은 모양을 비교하는 것은 힘들다는 것을 알게 될 수도 있다. 본뜬 것의 안을 채우기 위해 색타일이나 리마 콩과 같은 측정 단위를 사용하는 것은 일관된 비교 수단을 제공할 수 있다.)
- 학생들이 지오 블록을 사용해서 더 큰 블록으로 같은 크기와 모양을 만들어 보도록 한다. (학생들은 블록을 결합하여 특정한 모양을 만드는 경험을 할 수 있다.)
- 더 나아가 패턴 블록을 사용해서 비율 관계를 탐구한다. 예를 들어, 여러 가지 패턴 블록을 혼합해서 패턴 블록 중 노란색 육각형과 크기가 같은 육각형을 만들어본다. (아이들에게 그들이 발견한 것을 수학 공책에 기록하라고 한다.)
- 10개와 같이, 정해진 개수의 패턴 블록을 사용하여 새로운 모양을 만든다. 그 다음에 그것과 모양과 크기가 똑같은 모양을 하나 더 만드는데, 이번에는 적어도 패턴 블록 몇 개는 대용품을 사용해야 할 것이다. (아이들은 퀴즈네르 막대를 사용하여 이와 같은 종류의 활동을 할 수 있다.) 두 개의 모양 속에 있는 블록의 개수를 비교하고, 발견한 것을 수학 공책에 기록하도록 한다. 논의를 진행하는 동안, 가장 많은 정육면체를 이용하여 만든 모양에는 "몇 개 더 많은가?"라는 질문을 탐구해본다. (아이들이 모양과 크기는 같지만 모양을 채우기 위해 필요한 블록의 수는 달라야 한다는 것을 확실히 알 수 있도록 한다.)

모래와 물

이 활동은 부피에 대한 이해를 강화시킨다. 이것은 소모둠 활동을 위한 선택 메뉴 활동으로 사용하기에 매우 좋다.

준비물

- 모래 또는 물 놀이대, 또는 여러 가지 크기의 플라스틱 통 많이.
- 테이블 보 또는 허드레 천.
- 다양한 계량컵, 계량스푼, 그리고 뜨는 데 사용할 수 있는 다양한 치수의 원통.

교수학습 지침

1. 테이블보나 허드레 천으로 활동할 구역을 덮는다.

2. 아이들에게 모래나 물로 다양한 용기를 채우면서 각각의 용기에 얼마나 담을 수 있는지 알아보도록 한다. 여러 방식으로 알아볼 수 있도록 격려해준다.
3. 전체 활동 시간에, 아이들이 알아낸 것을 발표하도록 한다. 각각의 용기에 담을 수 있는 양을 결정하고 밝히는데 사용한 다양한 방법에 대해 논의한다. 일부 학생들은 하나의 용기를 사용해서 계속 더 큰 용기를 가득 채웠다고 발표할지도 모른다. 또 다른 일부 학생들은 테이블스푼이나 컵과 같은 측정의 표준 단위를 사용하는 것의 이점에 대해 언급할지도 모른다.

준비물을 가지고 한 활동과 학급 토의를 통해, 학생들은 길이를 측정할 때와 마찬가지로 용기에 얼마만큼을 담을 수 있는가를 찾아낼 때에도 일정한 측정 단위를 사용하는 것이 중요하다는 생각을 할 수 있어야만 한다. 만약 아무도 이러한 생각을 하지 못한다면, 매우 다른 두 개의 단위를 사용하여 용기를 채울 때 어떤 일이 발생하는지에 대해 탐구해본다. 예를 들어, 아이들에게 그릇에 넣을 때마다 세도록 하면서 처음에는 계량컵을 사용하여 그릇을 채우고, 그 다음에는 테이블스푼을 사용하여 그릇을 채운다. 두 측정 도구의 크기에 대해 논의한 후에, 테이블스푼과 계량컵을 번갈아가며 사용하여 그릇을 채운다. 그릇이 가득차면, 아이들에게 몇 번 떠 넣었는지를 물어본다. 그리고 다음과 같은 질문을 한다. "테이블스푼으로 떠 넣은 개수에 대해 이야기하는 것이에요, 아니면 계량컵으로 떠 넣은 개수에 대해 이야기하는 것이에요?"

돌 분류하기

암석, 돌, 조약돌의 수집물을 모으고 분류하는 것은 다양한 세기와 측정의 기회를 제공할 수 있다. 아이디어 몇 개를 제시하면 다음과 같다.

- 학생들에게 암석 두 개를 손으로 하나씩 들어보아서 두 암석의 무게를 비교해보도록 한다. 그리고 어떤 것이 더 무겁다고 생각하는지에 대한 자신의 의견을 적도록 한다. (암석을 구분하기 위해 작은 종이에 암석 A, 암석 B와 같이 써서 테이프로 붙여놓는다.) 저울을 이용할 수 있다면, 아이들이 저울을 이용하여 자신의 생각이 맞았는지 확인해 볼 수 있도록 한다.
- 학생들에게 크기에 따라 암석을 분류하도록 한다. 많은 암석들의 모양이 불규칙하기 때문에, 상대적인 크기를 결정할 때 일부 흥미로운 논의가 생길 수도 있다. 종이, 연필, 리마 콩을 내주고, 아이들에게 암석의 둘레를 따라 그린 다음 그 안을 콩으로 채우도록 한다. 물론, 암석의 둘레를

따라 그리는 것은 참 애매하다. 이 활동의 주목적은 암석 넓이의 *근사치*를 알아내는 것이다. 학생들에게 모양 속을 채우기 위해 필요한 리마 콩의 개수를 기록하도록 한다. 활동을 하는 동안, 아이들이 리마 콩의 개수를 셀 수 있는 방법에 대해 논의하도록 한다.

- 아이들은 '암석 가게' 놀이를 좋아한다. 암석 가게 놀이는 다양한 암석을 진열해 놓고 판매하는 놀이이다. 이 놀이는 암석을 주의 깊게 관찰하고 크기와 무게를 포함한 암석의 특성에 친숙해지는 기회를 제공한다. 또한 이 활동은 돈에 관한 주제를 다시 환기시킬 수 있도록 해준다. 이 활동을 시작할 때, 암석들의 무게나 넓이를 가지고 암석의 가격을 결정한다. 작은 보석을 보여주며, 더 크다고 해서 반드시 더 가치 있는 것은 아니라는 이야기를 해준다. 그러나 이 활동의 목적을 위해, 무게나 크기로 암석의 '가격'을 결정할 것이라고 설명한다.
  아이들이 암석을 비교하기 쉽도록 가격표를 만들게 한다. 가격표에는 1달러 정도로 상한선을 둔다. 그리고 모형돈을 만든다. 아이들에게 편지봉투나 35mm 필름통 같이 쉽게 관리할 수 있는 용기에 다양한 동전을 담아서 내준다. 짝에게 5개나 6개의 암석을 골라서 무게에 따라 또는 넓이에 따라 진열하도록 한다. 학생들에게 무게나 크기 둘 중 하나에 따라 암석에 가격을 매기도록 한다. 그들이 한 것을 기록한 후, 두 팀(모두 4명)이 모여서 서로 번갈아가며 암석을 사고판다.

저울 만들기

이 활동은 아이들에게 자신만의 양팔 저울을 만들어 보는 기회를 제공한다.

준비물

- 학생당 옷걸이 1개와 클립 한 움큼.
- 학생당 3×5인치 색인카드 몇 장.
- 학생당 빨대 1개.
- 실 또는 끈.

교수학습 지침

1. 각각의 아이에게 옷걸이 1개와 클립 4개를 나누어준다.
2. 학생들에게 옷걸이 밑부분의 양쪽 끝에 클립을 붙이는 방법을 보여준다. 그리고 각 클립에 다른 클립을 하나씩 연결한다. 맨 아래에 있는 클립은 일종의 갈고리 모양이 되도록 끝을 구부려준다.

3. 옷걸이와 클립이 어떻게 저울과 같은 역할을 하는지 설명한다. 옷걸이의 고리를 왼손의 엄지와 집게손가락으로 가볍게 잡는다. 그리고 오른손으로 부드럽게 한쪽 클립을 아래로 당긴 다음 다른 쪽 클립을 아래로 당긴다.
4. 아이들에게 무게를 비교하기 위해 2개의 갈고리 옆에 클립을 더 끼우는 방법을 보여준다.
5. 색인카드 몇 장을 반으로 자르고, 자른 종이의 중앙에 구멍을 낸다. 학생들에게 그 종이를 나누어주고 꾸며서 저울에 매달도록 한다.
6. 아이들이 그들의 저울을 만들면서 알아낸 것에 대해 물어본다. 예를 들어, 만약 저울의 한 쪽 끝에만 종이를 매달았다면, 저울의 균형을 어떻게 맞출 수 있을까? 클립 중 하나를 옷걸이의 반대쪽으로 옮긴다면, 어떤 일이 벌어질까?

심화

아이들에게 클립 세 개, 빨대 반, 그리고 빨대보다 2인치 정도 더 긴 실이나 끈을 사용해서 다른 저울을 만들어 보도록 한다. (그림 9-5 참고)

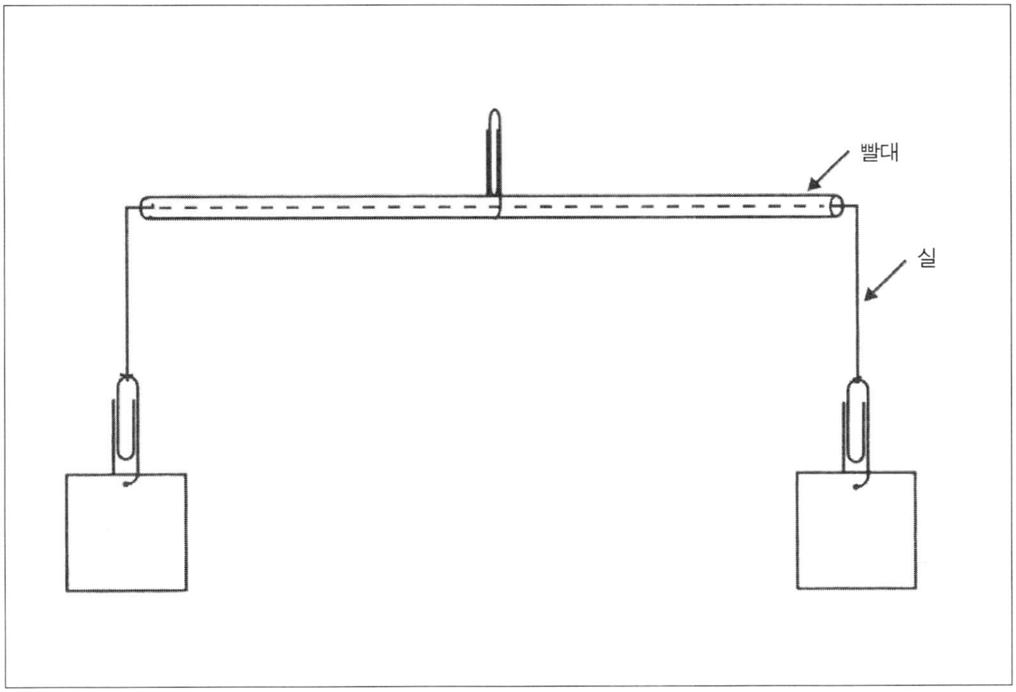

그림 9-5

빨대와 클립으로 만든 모빌 저울

이 저울을 만들기 위해서, 다음 단계에 따라 저울을 만든다.

1. 클립의 가장 넓은 부분까지 빨대를 통과시키고, 클립이 빨대의 중앙으로 가도록 한다.
2. 실을 빨대 사이로 통과시킨다.
3. 실의 각 끝에 클립을 묶는다.
4. 매달려 있는 클립의 끝을 잡아당겨서 갈고리 모양으로 만든다.
5. 갈고리에 다양한 물건을 걸어서 저울을 시험해본다.

덧셈과 뺄셈 다시 한 번 학습하기

교사는 이번 달에 학생들에게 많은 새로운 활동과 개념을 안내해 주었다. 따라서 아이들의 자신감을 기르기 위해, 학생들이 몇몇 친숙한 활동도 할 수 있도록 해주는 것이 좋다. 6장에서 했던 덧셈과 뺄셈 활동 중에서 몇 개를 골라서 이번 달에 다시 한 번 한다. 교사가 선택한 활동과 함께 할 수 있는 다른 활동도 있다.

안과 밖

준비물

- 발 길이의 두꺼운 실 1개.
- 리마 콩 한 줌.

교수학습 지침

1. 실의 양 끝을 묶어서 원 모양의 고리를 만든다.
2. 바닥이나 테이블 위에 고리를 놓는다.
3. 지원자에게 5에서 12 사이의 수 중에서 리마 콩의 개수를 선택해보라고 한다.
4. 아이에게 콩을 쥐고, 원 위에서 그것을 떨어뜨리도록 한다.
5. 큰 차트 종이나 칠판에, 콩의 배열을 나타내는 수식을 기록한다. 예를 들어, 콩 3개가 원 안에 떨어지고, 콩 3개가 원 밖에 떨어졌다면, 3+3=6, 6-3=3이라고 쓴다. (그림 9-6 참고)

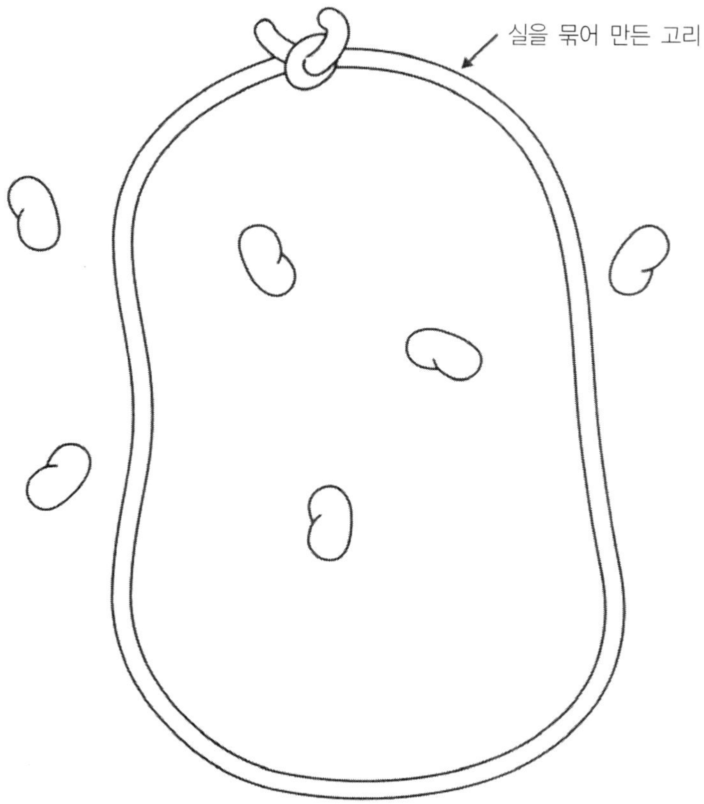

고리 안에 있는 3개의 콩 더하기 고리 밖에 있는 3개의 콩은 전부 6개다.

3+3=6

6개의 콩을 떨어뜨렸다. 3개는 고리 안에 떨어졌다. 3개는 고리 안에 떨어지지 않았다.

6−3=3

그림 9-6

이 안과 밖 활동은 실과 콩을 이용해서 덧셈과 뺄셈을 보여준다.

6. 아이들이 이 과정에 익숙해지면, 메뉴 활동 시간에 혼자 또는 짝과 함께 게임을 하도록 하고, 수학 공책에 수식을 기록하도록 한다.

10장

5월/6월

큰 수 탐구하기

학습 환경

5월과 6월은 학생들이 들떠있고 도전하는 시기이다. 이제 학생들은 손쉽게 활동하고 서로 서로 잘 어울린다. 학생들은 학교가 어떻게 돌아가는지와 성취를 위해서 무엇이 필요한 지를 잘 알고 있다. 게다가, 담임교사를 제외한 모든 사람들은 학년이 끝나가고 여름 방학이 코앞이라는 사실에 들떠있을 것이다. 학생들의 주의를 집중시키기 위해서는 계획성과 융통성, 에너지가 필요하다. 학급과 개인의 선호도에 맞는 새로운 경험, 익숙한 일과 활동, 신체 활동의 적절한 균형을 통해 학습 환경을 부드럽게 유지할 수 있다.

이 달에, 학생들은 10을 만들 수 있는 수 결합에 대한 이해를 확고히 하기 위한 활동을 계속할 것이다. 학생들이 한 자리 수 이상의 더 큰 수에 대해 생각할 때에는 자릿값 개념이 매우 중요하다. 학생들은 수를 세어 보고, 수를 가르거나 모아보고, 양에 대해서 탐구해 나가면서, 10진 기수법에 대한 이해를 발달시켜야만 한다. 이 장에서 제공하는 활동들은 양을 꾸준히 증가시켰을 때 학생들이 이해한 것을 적용하고 확장하면서, 알게 된 것을 연습할 수 있는 기회를 준다. 평소처럼 학생들이 실세계와 연결시킬 수 있도록 하기 위해서 계절의 변화와 같은 소재를 이용하는 것이 좋다.

이 달의 활동의 주안점은 다음과 같다.

- 10을 효과적으로 가르고, 모으기.
- 10과 관련된 암산과 필산. (종이와 연필을 이용한 계산)
- 수의 가르기와 모으기; 그리고 10까지 그리고 그 이상의 수로 된 묶음들의 가르기와 모으기.
- 두 자릿수 이상의 수에 있는 숫자들을 구조화하기 위해 10진 기수법(자릿값) 체계 사용하기.

일과 활동

달력

학기의 마지막 6주 또는 그쯤에는 보통 학예회나 현장 학습, 개교기념일과 같은 특별한 행사가 계획되어져 있다. 학생들의 집중을 유지시키기 위해서는 그들의 일상적인 생활 속에서 변화를 기대할 수 있도록 해주는 것이 좋다. 큰 달력이나 작은 달력을 걸어놓고, 남은 학기 동안에 있는 특별한 날들을 달력에 표시해 놓는다. 오늘부터 그 특별한 행사가 있는 날까지 며칠이 남았는지 세어보는 기회를 갖는다. 이 시기에 많은 학생들은 방과 후에 운동이나 레크리에이션 활동들을 한다. 주말 활동에 특별한 관심이 있는 학생들의 일과 활동을 이용한다. 예를 들면, Yoan은 토요일 아침마다 축구를 한다. 또는 Megan의 가족들은 금요일 저녁에 피자를 먹으며 비디오를 본다. 이런 일과 활동은 또한 교사가 학생들을 더 잘 알 수 있도록 해준다.

여름에 있는 생일과 미국 휴일들(7월 4일과 같은)을 기억하고 기념하는 것은 곧 다가올 여름에 학생들의 관심을 집중시킬 수 있는 좋은 방법이다. 먼저 이러한 특별한 날에 대해 토의하도록 한 후에, 학생들에게 가장 좋아하는 여름 활동을 색인카드에 적고 설명하도록 한다. 그리고 '운동', '휴일', 혹은 '방학'과 같이 비슷한 범주에 있는 것들끼리 그룹을 짓도록 한다. 가장 좋아하는 활동을 나타내는 그래프를 그리고 그래프를 보고 알 수 있는 수학적으로 참인 문장을 만들도록 한다.

학교에 나올 날이 며칠 남았는지 카운트다운을 한다. 학생들은 이미 카운트다운을 많이 해보았다. 따라서 이 정보를 어떻게 나타낼지에 대해 학생들과 함께 결정하도록 한다.

어림 항아리

5월과 6월은 어림에 관한 일과 활동에 변화를 주기 좋은 시기이다. 만약 교사가 계속해서 어림 항아리를 사용하기를 원한다면, 둥근 모양보다는 정육면체나 사각기둥과 같은 흔하지 않은 모양을 사용해 보는 것도 좋다. 가능하다면, 교육과정과 관련 있는 물체를 사용한다. 예를 들어 만약 수업시간에 지구 과학에 관한 주제를 소개했다면 학생들이 야외에서 쉽게 구할 수 있는 열매, 조약돌, 조개껍질과 같은 작은 물체들을 항아리 안에 넣고, 그것의 개수를 어림하도록 한다. 학생들에게 손쉽게 물건의 개수를 셀 수 있도록 텐 프레임이나 자릿값 매트(이 장의 뒷부분에서 설명함)와 같은 수학적 도구를 제공한다.

음식은 항상 좋은 동기유발 자료가 된다. 따라서 항아리 안에 젤리콩을 넣고 "이 안에 20개가 넘는 젤리콩이 들어 있다고 생각하니?" "20개보다 적게 들었다고 생각하니?", "딱 20개라고 생각하니?"와 같은 질문을 해보는 것도 좋다. 각 주의 마지막 날에 학생들에게 돌아가면서 젤리콩을 세어보도록 하는 것보다는 각각의 학생들이 항아리에서 젤리콩을 하나씩 꺼내도록 하고 그것을 세는 것이 좋다. (교사는 모든 아이들이 하나씩 꺼낼 수 있도록 젤리콩을 충분히 넣어 두어야 한다.) 교실의 학생 수와 젤리콩의 수를 일대일 대응하는 것은 효과적인 세기 전략이다. 학생들의 수보다 젤리콩이 더 많으면, 교사는 다음과 같이 물을 수 있다. "항아리에는 젤리콩이 몇 개 남아있을까?"

교사는 또한 어림 항아리를 사용하지 않을 수도 있다. 예를 들면, *'수 알아맞히기'*게임(303쪽 참고)을 하기 위해 1-100차트를 사용할 수도 있다. 매일 차트를 OHP로 보여주면서, 학생들과 게임을 한 판씩 한다. 학생들은 수학 공책에 붙여놓은 1-100 차트를 보면서 추측을 할 수 있다. 교사는 투명한 1-100 차트 위에 표시를 하거나 리스트를 만들면서 추측하기를 바랄 수도 있다. 학생들에게 범위를 정해주고, 그 범위 사이에서 논리적인 추측을 해보도록 격려한다. 학생들은 가장 좋은 추측을 위한 전략을 토론할 수 있다.

2주 후에, 교사는 단계를 한 단계 올려서 101-200 차트를 이용하여 게임을 할 수 있다. 학생들에게 수의 범위를 다르게 하는 것이 목표 수에 도달하기 위해서 추측을 몇 번 해야 하는가에 영향을 줄 것이라고 생각하는지 물어본다. 학생들은 똑같은 횟수만큼 추측해야 한다고 생각하는가? 더 많이 추측해봐야 한다고 생각하는가? 아니면 더 적게 추측해도 된다고 생각하는가? 학생들이 그들의 생각을 설명하도록 한다.

수학 공책

1학년 학생들의 수학 공책은 지금 활동하고 있는 것들로 채워지고 있다. 주별 과제 혹은 일일 과제를 하기 위해, 학생들은 자신의 생각을 기록해야 할 것이고, 교사는 그 활동지를 걷을 것이다. 이와 같은 방법은 특히 1년 중 이 시기에 적절한 평가 기회를 제공한다.

매일 다른 수를 이용한 식과 조합을 탐구해 보도록 한다. 매일 아침, 한 학생이 주어진 범위에 있는 수 하나를 고른다. (예를 들어, 5-20) 학생들에게 그 수에서 시작하여 위나 아래로 셀 수 있는 방법을 몇 가지 알고 있는지 물어본다. 패턴에 대해서 논의한다. 예를 들어 20을 얻기 위해서는 1씩 세기 또는 10씩 뛰어 세기 또는 5, 10, 15, 20으로 뛰어 세기, 또는 2씩 뛰어 세기를 할 수 있다. 그리고 5+0=5, 4+1=5, 3+2=5와 같은 조합에 대해서도 논의한다.

위에 제시된 '오늘의 수' 활동과 함께, 교사는 학생들에게 재미있는 문장제 문제를 제시할 수 있다. 아래에 벌레에 관한 몇 가지 문제들이 있다. 이 문제들을 제시하기 전에 곤충은 다리가 6개이고, 거미는 8개라는 것을 확실히 가르쳐 주어야 한다. 그 다음에 문제를 써서 교실에 붙여 놓는다.

거미 두 마리가 거미줄 위에 앉아 있었다. 거미의 다리는 8개이다. 거미줄 위에 있는 거미의 다리를 모두 합하면 몇 개일까?

나비 여섯 마리가 햇볕을 쬐고 있었다. 나비의 더듬이는 2개이다. 나비 두 마리가 날아가 버렸다. 남아있는 나비의 더듬이는 모두 몇 개일까?

개미 몇 마리가 통나무 위에 앉아있다. 만약 개미의 다리가 모두 18개였다면 통나무 위의 개미는 모두 몇 마리일까?

거미 한 마리와 벌 한 마리가 과자를 나누어 먹고 있다. 거미와 벌의 다리를 모두 합하면 몇 개일까?

벌레 11마리가 있다. 몇 마리는 개미이고 몇 마리는 무당벌레이다. 개미와 무당벌레는 각각 몇 마리씩 있을 수 있을까?

다음은 꽃에 관한 문제이다.

꽃 8송이가 있다. 4송이는 데이지 꽃이고, 나머지는 장미이다. 장미는 모두 몇 송이 인가?

꽃 9송이가 있다. 몇 송이는 빨간색이고 나머지는 노란색이다. 각각 몇 송이씩 있을 수 있을까?

10송이의 꽃이 있다. 몇 송이는 분홍색이고 몇 송이는 파란색이다. 분홍색 꽃과 파란색 꽃의 개수가 같다면 분홍색 꽃은 모두 몇 송이일까?

11송이의 꽃이 있다. 몇 송이는 노란색이고 몇 송이는 주황색이다. 주황색보다 노란색이 더 많다면 노란색은 몇 송이가 될 수 있을까?

다음은 돌과 조개껍질에 관한 문제이다.

바닷가에 가서 조개껍질 5개와 돌멩이 4개를 주워서 가방에 넣었다. 가방 안에 넣은 것은 모두 몇 개일까?

조개껍질과 돌멩이 10개가 창틀에 놓여 있다. 3개의 조개껍질을 동생에게 주었더니 창틀에는 돌멩이만 남아 있었다. 돌멩이는 모두 몇 개일까?

Julie는 바닷가에서 하얀 돌멩이 11개와 갈색 돌맹이 6개를 찾았다. Julie가 찾은 돌멩이는 모두 몇 개일까?

Joe는 조개껍질을 모으고 있다. Kaitlyn이 Joe에게 조개껍질 8개를 주었고 Claire가 3개를 더 주었다. 친구들이 Joe에게 준 조개껍질은 모두 몇 개일까?

학생들에게 문제를 푼 방법을 설명해 보도록 한다. 학생들이 글을 사용하였는가? 그림을 사용하였는가? 수를 사용하였는가? 이 모든 것들을 섞어서 사용하였는가?

수학

이 장에 제시되어 있는 활동들은 수 관계, 세기, 큰 수에 중점을 두고 있다. 앞의 장들과 마찬가지로 수업은 수학 동화를 기반으로 한 활동과 전체 학급/메뉴 활동으로 구성되어 있다. 교사들이 다양한 활동 중에서 학급의 필요와 개인적인 교수 취향에 적합한 것을 선택하기를 바란다.

수학 동화를 기반으로 한 활동

주머니 문제

Don Freeman이 쓴 ***A Pocket for Corduroy***[53]는 주머니 문제라는 놀이의 배경이 되는 인기 있는 오래된 책이다. 학생들은 반 학생들이 입은 옷에 있는 주머니의 전체 개수를 세어 본다. (수는 두 자리 수 혹은 세 자리 수가 될 수도 있다.)

이 이야기는 작은 곰인 Corduroy가 멜빵바지에 주머니 하나를 만들어서 물건 몇 개를 넣고 다닐 수 있게 되었다는 내용으로, 게임의 기초가 된다. 다음은 교사가 이 활동을 지도할 수 있는 방법이다.

교수학습 지침

첫 번째 부분

1. 이야기를 읽고, 학생들이 자신이 입은 옷에 있는 주머니를 찾아보도록 한다. (주머니가 없는 아이들이 속상해 하지 않도록, 이 활동을 소개하는 날 교사는 주머니가 없는 옷을 입는 것이 좋다.)
2. 학생들에게 "오늘 선생님 말고 주머니가 없는 옷을 입고 온 사람 있나요?"라고 묻는다.
3. 주머니가 없는 옷에는 "가장 적은 주머니"라는 표현을 사용한다. 다음으로 학생들에게 그 날 입고 온 옷에 주머니의 개수가 가장 많은 학생이 누구일지에 대해 생각할 수 있는 질문을 한다. 몇몇 학생들은 주머니를 찾기 위해 자신의 몸을 뒤지거나 일어서서 옷을 살펴보기 시작할 것이다.
4. 이 조사가 끝난 후, 학생들에게 교실에 있는 학생 중에서 주머니가 4개 이상인 학생이 있다고 생각하면 손을 들라고 한다. 그리고 5개 이상, 6개 이상 등도 손을 들게 한다. 학생들이 손을 더 이상 들지 않을 때까지 계속한다. 칠판의 아래쪽에 학생들이 추측한 범위를 적는다.
5. 칠판에 써진 각 수들을 가리키면서 주머니의 개수가 그 수에 해당하는 학생들을 일어나도록 한 후, 일어선 학생 수만큼 X표를 한다.
6. 주머니의 개수 중 가장 큰 수는 무엇인지를 알아보고, 그 수를 넘는 추측들은 지운다.
7. 이제 칠판에 적힌 정보를 보고, 학생들에게 이 그래프에서 알 수 있는 것을 이야기해 보도록 한다. 학생들은 *가장 많은, 가장 적은, 같은 양, 가장 일반적인 수*와 같은 개념을 사용하면서 이야기할 것이다.

---

53) 이 책은 "호주머니를 갖고 싶어요(조은수, 비룡소)"로 번역되어 있다.

8. 학생들에게 그래프를 보고 교실에 있는 모든 학생들의 주머니 개수의 합을 쉽게 알 수 있는지에 대해 물어본다. 이 문제를 풀 수 있는 방법에 대해 토의한다. 학생들은 그래프가 주머니의 개수의 합보다는 특정한 개수의 주머니를 가진 학생들의 수를 보여준다는 사실을 깨달을 것이다. 학생들에게 모든 학생들의 주머니 개수의 합을 빠르게 예상해 보도록 한다.
9. 학생들에게 학생 전체의 주머니 개수를 정확하게 알 수 있는 계획이 있다고 이야기한다. 학생들에게 정육면체가 담긴 상자나 바구니를 보여준다. 학생들에게 정육면체를 나누어 주고 각 주머니에 정육면체를 하나씩 넣도록 한다.
10. 정육면체가 전체 주머니의 개수를 세는데 도움이 되는지를 학생들에게 물어본다. 이 시점에서 학생들은 전체 주머니가 모두 몇 개인지를 알아낼 수 있을까? 누군가가 정육면체를 세어보아야 한다고 설명할 것이다. 정육면체를 셀 때에, 모든 학생들이 볼 수 있도록 정육면체를 교실의 앞에(예를 들면 칠판의 선반에) 길게 한 줄로 늘어놓는다. 그리고 정육면체를 하나씩 센다. 비록 귀찮겠지만, 이런 과정은 큰 수를 1씩 세는 것은 어렵다는 사실에 대한 논의를 할 수 있는 기회를 제공한다.
11. 전체 개수를 적고 학생들의 예상과 비교해 본다.

학생들에게 '주머니 문제'를 다시 소개할 것이라고 예고한다. 학생들은 이 활동을 할 날을 미리 정하고 싶어 할지도 모른다. '주머니 문제' 활동을 하는 날에 얼마나 많은 학생들이 주머니가 최대한 많은 옷을 입고 오는지를 보면 놀랄 것이다. 그리고 만약 집으로 이 활동에 대해 설명하는 안내장을 보낸다면, 부모님들 역시 매우 즐거워 할 것이다. 그리고 주머니를 만들기 위해서 세탁소로 갈지도 모른다.

두 번째 활동

다음 시간에, '주머니 문제'를 다시 소개한다. 아래의 과정을 활용하는 것도 좋은 방법이다.

1. 첫 번째 활동에서 했던 것처럼, 학생들이 입은 옷에 있는 주머니의 개수가 될 수 있는 수의 범위에 대해 알아본다. 학생들에게 교사가 주머니의 개수를 부르면 해당 학생은 일어나라고 한 후, 주머니 개수의 범위와 가장 일반적인 주머니의 개수에 대해 토의한다. 칠판에 주머니의 개수에 해당하는 수를 적고 그 수 옆에 학생 수만큼 x를 표시하여 정보를 기록한다. 학생들이 알게 된 것에 대해 토의하도록 한다.

2. 연결정육면체를 준다. 그러나 이번에는, 학생들의 주머니 속에 연결정육면체를 넣지 않는다. 대신에, 학생들이 자신의 주머니의 개수만큼 연결정육면체를 가져가도록 한다.
3. 칠판에 10이라고 쓴다.
4. 연결정육면체 5개를 가지고 있는 학생들을 일어서게 하고 5개를 들고 있으라고 한다. 5 + □ = 10 이라고 칠판에 적고 큰 소리로 식을 읽는다. 그리고 서 있는 학생들에게 네모 안에 들어갈 수가 무엇이냐고 묻는다. 몇몇 학생들은 "5!"라고 바로 대답할 것이다.
5. 연결정육면체 5개를 들고 있는 두 명의 학생에게 들고 있는 연결정육면체를 모아서 10개로 만들도록 한다. 칠판에 10 이라고 적어 놓은 곳 아래에 이 10막대를 놓는다.
6. 5개의 연결정육면체를 가진 다른 학생들에게도 이런 과정을 반복하라고 한다.
7. 학생들에게 10을 만들 수 있는 다른 조합들도 생각해 보게 한다. 10의 조합(1+9, 2+8, 3+7 등)이 되는 아이들은 연결정육면체를 모아서 10을 만들고 칠판에 써져 있는 10 아래에 이것들을 놓는다. 10을 만들 수 없을 때까지 계속 10을 만든다. 학생들이 만든 10의 개수를 적는다. (예를 들어, 만약 10씩 5묶음을 모았다면, 10 아래에 5라고 적는다.)
8. 10의 오른쪽에 세로 선을 그린다. 이 선의 오른쪽에 낱개라고 쓴다. 이 곳에 남은 연결정육면체의 개수를 적는다.
9. 이제 이 두 부분에 있는 개수를 조합하여 결과를 적는다. 예를 들어, 10씩 5묶음과 낱개 8개가 있다면 58이라고 적는다.
10. 학생들에게 이 수에 대해 알아낸 것을 묻는다. 예를 들면, 58이라는 수에서 5를 가리키면서 '주머니 문제'에서 의미하는 것이 무엇인지 묻는다. 그리고 8에 대해 토의한다. 종이에 칠판에 있는 정보를 기록하고, 다른 날에 '주머니 문제'를 하면서 얻은 자료와 비교해 본다. 많은 학생들이 이러한 비교에 참여하는 것을 즐거워한다.

가족 분류하기

Emily Jenkins가 쓴 ***Five Creatures***는 사람 3명과 고양이 2마리로 구성된 가족에 관한 재미있는 이야기이다. 이 이야기에 나오는 명랑한 아이들은 이 행복한 가족을 다양한 방법으로 그룹지어서 분류한다. 분류 항목에는 가족들의 다리의 개수에서부터 상자 안에 숨는 것을 좋아하는 가족은 몇 명인지까지 모든 것이 포함되어 있다.

교수학습 지침

1. 학생들과 이야기를 읽으면서 삽화를 보는 시간을 갖는다.
2. 소녀가 자신의 가족을 분류한 모든 방법을 칠판에 적는다. 학생들에게 이 이야기가 실제 가족에 대해서도 있을 수 있는 일인지를 물어 본다. 학생들에게 이유를 설명하도록 한다.
3. 학생들이 제안한 분류를 추가시켜 목록을 확장시킨다. 학생들에게 비슷한 책의 작가와 삽화가가 된 것처럼 생각하도록 하면, 학생들은 더 많은 분류 아이디어를 생각해낼 수 있을 것이다. 예를 들면, 어떤 학생은 비디오 게임을 좋아하는 사람과 좋아하지 않는 사람으로 가족을 나누자고 할 수도 있다. 어떤 학생은 텐트에서 저녁 먹기를 좋아하는 사람과 그렇지 않은 사람으로 나누고 싶어 할 수도 있다.
4. 확장된 목록에서 분류의 기준을 고른다. 그리고 학생들이 그 기준을 바탕으로 그림을 그리고, 그 그림에 관한 짧은 이야기를 써 보도록 한다.

심화

분류 기준에 바탕을 둔 수 문제를 제시한다. 예를 들어, 고양이 2마리와 사람 3명으로 이루어진 ***Five Creatures***를 사용한다면 다음과 같은 질문을 할 수 있다. "다리를 합하면 모두 몇 개입니까? 꼬리는 모두 몇 개입니까?"

곤충 세기

Jerry Pallotta의 책 ***The Icky Bug Counting***에서는 많은 곤충들에 관한 실제 정보들이 묘사되어 있다. 다른 종류의 곤충들이 1쪽부터 계속 나오고, 곤충들의 수는 0부터 26마리까지 계속해서 늘어난다. 이 책은 세는 것뿐만 아니라 수 관계도 이해할 수 있게 해준다. 또한 "거대한 게거미(crab spider)는 8개의 다리와 8개의 눈을 가지고 있다.", "종이말벌(paper wasp)은 사람이 발명하기 수천 년 전부터 종이를 만들 수 있었다."와 같은 정보도 제공해 준다.

교수학습 지침

1. 이야기를 읽어 준다.

2. 학생들과 학교 주변을 산책한다. 만약 넓은 풀밭이 있다면 학생들을 그리로 데리고 간다. 가끔씩 학생들에게 곤충을 찾아보라고 한다. 주변에 흔히 살고 근처에 있는 곤충들의 종류에 대해 함께 생각해 본다.
3. 교실로 돌아와서 학생들에게 친근한 곤충들의 목록을 만들도록 한다.
4. 학생들이 목록에 있는 곤충들과 그 곤충들의 수를 간단하게 그릴 수 있도록(예를 들면, 사마귀 한 마리, 나방 11마리, 개미 12마리) 도와주는 이야기나 다른 자료들(예를 들면, 도서관의 책이나 인터넷 사진)을 보여준다. 무당벌레, 개미와 같은 몇몇 곤충들은 대부분의 학생들이 상대적으로 그리기 쉬울 것이다. 귀뚜라미나 대벌레와 같은 곤충은 그리기 힘들 수도 있지만 학생들이 즐거워 할 기발한 그림이 나올지도 모른다. (그림 10-1, 그림 10-2, 그림 10-3 참고)

그림 10-1

Yucheng는 기도하는 사마귀를 그렸다.

그림 10-2

Tobias는 11마리의 나방을 그렸다.

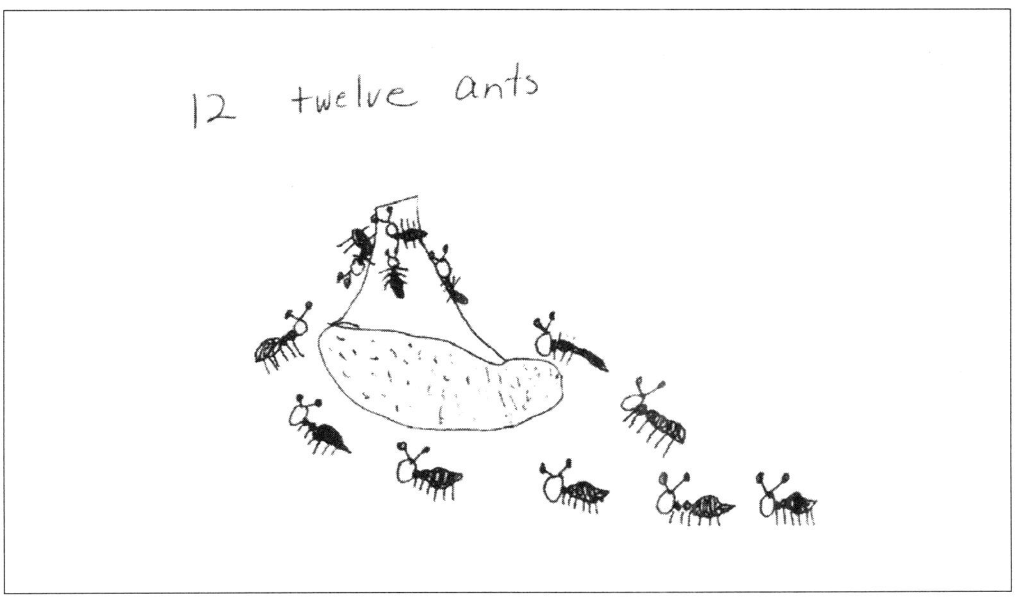

그림 10-3

Irina는 12마리의 개미를 그렸다.

5. 학생들이 곤충들을 다 그리면 그 그림들을 모아서 학급문고를 만든다. 만약 예비 1학년 학생들이 교실을 방문하면 그 그림을 함께 볼 수도 있다.

심화

- 학생들이 수/곤충 그림으로 수에 관한 책을 만들도록 한다. 예를 들면, 학생들은 10가지 종류의 곤충을 사용하여 1-10 책을 만들 수 있다. (사마귀 1마리, 무당벌레 2마리, 딱정벌레 3마리, 나비 4마리 등) 각 페이지에는 그 곤충들에 관한 재미있는 사실을 써줄 수도 있다.
- 곤충을 세는 것뿐만 아니라 각 페이지마다 다리의 수와 같은 다른 세부적인 수 관련 정보도 제공하는 곤충 책을 만들도록 한다.

손가락 세기

Claudia Zaslavsky가 쓴 ***Count on Your Fingers, African Style***은 손가락 세기를 사용하여 양을 셀 수 있는 방법을 설명한다. 작가는 수신호가 수를 세는 것과 관련된 의사소통의 특별한 형태라고 설명한다. 실제로 아프리카에서는, 서로 다른 언어를 사용하는 사람들이 시장에서 물물교환을 하고, 물건을 사고팔고 그들의 생각과 계산을 빠르게 전달하기 위해서 수신호를 사용한다고 한다. 이 책은 수를 세고 양을 알아보는 것이 세계적으로 필요한 것이라고 말한다.

손가락의 사용은 10이라는 수의 중요성에 대해 논의할 수 있는 기회를 제공한다. 이 책에서 제시한 몇 가지 아이디어를 제시하면 다음과 같다.

- 학생들에게 문제를 해결하기 위해 손가락 세기를 사용하는 몇 가지 방법에 대해 함께 이야기해 보자고 한다. 빗금 표시, 텐 프레임, 1-100 차트와 같이 수를 셀 때 도움이 되는 방법들을 생각해 보도록 한다. 만약 주판이 있다면 그것을 보여주고 10진 수 체계를 사용하여 만든 또 다른 도구라고 설명해 준다. 만약 주판이 없다면 실이나 끈에 구슬 10개를 꿰어서 만든다.
- 1부터 100까지 10씩 센다. 그리고 학생들이 10씩 거꾸로도 셀 수 있는지 알아본다.
- "10 큰" 혹은 "10 작은"과 같은 말을 포함하는 질문을 한다. (예: 12보다 10 큰 수는 무엇입니까?, 12보다 10 작은 수는 무엇입니까? 30보다 10 큰 수는 무엇입니까? 30보다 10 작은 수는 무엇입니까?) 학생들에게 수학 도구를 머릿속에 떠올린 후 10씩 세기를 머릿셈으로 하도록 한다.

이것은 10이 1학년 학생들의 수에 대한 유연성을 발달시키고, 수학적 의사소통의 중요성에 대한 인식을 발달시키는데 초점을 맞추고 있다. 학생들은 수학이 인류의 필요를 만족시키는 공통의 언어라는 것에 대한 이해를 발달시킨다.

동전과 젤리콩

Bruce Mcmillan의 ***Jelly Beans for Sale***은 젤리콩을 파는 것에 대한 시로 시작한다. "하나에 1페니, 열 개에 1다임. 젤리콩을 세어 보고 사세요. 좋은 시간이 될 거예요." 예쁜 사진으로 구성된 이 책은 젤리콩을 산다는 상황을 통해 동전의 가치를 탐구하도록 한다. 이 책은 이야기가 시작되기 전에 페니, 니켈, 다임, 쿼터를 제시하고 설명해 놓았다.

판매는 간단하다. 젤리콩 한 개는 1센트이다. 책에서 사는 사람과 파는 사람은 거래를 하기 위해 동전을 다양하게 조합해야 한다. 주인공이 젤리콩의 양을 결정할 때마다 그것을 사기 위해 필요한 동전에 대해 나올 뿐만 아니라, 콩을 세기 쉽게 배열하는 장면도 나온다. 책 속의 사진을 보면 학생들이 구입하는 것을 즐거워 한다는 것을 알 수 있다.

각 페이지의 아래쪽에는 매매에서 사용된 동전의 가치를 나타내는 식이 있다. 식에서 "=" 기호를 사용하는 것은 그 기호의 의미에 대해 토의할 수 있는 계기가 된다.

이 책이 제공하는 학습을 하기 위해서, 칠판에 다음의 식들을 적는다.

$$1+1+1+1+1=5$$

$$1+1+1+1+1+5=10$$

$$1+1+1+1+1+5=5+5$$

$$1+1+1+1+1+1+1+1+1+1=5+5$$

다음과 같이 잘못된 예가 되는 식들도 적는다.

$$1+1+1+1+1=10$$

$$1+1+1+1+1+5=10+5$$

학생들에게 식이 맞는 식인지 틀린 식인지 즉, 양쪽이 같은지 다른지를 물어본다. 학생들에게 다른 예를 만들어 보도록 한다.

10의 조합

Philemon Sturges의 ***Ten Flashing Fireflies***는 학생들에게 10의 조합을 탐구할 수 있는 시각적인 방법을 제공한다. 이야기의 예술적인 삽화는 반딧불이 항아리에 들어가고 나가는 것을 이용하여 덧셈과 뺄셈을 보여준다. 그림들은 수 10과 관련된 다양한 부분/전체의 관계를 보여준다. 학생들은 크레용과 수채물감 또는 검은 종이와 밝은 색의 크레용을 가지고 자신만의 반딧불 그림을 그릴 수도 있다. 교사는 이것을 2인 1조 활동으로 만들어서, 항아리 안과 밖에 있는 반딧불의 조합을 정해주고 2명이 번갈아가며 알맞은 그림을 그리도록 할 수도 있다.

준비물

- 학생 1명당 다양한 그리기 도구.
- 학생 1명당 흰 색이나 검은 색 도화지, 밝은 색의 크레용, 검은색 혹은 파란색 수채물감.

교수학습 지침

1. 이야기를 읽어 준다.
2. 책을 다시 읽으면서, 이번에는 학생들과 함께 각 페이지에 나오는 덧셈식과 뺄셈식을 적어 본다. 빈 칸이 있는 등식(예를 들어, □+□=□, □-□=□)이 쓰여져 있는 종이를 나누어주고, 학생들에게 빈 칸을 채우도록 한다.
3. 학생들이 기호를 이해하고 있는지 확인하기 위해서, 그리고 그 수가 각 페이지의 이야기와 맞는지를 알아보기 위해서 학생들이 제안한 수식에 대한 토의를 한다.
4. 만든 식을 짝에게 설명하도록 한다. 수식보다 학생 수가 더 많다면, 수식을 더 만든다. (그림 10-4와 그림 10-5 참고)

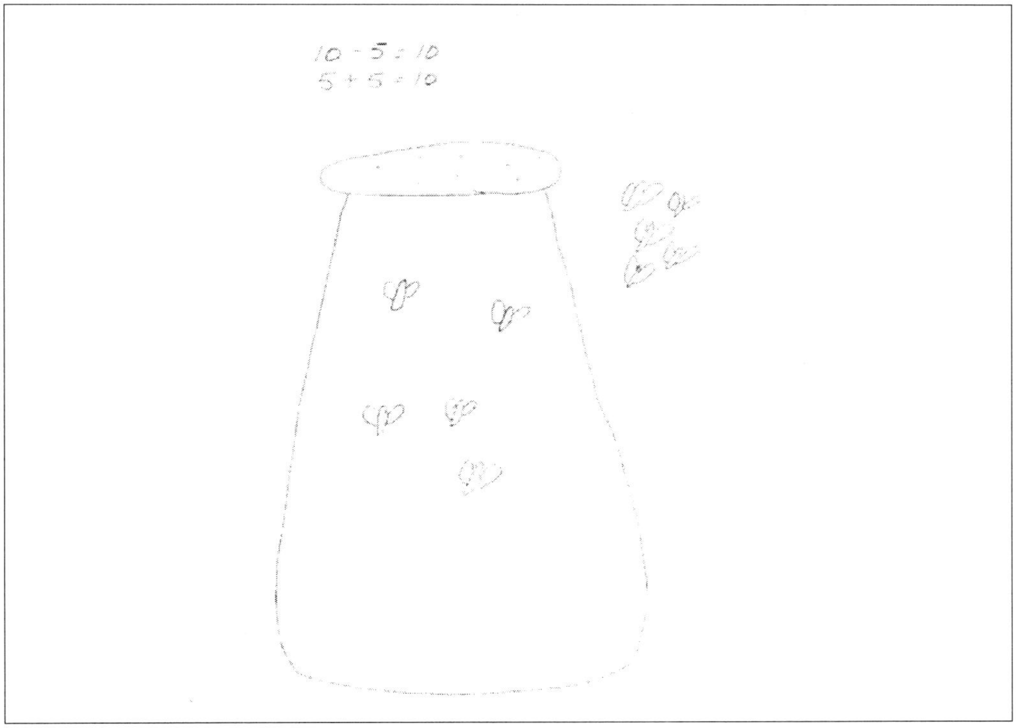

그림 10-4

Vanessa는 10-5=10과 5+5=10의 수식을 묘사하는 반딧불을 그렸다.

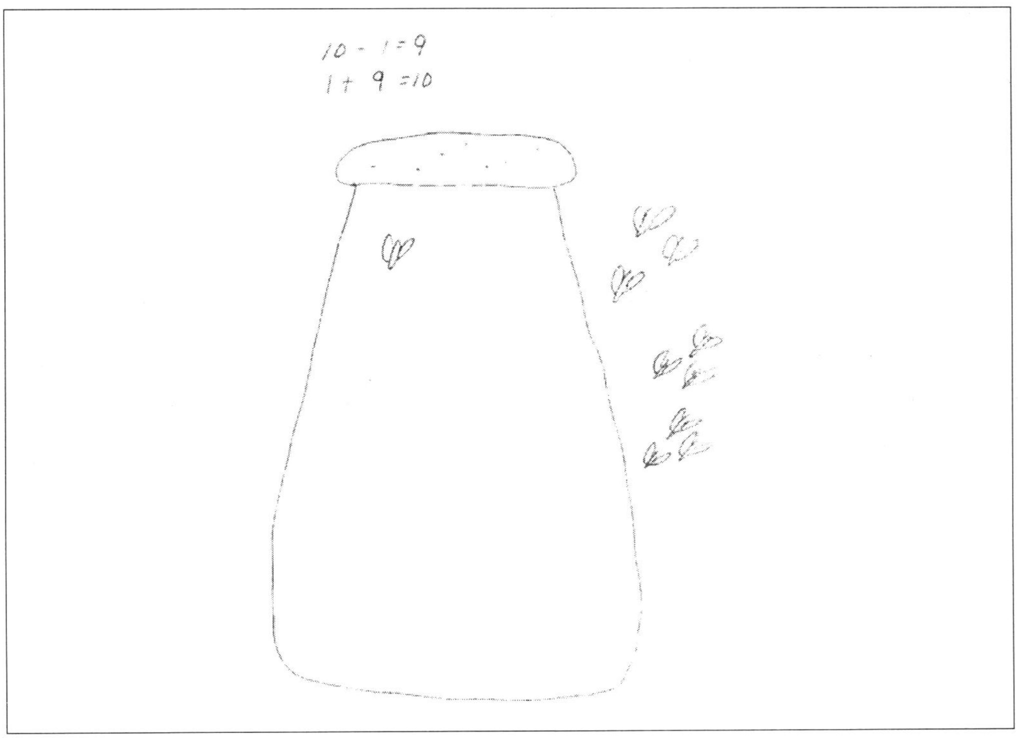

그림 10-5

Vanessa는 10-1=9와 1+9=10의 상황을 그렸다.

5. 학생들이 그린 그림을 모아서 학급문고를 만든다.

그림을 간단하게 그렸다 하더라도, 이러한 아이디어를 그림으로 나타내 보는 활동은 학생들이 수학과 미술의 관련성을 경험할 수 있도록 해준다. 교사가 학생들에게 그림을 그리는 여러 가지 간단한 방법들을 이야기해 주는 것도 좋다. 예를 들면 다음과 같다.

- 학생들에게 9×12인치의 검은 도화지를 주고, 반으로 자르도록 한다. 학생들은 미리 그려 놓은 항아리 그림을 종이 위에 붙인다. 그리고 반딧불을 노란색 크레용으로 그리거나 작은 노란 종이 위에 그린다. 그림을 그리기 전에 계획을 세울 시간을 학생들에게 주고, 그림 그리기 활동이 끝나면 학생들의 그림을 모아서 학급 문고을 만든다.
- 흰 도화지, 밝은 색 크레용, 군청색이나 검은 색 물감을 준비하도록 한다. 크레용으로 항아리와 반딧불을 그린다. 그리고 물감으로 그림 위를 밝게 색칠하는 방법을 학생들에게 보여준다. 물감이 다 마르면 무거운 물체(큰 책과 같은)로 눌러놔야 종이가 쭈글쭈글 해지지 않는다.

학생들이 사용한 그리기 방법에 상관없이, 학생들이 그림을 모두 그리면 그림에 맞는 수식을 적은 종이를 각 페이지에 붙이도록 한다. 종이를 항아리에 가장 적은 반딧불이 있는 것부터 가장 많은 반딧불이 있는 것의 순서로 놓는다. 이 학급문고를 읽고 또 읽으면서, 1학년 학생들은 수 조합을 반복적으로 연습하게 된다.

10개씩 심기

Celia Barke Lottrideg가 쓴 ***One Watermelon Seed***는 수박 씨앗 1개, 호박 씨앗 2개, 가지 씨앗 3개, 이런 방법으로 개수를 10개까지 증가시키면서 여러 종류의 씨앗들을 심은 두 명의 아이에 관한 이야기이다. 씨앗 심기를 마친 후에 아이들은 식물들을 돌보고 수확을 하면서 즐거움을 얻는다. 이 이야기에 나오는 두 아이는 수박 10개, 호박 20개, 가지 30개 등, 수 100이 나올 때까지 열매를 수확한다.

준비물

- OHP.
- 모눈종이.

교수학습 지침

1. 학생들에게 이야기를 읽어준다.
2. 학생들에게 그들이 알아낸 수 규칙을 설명할 수 있는지 물어본다. 예전에 T차트를 만들어서 수를 체계적으로 나열했던 것을 상기시킨다.
3. 칠판에 T차트를 그리고, 이야기에 나오는 수를 적는다. (예를 들면, 아이들은 씨앗 1개를 심으면 10개의 과일을 수확했고, 씨앗 2개를 심으면 20개의 과일을 수확했다, 등)(아래 참고)

씨앗	수확한 과일
1	10
2	20
3	30
4	40

4. OHP를 이용하여, 학생들에게 이 정보를 그래프로 나타내는 방법을 알려준다. 모눈종이의 아래쪽에는 씨앗의 개수를 적고 그래프의 왼쪽에는 위로 올라가면서 수확한 과일들의 개수를 적는다. (그림 10-6 참고)

그림 10-6

수박 씨앗 1개에 대한 성장

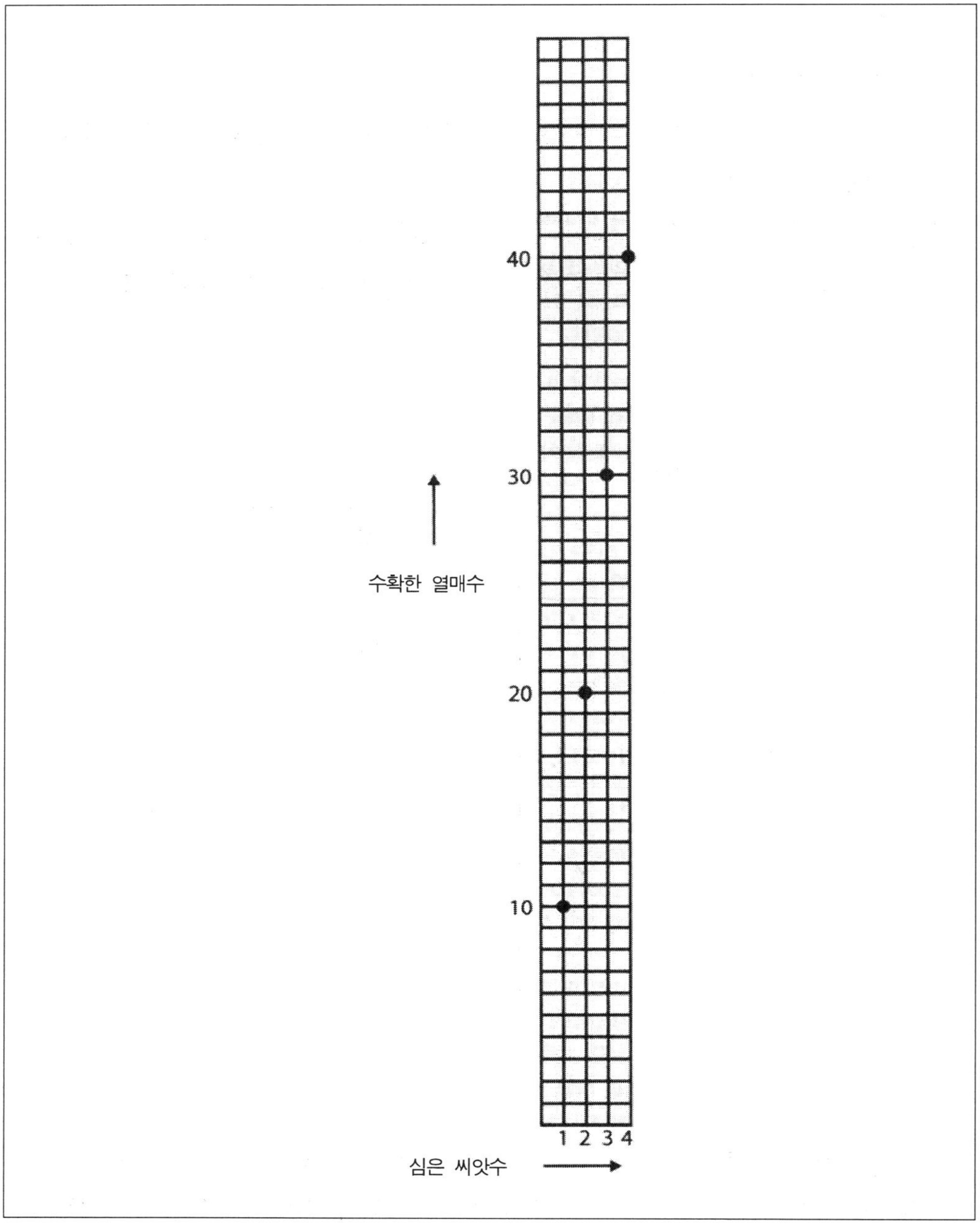

5. 학생들과 함께 그래프에 점을 찍는다. 씨앗과 수확한 열매의 수 사이의 관계를 나타내는 선에 대해 토의한다.

수 11

Eve Merriam의 ***12 Ways to Get to 11***은 간단한 콜라주 기법이 들어가 있는 삽화를 이용하여, 11을 만드는 12가지 방법을 보여준다.

교수학습 지침

1. 학생들과 함께 책을 읽는다.
2. 학생들과 함께 책의 각 페이지에 알맞은 식을 쓴다. 예를 들면, 한 페이지의 내용은 다음과 같다. "세 쌍의 세 쌍둥이가 각기 다른 유모차에 있고 쌍둥이 한 쌍이 또 다른 유모차에 있다." 학생들은 교사가 칠판에 쓴 것처럼 3+3+3+2=11이라는 식을 공책에 쓴다. 학생들에게 11-2=9와 같이 그 페이지에 맞는 뺄셈식을 만들 수 있는지 물어본다. 그리고 이러한 수식을 기록하도록 한다.
3. 다음 날, 이야기를 다시 읽는다. 이번에는 책을 읽은 후에, 각각의 학생들에게 5와 15 사이의 수 중에서 하나를 선택하고, 그 수가 될 수 있는 다양한 조합을 만들어 보라고 한다. 몇몇 학생들은 쉽게 알아 낼 수 있는 몇 개를 빠르게 대답한 후에 다 했다고 생각할 지도 모른다. 만약 그런 학생이 있으면 좀 더 생각해 보라고 격려한다. 학생들로 하여금 또 다른 조합들을 꼼꼼히 조사하도록 한다. 학생들이 공책에 적은 조합들을 검토해보면, 교사는 학생들이 문제를 얼마큼 이해했는지 그리고 문제에 대한 학생들의 자신감의 정도에 대해 알 수 있을 것이다.

자연에서 발견할 수 있는 수

George Ella Lyon의 ***Counting on the Woods***는 자연에서 발견할 수 있는 것들에 대해 설명하고 그 양에 대해 이야기한다. 만약 가까운 지역으로 현장 학습을 간다면, 학생들은 자연을 관찰하고 사진도 찍는다. 학생들은 카메라를 이용하여 자연을 사진에 담을 수도 있고, 교실로 돌아와 잡지에 나온 사진을 모을 수도 있다. 그리고 학생들은 수집한 사진으로 자신만의 수 관련 책을 만들 수 있다. 또한 학생들은 수와 관련된 아이디어를 그림으로 간단하게 그릴 수도 있다. 예를 들면 5개의 꽃잎을 가진 꽃들을 그릴 수 있다.

학생들이 밖에 나갈 때마다 그들이 본 것을 세어 보도록 한다. 산책을 하면서 학생들이 새, 벌레, 구름, 나무, 꽃 그리고 자신이 본 것이라면 무엇이든지 세어보게 한다. 이런 경험은 1학년 학생들이 일상에서 수와 관련된 관찰을 하는 습관을 가질 수 있도록 도와준다.

100을 만드는 방법

Elinor Pinczes의 ***One Hundred Hungry Ants***[54]는 한 줄로 소풍을 가는 개미들의 이야기이다. 개미들은 너무 배가 고팠고, 개미 한 마리가 50마리씩, 25마리씩, 20마리씩, 10마리씩 줄을 서서 행진 속도를 높이자고 제안한다. 개미들은 그 제안대로 했지만 음식을 먹지는 못하게 된다. 그러나 독자들은 100개의 물체를 조직하고, 배열하고, 세는 새로운 방법을 발견한다.

준비물

- 2인 1 조당 연결정육면체 100개 또는 셀 수 있는 작은 물건 100개.

교수학습 지침

1. 칠판에 100, 50, 25, 20, 10을 적는다.
2. 학생들에게 짝을 지어서 연결정육면체나 작은 물체 100개를 세어 보도록 한다. 학생들은 10개씩 10묶음을 만들어서 그들이 센 것을 점검할 수 있다.
3. 다음 날, 비슷한 문제를 제시한다. 하지만 이번에는 학생들에게 물체를 5개씩, 20개씩 혹은 25개씩 배열하도록 한다. (학생들에게 니켈과 쿼터를 상기시킨다.) 그리고 전체 양을 확인할 수 있는 또 다른 방법을 찾아보도록 한다.
4. 활동을 마친 후에, 학생들에게 다른 학생들은 물체를 어떻게 배열했는지를 돌아다니면서 보도록 한다.

1000개의 물체

Helen Nalan의 ***How Much, How Many, How Far, How Heavy, How Long, How Tall Is 1000?***은 학생들이 큰 수를 개념화할 수 있도록 도와준다. 작가는 물체의 크기와 그 물체가 차지하는 공간을 이용하여, 1000개의 물체가 어떻게 보이는지에 관한 재미있는 예들을 제공한다. 교사는 이 책을 이용할 때, Steven Kellogg가 삽화를 그리고 David Schwartz가 쓴 오랫동안 사랑받아온 책인 ***How Much Is a Million?***과 관련을 지을 수도 있다.

54) 이 책은 "배고픈 개미 100마리가 발발발(신형건, 보물창고)"로 번역되어 있다.

교수학습 지침

1. 하나의 이야기를 읽거나 두 이야기를 모두 읽는다.
2. 칠판 위에 100, 1,000, 1,000,000을 쓴다.
3. 학생들에게 그 수들을 비교해 보도록 한다. 이러한 수들은 1학년 학생들에게는 너무 커서 그 수의 양이 얼마를 나타내는지 파악하기에는 어려움이 있을 것이다.
4. 학생들이 찾아낸 이 수들의 비슷한 점과 다른 점에 대해 토의한다.
5. 학생들에게 사람들이 1,000개 이상이나 1,000,000개 이상의 물체를 볼 수 있는 장소에 대해 생각해 보도록 한다. 예를 들면, 해변에 있는 모래는 백만 개보다 많고, 하늘의 별도 백만 개보다 많고, 바다의 물고기도 백만 개보다 많고, 지구상의 인구도 백만 명보다 많다.

심화

학생들은 큰 수에 매력을 느낀다. 학생들에게 '백만 개보다 더 많은 것'을 그려서 교실에 전시하거나 책으로 만들도록 한다.

전체 학급 활동 / 메뉴 활동

학기 중 이 시기에는 학생들이 어떤 일을 함에 있어 과정과 행동에서 기대되는 것이 무엇인지에 대한 분명한 이해를 가지고 있다면 일들이 순탄하게 진행된다. 아래에 있는 것들과 같은(6장에도 제시되었음) 친숙한 게임들은 반복적인 연습을 제공한다. 만약 필요하다면 난이도를 높여서 좀 더 많은 것에 도전하게 할 수도 있다.

10 만들기

'10 만들기' 게임은 학생들이 카드의 조합을 보고 카드의 합이 10일 때를 결정하는 2인 1조 게임이다. 이 게임을 할 때에는 그림 카드[55]와 조커를 뺀 나머지 카드들을 섞어서 쌓아 놓는다. 학생들에게 카드를 바닥에 놓고 섞으면 쉽게 골고루 섞을 수 있다는 것을 알

55) 역주 : 카드란 포커에 사용되는 카드를 의미한다. 여기서 그림카드란 11, 12, 13을 나타내는 잭, 퀸, 킹을 나타낸다.

려준다. 두 사람은 번갈아가며 카드를 하나씩 뒤집고 두 사람 모두 카드를 볼 수 있도록 한 줄로 늘어놓는다. 늘어놓은 카드를 이용하여 10을 만들 수 있으면, 먼저 발견한 사람이 "10"이라고 외친다. 가끔은 10 카드를 뒤집을 수도 있고, 대개는 2장의 카드를 조합하여 10을 만든다. 2장 이상의 카드를 이용하여 10을 만드는 것도 가능하다. 경쟁의식을 줄이기 위한 방법으로 학생들에게 10의 조합을 같은 곳에 놓도록 지도할 수도 있다. 게임의 난이도를 높이거나 낮추기 위해서는 만드는 수를 바꾸어 본다. 학생들은 또한 빼기를 사용해서 게임을 할 수도 있다. 학생들은 수를 정하고 카드를 뒤집었을 때 그 차를 살펴본다. 예를 들어, 만약 2가 정해진 수라면 학생들은 2만큼 차이가 나는 카드를 찾는 것이다. (예를 들면, 7과 5) 두 개의 카드를 동시에 뒤집고, 학생들은 큰 수에서 작은 수를 뺀다.

빨간 색은 몇 개인가? (162)

이것 또한 2인용 카드 게임이다. 학생들은 게임 카드 20개가 필요하다. 필요한 게임 카드는 에이스(1)부터 10까지의 빨간 카드 세트와 검은 카드 세트이다. 10개의 직사각형이 그려진 기록지도 필요하다. 카드를 섞은 후, 두 사람에게 카드를 각각 10개씩 나누어 준다. 각 학생들은 자신의 손 안에 있는 빨간 카드의 개수를 세어본다. 먼저 한 학생이 기록지에 있는 직사각형 한 칸에 두 학생의 손에 있는 빨간 카드의 개수를 기록한다. (예를 들어, 4+6) 그리고 카드를 다시 섞고 이번에는 두 번째 게임자가 각 손에 있는 빨간 카드의 개수를 기록한다. 이 게임은 학생들이 10의 조합을 탐구할 수 있도록 해주고, 조합을 기록하는 표준 표기법을 연습할 수 있는 기회를 제공한다. 난이도를 조절하기 위해서 목표 수를 바꿀 수도 있다.

덧셈과 뺄셈 회전판

이 활동에서 학생들은 덧셈과 뺄셈을 공부하기 위해 회전판을 사용한다. 이 게임은 학생들이 수와 수의 관계에 대한 암산을 연습하는 것을 돕기 위한 활동이 때때로 학생들이 회전판에 의해 만들어진 문제를 푸는데 도움이 필요할 수도 있다. 이 때 사용할 수 있도록 수 막대, 텐 프레임, 산가지, 1-100 차트와 같은 수학적 도구를 미리 준비해 놓는다. (Marilyn Burns(2000)의 ***About Teaching Mathematics***에는 회전판을 만들 수 있는 훌륭한 지침이 있다.)

준비물

- 3명으로 구성된 모둠 당 여러 종류의 회전판.

교수 학습 지침

1. 각 모둠의 학생들은 수 4개가 있는 회전판을 하나 만든다. 이 수들은 덧셈과 뺄셈에 사용될 것이다. 따라서 1-12 사이의 수와 같이, 학생들에게 적합한 범위의 수를 선택해야 한다.
2. 각 모둠은 1단계에서 회전판을 만들 때 사용하지 않은 4개의 수를 이용하여 두 번째 회전판을 만든다. 예를 들면 첫 번째 회전판이 짝수였다면 두 번째 회전판은 홀수로 한다. 혹은 첫 번째 회전판이 1과 6사이의 수였다면 두 번째 회전판은 10의 배수들로 한다.
3. 모둠별로, 가운데가 나누어진 세 번째 회전판을 만들어 오른쪽에는 뺄셈 기호를 왼쪽에는 덧셈 기호를 써 넣는다.
4. 게임을 하기 위해 한 학생이 덧셈/뺄셈 회전판을 돌린다. 두 번째 학생이 수가 써진 회전판 중 하나를 돌리고 나머지 세 번째 학생이 남아있는 회전판을 돌린다. 그런 다음 학생들은 덧셈식이나 뺄셈식을 해결한다. 만약 뺄셈식이 만들어졌다면 학생들은 큰 수에서 작은 수를 뺀다. 모든 학생들이 문제를 풀고 기록한다.

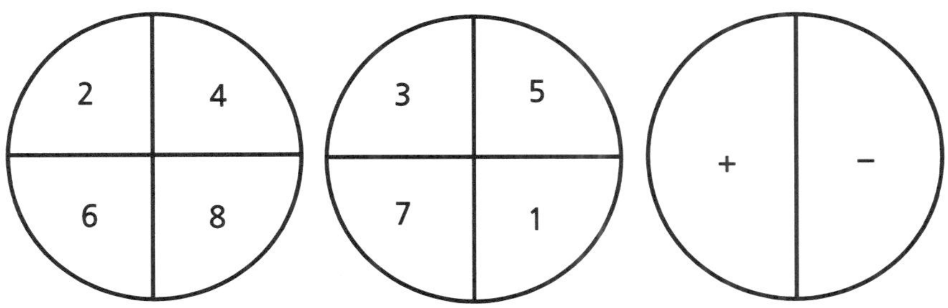

회전판 1 회전판 2 회전판 3

5. 학생들이 게임에 익숙해지면, 수학 공책에 게임을 하는 동안 해결한 식을 세로셈으로 기록하도록 한다. 만약 학생들이 세로셈을 쓰고 사용해 본 적이 없다면, 이 과정을 시범보이고 게임을 할 때 연습해 보도록 한다.
6. 게임이 끝나면 수학 공책에 적은 결과들을 발표해 보도록 한다. "다른 수보다 더 많이 나오는 수가 있나요? 만약 있었다면 어떤 수인가요?", "문제의 답에는 홀수가 많나요, 짝수가 많나요?", "다른 것보다 더 쉽거나 더 어려운 문제가 있었나요? 만약 있었다면 왜 그럴까요?"라는 질문을 한다.

안과 밖

9장에서 실뭉치와 콩을 사용하여 *'안과 밖'* 게임을 하는 한 가지 방법을 소개했다. 연못을 표현할 수 있는 타원형 종이와 셈도움물로 작은 조약돌을 사용하여 비슷한 것을 만들 수도 있다.

두꺼운 실을 1피트 정도 사용하여 실뭉치를 만든다. 타일이나 리마 콩 몇 개를(학생들이 수 조합을 쉽게 하도록 하려면 5-12개) 원 위에 떨어뜨린다. 아이들과 함께 둥글게 앉아 시범을 보이거나 OHP를 사용하여 이 과정을 보여준다. 큰 종이에 덧셈식과 뺄셈식을 기록한다.

학생들은 원 안에 떨어진 콩의 개수와 원 밖에 떨어진 콩의 개수를 기록할 것이다. 그리고 콩은 모두 몇 개인지를 □+□=□ 식을 사용해서 알아본다. 학생들은 먼저 수학 공책에 덧셈식과 뺄셈식을 기록한다. 일반적으로 학생들은 뺄셈식을 기록하는 것을 더 어려워한다. 그 이유는 떨어뜨린 전체 콩의 개수에서 한쪽을 빼야 한다는 것을 이해하는 것이 학생들에게는 어렵기 때문이다. 게임을 복습하는 시간을 갖고 뺄셈식에 관한 문제를 강조한다.

덧셈 Tic-Tac-Toe

이 게임은 학생들이 덧셈을 잘할 수 있도록 해준다.

준비물

- 한 팀당 Tic-Tac-Toe 게임판 1개. (그림 10-7과 부록 참고)
- 한 팀당 클립 2개씩.
- 한 팀당 2가지 색의 정육면체 20개: 한 사람이 한 가지 색의 연결정육면체를 10개씩 갖는다.

교수 학습 지침

1. 학생 1이 게임판의 아래쪽에 적혀있는 수 중에서 2개를 선택하고 클립 2개를 그 수 아래에 놓는다. (만약 원한다면, 한 수를 선택하고 이 수에 클립 2개를 놓을 수 있다.)
2. 그러고 나서, 학생 1이 이 게임판의 적절한 지점에, 즉 이 두 수의 *합*에 연결정육면체 하나를 놓는다.

3. 학생 2가 클립 하나를 다른 수로 옮긴다. 두 수의 합에 해당하는 수에 다른 색의 연결정육면체를 올린다.
4. 학생들은 세로나 가로 혹은 대각선 줄에 똑같은 색깔의 연결정육면체 4개가 놓일 때까지 게임을 계속한다. 만약 두 학생이 모두 줄을 만드는 것을 실패하면, 게임은 비긴 것이 된다.

덧셈 Tic-Tac-toe

2	7	6	7
8	5	10	8
9	9	7	13
10	11	12	9

1 2 3 4 5 6 7 8 9 10

그림 10-7 ◀

덧셈 Tic-Tac-Toe

자리값 매트

이 활동은 학생들이 자리값의 의미를 파악하도록 하여, 10의 자리와 1의 자리가 의미하는 것이 무엇인지 이해할 수 있도록 해준다.

준비물

- 한 팀당 12인치×18인치로 자른 도화지 "매트" 1장.

- 한 팀당 여러 종류의 셀 수 있는 물체들(예를 들어, 콩, 구슬)이나 작은 연결정육면체 한 세트.
- 한 팀당 작은 종이컵 몇 개. (만약 콩, 구슬, 그리고 다른 비슷한 물체를 사용한다면)
- OHP.

교수 학습 지침

1. 학생별로 12인치×18인치의 매트를 만들도록 한다. 매트의 반은 한 가지 색 종이를 사용하고 나머지 반에는 다른 색 종이를 사용한다. 매트의 왼쪽 반의 위쪽에는 '10의 자리'라고 써 넣고, 오른쪽 반의 위쪽에는 '1의 자리'라고 써 넣는다. 만약 여러 번 사용하고 싶다면 매트를 코팅하는 것도 좋다.
2. 학생별로 작고 투명한 가방을 콩, 구슬, 혹은 다른 작은 물체들로 채우도록 한다. 각각의 가방에는 한 종류의 물체만 넣도록 한다. (학생들은 게임을 하면서 이 물체를 작은 컵 속에 열 개씩 넣게 될 것이다.) 콩이나 구슬 대신에 연결정육면체를 사용할 수도 있다.
3. 먼저 시범을 보인다. OHP 필름으로 자리값 매트를 만들고, 그것을 OHP 위에 놓는다. 학생들에게 1부터 6사이의 수 중에서 하나를 말해 보라고 한다. 매트의 1의 자리 부분에 그 수만큼의 물체를 놓는다. 수를 말하고 나서 "더하기 1"이라고 말한다. 그리고 1의 자리 위에 다른 물체를 하나 더 올린다. 이제 매트 위에 모두 몇 개의 물체가 놓여져 있는지 토의한다.
4. 매트에 9개의 물체가 놓일 때까지 "더하기 1"을 계속한다. 물체를 올려놓을 때마다 매트 위에 보이는 물체의 전체 개수를 말한다. 교사는 학생들이 세기 쉽도록 물체를 배열해주고, 배열한 방법을 학생들에게 말해준다.
5. 9에 도달하면, 이 활동에서 중요한 점에 대해 설명한다. 다음 번 물체를 더하면 컵 안에 있는 물체의 개수는 10개가 될 것이고, 이 컵은 10의 자리 쪽으로 옮겨진다는 것을 설명해 준다. (컵은 OHP 위에서 잘 보이지 않기 때문에 물체 10개가 담긴 컵을 나타내는 원을 10의 자리 쪽에 그린다.)
6. 이제 "더하기 1"이라고 말하면 10번째 물체를 더하고, 물체 10개를 매트의 10의 자리 쪽에 있는 원으로 옮긴다. "10개씩 한 묶음과 낱개 0개"라고 말하고 칠판에 10을 쓴다. 그리고 학생들에게 그 수를 읽어보도록 한다.
7. 교사가 물체를 한 개씩 더할 때마다 학생들이 "더하기 1"이라고 말하도록 하면서, 이러한 과정을 계속해 나간다. 10의 자리 숫자와 1의 자리 숫자를 외친다. 매트 위에 물체 20개를 놓을 때까지 계속한다.

8. 위의 과정을 거꾸로 한다. 교사가 10의 자리의 원 안에 있는 물체를 한 개씩 덜어내면, 학생들이 "빼기 1"을 외치도록 한다. 물체를 한 개씩 덜어낼 때마다, 매트의 10의 자리에는 몇 개가 있고 1의 자리에는 몇 개가 있는지를 학생들에게 말해보도록 한다. 10개의 물체에서 한 개를 덜어내어 9개의 물체가 되었을 때, 받아내림 과정에 대해 토의하는 시간을 많이 갖는 것이 좋다. (1을 덜어낸 후에 컵에서 물체를 꺼내는 것과 10의 자리에서 1의 자리로 옮기는 것)
9. 다음 시간에는 학생들이 짝을 지어서 매트 하나를 함께 사용하도록 한다. OHP 위에서 교사의 시범을 반복한다. 그러나 이번에는 학생들이 자신의 매트 위에 물체를 올리고 덜어내면서 교사를 따라 활동하도록 한다. 학생들이 이 과정을 익숙하게 느낄 때까지 연습한다.

이 활동으로 학생들은 자리값 매트를 양을 개념화하고 십진법의 체계를 이해할 수 있도록 도와주는 중요한 도구로 생각하게 될 것이다. 나중에 학생들은 더 많은 양의 물체를 볼 수 있게 될 것이고, 덧셈과 뺄셈을 시범보이기 위해 수를 모으고 가르기 시작할 것이다.

심화

학생들이 매트 위에 물체를 놓는 것에 익숙해지면, 새로운 도전 과제를 소개한다. 예를 들면 다음과 같다.

- 페니나 다임과 같이 좀 더 추상적인 물체를 사용한다.
- "더하기 2"나 "빼기 5"와 같은 다른 규칙들을 소개한다.
- 종이의 10의 자리의 왼쪽에 세 번째 색깔을 넣고 이 부분이 100의 자리라는 것을 나타낸다. 그리고 100의 자리를 사용할 수 있을 만큼 큰 수를 세도록 한다.
- 1개-6개의 물체를 가지고 시작하는 대신에 두 자리 수를 가지고 시작한다. (학생들은 시작할 수를 고르기 위해 1-100차트를 사용할 수도 있다.)
- 덧셈과 뺄셈 문제를 만들도록 한다. 학생들이 시작 수를 두 개 고르도록 한다. 매트 위에 더 많은 양을 올려놓고, 더 적은 양을 빼도록 한다. 수학 공책에 문제와 결과를 적도록 한다.

엉뚱한 문장

6장에서 이 게임의 다른 형태를 설명했었다. (단어의 값은 얼마인가?) 지금 제시하는 형태는 학생들이 엉뚱한 문장을 만들고, 명사, 동사, 형용사에 값을 할당하는 것이다. 학생들은 이러한 것을 읽는 것을 좋아하고 수학 메뉴 활동에서 이 활동을 고르고 싶어한다.

준비물

- 12인치×18인치의 큰 직사각형 종이 3장. (3장의 종이는 각각 다른 색이어야 한다.)

교수 학습 지침

1. 서로 다른 색으로 된 3인치×5인치의 직사각형 종이 3개를 만든다. 각 종이에는 적어도 15개의 단어가 들어간다.
2. 학생들에게 교사가 생물의 목록을 만드는 것을 도와달라고 한다. 예를 들면, 강아지, 고양이, 코끼리, 거미, 꽃, 나무 등이 있다.
3. 목록에 있는 단어에 차례로 번호를 매긴다. 이러한 수들은 이 단어들의 값이 될 것이다.
4. 다음으로 학생들에게 '재미있는', '바보같은', '시끄러운', '자주빛의', '물방울 무늬가 있는', '겁많은'과 같은 묘사하는 단어들의 목록을 브레인스토밍하도록 한다. 위와 마찬가지로 목록에 숫자를 매긴다.
5. 특정한 색깔의 직사각형 위에 각각의 명사를 적는다. 각 단어에 쓰여져 있는 수도 함께 적는다.
6. 묘사하는 단어들도 수와 함께 두 번째 색깔의 직사각형 종이 위에 적는다.
7. 학생들에게 세 번째 색깔의 직사각형 종이 위에는 "연결 단어[56]"를 써 넣을 것이라고 말한다. 세 번째 색깔의 직사각형 칸 위에 '이다.', '할 수 있다.'와 같은 단어들을 적는다. 명사와 형용사를 적은 것과 같은 개수만큼 적는다. 예를 들어 10개의 명사 카드와 10개의 형용사 카드가 있다면 10개의 연결어를 적는다. 이러한 "동사 카드"의 위에는 10이라고 써 넣는다.
8. 세 묶음의 카드들은 색깔별로 잘 섞어 놓는다. 그리고 카드를 뒤집은 후, 명사, 동사, 형용사의 순으로 놓는다. 지원자가 앞으로 나와 각 더미에서 카드를 하나씩 뽑는다. 그리고 엉뚱한 문장을 읽는다. 지원자는 자신이 만든 엉뚱한 문장의 점수의 총합을 계산하기 위해 세 장의 카드에 있는 수를 모두 더한다.
9. 수를 더하는 가장 좋은 방법에 관해 토의한다. (모든 학생들이 볼 수 있도록 칠판이나 큰 종이에 수를 기록한다.) 예를 들면 첫 번째 지원자가 "나무는(3점) 물방울 무늬(8점) 이다(10점)."라고 하였다. 이런 경우에 몇몇 학생들은 3과 8을 더해서 11을 만들고 나중에 10을 더하는 방법을 사용할 수도 있다. 어떤 학생들은 8+2를 하여 또 다른 10을 만들기 위해 3에서 2를 사용하고, 10+10을 하여 20을 만든 다음, 3에서 남은 1을 더할 수도 있다. 또 어떤 학생들은 8+10=18을 계산하고 나서 남은 3을 더해 나갈 것이다.

---

56) 역주 연결 단어(connecting word) : 주어와 형용사를 연결 할 수 있는 동사를 의미한다.

10. 학생들이 이 활동에 익숙해지면, 메뉴 활동 시간에 짝과 함께 활동하도록 한다. 첫 번째 학생이 엉뚱한 문장을 고르고 전체 점수를 계산한다. 두 번째 학생도 똑같이 한다. 학생들이 수학 공책에 식을 기록하도록 한다.

텐 프레임

학생들은 연초에 텐 프레임을 경험하였다. 이 달에는 텐 프레임에 물체를 올리면서 시범을 보여 덧셈과 뺄셈을 하도록 한다. 수의 적당한 범위를 정하고(예 1–30) 학생들에게 덧셈식과 뺄셈식, 예를 들어 8+3, 9–7과 같은 식을 만들기 위해 봉투에서 숫자 카드를 꺼내라고 한다. 학생들이 문제를 만들면, 그들은 계산 결과를 텐 프레임을 이용하여 설명한다. 그 동안에 교사는 가로셈과 세로셈을 쓰는 방법을 칠판에 보여준다. 학생들이 이 과정에 익숙해지면, 학생들은 선택 메뉴 활동으로써 얇은 판으로 만든 텐 프레임을 파트너와 함께 사용할 수 있고, 수학 공책에 자신만의 식을 쓸 수 있다.

1–100 차트를 활용할 수 있는 더 많은 아이디어

학생들은 1–100 차트를 다시 탐구해보는 많은 기회를 통해 많은 것을 얻을 수 있다.

준비물

- 1-100 차트가 그려진 OHP 용지.
- OHP.
- 2가지 색으로 된 색 타일 10개 또는 OHP 마커 2가지 색.

교수 학습 지침

첫 번째 활동: 수 알아맞히기

1. 1-100 차트가 그려진 OHP 용지를 OHP 위에 올린다. 차트에서 10보다 큰 수는 모두 가린다.
2. 지원자에게 나와서 1에서 10 사이의 수 중 비밀 수 하나를 골라 교사에게 귓속말을 해달라고 한다.

3. 종이 위에 비밀 수를 적고, 그것을 주머니에 넣거나 다른 안전한 장소에 둔다.
4. 지원자들이 비밀 수를 추측하도록 한다. 만약 추측한 수가 너무 작으면 추측한 수 위에 빨간색 타일(예를 들면)을 올리고, 수가 너무 크면 파란색 타일(예를 들어)을 올린다. (혹은 파란색으로 X표를 할 수도 있다.)
5. 게임을 하기 시작한다. 두 번 추측을 한 다음에는 잠시 추측을 멈추고, 비밀 수에 대해 알아낸 것이 무엇인지를 학생들에게 물어 본다.
6. 1-20까지의 수, 1-50까지의 수, 그리고 마지막으로 1-100까지의 수를 사용하여 여러 번 게임을 한다.
7. 다음 날, 학급에서 이 게임을 한 번 더 한다. 이번에는 지원자가 OHP에 타일을 올려 놓는다.

학생들은 종이로 된 수 차트와 수를 가릴 수 있는 두 가지 색의 사각형을 사용하여 *'수 알아맞히기'* 게임을 할 수 있다. 연결정육면체로 수를 덮을 수도 있다. 직사각형으로 자른 종이도 적합하다. 만약 교사가 플라스틱으로 된 1-100 차트를 가지고 있다면 학생들은 크레용이나 마커펜으로 차트위에 직접 X표를 그릴 수도 있다. 이런 경우에 티슈나 종이 타월, 부드러운 천 등을 학생들에게 주어서 게임이 끝난 후에는 차트를 지울 수 있도록 한다.

몇몇 학생들에게는 이 게임에 내재되어 있는 개념이 어려울 수도 있다. 학생들이 활동하는 것을 관찰하면서 개별적으로 도움이 필요한 학생들에게 그 학생이 필요로 하는 도움을 준다. 또한 시간을 더 필요로 하는 학생들을 위해 집에 가서 게임을 하게 할 수도 있다.

쿼터를 향한 경주

이 활동은 덧셈을 잘할 수 있도록 해준다.

준비물

- 30개의 장난감 페니나 실제 페니, 10개의 니켈, 10개의 다임, 1개의 쿼터가 들어있는 작은 가방; 학생 2명당 동전 가방 1개.
- 학생 2명당 주사위 1개.

교수 학습 지침

1. 학생 2명이 짝을 지어서 활동하도록 한다.
2. 한 명이 가방에서 꺼낼 페니의 개수를 정하기 위해서 주사위를 굴린다. 만약 나온 수가 5보다 더 작으면, 기회는 다른 사람에게 넘어간다. 그러나 만약 첫 번째 학생이 주사위를 굴려서 5가 나오면, 페니를 니켈 하나로 교환한다.
3. 주사위를 굴린 후에, 각 학생들은 동전을 니켈이나 다임으로 교환할 수 있는지를 알아보기 위해 자신의 동전을 세어 본다.

심화

학생들이 *'1달러를 향한 경주'* 게임을 하도록 한다.

수수께끼

많은 학생들은 수수께끼를 좋아한다. 이 활동은 학생들이 수수께끼에 몰두할 수 있게 한다.

준비물

- 학생 한 명당 3가지 색의 타일 10-15개가 들어있는 종이 가방 한 개. (예를 들어, 2가지 색의 타일이 들어있는 가방, 또는 3가지 색의 타일이 들어있는 가방)

교수 학습 지침

1. 학생들에게 2가지 색의 타일이 들어있는 가방을 보여준다. 색인 카드 위에 가방의 내용물을 알아맞힐 수 있는 단서를 쓴다. (아래의 예 참고)

내 가방 안에는 노란색 타일과 녹색 타일이 11개 있다.

노란색 타일은 녹색 타일의 2배보다 1개 더 많다.

가방 속에 있는 노란색 타일은 모두 몇 개인가?

녹색 타일은 모두 몇 개인가?

내 가방 안에는 노란색 타일과 녹색 타일이 11개 있다.

녹색 타일은 6개–11개 있다.

녹색 타일은 몇 개이고 노란색 타일은 몇 개인가?

2. 3가지 색의 타일이 들어있는 가방을 보여준다. 다시 한 번 색인 카드에 단서를 적는다.

가방 안에 빨간색, 노란색, 녹색 타일이 있다.

빨간 타일은 2+3개 있다.

노란 타일은 6+1개 있다.

녹색 타일은 1+2개 있다.

가방 속에 있는 타일은 모두 몇 개인가?

3. 학생들에게 둥글게 둘러앉으라고 한다. '의문의 가방'에 색인 카드를 클립으로 끼우고 가방과 단서를 더 가까이에서 보도록 한다.
4. 수수께끼가 무엇인지 설명할 수 있는 사람이 있는지 물어본다. 색인 카드를 들고 학생들에게 그들이 풀어야 할 여러 가지 수수께끼를 보여줄 것이라고 말한다.
5. 학생들에게 곧 자신의 수수께끼를 적게 될 것이라고 설명해 준다. 이 활동은 매우 재미있다. 학생들에게 마음속으로 조용히 수수께끼의 답을 생각하고 물어볼 때만 대답하도록 한다. 친구들이 생각할 시간을 갖기 전에 답을 말해 버리면 어떤 일이 일어나는지 이야기해 본다.
6. 차트 지 위에 있는 단서를 보여 주면서 색인 카드에 있는 수수께끼를 읽어준다. 잠시 후에 수수께끼를 해결한다. 학생들에게 수수께끼를 해결하기 위해 단서를 어떻게 사용했는지 발표해 보게 한다.
7. 학생들에게 몇 가지 새로운 수수께끼를 만들어 보라고 한다. 반, 두 배의, 더 많은, 더 적은, 같은 수의, 덧셈, 뺄셈과 같은 것을 수수께끼에 포함시키고, 수수께끼 목록을 만든다. 새로운 수수께끼를 위한 타일은 몇 개가 좋을지 학생들과 정하고 새 수수께끼 가방을 만든다. 가방 위에 수수께끼를 붙인다.

첫 번째 시간이 지난 후, 몇몇 학생들은 다른 학생들과 활동할 준비를 하고, 세 가지 색타일을 15개까지 사용하여 수수께끼를 만들기 시작할 수도 있다. 다른 학생들은 좀 더 연습을 하기 위해 교사와 함께 계속 활동하고 싶어 할 수도 있다. 두 가지 모두 수용해준다. 그러나 점차적으로 학생들에게 적어도 하나의 수수께끼는 스스로 만들 수 있는 기회를 갖도록 한다. 정확성을 위해 수수께끼를 점검하고 나서, 친구의 수수께끼를 해결해 보도록 한다. 이 활동을 선택 메뉴 활동으로 제시한다.

후기

내가 이 책을 집필한 것은 5월 하순이었다. 이때쯤에는 우리가 학기를 서서히 끝내면서 긴장을 풀고 있고, 아이들은 그들의 활동에 대한 질문을 하고 토의를 하는 것이 습관이 되어 있다. 어제 한 학생이 '연필 한 다스에는 연필이 12개가 들어 있습니다. 연필 두 다스에 들어있는 연필은 모두 몇 개입니까?'를 물어보는 수학 문제를 받고 손을 들었다. Julia는 다음과 같이 말했다. "저는 이 문제에 있는 글을 읽을 수 있고 이 수들도 이해할 수 있어요. 그런데 이 문제가 무슨 뜻인지는 모르겠어요." 나는 Julia에게 "선생님은 네가 이 문제를 아직 이해하지 못했다는 것을 깨달을 수 있다는 것도 정말 중요하다고 생각한단다."라고 말해 주었다.

우리는 그 문제의 의미에 대한 더 좋은 아이디어를 떠올릴 수 있는 이야기를 나누었다. 예를 들어, 그녀는 그림을 그리거나 연필과 같은 구체물을 세어볼 수 있다. Julia는 이 두 가지 방법을 사용하기를 원하지 않았다. 그녀는 구체물이 있다고 생각하고 나와 함께 세어보기를 원했다. 그래서 그녀가 시키는 대로 우리는 각각 연필 한 다스씩 갖고 있는 것처럼 행동했다. 나는 Julia에게 만약 우리가 연필을 한 번에 한 개씩 센다면 연필은 모두 몇 개라고 생각하는지를 물어 보았다. 그녀는 우리 둘 다 연필 한 다스씩을 가지고 있고, 한 다스에는 연필이 12개씩 들어있다고 말했다. 나는 그녀에게 연필이 모두 몇 개인지를 어떻게 계산할 수 있는지 물었고, 그녀는 10+10=20이고 2+2=4이므로, 10+10을 먼저 계산하고 2개씩을 더해주는 것이 더 쉽다고 말했다. "20개와 4개를 함께 놓아보면, 우리는 연필 24개를 가지고 있어요." 나는 그녀에게 이러한 아이디어를 공책에 쓰라고 했고, 그녀는 행복한 표정을 지으며 활동을 하러 갔다.

이 일이 있은 후에, 두 가지 생각이 내 머리를 스쳐갔다. 첫째, 나는 그 문제를 이해하기 위한 Julia의 가정에 깊은 인상을 받았다. 그녀는 단순하게 두 수(2와 12)를 더하고는 "해냈다"는 착각을 했다. 물론 이것은 틀린 답이지만, 나는 아이들이 이런 식으로 수를 다루는 것을 많이 보아왔다. 나에게 깊은 인상을 준 두 번째 일은 Julia가 그 문제를 해결하기 위해 사용할 방법을 그녀 스스로 결정한다는 것이었다. 내가 첫 번째로 제안한 방법은 그녀가 직접 시연하면서 연필의 수를 셀 수 있도록 셈도움물을 사용하거나 그림을 그리도록 하는 것이었다. 나는 Julia가 하는 것을 보고 들으면서, Julia가 양을 이해하기 위해서는 덧셈의 실행, 물체를 모으는 실제 동작의 경험이 필요하다는 것을 깨달았다. 그러고 나서 그녀는 수를 더 쉽게 다루기 위해서 분배 법칙을 사용했다. 그녀의 마지막 해결책은 내가 제안했던 것보다 더 복잡하고 추상적이었다.

Julia와의 이러한 의견 교환은 내가 다른 학생들이 선호하는 문제 해결 방법에 대해서도 호기심을 갖도록 만들었다. 그 날 이후, 나는 학생들에게 수학을 학습할 때 가장 유용한 물체가 무엇인지에 대해 생각해 보도록 했다. 우리는 수학 공책을 보고, 지난 해에 함께 공부했던 수학 탐구와 수학 도구 몇 가지에 대해 이야기를 나누었다.

나는 학생들이 그들의 생각을 공유할 수 있는 시간을 주었다. 그들이 이야기한 것을 몇 가지 제시하면 다음과 같다.

"나는 물체의 개수를 셀 때 수세기를 하는 것이 좋아."

"나도 그래, 그리고 일정한 수부터 세어나가기 또는 2씩 세기와 10씩 세기 같은 수 패턴 사용하기와 같은 더 빨리 셀 수 있는 방법을 사용하는 것도 좋아. 때로는 거꾸로 세기가 유용할 때도 있고."

"나는 TV 채널, 가격, 속도 제한 표지와 같은 실생활에서 볼 수 있는 수를 이용하여 학습해."

"자릿수와 같은 수학 용어를 배우면 큰 수에 대해 알 수 있어."

"예전 일을 생각해봐!" [나는 명백한 설명을 요구했고, John은 이렇게 말했었다. "전에 보았던 어떤 것을 다시 보고 있는 것처럼 마음 속으로 떠올릴 수 있어요."]

"셈도움물로 콩이나 연결정육면체와 같은 작은 물체를 사용하는 것도 좋아."

"물체가 있는 것처럼 생각하고 세어보는 방법도 좋아."

"+, −, =와 같은 수학 기호를 잘 읽어야 해. 그래야 문제에서 물어보는 것이 무엇인지를 알고, 혼동하지 않을 수 있어."

"나는 항상 빗금 표시를 사용하는 것이 좋더라."

"1-100 차트를 보면 그 수가 어디에 있는지 알 수 있어."

"카드를 생각해보면, 문제를 정말 빨리 이해할 수 있어."

"달력, 나는 그것에 매우 익숙해져 있기 때문에 달력이 편하더라."

"수직선도 좋아."

"게임은 우리가 정말 열심히 하고 때로는 파트너에게 어떤 것을 가르쳐줄 수도 있기 때문에 좋은 것 같아."

"연습, 연습, 연습!" ["연습, 연습, 연습!"은 농구에서 골을 넣는 것부터 어떤 것을 읽는 것까지 모든 일을 할 때 내가 항상 해주는 조언이기 때문에 학생들은 그것을 무시했다.]

나는 풍부한 목록과 아이들이 그들의 아이디어를 자연스럽게 공유하는 것 덕분에 기운이 났다. 교사들이 학급에서 노력하는 것은 1학년 학생들이 어떤 기능을 성취하고 그것을 능숙하게 할 수 있도록 도와주는 것에 초점을 두고 있다. 수학을 이해하기 쉽고 유용하고 재미있는 것으로 생각하는 것은 학생들이 성공적인 학습으로 갈 수 있도록 도울 것이다. 나는 교사들이 이러한 복합적인 노력에 최선을 다하기를 바라고, 진심으로 이 책에서 제시한 활동들을 즐기기를 바란다.

부록

주간계획표

교사이름:	날짜:	교육과정 또는 학습단원:		
수학내용:				
월	화	수	목	금

주간 일과활동:	필요한 자료와 수학동화:

______________________________ 의

중요한 것은

______________________________ 이다.

이것은 ______________________________

그리고 ______________________________ .

그러나 ______________________________ 의

가장 중요한 것은

이것이

______________________________ 이다.

____________________________ 의

중요한 것은

____________________________ 이다.

이것은 ____________________________

그리고 ____________________________ .

그러나 ____________________________ 의

가장 중요한 것은

이것이

____________________________ 이다.

1-100 수표

1	2	3	4	5	6	7	8	9	10
11	12	13	14	15	16	17	18	19	20
21	22	23	24	25	26	27	28	29	30
31	32	33	34	35	36	37	38	39	40
41	42	43	44	45	46	47	48	49	50
51	52	53	54	55	56	57	58	59	60
61	62	63	64	65	66	67	68	69	70
71	72	73	74	75	76	77	78	79	80
81	82	83	84	85	86	87	88	89	90
91	92	93	94	95	96	97	98	99	100

패턴 메뉴

티셔츠 패턴	월	일	요일
	월	일	요일
종이관 패턴	월	일	요일
	월	일	요일
패턴블럭 애벌레	월	일	요일
	월	일	요일
부호 패턴	월	일	요일
	월	일	요일
주사위 던지기 그리고 심화	월	일	요일
	월	일	요일

T-셔츠 대칭 및 패턴 1

T-셔츠 대칭 및 패턴 2

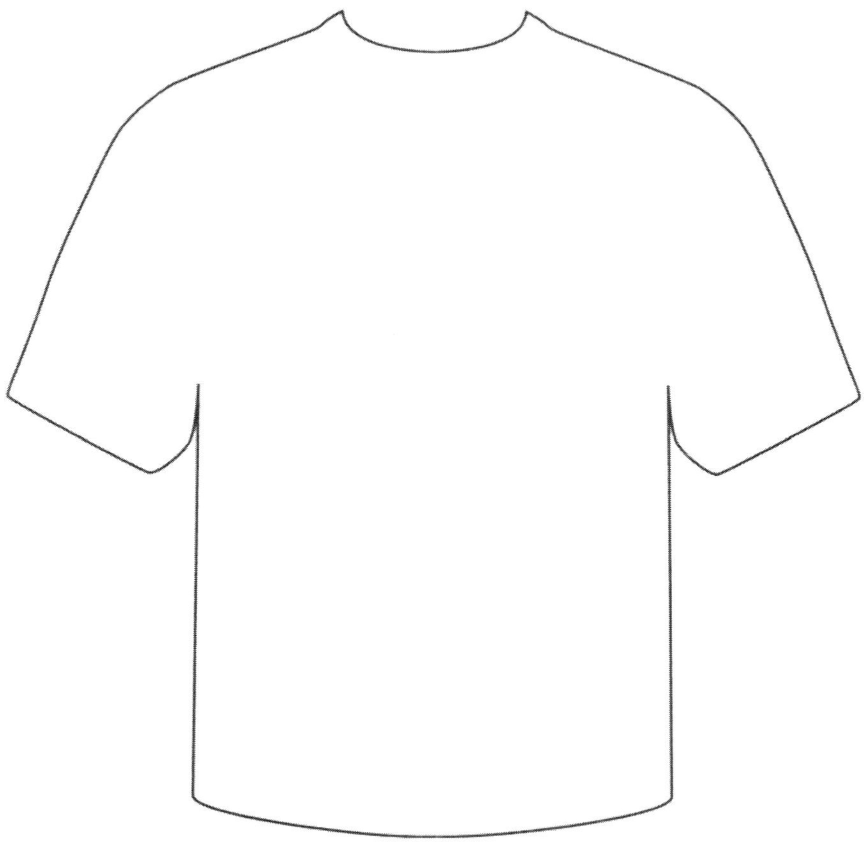

10의 자리	1의 자리

T-셔츠 대칭 및 패턴 2

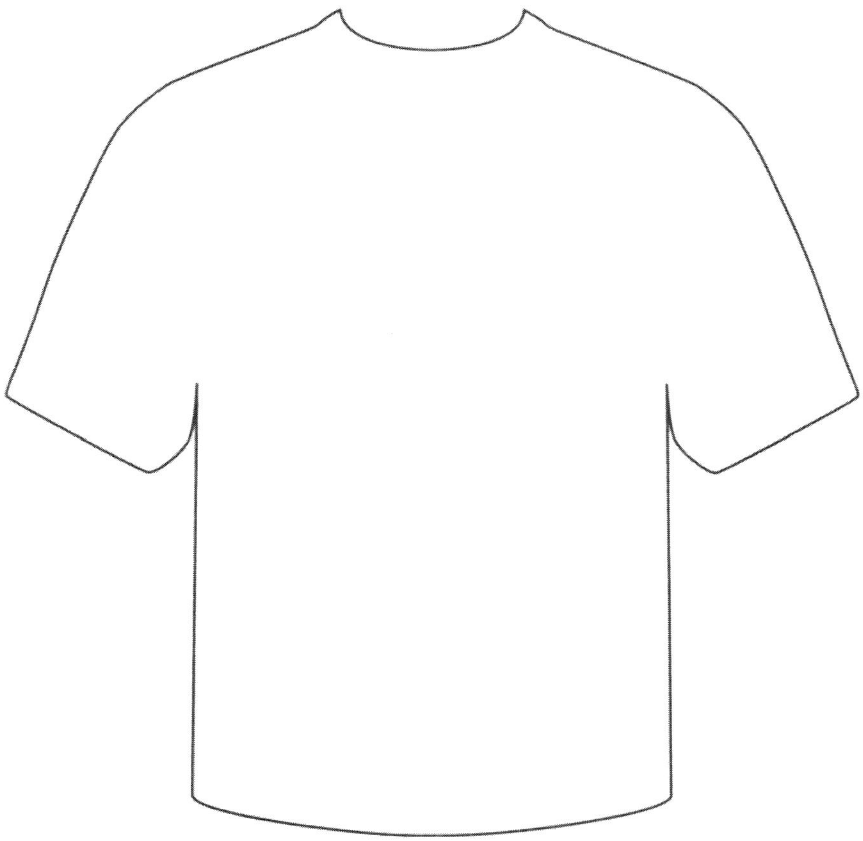

10의 자리	1의 자리

칠교놀이

두꺼운 종이 또는 플라스틱으로 칠교놀이 조각을 만든다.

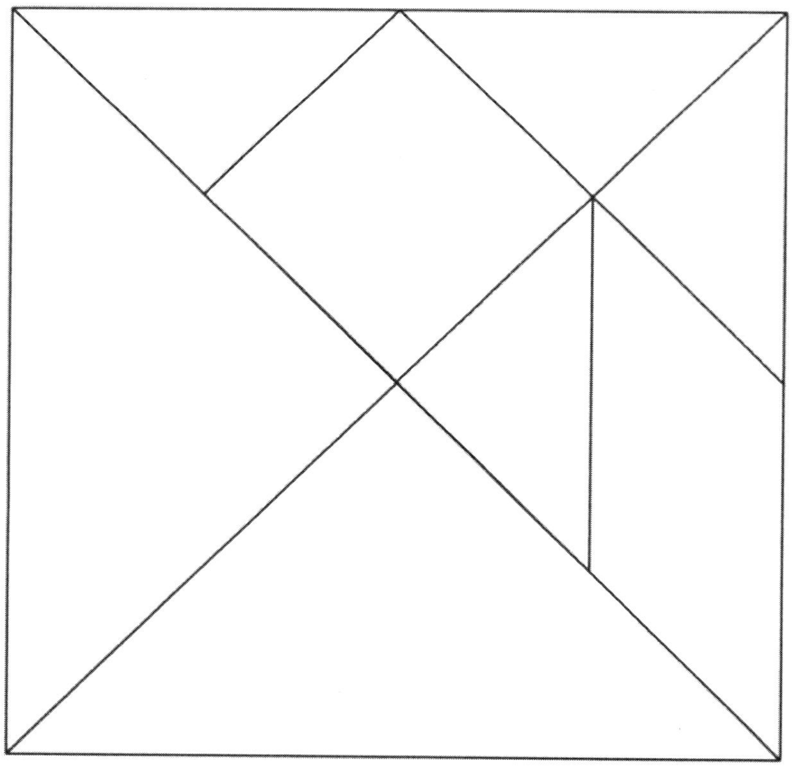

칠교놀이 집 퍼즐

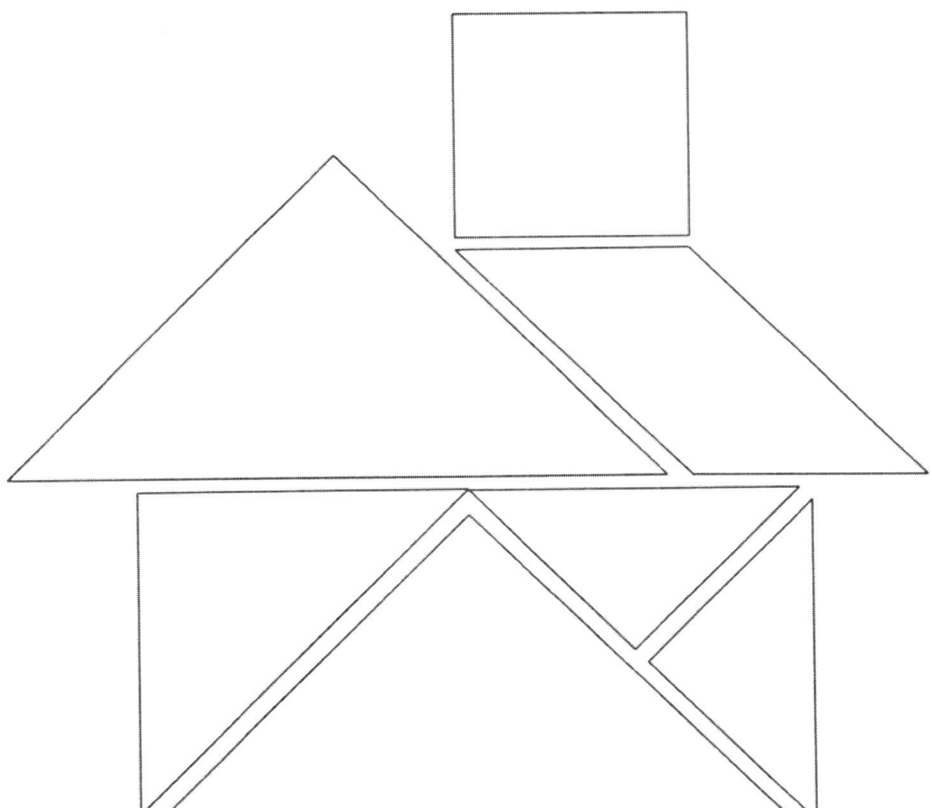

모빌 모양

10개 직사각형 기록표

주사위 2개 굴리기

2	3	4	5	6	7	8	9	10	11	12

결승선

달력 카운트다운

101	102	103	104	105	106	107	108	109	110
111	112	113	114	115	116	117	118	119	120
121	122	123	124	125	126	127	128	129	130
131	132	133	134	135	136	137	138	139	140
141	142	143	144	145	146	147	148	149	150
151	152	153	154	155	156	157	158	159	160
161	162	163	164	165	166	167	168	169	170
171	172	173	174	175	176	177	178	179	180
181	182	183	184	185	186	187	188	189	190
191	192	193	194	195	196	197	198	199	200

어림 항아리 기록지

___________은 ___________으로 몇 번 재어야 할까요?

내가 예상한 수	실제 재어본 수
1.	1.
2.	2.
3.	3.
4.	4.
5.	5.
6.	6.
7.	7.
8.	8.
9.	9.
10.	10.

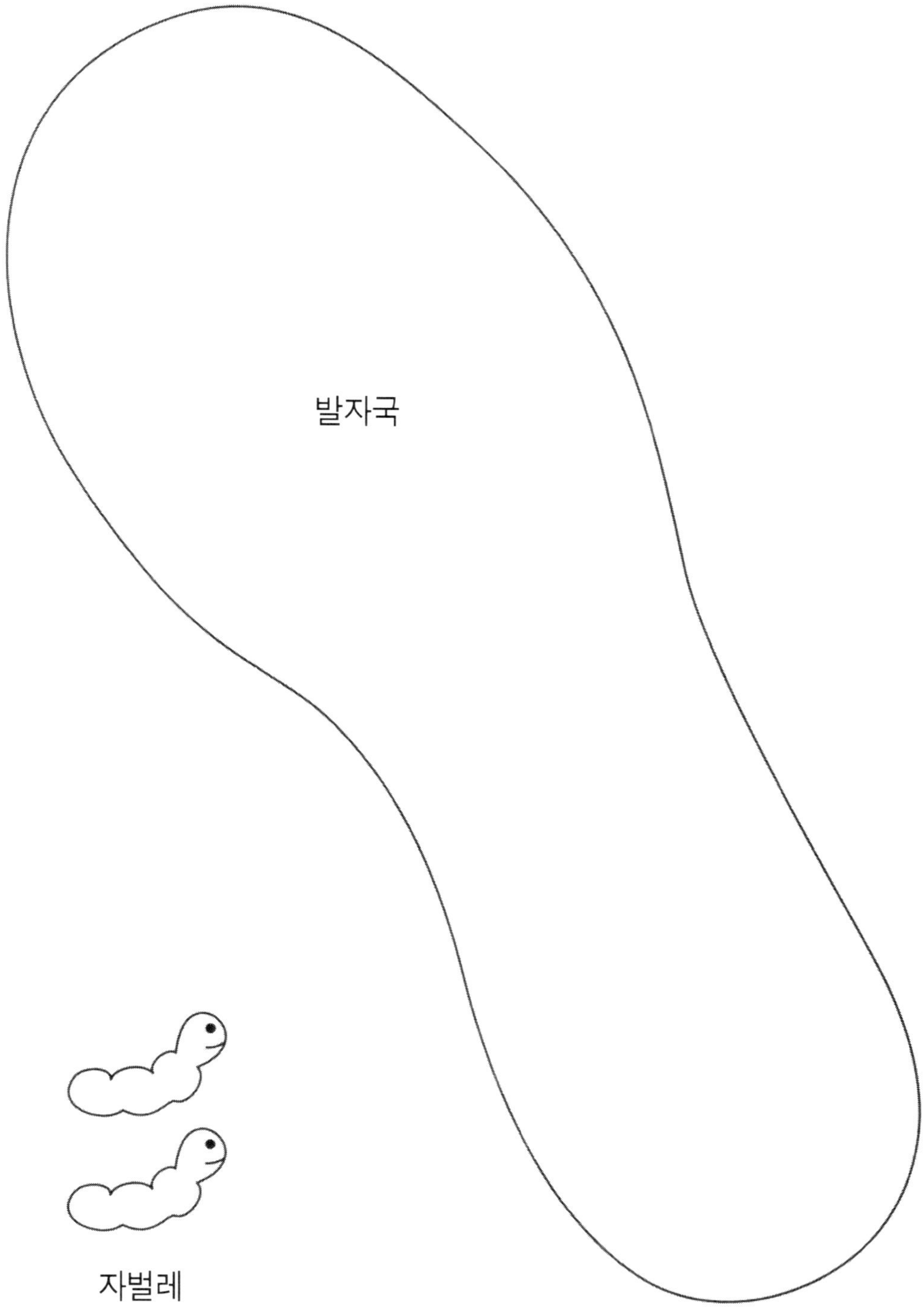

자벌레

330

길이탐색 기록지

물건의 이름	더 긴것	길이가 거의 같은 것	더 짧은 것

원뿔 패턴

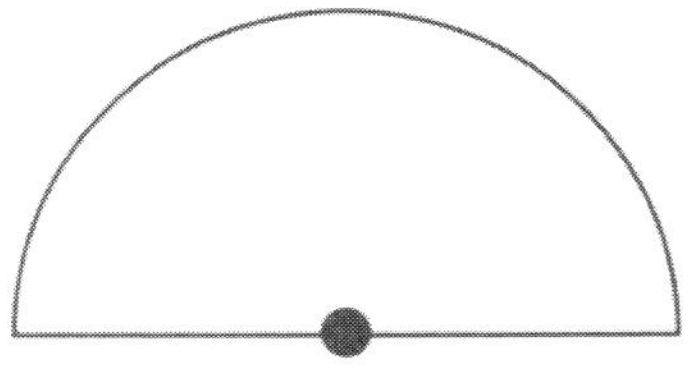

양끝을 접어서 약간
겹치게 만나도록 한다.

테이프를 붙인다.

손잡이를 붙이다.

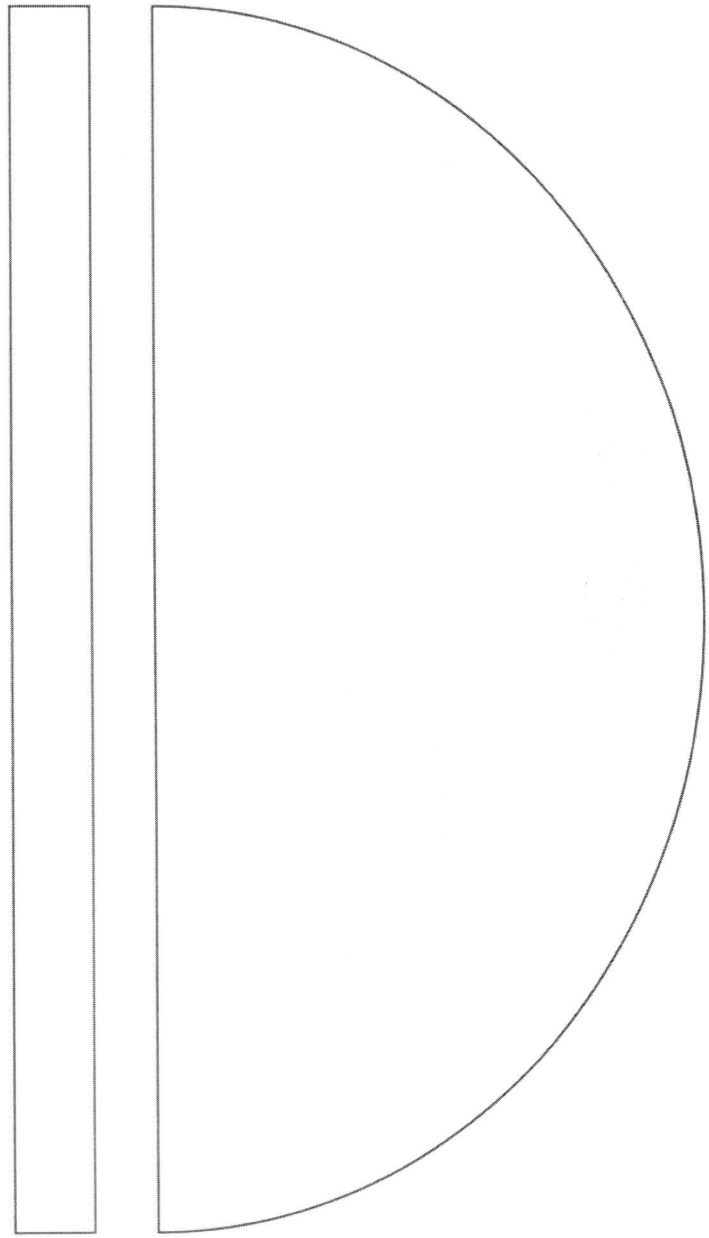

모양 기록지

내가 사용한 모양	예상한 리마 콩의 수	실제 리마 콩의 수

하나의 수박 씨 정사각형들

덧셈 Tic-Tac-toe

2	7	6	7
8	5	10	8
9	9	7	13
10	11	12	9

1 2 3 4 5 6 7 8 9 10

참고문헌

오디오 자료

Diamond, Charlotte. 1986. "The Days of the Week." Diamond in the Rough. Hug Bug Music compact disk.

Jean, Dr., and Friends. 1998. Days of the Week.

전문자료

Burns, Marilyn. About Teaching Mathematics: A K-8 Resource. 2d ed. Sausalito, CA: Math Solutions Publications.

Copley, Juanita. 2000. The Young Child and Mathematics. Washington, DC: National Association for the Education of Young Children.

Crawford, Jane. 1996. Math By All Means: Money, Grades 1-2. Sausalito, CA: Math Solutions Publications.

Investigations in Number, Data, and Space Series. Palo Alto, CA: Dale Sey- mour Publications.

Sheffield, Stephanie. 1995. Math and Lit- erature (K-3): Book Two. Sausalito, CA: Math Solutions Publications.

Tank, Bonnie. 1996. Math By All Means: Probabitity, Grades 1-2. Sausalito, CA: Math Solutions Publications.

Tank, Bonnie, and Lynne Zolli. 2001. Teaching Arithmetic: Lessons for Addi- tion and Subtraction, Grades 2-3. Sausalito, CA: Math Solutions Publications.

수학동화

Allen, Pamela. 1982. Who Sank the Boat? New York: Putnam and Gosset Gracy.

Anno, Mitsumasa. 1986. Anno's Count- ing Book. New York: Harper Trophy.

Atherlay, Sara. 1995. Math in the Bath: And Other fun Ptaces, Too! Illus. Megan Halsey. New York: Simon & Schuster.

Axelrod, Amy. 1994. Pigs Will be Pigs: fun with Math and Money. Illus. Sharon McGinley-Nally. New York: Simon & Schuster.

_______. 1996a. Pigs in the Pantry: fun with Math and Cooking. Illus. Sharon McGinley-Nally. New York: Simon & Schuster.

_______. 1996b. Pigs on a Blanket: fun with Math and Time. Illus. Sharon McGinley-Nally. New York: Simon and Schuster.

Aylesworth, Jim. 1990. One Crow: A Counting Rhyme. Illus. Ruth Young. New York: Harper Trophy.

Borden, Louise. 1999. A. Lincoln and Me. Illus. Ted Lewin. New York: Scholastic.

Briggs, Raymond. 1970. Jim and the Beanstalk. New York: Coward- McCann.

Brown, Margaret Wise. 1949. The Important Book. Illus. Leonard Weisgard. New York: Harper Trophy.

Burns, Marilyn. 1994. The Greedy Triangle. New York: Scholastic.

Carle, Eric. 1970, 2001. The Tiny Seed. New York: Simon & Schuster.

_______. 1972. Roosters Off to See the World. New York: Scholastic.

_______. 1977. The Grouchy Ladybug. New York: HarperCollins.

Carney, Margaret. 2001. The Biggest fish in the Lake. Illus. Janet Wilson. Toronto: Kids Can Press.

Coats, Lucy. 2000. Neil's Numberless World. New York: DK Publishing.

Crews, Donald. 1995. Ten Black Dots. New York: Mulberry Books.

de Beer, Hans. 1999. Little Polar Bear. Trans. Rosemary Lanning. New York: North-South Books.

Donnell, Rubay. 1998. Stickeen: john Muir and the Brave Little Dog. Illus. Christopher Canyon. Nevada City, CA: Dawn Publications.

Ehlert, Lois. 1990. Fish Eyes: A Book You Can Count On. New York: Harcourt.

Freeman, Don. 1978. A Pocket for Corduroy. New York: The Viking Press.

Gibbons, Gail. 1982. Tool Book. New York: Holiday House.

_______. 1989. Monarch Butterfly. New York: Holiday House.

_______. 1990. How a House Is Built. New York: Holiday House.

_______. 1995. The Reasons for the Seasons. New York: Holiday House.

_______. 2000. Polar Bears. New York: Holiday House.

Hamm, Diane Johnston. 1991. How Many Feet in the Bed? Illus. Kate Salley Palmer. New York: Simon & Schuscer.

Henkes, Kevin. 1991. Chrysanthemum. New York: Greenwillow.

Hightower, Susan. 1997. Twelve Snails to One Lizard: A Tale of Mischief and Measurement. Illus. Matt Novak. New York: Simon & Schuster.

Hill, Eric. 1980. Where's Spot? New York: Putnam.

Hoban, Tana. 2000. Cubes, Cones, Cylinders, and Spheres. New York: Greenwillow Books.

Holtzman, Caren. 1995. A Quarter from the Tooth fairy. Illus. Betsy Day. Hello Math Reader Series. New York: Scholastic.

Hong, Lily Toy. 1993. Two of Everything: A Chinese Fotktale. Morton Grove, IL: Albert Whitman.

Hopkinson, Deborah. 2001. Fannie in the Kitchen. Illus. Nancy Carpenter. New York: Atheneum.

Intrater, Roberta Grobel. 1995. Two Eyes, a Nose, and a Mouth. New York: Scholastic.

Jenkins, Emily. 2001. Five Creatures. Illus. Tomek Bogacki. New York: Frances Foster Books.

Johnston, Tony, and Tomie dePaola.1985. The Quilt Story. New York Putnam.

Jonas, Ann. 1995. Sptash. New York Greenwillow Books.

Joyce, William. 2000. George Shrinks. New York: Laura Geringer Books.
Kalan, Robert. 1989. Jump, Frog, Jump! Illus. Byron Barton. New York: Mulberry Books.
Kalman, Bobbie. 2001. The Life Cycle of a Butterfly. Illus. Margaret Amy Reiach. New York: Crabtree.
Keenan, Sheila. 1996. The Biggest Fish. Illus. Holly Hannon. Hello Math Reader Series. New York: Scholastic.
Krauss, Ruth. 1989. The Carrot Seed. Illus. Crockett Johnson. New York: HarperTrophy.
Krudwig, Vickie Leigh. 1998. Cucumber Soup. Illus. Craig McFarland Brown. Golden, CO: Fulcrum.
Kvasnosky, Laura McGee. 1998. Zelda and Ivy. Cambridge, MA: Candlewick Press.
Lewin, Ted. 1996. Market! New York: Lothrop, Lee & Shepard.
Lionni, Leo. 1960, 1995. Inch by Inch. New York: HarperTrophy.
Lobel, Arnold. 1971. Frog and Toad Are Friends. New York: HarperTrophy.
Long, Lynette. 1996. Domino Addition. Watertown, MA: Charlesbridge.
Lottridge, Celia Barker. 1997. One Watermeton Seed. Illus. Karen Patkau. Toronto: Stoddart.
Lyon, George Ella. 2000. Counting on the Woods. New York: DK Publishing.
Maccarone, Grace, with Marilyn Burns.1998. Three Pigs, One Wolf, and Seven Magic Shapes. Illus. David Neuhaus. Hello Math Reader Series. New York: Scholastic.
MacKinnon, Debbie. 2000. Eye Spy Shapes. Illus. Anthea Sieveking. Water-town, MA: Charlesbridge.
Mayer, Mercer. 1999. When I Get Bigger. New York: Golden Books.
McMillan, Bruce. 1989. Time to Go. New York: Scholastic.
______. 1996. Jelly Beans for Sale. New York: Scholastic.
Medearis, Angela Shelf. 1996. The 100th Day of School. Illus. Joan Holub. Hello Math Reader Series. New York: Scholastic.
Melmed, Laura Krauss. 1992. The Rainbabies. Illus. Jim LaMarche. New York: Lothrop, Lee and Shepard.
______. 1997. Little Oh. Illus. Jim LaMarche. New York: Lothrop, Lee and Shepard.
Merriam, Eve. 1993. 12 Ways to Get to 11. Illus. Bernie Karlin. New York: Trumpet Club.
Miller, Margaret. 1988. Whose Hat? New York: Mulberry Books.
______. 1998. Where Does It Go? New York: Mulberry Books.
Miranda, Anne. 1997. To Market, to Market. Illus. Janet Stevens. New York: Harcourt.
Modell, Frank. 1987. One Zillion Valentines. New York: William Morrow.
Morozuma, Atsuko. 1990. One Gorilla: A Counting Book. New York: Farrar, Straus and Giroux.
Morris, Ann. 1989. Hats, Hats, Hats. New York: Lothrop, Lee and Shepard.
Murphy, Stuart J. 1999. Super Sand Castle Saturday. Illus. Julia Gorton. New York: Harper Trophy.
Myller, Rolf. 1962, 1990. How Big Is a Foot? New York: Dell Yearling.
Neitzel, Shirley. 1997. The House I'll Build for the Wrens. Illus. Nancy Winslow Parker. New York: Greenwillow.
Neye, Emily. 2000. Butterflies. Illus. Ron Broda. New York: Grosset and Dunlap.
Nikola-Lisa, W. 1995. Bein' with You This Way. Illus. Michael Bryant. New York: Lee and Low Books.
Nolan, Helen. 1997. How Much, How Many, How Far, How Heavy, How Long, How Tall Is 1000? Illus. Tracy Walker. Toronto: Kids Can Press.
Pallotta, Jerry. 1992. The Icky Bug Counting Book. Illus. Ralph Maisello. Watertown, MA: Charlesbridge.
Paul, Ann Whitford. 1991. Eight Hands Round: A Patchwork Atphabet. Illus. Jeanette Winter. New York: Harper-Collins.
Pinczes, Elinor J. 1993. One Hundred Hungry Ants. Illus. Bonnie MacKain. New York: Houghton Mifflin.
______. 2001. Inchworm and a Half. Illus. Randall Enos. New York: Houghton Mifflin.
Pluckrose, Henry. 1988. Look at Teeth. New York: Franklin Watts.
Rathmann, Peggy. 1995. Officer Buckleand Gloria. New York: G. P. Putnam.
Reid, Margarette S. 1990. The Button Box. Illus. Sarah Chamberlain. New York: Puffin Books.

Russo, Marisabina. 1986. The Line Up Book. New York: Greenwillow.
Rylant, Cynthia. 1999. The Cookie-Store Cat. New York: The Blue Sky Press.
Schwartz, David M. 1985. How Much Is a Million? Illus. Steven Kellogg. New York: Mulberry Books.
Sendak, Maurice. 1962, 1990. Chicken Soup with Rice: A Book of Months. New York: Harper Trophy.
Schreiber, Anne. 1995. Stower Than a Snail. Illus. Larry Daste. Hello Math Reader Series. New York: Scholastic.
Slate, Joseph. 1998. Miss Bindergarten CeIebrates the 100th Day of Kindergarten. Illus. Ashley Wolff. New York: E. P. Dutton.
Sloat, Teri. 1991. From One to One Hundred. New York: E. P. Dutton.
Slobodkina, Esphyr. 1940, 1987. Caps for Sale: A Tate of a Peddter, Some Monkeys and Their Monkey Business. New York: Harper Trophy.
Sturges, Philemon. 1995. Ten Ftashing Firefties. Illus. Anna Vojtech. New York: North-South Books.
Tompert, Ann. 1990. Grandfather Tang's Story. Illus. Robert Andrew Parker. New York: Random House.
_______. 1993. Just a Little Bit. Illus. Lynn M. Munsinger. New York: Houghton Mifflin.
Wells, Rosemary. 2001. Yoko's Paper Cranes. New York: Hyperion.
Wildsmith, Brian. 1970. Brian Wildsmith's Circus. New York: Franklin Watts.
Williams, Vera. 1984. A Chair for My Mother. New York: Mulberry Books.
Zaslavsky, Claudia. 2000. Count on Your Fingers African Style. Illus. Wangechi Mutu. New York: Black Butterfly Books.

찾아보기

김 진 호
Columbia University 수학교육학 박사
현재 대구교육대학교 수학교육과 교수

홍 은 숙
서울교육대학교 수학교육 전공(석사)
현재 서울 인수초등학교 교사

임 상 미
서울교육대학교 수학교육 전공(석사)
현재 서울 고일초등학교 교사

구성주의 수학교실 : 1학년

2010년 2월 20일 초판 인쇄
2010년 2월 25일 초판 발행

지은이 / Vicki Bachman
옮긴이 / 김진호 · 홍은숙 · 임상미
펴낸이 / 오판근
펴낸곳 / 교우사

주 소 / 서울 동대문구 제기2동 148-19
전 화 / 925-2861(代), 편집부 / 925-2825
팩 스 / 925-2860

E-mail / kyowoo@kyowoo.co.kr
http://www.kyowoo.co.kr

등록 / 1994. 3. 24 제6-0256호

ISBN 978-89-8172-837-3 (94410)
978-89-8172-836-6 (세트)

값 22,000 원